中央财政支持提升专业服务产业发展能力项目
水利工程专业课程建设成果

小型水工建筑物设计

主　编　张春娟
副主编　刘儒博
主　审　黄炎兴

·北京·

内 容 提 要

本教材共分8个学习项目，内容包括小型水工建筑物设计基本知识、小型重力坝、小型土石坝、河岸溢洪道、水工隧洞与坝下涵管、小型水闸、渠系建筑物、小型水利枢纽布置及运行管理。本教材的编写广泛吸纳新技术，并针对高职教育的特点，与行业企业专家共同开发完成。

本教材可作为高等职业技术学院、普通高等专科学校水利水电建筑工程、水利工程、工程建设监理等专业教学使用，也可作为其他相近专业的教学参考书，还可供水利工程技术人员阅读参考。

图书在版编目（CIP）数据

小型水工建筑物设计 / 张春娟主编. -- 北京 : 中国水利水电出版社, 2017.1(2024.1重印)
中央财政支持提升专业服务产业发展能力项目水利工程专业课程建设成果
ISBN 978-7-5170-5072-8

Ⅰ. ①小… Ⅱ. ①张… Ⅲ. ①水工建筑物－建筑设计 Ⅳ. ①TV6

中国版本图书馆CIP数据核字(2016)第323218号

书　　名	中央财政支持提升专业服务产业发展能力项目水利工程专业课程建设成果 **小型水工建筑物设计** XIAOXING SHUIGONG JIANZHUWU SHEJI
作　　者	主编　张春娟　副主编　刘儒博　主审　黄炎兴
出版发行	中国水利水电出版社 （北京市海淀区玉渊潭南路1号D座　100038） 网址：www.waterpub.com.cn E-mail：sales@mwr.gov.cn 电话：(010) 68545888（营销中心）
经　　售	北京科水图书销售有限公司 电话：(010) 68545874、63202643 全国各地新华书店和相关出版物销售网点
排　　版	中国水利水电出版社微机排版中心
印　　刷	清淞永业（天津）印刷有限公司
规　　格	184mm×260mm　16开本　20印张　474千字
版　　次	2017年1月第1版　2024年1月第3次印刷
印　　数	3501—4500册
定　　价	**56.00**元

中央财政支持提升专业服务产业发展能力项目
水利工程专业课程建设成果出版编审委员会

主　任： 邓振义

副主任： 陈登文　张宏辉　拜存有

委　员： 刘儒博　郭旭新　樊惠芳　张春娟　赵旭升

张　宏　陈亚萍

秘　书： 芦　琴

本教材编写团队

主　编： 杨凌职业技术学院　张春娟

副主编： 杨凌职业技术学院　刘儒博

参　编： 杨凌职业技术学院　张　宏

杨凌职业技术学院　杨　川

杨凌职业技术学院　海　琴

杨凌职业技术学院　张　鸥

延安市市区河道管理处　卫　玲

主　审： 中国水电建设集团十五工程局有限公司　黄炎兴

前 言

Preface

按照《教育部 财政部关于支持高等职业学校提升专业服务产业发展能力的通知》（教职成〔2011〕11号）的要求，以提升专业服务产业发展能力为出发点，以整体提高高等职业学校办学水平和人才培养质量，提高高等职业教育服务国家经济发展方式转变和现代产业体系建设的能力为目标，教育部、财政部决定2011—2012年在全国独立设置公办高等职业学校中，支持一批紧贴产业发展需求、校企深度融合、社会认可度高、就业好的专业进行重点建设，以推动高等职业学校加快人才培养模式改革，创新体制机制，提高人才培养质量和办学水平，整体提高专业服务国家经济社会发展的能力，为国家现代产业体系建设输送大批高端技能型专门人才。

2009年，杨凌职业技术学院在顺利通过国家示范院校项目验收和全国水利示范院校建设的基础上，决定把水利工程专业列入"高等职业学校提升专业服务产业发展能力"计划项目，并根据陕西省水利发展需求制定了专业建设方案，计划使用中央财政425万元用于水利工程专业人才培养方案制定与实施、课程与教学资源建设、实习实训条件改善、师资队伍与服务能力建设等四个二级项目建设，该项目于2013年12月顺利通过省级验收。

按照子项目建设方案，通过广泛调研，学院与行业企业专家共同研讨，在国家示范院校建设成果的基础上引入水利水电建筑工程专业"合格＋特长"的人才培养模式，以水利工程建设一线的主要技术岗位职业能力培养为主线，兼顾学生职业迁移和可持续发展需要，构建工学结合的课程体系，优化课程内容，实现"五个对接"，进行专业平台课与优质专业核心课的建设。同时，为了提升专业服务能力，在项目实施过程中积极承担地方基层水利职工的培训任务，通过校内、校外办班，长期和短期结合等方式先后为基层企事业单位培训职工2000多人次，经过三年的探索实践取得了一系列的成果。为了固化项目建设成果，进一步为水利行业职工服务，经学院会议审核，决定正式出版中央财政支持提升专业服务产业发展能力项目成果系列教材。

本教材立足于学生实际能力的培养，编写过程中广泛吸纳新技术，并针对高职教育的特点，与行业企业专家共同开发完成，确定了以下八个学习内容：小型水工建筑物设计基本知识、小型重力坝、小型土石坝、河岸溢洪道、水工隧洞与坝下涵管、小型水闸、渠系建筑物、小型水利枢纽布置及运行管理。每个项目后面都附有相应的复习思考与技能训练题。

本教材由杨凌职业技术学院张春娟主编并统稿，杨凌职业技术学院刘儒博担任副主编，中国水电建设集团十五工程局有限公司黄炎兴担任主审。项目1、项目5由杨凌职业技术学院张春娟编写；项目2由杨凌职业技术学院杨川编写；项目3由杨凌职业技术学院张宏编写；项目4、项目8由杨凌职业技术学院海琴编写；项目6由杨凌职业技术学院张鸥编写；项目7由杨凌职业技术学院刘儒博编写；项目5的工程实例与参考文献由延安市市区河道管理处卫玲编写。

教材在编写过程中，课程建设团队的全体老师同心协力，霍海霞、韩红亮两位老师提出了宝贵意见，水利工程分院与教务处领导也给予了大力支持，同时还得到了兄弟院校及中国水电建设集团十五工程局有限公司、陕西省延安市市区河道管理处的积极参与与大力支持，在此表示最真挚的感谢。

本教材引用了大量的规范、专业文献和资料，恕未在书中一一注明，因此，对有关作者表示诚挚的谢意。

本教材内容体系属首次尝试，由于作者水平有限，不足之处在所难免，恳请广大师生和读者批评指正，编者不胜感激。

编　者

2016年3月

目　　录

Contents

项目1　小型水工建筑物设计基本知识

1.1　我国水资源与水利工程建设

水是生命之源，是自然界一切生命赖以生存和发展不可替代的物质，是一种可循环再生的有限的自然资源。一般来讲，可供利用或可能被利用，且有一定数量和可用质量，并在某一地区能够长期满足某种用途的水源，称为水资源。水资源是人类社会进步和经济发展的生命线，是实现社会与经济持续发展的重要物质基础。

人类可利用的水资源主要指地表水体（如江、河、湖、海）和地下水体中的淡水资源。地球上的总水量绝大部分是海洋水，占全球总水量的96.5%。在陆地运行的陆地水仅占全球总水量的3.5%，陆地水淡水中的69.6%分布在南北两极冰川中以及陆地高山上的永久冰川与积雪中，仅有30.4%分布在陆地河、湖、水库、土壤以及地下含水层中，可供人类开发利用。

1.1.1　我国水资源及其特性

我国南北跨度大、地势西高东低，大多地处季风气候区，加之人口众多，与其他国家相比，我国的水资源具有特殊性，主要表现在以下四个方面：

（1）水资源时空分布不均，人均占有量少。根据最新的水资源调查评价成果，我国水资源总量2.84万亿m^3，居世界第6位。但人均水资源占有量约2100m^3，仅为世界平均水平的28%；耕地亩均水资源占有量1400m^3，约为世界平均水平的一半。从水资源时间分布来看，降水年内和年际变化大，60%～80%主要集中在汛期，地表径流年际间丰枯变化一般相差2～6倍，最大达10倍以上；而欧洲的一些国家降水年内分布比较均匀，比如英国秋季降水最多，占全年的30%，春季降水最少，也占全年的20%，丰枯变化不大。从水资源空间分布来看，北方地区国土面积、耕地、人口分别占全国的64%、60%和46%，而水资源量仅占全国的19%，其中黄河、淮河、海河流域GDP约占全国的1/3，而水资源量仅占全国的7%，是我国水资源供需矛盾最为尖锐的地区。

（2）河流水系复杂，南北差异大。我国地势从西到东呈三级阶梯分布，山丘高原占国土面积的69%，地形复杂。我国江河众多、水系复杂，流域面积在100km^2以上的河流有5万多条，按照河流水系划分，分为长江、黄河、淮河、海河、松花江、辽河、珠江等七大江河干流及其支流，以及主要分布在西北地区的内陆河流、东南沿海地区的独流入海河流和分布在边境地区的跨国界河流，构成了我国河流水系的基本框架。河流水系南北方差异大，南方地区河网密度较大，水量相对丰沛，一般常年有水；北方地区河流水量较少，许多为季节性河流，含沙量高。河流上游地区河道较窄、比降大，冲刷严重；中下游地区河道较为平缓，一些河段淤积严重，有的甚至成为地上河，比如黄河中下游河床高出两岸地面，最高达13m。加之人口众多、人水关系复杂，决定了我国江河治理难度大。

(3) 地处季风气候区，暴雨洪水频发。受季风气候影响，我国大部分地区夏季湿热多雨、雨热同期，不仅短历时、高强度的局地暴雨频繁发生，而且长历时、大范围的全流域降雨也时有发生，几乎每年都会发生不同程度的洪涝灾害。比如，1954年和1998年，长江流域梅雨期内连续出现9次和11次大面积暴雨，形成全流域大洪水；1975年8月，受台风影响，河南驻马店林庄6h降雨量高达830mm，超过当时的世界纪录，造成特大洪水，导致板桥、石漫滩两座大型水库垮坝。我国的重要城市、重要基础设施和粮食主产区主要分布在江河沿岸，仅七大江河防洪保护区内就居住着全国1/3的人口，拥有22%的耕地，约一半的经济总量。随着人口的增长和财富的积聚，对防洪保安的要求越来越高，防洪任务更加繁重。

(4) 水土流失严重，水生态环境脆弱。由于特殊的气候和地形地貌条件，特别是山地多，降雨集中，加之人口众多和不合理的生产建设活动影响，我国是世界上水土流失最严重的国家之一，水土流失面积达356万km^2，占国土面积的1/3以上，土壤侵蚀量约占全球的20%。从分布来看，主要集中在西部地区，水土流失面积297万km^2，占全国的83%。从土壤侵蚀来源来看，坡耕地和侵蚀沟是水土流失的主要来源地，3.6亿亩坡耕地的土壤侵蚀量占全国的33%，侵蚀沟水土流失量约占全国的40%。此外，我国约有39%的国土面积为干旱半干旱区，降雨少，蒸发大，植被盖度低，特别是西北干旱区，降水极少，生态环境十分脆弱。比如塔里木河、黑河、石羊河等生态脆弱河流，对人类活动干扰十分敏感，遭受破坏恢复难度大。

1.1.2 我国水利工程建设

新中国成立之初，我国大多数江河处于无控制或控制程度很低的自然状态，水资源开发利用水平低下，农田灌排设施极度缺乏，水利工程残破不全。60多年来，围绕防洪、供水、灌溉等，除害兴利，开展了大规模的水利建设，初步形成了大、中、小微结合的水利工程体系，水利面貌发生了根本性变化。

(1) 大江大河干流防洪减灾体系基本形成。七大江河基本形成了以骨干枢纽、河道堤防、蓄滞洪区等工程措施，与水文监测、预警预报、防汛调度指挥等非工程措施相结合的大江大河干流防洪减灾体系，其他江河治理步伐也明显加快。目前，全国已建堤防29万km，是新中国成立之初的7倍；水库从新中国成立前的1200多座增加到8.72万座，总库容从约200亿m^3增加到7064亿m^3，调蓄能力不断提高。大江大河重要河段基本具备防御新中国成立以来发生最大洪水的能力，重要城市防洪标准达到100～200年一遇。

(2) 水资源配置格局逐步完善。通过兴建水库等蓄水工程，解决水资源时间分布不均问题；通过跨流域和跨区域引调水工程，解决水资源空间分布不均问题。目前，我国初步形成了蓄引提调相结合的水资源配置体系。例如，密云水库、潘家口水库的建设为北京和天津提供了重要水源，辽宁大伙房输水工程、引黄济青工程的兴建，缓解了辽宁中部城市群和青岛的供水紧张局面。随着南水北调工程的建设，我国"四横三纵、南北调配、东西互济"的水资源配置格局将逐步形成。全国水利工程年供水能力较新中国成立初增加6倍多，城乡供水能力大幅度提高，中等干旱年份可以基本保证城乡供水安全。

（3）农田灌排体系初步建立。新中国成立以来，特别是20世纪50—70年代，开展了大规模的农田水利建设，大力发展灌溉面积，提高低洼易涝地区的排涝能力，农田灌排体系初步建立。全国农田有效灌溉面积由新中国成立初期的2.4亿亩增加到目前的8.89亿亩，占全国耕地面积的48.7%，其中建成万亩以上灌区5800多处，有效灌溉面积居世界首位。通过实施灌区续建配套与节水改造，发展节水灌溉，反映灌溉用水总体效率的农业灌溉用水有效利用系数，从新中国成立初期的0.3提高到0.5。农田水利建设极大地提高了农业综合生产能力，以不到全国耕地面积一半的灌溉农田生产了全国75%的粮食和90%以上的经济作物，为保障国家粮食安全做出了重大贡献。

（4）水土资源保护能力得到提高。在水土流失防治方面，以小流域为单元，山、水、田、林、路、村统筹，采取工程措施、生物措施和农业技术措施进行综合治理，对长江、黄河上中游等水土流失严重地区实施了重点治理；充分利用大自然的自我修复能力，在重点区域实施封育保护。已累计治理水土流失面积105万km^2，年均减少土壤侵蚀量15亿t。在生态脆弱河流治理方面，通过加强水资源统一管理和调度、加大节水力度、保护涵养水源等综合措施，实现黄河连续11年不断流，塔里木河、黑河、石羊河、白洋淀等河湖的生态环境得到一定程度的改善。在水资源保护方面，建立了以水功能区和入河排污口监督管理为主要内容的水资源保护制度，以“三河三湖”、南水北调水源区、饮用水水源地、地下水严重超采区为重点，加强了水资源保护工作，部分地区水环境恶化的趋势得到遏制。

1.1.3　我国水利发展存在的主要问题

我国水利发展虽然取得了很大成效，但与经济社会可持续发展的要求相比，还存在不小的差距，有些问题还十分突出，主要表现在以下六个方面：

（1）洪涝灾害频繁仍然是中华民族的心腹大患。洪涝灾害是我国发生最为频繁、灾害损失最重、死亡人数最多的自然灾害之一。据史料记载，公元前206—1949年，2155年间，平均每两年就发生一次较大水灾，一些大洪水造成死亡人数达到几万甚至几十万。新中国成立以来，仅长江、黄河等大江大河发生较大洪水50多次，造成严重经济损失和大量人员伤亡。据统计，近20年来，洪涝灾害导致的直接经济损失高达2.58万亿元，约占同期GDP的1.5%，而美国仅占0.22%。随着全球气候变化和极端天气事件的增多，局地暴雨洪水呈多发、频发、重发趋势，流域性大洪水发生几率也在增大，而我国防洪体系中还有许多薄弱环节，一旦发生大洪水，对经济社会发展将造成极大的冲击。

（2）水资源供需矛盾突出仍然是可持续发展的主要瓶颈。我国是一个水资源短缺国家，特别是随着工业化、城镇化和农业现代化的加快推进，水资源供需矛盾将日益突出。

（3）农田水利建设滞后仍然是影响农业稳定发展和国家粮食安全的最大硬伤。我国的农业是灌溉农业，粮食生产对农田水利的依存度高。目前，农田水利建设严重滞后，主要表现在灌溉排水设施老化失修严重、配套不全、标准不高、灌溉规模不足等。

（4）水利设施薄弱仍然是国家基础设施的明显短板。党和国家历来十分重视水利建设，60多年来，水利基础设施得到了明显改善，但与交通、电力、通信等其他基础设施相比，水利发展相对滞后，是国家基础设施的明显短板。

（5）水资源缺乏有效保护仍然是国家生态安全的严重威胁。由于一些地方不合理的开发利用，缺乏对水资源的有效保护，导致水生态环境恶化，对国家生态安全造成威胁。

（6）水利发展体制机制不顺是影响水利可持续发展的重要制约。目前制约水利可持续发展的体制机制障碍仍然不少，突出表现在水利投入机制、水资源管理等方面。一是水利投入稳定增长机制尚未建立。我国治水任务繁重，投资需求巨大，由于没有建立稳定增长的投入机制，长期存在较大投资缺口。二是水资源管理制度体系还不健全。目前我国的水资源管理制度体系与严峻的水资源形势还不适应，流域、城乡水资源统一管理的体制还不健全，水资源保护和水污染防治协调机制还不顺，水资源管理责任机制和考核制度还未建立，对水资源开发利用节约保护实行有效监管的难度较大。三是水利工程良性运行机制仍不完善。2002年以来，国有大中型水利工程管理体制改革取得明显成效，良性运行机制初步建立，但一些地区特别是中西部地区公益性水利工程管理单位基本支出和维修养护经费还不能足额到位，许多农村集体所有的小型水利工程还存在没有管理人员、缺乏管护经费的问题，制约了水利工程的良性运行，影响了工程效益的充分发挥。

1.1.4　加快水利发展的对策措施

2011年中央一号文件明确提出“把水利作为国家基础设施建设的优先领域，把农田水利作为农村基础设施建设的重点任务，把严格水资源管理作为加快转变经济发展方式的战略举措”，实现水利跨越式发展。今后一段时间，应按照科学发展的要求，推进传统水利向现代水利、可持续发展水利转变，大力发展民生水利，突出加强重点薄弱环节建设，强化水资源管理，深化水利改革，保障国家防洪安全、供水安全、粮食安全和生态安全，以水资源的可持续利用支撑经济社会可持续发展。

（1）突出防洪重点薄弱环节建设，保障防洪安全。在继续加强大江大河大湖治理的同时，加快推进防洪重点薄弱环节建设，不断完善我国防洪减灾体系。在加快防洪工程建设的同时，应高度重视防洪非工程措施建设，完善水文监测体系和防汛指挥系统，提高洪水预警预报和指挥调度能力；加强河湖管理，防止侵占河湖、缩小洪水调蓄和宣泄空间，避免人为增加洪水风险；在确保防洪安全的前提下，科学调度，合理利用洪水资源，增加水资源可利用量，改善水生态环境。

（2）加强水资源配置工程建设，保障供水安全。当前，应针对我国水资源供需矛盾突出的问题，在强化节水的前提下，通过加强水资源配置工程建设，提高水资源在时间和空间上的调配能力，保障经济社会发展用水需求。

（3）大兴农田水利建设，保障粮食安全。我国农田水利建设的重点是稳定现有灌溉面积，对灌排设施进行配套改造，提高工程标准，建设旱涝保收农田。同时，大力推进农业高效节水，在有条件的地方结合水源工程建设，扩大灌溉面积。

（4）推进水土资源保护，保障生态安全。水土资源保护对维持良好的水生态系统具有十分重要的作用。针对我国经济社会发展进程中出现的水生态环境问题，应重点从水土流失综合防治、生态脆弱河湖治理修复、地下水保护等方面，开展水生态保护和治理修复。

（5）实行以水权为基础的最严格水资源管理制度，保障水资源可持续利用。在全球气候变化和大规模经济开发双重因素的作用下，我国水资源短缺形势更加严峻，水生态环境压力日益增大。为有效解决水资源过度开发、无序开发、用水浪费、水污染严重等突出问题，必须实行最严格的水资源管理制度，确立水资源开发利用控制、用水效率控制、水功能区限制纳污“三条红线”，改变不合理的水资源开发利用方式，从供水管理向需水管理转变，建设节水型社会，保障水资源可持续利用。

1.2 水利枢纽与水工建筑物

1.2.1 水利枢纽

为了改变水资源在时间、空间上分布不均的自然状况，综合利用水资源以达到防洪、灌溉、发电、引水、航运等目的，需修建水利工程。这些为兴水利、除水害目的而修建的建筑物，称为水工建筑物。不同类型水工建筑物组成的综合体称为水利枢纽。

水利枢纽分类：以某一单项为主而兴建的水利枢纽，虽同时可能还有其他综合利用效益，则常冠以主要目标名称，如防洪枢纽、水力发电枢纽、航运枢纽、取水枢纽等；水利枢纽随修建地点的地理条件不同有山区、丘陵水利枢纽和平原、滨海地区水利枢纽之分；水利枢纽还有高、中、低水头之分，一般70m以上者称为高水头枢纽，30～70m者为中水头水利枢纽，30m以下者为低水头水利枢纽。

1.2.2 水工建筑物

水工建筑物是为了满足防洪要求，获得发电、灌溉、供水等方面的效益，在水域的适宜地段修建的不同类型的建筑物。

1.2.2.1 水工建筑物的分类

水工建筑物种类繁多，型式各异，按用途可分为一般水工建筑物和专门水工建筑物两大类。同一种型式的水工建筑物，可以服务于几个水利事业部门时，称为一般水工建筑物，专门为某一水利事业服务的水工建筑物，称为专门水工建筑物。

水工建筑物按其在水利枢纽中所起的作用，通常可分为以下几类：

（1）挡水建筑物：用以拦截江河水流，抬高上游水位以形成水库，调蓄水量。如各种坝、堤、闸等。

（2）泄水建筑物：用以宣泄水库、湖泊、河渠等多余水量，或为人防、检修而放空水库以保证大坝及有关建筑物的安全。如溢洪道、泄洪洞、溢流坝、泄水隧洞等。

（3）输水建筑物：用以满足发电、供水和灌溉的需求，从上游向下游输送水量。如输水渠道、引水管道、水工隧洞、渡槽、倒虹吸管等。

（4）取水建筑物：一般布置在输水系统的首部，用以控制水位、引水流量或人为提高水头。如进水闸、扬水泵站等。

（5）河道整治建筑物：用以稳定或改善河势，调整水流所修建的水工建筑物。如顺坝、导流堤、丁坝、潜坝、护岸等。

（6）专门建筑物：为水力发电、过坝、量水而专门修建的建筑物。如调压室、电站厂房、船闸、升船机、筏道、鱼道、量水堰等。

按使用期限，水工建筑物可分为永久性建筑物和临时性建筑物两大类。永久性建筑物是指枢纽工程运行期间使用的建筑物，根据其重要性又分为重要建筑物和次要建筑物。重要建筑物是指失事后将造成下游灾害或严重影响工程效益的建筑物，如拦河坝、水闸、电站厂房等；次要建筑物是指失事后不致造成下游灾害，对工程效益影响不大且易于修复的建筑物，如导流墙、挡土墙、工作桥、护岸等。工程施工期间使用的建筑物称为临时性建筑物，如导流建筑物、施工围堰等。

1.2.2.2　水工建筑物的特点

水工建筑物与一般土木工程相比，除具有土木工程的一般属性，如工程量大、投资多、工期长等共性外，还具有以下几个特点：

(1) 工作条件复杂。挡水建筑物要承受相当大的水压力，且随建筑物挡水高度的增加而增加；水面波浪将产生浪压力；水面结冰时，将产生冰压力；发生地震时，将产生地震激荡力；水流经建筑物时，也会产生各种动水压力，在设计时都必须考虑。

建筑物上下游的水头差，会导致建筑物及其地基内的渗流。渗流会引起对建筑物不利的渗透压力，也会产生渗透变形；过大的渗流量会造成水库的严重漏水，因此建造水工建筑物要妥善解决防渗和渗流控制问题。

高速水流通过泄水建筑物时可能出现掺气、负压、空化、空蚀和冲击波等现象；强烈的紊流脉动会引起结构的振动；挟沙水流对建筑物边壁还有磨蚀作用；挑射水流在空中会使周围建筑物产生严重的雾化；通过建筑物的水流多余动能会对下游河床产生冲刷作用，甚至影响建筑物本身的安全。为此，兴建泄水建筑物，特别是高水头泄水建筑物时，要注意解决高速水流可能带来的一系列问题，并做好消能防冲设计。

除上述主要作用外，还要注意水的其他可能作用。例如，当水具有侵蚀性时，会使混凝土结构中的石灰质溶解，破坏材料的强度和耐久性；与水接触的水工钢结构易发生严重锈蚀；在寒冷地区的建筑物及地基有一系列的冰冻问题要解决。

(2) 设计选型独特。水工建筑物的型式、构造和尺寸，与建筑物所在地的地形、地质、水文等条件密切相关。例如，规模和效益大致相仿的两座坝，由于地质条件优劣的不同，两者的型式、尺寸和造价都会迥然不同。由于自然条件千差万别，因而水工建筑物设计选型只能按照各自的特征进行，除非规模特别小，一般不能采用定型设计，当然这不排除水工建筑物结构部件的标准化。

(3) 施工建造艰巨。在河川上建造水工建筑物，比陆地上的土木工程施工困难、复杂得多。主要困难是解决施工导流问题，即必须迫使河川水流按特定通道下泄，以截断河流，便于施工时不受水流的干扰，创造最好的施工空间；要进行很深的地基开挖和复杂的地基处理，有时还需水下施工；施工进度往往要和洪水“赛跑”，在特定的时间内完成巨大的工程量，将建筑物修筑到拦洪高程。

(4) 失事后果严重。水工建筑物失事会产生严重后果，特别是拦河坝，如失事溃决会给下游带来灾难性乃至毁灭性的后果，这在国内外都不乏惨重实例。据统计，大坝失事最主要的原因一是洪水漫顶，二是坝基或结构出问题，两者各占失事总数的1/3左右。有些水工建筑物的失事与某些自然因素或当时人们的认识能力与技术水平限制有关，也有些是不重视勘测、试验研究或施工质量欠佳所致，后者尤应杜绝。

1.2.3 水利枢纽与水工建筑物等级划分

为了使工程的安全可靠性与其造价的经济合理性统一起来，水利枢纽及其组成建筑物要分等分级，首先根据工程的规模、效益及其在国民经济中的重要性，将水利枢纽分等，然后再对各组成建筑物按其所属枢纽等别、建筑物作用大小及重要性进行分级。枢纽工程、建筑物的等级不同，对其规划、设计、施工、运行管理的要求也不同，等级越高要求也越高。这种分等分级区别对待的方法，也是国家经济政策和技术政策的一种重要体现。

根据 SL 252—2000《水利水电工程等级划分及洪水标准》，水利枢纽按其规模、效益和在国民经济中重要性分五等，见表 1.1。

表 1.1　　水利水电工程分等指标

工程等别	工程规模	水库总库容/亿 m³	防洪		治涝	灌溉	供水	发电
			保护城镇及工矿企业的重要性	保护农田/万亩	治涝面积/万亩	灌溉面积/万亩	供水对象重要性	装机容量/万 kW
Ⅰ	大（1）型	≥10	特别重要	≥500	≥200	≥150	特别重要	≥120
Ⅱ	大（2）型	10～1.0	重要	500～100	200～60	150～50	重要	120～30
Ⅲ	中型	1.0～0.10	中等	100～30	60～15	50～5	中等	30～5
Ⅳ	小（1）型	0.10～0.01	一般	30～5	15～3	5～0.5	一般	5～1
Ⅴ	小（2）型	0.01～0.001		<5	<3	<0.5		<1

注　1. 水库总库容指水库最高水位以下的静库容。
2. 治涝面积和灌溉面积均指设计面积。

表 1.1 中的总库容系指校核洪水位以下的水库库容，灌溉面积等则均指设计值。对于综合利用的工程，如按表中指标分属几个不同等别时，整个枢纽的等别应以其中最高等别为准。按表 1.2 确定水工建筑物级别时，如该建筑物同时具有几种用途，按最高等别考虑，仅一种用途时，则按该项用途所属等别考虑。

表 1.2　　水工建筑物级别的划分

工程等别	永久性建筑物级别		临时性建筑物级别
	主要建筑物	次要建筑物	
Ⅰ	1	3	4
Ⅱ	2	3	4
Ⅲ	3	4	5
Ⅳ	4	5	5
Ⅴ	5	5	

对于Ⅱ～Ⅴ等工程，在下述情况下经过论证可提高其主要建筑物级别：①水库大坝高度超过表 1.3 中数值时提高一级，但洪水标准不予提高；②建筑物的工程地质条件特别复杂，或采用缺少实践经验的新坝型、新结构时提高一级；③综合利用工程，如按库容和不同用途分等指标有两项接近同一等别的上线时，其共用的主要建筑物提高一级。

表1.3 需要提高级别的坝高界限

坝的级别		2	3	4	5
坝高/m	土坝、堆石坝、干砌石坝	90	70	50	30
	混凝土坝、浆砌石坝	130	100	70	40

对于临时性水工建筑物，如其失事后将使下游城镇、工矿区或其他国民经济部门造成严重灾害或严重影响工程施工时，视其重要性或影响程度，应提高一级或两级。对于低水头工程或失事损失不大的工程，其水工建筑物级别经论证可适当降低。

不同级别的水工建筑物在以下几个方面应有不同的要求：

(1) 抗御洪水能力：如建筑物的设计洪水标准、坝（闸）顶安全超高等。

(2) 稳定性及控制强度：如建筑物的抗滑稳定强度安全系数，混凝土材料的变形及裂缝的控制要求等。

(3) 建筑材料的选用：如不同级别的水工建筑物中选用材料的品种、质量、标号及耐久性等。

(4) 运行可靠性：如建筑物各部分的尺寸裕度及是否专门设备等。

1.2.4 水利水电工程的洪水设计标准及堤坝安全加高

(1) 永久性水工建筑物设计洪水标准。水利水电工程永久性水工建筑物的设计洪水标准与工程所在地的类型、坝体结构型式、运用情况等因素有关，一般分山区和平原两种情况，其具体标准应按我国水利部颁发的《水利水电工程等级划分及洪水标准》的相应规定确定。

山区、丘陵区永久性水工建筑物的洪水标准见表1.4。对平原及滨海地区的水利水电工程的永久性建筑物的洪水标准应按表1.5确定。

表1.4 山区、丘陵区水利水电工程永久性水工建筑物洪水标准

项目		水工建筑物级别				
		1	2	3	4	5
		洪水重现期/年				
设计情况		1000～500	500～100	100～50	50～30	30～20
校核情况	土石坝	可能最大洪水（PME）或10000～5000	5000～2000	2000～1000	1000～300	300～200
	混凝土坝、浆砌石坝	5000～2000	2000～1000	1000～500	500～200	200～100

表1.5 平原区水利水电工程永久性建筑物洪水标准

项目		永久性水工建筑物级别				
		1	2	3	4	5
		洪水重现期/年				
设计情况	水库工程	300～100	100～50	50～20	20～10	10
	拦河水闸	100～50	50～30	30～20	20～10	10

续表

项目		永久性水工建筑物级别				
		1	2	3	4	5
		洪水重现期/年				
校核情况	水库工程	2000～1000	1000～300	300～100	100～50	50～20
	拦河水闸	300～200	200～100	100～50	50～30	30～20

当山区永久性水工建筑物的挡水高度低于15m，且上、下游最大水头差小于10m时，其洪水标准按平原区确定；而平原区的永久性水工建筑物的挡水高度大于15m，且上下游最大水头差大于10m时，其洪水标准按山区标准确定。

失事后对下游将造成特别重大灾害的土石坝和洪水漫顶后将造成极严重损失的混凝土（砌石）坝，1级建筑物的校核洪水标准，经专门论证并报主管部门批准，可取可能最大洪水（PME）或万年一遇标准。对土石坝中的2～4级建筑物的校核洪水标准，可提高一级。

（2）临时性水工建筑物设计洪水标准。临时性水工建筑物的洪水标准，根据其结构类型、级别，结合风险度综合分析，按表1.6合理选用。对失事后果严重的，应考虑遇超标准洪水的应急措施。

表1.6　临时性水工建筑物洪水标准（重现期）　单位：年

建筑物结构	临时性水工建筑物级别		
	3	4	5
土石结构	50～20	20～10	10～5
混凝土、浆砌石结构	20～10	10～5	5～3

（3）水工建筑物的安全加高。对永久性的挡水建筑物、堤防工程和不允许过水的临时性挡水建筑物，确定其顶高程时，在各种运用情况静水位上加波浪高后，还须考虑安全加高，以确保其自身安全。永久性水工建筑物的安全加高值应不小于表1.7中的规定值。

表1.7　永久性挡水建筑物安全加高　单位：m

建筑物类型及运用情况			永久性挡水建筑物级别			
			1	2	3	4、5
土石坝	设计		1.5	1.0	0.7	0.5
	校核	山区、丘陵区	0.7	0.5	0.4	0.3
		平原、滨海区	1.0	0.7	0.5	0.3
混凝土及浆砌石闸坝	设计		0.7	0.5	0.4	0.3
	校核		0.5	0.4	0.3	0.2

当永久性挡水建筑物顶部设有稳定、坚固不透水的且与建筑物防渗体紧密结合的防浪

墙时，防浪墙顶可作为坝顶高程，但坝顶高程不能低于水库正常蓄水位。

堤防工程的安全加高，根据其级别及运行条件按表1.8中的规定确定。对不允许过水的临时挡水建筑物，其安全加高应按表1.9的规定确定。过水的临时挡水建筑物，其顶高程为设计洪水位加波浪高度，不计安全加高。

表1.8　堤防工程顶部安全加高　　单位：m

防浪条件	堤防级别				
	1	2	3	4	5
不允许越浪	1.0	0.8	0.7	0.6	0.5
允许越浪	0.5	0.4	0.4	0.3	0.2

表1.9　临时性挡水建筑物安全加高　　单位：m

临时性挡水建筑物类型	建筑物级别	
	3	4、5
土石坝结构	0.7	0.5
混凝土、浆砌石结构	0.4	0.3

(4) 水工建筑物的结构安全级别。水工建筑物的结构安全级别，应根据建筑物的重要性及破坏后可能产生的后果的严重性来确定，结构安全级别与其等级划分相对应而分为三级，见表1.10。

表1.10　水工建筑物安全级别的划分

水工建筑物的级别	水工建筑物的安全级别	水工建筑物的级别	水工建筑物的安全级别
1	Ⅰ	4、5	Ⅲ
2、3	Ⅱ		

设计基准期为水工建筑物在正常施工与运行条件下，不失效地完成预定功能的基本年限。1级建筑物设计基准期按100年考虑，其他永久建筑物采用50年，临时建筑物按预定使用年限及可能滞后的时间确定，特大型挡水水工建筑物的设计基准期应专门研究确定。需要说明的是，当水工建筑物的使用年限到达或超过设计基准使用期后，并不意味该结构立即报废不能使用了，而是说它的可靠性水平从此逐渐降低了，在做结构鉴定及必要加固后，仍可继续使用。

1.2.5　水工建筑物设计的内容

水工建筑物设计包括：选址，如坝址、闸址、洞线、渠线的选择；选型，即选定建筑物的结构型式，如坝型选择、水力计算、结构计算、工程细部设计、确定地基处理方案、观测设计，以及合理布置各个建筑物等。对大中型和重要工程还应有水力模型试验和结构模型试验配合验证。

1.3 知识拓展——重点水利工程介绍

1.3.1 长江三峡水利枢纽工程

长江三峡水利枢纽工程坝址位于宜昌市三斗坪，距已建成的葛洲坝水利枢纽上游约40km。三峡工程建筑物由大坝、水电站厂房和通航建筑物三大部分组成。整个工程包括混凝土重力式大坝、泄水闸、坝后式水电站、永久性通航船闸和升船机。

混凝土重力坝坝轴线全长2309.47m，坝顶高程185m，正常蓄水位175m。水电站左岸厂房全长643.6m，安装14台水轮发电机组；右岸厂房全长584.2m，安装12台水轮发电机组。全电站26台机组均为单机容量70万kW混流式水轮发电机组，总装机容量为1820万kW，年平均发电量846.8亿kW·h。通航建筑物位于左岸，永久通航建筑物为双线五级连续梯级船闸，单级闸室的有效尺寸为280m×34m×5m（长×宽×坎上水深），可通过万吨级船队。升船机为单线一级垂直提升式，承船厢有效尺寸120m×18m×3.5m，一次可通过3000t级的客货轮。图1.1所示为三峡水利枢纽布置图。

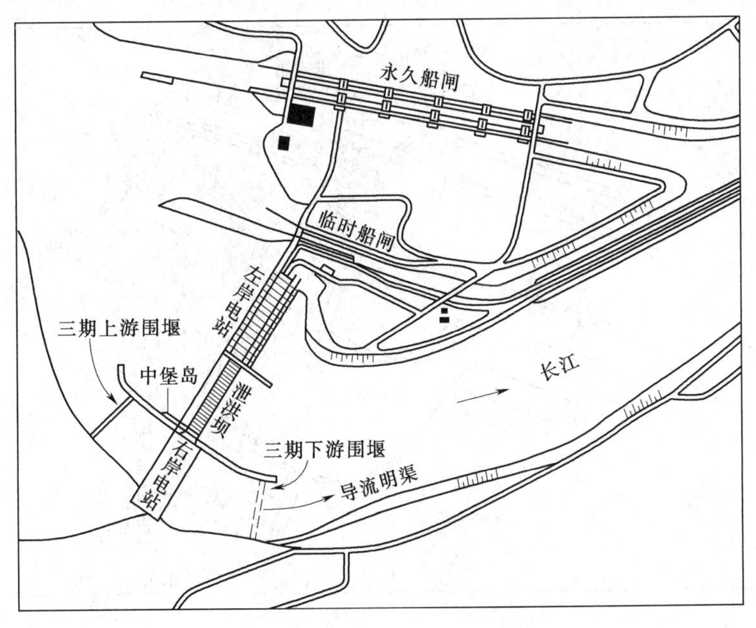

图1.1　三峡水利枢纽平面布置图

三峡工程总工期18年，分三期。一期工程5年（1993—1997年），主要工程除准备工程外，主要进行一期围堰填筑，导流明渠开挖。修筑混凝土纵向围堰，以及修建左岸临时船闸（120m高），并开始修建左岸永久船闸、升船机及左岸部分土石坝段的施工。二期工程6年（1998—2003年），工程主要任务是修筑二期围堰，左岸大坝的电站设施建设及机组安装，同时继续进行并完成永久船闸，升船机的施工，2003年11月左岸第一批机组发电。三期工程6年（2004—2009年），进行右岸大坝和电站的施工，并继续完成全部机组安装。

三峡水利枢纽工程是当今世界最大的水利水电枢纽工程，在防洪、发电、航运等方面具有巨大的综合效益。

1.3.2　黄河小浪底水利枢纽工程

黄河小浪底水利枢纽工程位于河南省洛阳市以北、黄河中游最后一段峡谷的出口处，上距三门峡水利枢纽130km，下距郑州花园口128km，控制流域面积69.42万km^2，占黄河流域面积的92.3%，是黄河最下游的控制性骨干工程，开发目标以防洪、防凌、减淤为主，兼顾供水、灌溉和发电。

小浪底水利枢纽工程由拦河大坝、泄洪排沙系统和引水发电系统三部分组成。拦河大坝为壤土斜心墙堆石坝，最大坝高154m，坝顶长1667m，坝顶宽15m，最大坝底宽864m，坝体总填筑量5185万m^3；其混凝土防渗墙是国内最深、最厚的防渗墙（墙宽1.2m，最深80m）。泄洪排沙系统分进水口、洞群和出口三个部分；引水发电系统由6条引水发电洞、1座地下厂房、1座主变室、1座尾闸室和3条尾水洞组成；主厂房最大开挖高度61.44m、宽26.2m、长251.5m，是目前国内最大的地下厂房之一。图1.2所示为小浪底水利枢纽平面布置图。

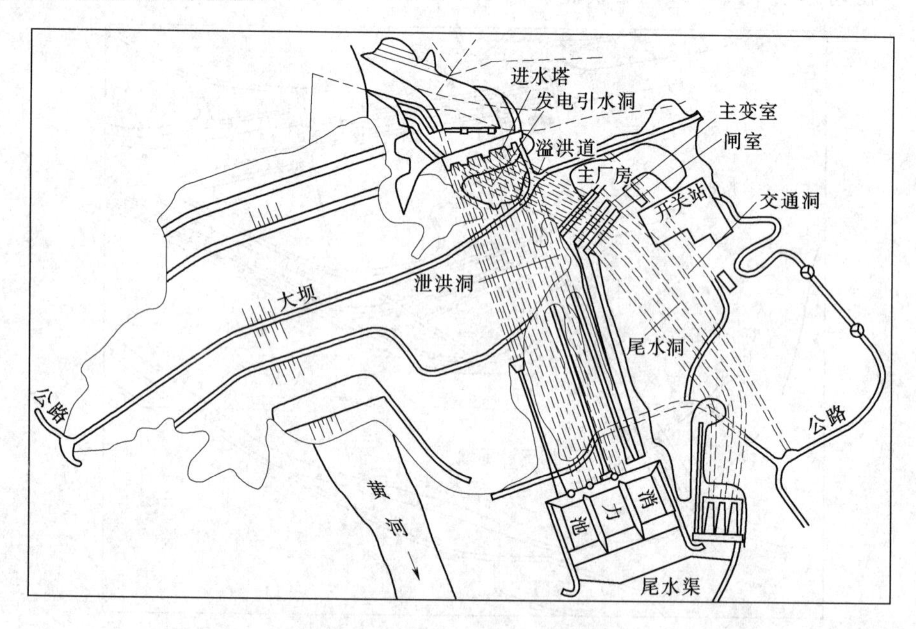

图1.2　小浪底水利枢纽平面布置图

该工程于1991年9月开始前期准备工作，1994年9月主体工程开工，1997年10月28日大河截流，1999年底首台机组发电，2001年12月31日全部竣工，总工期11年。

小浪底水利枢纽工程建设全面推行了业主责任制、招标投标制、建设监理制，与国际工程管理实现了全方位的接轨。该枢纽主体工程建设采用国际招标。以意大利英波吉罗公司为责任方的黄河承包商中标承建大坝工程；以德国旭普林公司为责任方的中德意联营体中标承建泄洪工程；以法国杜美兹公司为责任方的小浪底联营体中标承建引水发电设施工程；水轮机由美国VOITH公司中标制造，发电机由哈尔滨电机有限责任公司和东方电机股份有限公司联合制造；机电安装工程由水电十四局、水电四局、水电三局组成的FFT联营体中标。

1.3.3 南水北调工程

南水北调是缓解中国北方水资源严重短缺局面的重大战略性工程。我国南涝北旱，南水北调工程通过跨流域的水资源合理配置，大大缓解我国北方水资源严重短缺问题，促进南北方经济、社会与人口、资源、环境的协调发展，分东线、中线和西线三条调水线，工程规划最终调水规模448亿m^3，其中东线148亿m^3，中线130亿m^3，西线170亿m^3，建设时间需40～50年，建成后将解决700多万人长期饮用高氟水和苦咸水的问题。在规划的50年间，南水北调工程总体规划分三个阶段实施，总投资将达4860亿元人民币，是继三峡库区移民之后我国最大的移民工程。

1.3.3.1 工程总体布局

经多年的勘测、规划、研究，按照长江与北方缺水区之间的地形、地质状况，分别在长江下游、中游和上游规划了三条调水线路，形成了南水北调东线、中线和西线的总体规划布局。三条调水线路有各自的主要任务和供水范围，可互相补充，不能互相代替。

（1）东线调水工程。该工程从长江下游扬州附近抽引长江水，利用和扩建京杭大运河逐级提水北送，经洪泽湖、骆马湖、南四湖和东平湖，在位山附近穿过黄河后可自流，经位临运河、南运河到天津。输水主干线长1150km，其中黄河以南660km，黄河以北490km。全线最高处东平湖蓄水位与抽江水位之差为40m，共建13个梯级泵站，总扬程65m。东线工程的供水范围是黄淮海平原东部地区，包括苏北、皖北、山东、河北黑龙港和运东地区、天津等。主要任务是供水，并兼有航运、防洪、除涝等综合利用效益。工程规划的总规模为抽江流量800～1000m^3/s，年供水量130亿～170亿m^3。

（2）中线调水工程。该工程从汉江丹江口水库引水，输水总干渠自陶岔渠首闸起，沿伏牛山和太行山山前平原，京广铁路西侧，跨长江、淮河、黄河、海河四大流域，自流输水到北京、天津，输水总干渠长1246km，天津干渠长144km。中线工程的供水范围是北京、天津、华北平原及沿线湖北、河南两省部分地区。主要任务是城市生活和工业供水，兼顾农业及其他用水，年供水量130亿～140亿m^3。

（3）西线调水工程。该工程从长江上游干支流调水入黄河上游，引水工程拟定在通天河、雅砻江、大渡河上游筑坝建库，采用引水隧洞穿过长江与黄河的分水岭巴颜喀拉山入黄河。年平均调水量为145亿～195亿m^3。西线工程的供水范围包括青海、甘肃、宁夏、内蒙古、陕西和山西六省（自治区）。主要任务是补充黄河水资源的不足和解决西北地区、华北西部地区工农牧业生产和城乡人畜用水。截至目前，西线调水工程还没有开工建设。

南水北调东线、中线和西线三线工程全部实施后，多年平均调引长江水500亿～600亿m^3，这将缓解华北、西北地区水资源紧缺的矛盾，促进调入地区的社会经济发展，改善城乡居民的生活供水条件，产生巨大的社会、经济与环境效益。

1.3.3.2 五个“世界之最”

（1）世界规模最大的调水工程。南水北调工程横穿长江、淮河、黄河、海河四大流域，涉及十余个省（自治区、直辖市），输水线路长，穿越河流多，工程涉及面广，效益巨大，是一项十分复杂的巨型水利工程，其规模及难度国内外均无先例。仅东线、中线一期工程土石方开挖量 17.8 亿 m^3，土石方填筑量 6.2 亿 m^3，混凝土量 6300 万 m^3。

（2）世界上供水规模最大的调水工程。南水北调工程主要解决我国北方地区，尤其是黄、淮、海流域的水资源短缺问题。供水区域控制面积达 145 万 km^2，约占中国陆地国土面积的 15%。

（3）世界上距离最长的调水工程。南水北调工程规划的东、中、西线干线总长度达 4350km。东、中线一期工程干线总长为 2899km，沿线 6 省（直辖市）一级配套支渠约 2700km，总长度达 5599km。

（4）世界上受益人口最多的调水工程。南水北调工程供水规划区人口 4.38 亿人（2002 年）。仅东、中线一期工程直接供水的县级以上城市就有 253 个，直接受益人口达 1.1 亿人。丹江口水库大坝加高后，可增加防洪库容 33 亿 m^3，与非工程措施和中下游防洪工程相配合，可使汉江中下游地区的防洪标准由目前的 20 年一遇提高到 100 年一遇，消除 70 余万人的洪水威胁。

（5）世界水利移民史上最大强度的移民搬迁。南水北调中线丹江口大坝因加高需搬迁移民 34.5 万人，移民搬迁安置任务主要集中于 2010 年、2011 年完成，其中 2011 年完成 19 万人的搬迁安置，年度搬迁安置强度即搬迁安置人口在国内和世界上均创历史纪录，在世界水利移民史上前所未有。

1.3.4 陕西省引汉济渭工程

陕西省水资源总量不足，时空分布不均，缺水是制约全省经济社会发展的“瓶颈”因素。尤其是关中和陕北地区，水资源紧缺已成为当前乃至今后一个时期经济社会发展和环境改善首当其冲的重大问题。引汉济渭工程即是针对这一问题规划的重大水资源配置措施，是陕西有史以来规模最大的水利工程。工程于 2010 年底开工建设，“十二五”期间拟建成三河口水利枢纽和秦岭隧洞，实现 2020 年调水 5 亿 m^3 的供水任务，2030 年调水量达到最终调水规模 15 亿 m^3。工程建成后，可基本满足西安、宝鸡、咸阳、渭南、杨凌等 5 个地级城市，长安、户县、临潼、周至、兴平、武功、泾阳、三原、高陵、阎良、华县等 11 个县级城市，以及高陵泾河工业园区、泾阳产业密集区、扶风绛帐食品工业园区及眉县常兴纺织工业园区等 4 个工业园区的近期用水需要，同时可增加渭河生态水量，改善渭河流域生态环境。工程建设总工期 99 个月，静态总投资 168 亿元。

“引汉济渭”为陕西省的“南水北调”工程。该工程是将长江最大支流——汉江的水穿过秦岭，补给黄河最大支流——渭河，以补充西安、宝鸡、咸阳、渭南、铜川等 5 个大中城市的给水量。引汉济渭工程是由汉江向渭河关中地区调水的省内南水北调骨干工程，是缓解近期关中渭河沿线城市和工业缺水问题的根本性措施。引汉济渭调水工程主要由黄金峡水利枢纽、秦岭输水隧洞和三河口水利枢纽等三大部分组成，如图 1.3 所示。

（1）黄金峡水利枢纽是引汉济渭工程的两个水源之一，也是汉江上游梯级开发规划的第一级。坝址位于汉江干流黄金峡锅滩下游 2km 处，控制流域面积 1.71 万 km^2，多年平均径流量 76.17 亿 m^3。拦河坝为混凝土重力坝，最大坝高 68m，总库容 2.29 亿 m^3。坝后泵站总装机功率 12.95 万 kW，设计扬程 117m。电站装机容量 13.5 万 kW，多年平均

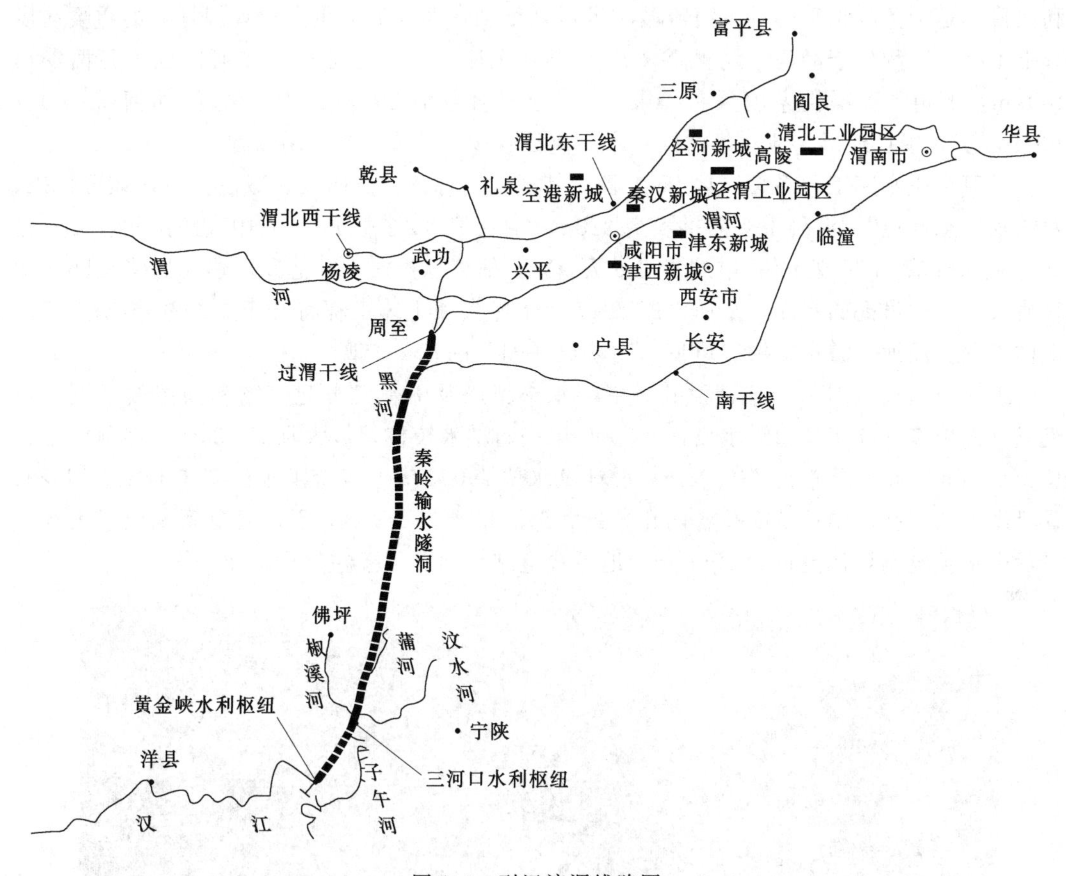

图 1.3 引汉济渭线路图

发电量 3.63 亿 kW·h。

(2) 秦岭输水隧洞全长 98.30km，设计流量 $70m^3/s$，纵坡 1/2500，分黄三段和越岭段。黄三段进口位于黄金峡水利枢纽坝后左岸，出口位于三河口水利枢纽坝后约 300m 处控制闸，全长 16.52km，断面为 6.76m×6.76m 的马蹄形。越岭段进水口位于三河口水利枢纽坝后右岸控制闸，出口位于渭河一级支流黑河右侧支沟黄池沟内，全长 81.779km，分段采用内径为 6.76m×6.76m 的马蹄形断面和 6.92m/7.52m 的圆形断面，其中进口段 26.14km 及出口段 16.55km 采用钻爆法施工，断面为马蹄形，穿越秦岭主脊段 39.08km 采用 TBM 法施工，断面为圆形。

(3) 三河口水利枢纽为引汉济渭工程的两个水源之一，是整个调水工程的调蓄中枢。坝址位于佛坪县与宁陕县交界的子午河峡谷段，在椒溪河、蒲河、汶水河交汇口下游 2km 处，坝址断面多年平均径流量 8.70 亿 m^3。拦河坝为碾压混凝土拱坝，最大坝高 145m，总库容 7.1 亿 m^3。坝后泵站总装机功率 2.7 万 kW，设计扬程 97.7m。电站总装机容量 4.5 万 kW，多年平均发电量 1.02 亿 kW·h。

1.3.5 陕西省泾河东庄水利枢纽工程

泾河东庄水利枢纽工程是陕西省实施西部大开发战略、加快关中经济区发展的重大水利项目，是国务院批复的《黄河流域防洪规划》和《渭河流域重点治理规划》的重要防洪骨干工程。工程位于泾河下游峡谷末端礼泉县东庄乡、淳化县车坞乡河段处，距西安市100km，下距泾惠渠张家山渠首20km，上距彬县县城120km。库坝区深切河谷200～300m，灰岩坝址地形、地貌条件好，水库淹没较少，建库条件十分优越。

泾河东庄水库工程系大（1）型工程，其开发目标为“以防洪、减淤为主，兼顾供水、发电及生态环境”。混凝土双曲拱坝高228m；总库容30多亿m^3，其中，防洪库容4.2亿m^3，调洪库容8.38亿m^3；电站装机8万kW。估算总投资120亿元，建成后将是陕西库容最大、坝体最高的水库。东庄水库2017年水库大坝主体工程将开工，2022年基本建成主体工程。泾河下游末端峡谷可见“高峡出平湖”的壮美景观。

工程由大坝（图1.4）、泄洪孔、下游水垫塘以及引水发电建筑物和预留放淤洞进口组成。大坝按500年一遇洪水设计，5000年一遇洪水校核，最大坝高228m，坝顶中心弧长364.38m，正常蓄水位786.00m，设计洪水位790.49m，校核洪水位796.14m。坝身布置泄洪表孔三孔、中孔及底孔各两孔，最大总泄量12480m^3/s，引水发电系统位于大坝左岸，引水发电洞设计流量为50m^3/s，地下式电站厂房布置于左岸山体中。

图1.4 东庄水库大坝鸟瞰图

工程建成后，将极大地提高泾、渭河下游防洪能力，同时为黄河防洪发挥重要作用；将减少渭河下游及三门峡库区的泥沙淤积，降低潼关高程，增大河道平槽流量；为关中经济区的泾惠灌区和铜川、泾渭新区、富平等渭北工业和城镇地区供水6亿m^3；可使泾、渭河下游水环境和水质得到较大改善；年发电量3亿kW·h。

复习思考与技能训练题

1. 水资源的定义是什么？我国水资源的特点是什么？

2. 我国水利工程建设取得了哪些成就？

3. 水利枢纽的定义是什么？水利枢纽如何分类？

4. 水工建筑物的定义是什么？简述水工建筑物的特点及类型。

5. 水利水电工程如何分等？水工建筑物如何分级？其等级划分的目的是什么？

6. 简单介绍几个我国重点水利工程。

项目2　小型重力坝

2.1　基本知识

2.1.1　重力坝的特点及类型

2.1.1.1　重力坝的工作原理及特点

重力坝是由混凝土或浆砌石修筑的大体积挡水建筑物，其基本剖面是直角三角形，整体是由若干坝段组成。其工作原理是在水压力及其他荷载作用下，主要依靠坝体自重产生的抗滑力来满足稳定要求；同时依靠坝体自重产生的压力来抵消由于水压力所引起的拉应力以满足强度要求。

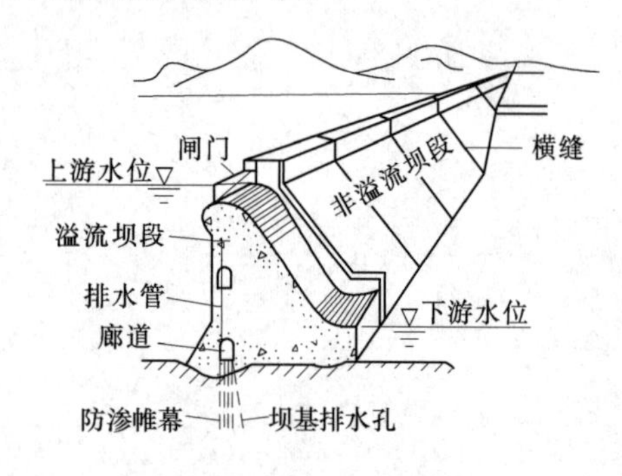

图 2.1　混凝土重力坝示意图

重力坝基本断面一般做成上游面接近铅直的三角形断面，如图 2.1 所示。

重力坝与其他坝型相比，主要具有以下特点：

(1) 对地形、地质条件适应性较强。几乎任何形状的河谷都可以修建重力坝。重力坝对地基地质条件的要求虽然比土石坝高，但由于横缝的存在，能很好地适应各种非均质的地基，无重大缺陷的一般强度的岩基均能满足建坝要求。

(2) 枢纽泄洪及导流问题容易解决。由于筑坝材料的抗冲能力强，所以施工期可以利用较低坝块或预留底孔导流，坝体可以做成溢流式，也可以在坝内不同高程设置排水孔，重力坝一般不需另设溢洪道或泄水涵洞，因此与土石坝相比，重力坝更易于解决永久性泄洪及导流问题。

(3) 混凝土重力坝需要温控散热措施。重力坝体积大，水泥用量大，对于混凝土重力坝而言，在施工期，水泥水化热引起的温度也很大，并将引起坝体内温度和收缩应力，可能导致坝体产生裂缝。为控制温度应力，特别在高坝施工中，需采用较复杂的温控措施。

(4) 受扬压力的影响较大。重力坝的坝体和坝基有一定的透水性，在较大的水头差作用下，产生渗透压力。渗透压力和浮托力合称扬压力，它会减轻坝体的有效重量，对坝体稳定不利，因此要采取有效措施减小扬压力。

(5) 材料的强度不能够充分发挥。重力坝材料的允许压应力相对较大，而坝体内部和上部的实际应力较小，因此坝体不同区域应采用不同强度等级和耐久性要求的材料。

2.1.1.2　重力坝的类型

(1) 按坝体的高度分类。重力坝坝高指坝基最低面（不包括局部深槽、深井）至坝顶

路面的高度。坝高大于70m的为高坝，小于30m的为低坝，介于两者之间的为中坝。

（2）按筑坝材料分类。按筑坝材料可分为常态混凝土重力坝、碾压混凝土重力坝和浆砌石重力坝。从目前世界建设的重力坝来看，常态混凝土重力坝在数量上占绝大多数；而从技术、经济效益和发展趋势看，碾压混凝土重力坝有较大的发展空间；中低坝可用浆砌石重力坝。

（3）按泄水条件分类。按顶部是否泄水可分为溢流重力坝和非溢流重力坝。坝体内设有泄水孔的坝段和溢流坝段统称为泄水坝段；完全不能泄水的坝段称为非溢流坝段，也称为挡水坝段。

（4）按坝体的结构分类。可分为实体重力坝、宽缝重力坝、空腹重力坝、预应力重力坝、装配式重力坝等，如图2.2所示。

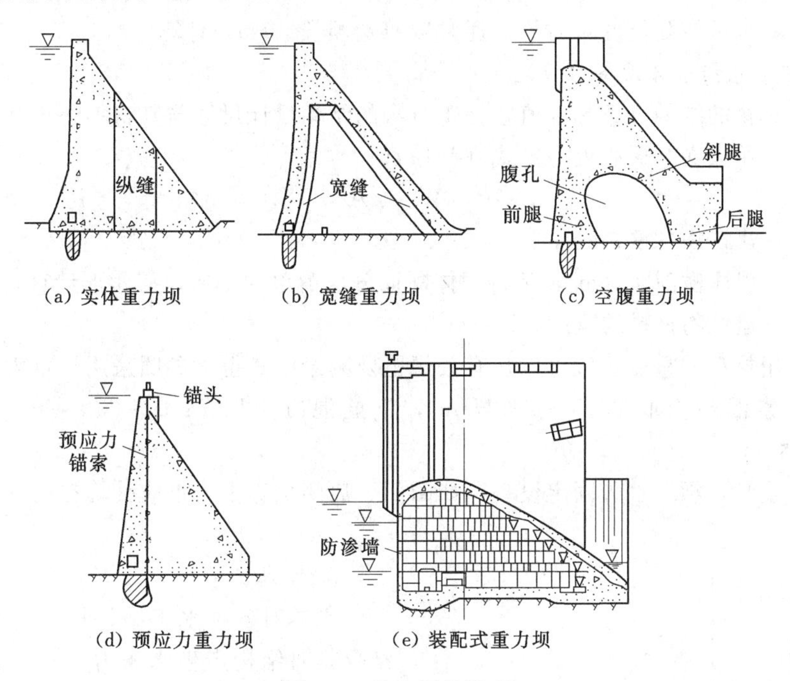

图2.2 重力坝的类型

实体重力坝是最简单的形式，其优点是设计和施工均较方便，应力分布也较明确；缺点是扬压力大和材料的强度不能充分发挥，工程量较大。宽缝重力坝与实体坝相比，具有降低扬压力、较好利用材料强度、节省工程量和便于坝内检查及维护等优点；缺点是施工较为复杂，模板用量较多。空腹重力坝不但可以进一步降低扬压力，节省方量，而且可以利用坝内空腔布置水电站厂房，坝顶溢流宣泄洪水，以便解决在狭窄河谷中布置发电厂房和泄水建筑物的困难。其缺点是腹孔附近可能存在一定的拉应力，局部需要配置较多的钢筋，应力分析与施工方面也比较复杂。此外，还有预应力重力坝及装配式重力坝。预应力重力坝的特点是利用预加应力措施来增加坝体上游部分的压应力，提高抗滑稳定性，从而可以削减坝体剖面，但目前仅在小型工程和旧坝加固工程中使用。装配式重力坝是采用预制块安装筑成的坝，如图2.2（e）所示，可改善施工质量和降低坝的温度升高，但要求施工工艺精确，以便接缝有足够的强度和防水性能。湖北省陆水工程就采用此种坝型。

2.1.2 重力坝的作用及作用效应组合

2.1.2.1 重力坝的作用

作用是指外界环境对水工建筑物的影响，是重力坝设计的主要依据之一。作用效应是指建筑物对外界作用的响应，如应力、变形、振动等，是结构分析的主要任务。

作用按其随时间的变异分为永久作用、可变作用、偶然作用。设计基准期内量值基本不变的作用称为永久作用，设计基准期内量值随时间的变化与平均值之比不可忽略的作用称为可变作用，设计基准期内之可能短暂出现（且量值很大）或可能不出现的作用称为偶然作用。

各种作用都有变异性或随机性。随时间而变异的应按随机过程看待，但常可按一定条件统计分析，也可按随机变量对待。通常取单宽坝长（1m）计算。

1. 自重（包括永久设备自重）

水工建筑物的结构自重标准值，等于自身的结构设计尺寸与其材料的重度乘积，方向垂直向下，作用点在其形心处，见式（2.1）：

$$W=\gamma_c A \tag{2.1}$$

式中 W——建筑物自重，kN；

A——坝体横剖面，m^2，常将坝体断面分成简单的矩形、三角形计算；

γ_c——建筑物材料的重度，kN/m^3。

水工常用材料的重度一般可以从有关规范及附录中查得，参照采用。重力式结构（重力坝）一般素混凝土取 23.5～24kN/m^3，钢筋混凝土取 24.5～25kN/m^3，浆砌石取 21.5～23kN/m^3。

计算自重时，坝上永久固定设备，如闸门、启闭机等重力也应计算在内，坝内较大孔洞应扣除。

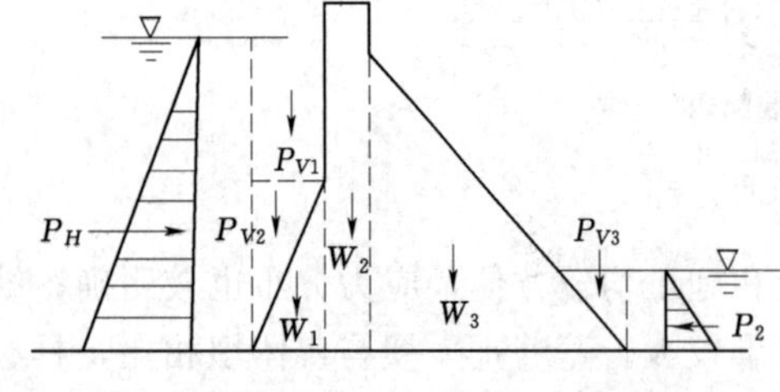

图 2.3 重力坝上静水压力分布

2. 水压力

水体对各种水工结构均发生作用，作用结果是对结构产生水压力，其可分为静水压力和动水压力。

（1）静水压力。静水压力是作用在上下游坝面的主要荷载。分解为水平水压力（P_H）和垂直水压力（P_V），如图 2.3 所示。

$$\left.\begin{aligned} P_H&=\frac{1}{2}\gamma_w H^2 \\ P_V&=V_w\gamma_w \end{aligned}\right\} \tag{2.2}$$

式中 P_H——作用于结构面上的水平水压力，kN/m；

P_V——作用于结构面上的铅直水压力，kN/m；

H——结构面上的计算水深，m；

V_w——作用于结构面上的水体体积，m^3；

γ_w——水的容重，kN/m^3，清水取 9.8kN/m^3，多泥沙浑水视实际情况另定。

(2) 动水压力。渐变流时的时均压强为

$$p_t = \rho_w g h \cos\theta \tag{2.3}$$

式中 p_t——过流面上计算点的时均压强代表值，N/m^2；

ρ_w——水的密度，kg/m^3；

g——重力加速度，m/s^2；

h——计算点的水深，m；

θ——结构物底面与平面的夹角。

闸坝反弧段上的动水压力为

$$\left.\begin{aligned} P_{xT} &= \frac{\gamma q v}{g}(\cos\varphi_2 - \cos\varphi_1) \\ P_{yT} &= \frac{\gamma q v}{g}(\sin\varphi_2 + \sin\varphi_1) \end{aligned}\right\} \tag{2.4}$$

式中 P_{xT}、P_{yT}——水流离心力合力的水平分力和垂直分力，kN/m；

φ_1、φ_2——如图 2.4 所示角度；

v——反弧段最低处的断面平均流速，m/s；

q——相应设计状况下反弧段上的单宽流量，$m^3/(s \cdot m)$。

3. 扬压力

各种混凝土坝、水闸等挡水建筑物由于其与地基接触面难免有孔隙，而地基和混凝土也都有一定的透水性，因而在一定的上下游静水头作用下，可认为终究要形成一个稳定渗流场。在此渗流场内，如取某计算截面（如坝底面或坝体某水平截面）以上之坝体部分为讨论对象，则该部分坝体承受渗流场导致的扬压力，而且工程上习惯地将其近似处理为垂直指向计算截面的分布面力。

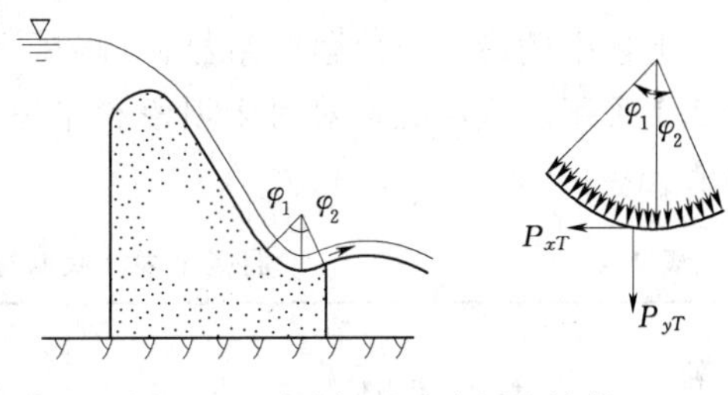

图 2.4 溢流坝面动水压力计算

扬压力包括浮托力和渗透压力。大坝挡水后，在上下游水头差的作用下，水将通过坝体、地基等的孔隙向下游渗透，由渗透引起的水压力称为渗透压力，由下游水深而引起的水压力称为浮托力，渗透压力和浮托力之和称为扬压力。

扬压力的大小可按扬压力分布图形计算。影响分布及数值的因素较多，设计时要根据地基地质条件、防渗排水措施、坝的结构形式等情况，合理选用扬压力计算图形。

(1) 坝底面上的扬压力。坝基无防渗帷幕和排水孔幕时，坝踵处扬压力作用水头为 H_1，坝趾处为 H_2，其间以直线连接，如图 2.5 (a) 所示。

当坝基上游设防渗帷幕和排水孔时，坝底面上游坝踵处扬压力作用水头为 H_1，排水孔中心线处为 $H_2+\alpha(H_1-H_2)$，下游坝址处为 H_2，其间各段以直线连接，如图 2.5 (b) 所示。

当坝基上游设有防渗帷幕和上游主排水孔并设下游副排水孔及抽排系统时，坝踵处扬压力作用水头为 H_1，主、副排水孔中心线处分别为 $\alpha_1 H_1$、$\alpha_2 H_2$，坝址处为 H_2，其间各段以直线连接，如图 2.5 (c) 所示。

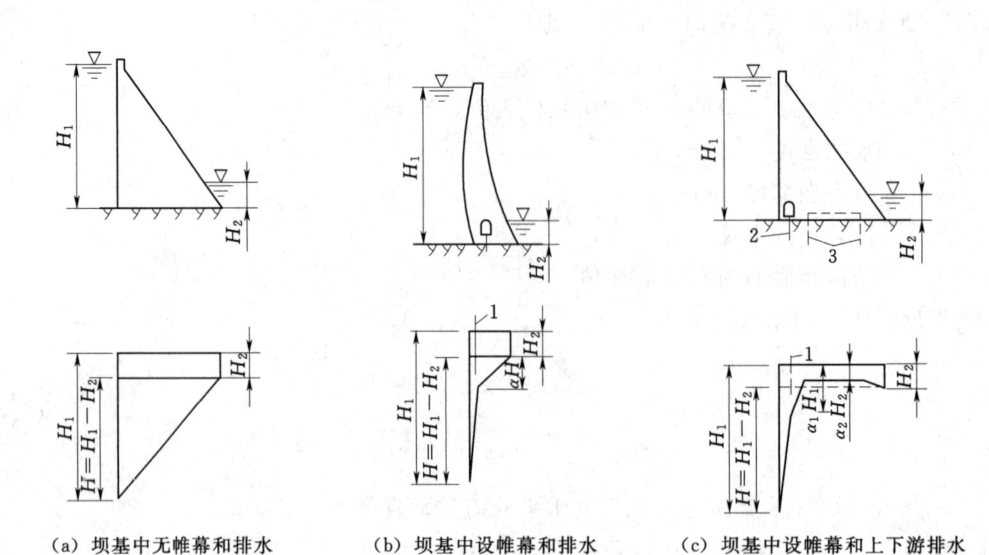

（a）坝基中无帷幕和排水　（b）坝基中设帷幕和排水　（c）坝基中设帷幕和上下游排水

图 2.5　坝底扬压力分布图

1—排水管中心线；2—主排水管；3—副排水管

上述中的渗透压力强度系数 α、扬压力强度系数 α_1 及残余扬压力强度系数 α_2 可参照表 2.1 采用。应注意，对河床坝段和岸坡坝段，α 取值不同，后者计及三向渗流作用，α 取值大些。

表 2.1　　混凝土坝坝底渗透压力和扬压力强度系数

坝型及部位		坝基处理情况		
		设置防渗帷幕及排水孔	设置防渗帷幕及主、副排水孔并抽排	
部位	坝型	渗透压力强度系数 α	主排水孔前扬压力强度系数 α_1	残余扬压力强度系数 α_2
河床段	实体重力坝	0.25	0.20	0.50
	宽缝重力坝	0.20	0.15	0.50
	大头支墩坝	0.20	0.15	0.50
	空腹重力坝	0.25		
	拱坝	0.25	0.20	0.50
岸坡段	实体重力坝	0.35		
	宽缝重力坝	0.30		
	大头支墩坝	0.30		
	空腹重力锁	0.35		
	拱坝	0.35		

坝底面扬压力的作用分项系数可按如下采用：

1）浮托力的作用分项系数为 1.0。

2）渗透压力的作用分项系数，对实体重力坝为1.2；对宽缝重力坝、大头支墩坝、空腹重力坝以及拱坝为1.1。

3）对坝基下游设置抽排系统的情况，主排水孔前扬压力作用分项系数为1.1，主排水孔后残余扬压力作用分项系数为1.2。

（2）坝体内部扬压力。基于混凝土也有一定透水性的认识，混凝土坝体各水平截面也被视为承受一定的扬压力。为降低坝体内扬压力，一般在上游坝面部分浇筑抗渗标号高的混凝土，并在紧靠该防渗层的下游侧设排水管，从而也构成了坝体的防渗排水系统。从工程实践看，各种混凝土坝都是成层浇筑的，坝的透水性不均匀，沿水平施工缝的透水性较大，坝体水平截面上的扬压力实际上受水平施工缝面上的扬压力控制。SL 319—2005《混凝土重力坝设计规范》中对坝体内扬压力分布和取值的规定，可理解为比照坝底扬压力规定的适当折减。SL 319—2005《混凝土重力坝设计规范》规定，坝体内计算截面的扬压力分布图形，可根据坝型及其坝内排水管的设置情况，按图2.6确定，其中排水管线处渗透压力强度系数 α_3 按下列情况采用：

实体重力坝、拱坝及空腹重力坝的实体部位采用 $\alpha_3=0.2$。

宽缝重力坝、大头支墩坝的宽缝部位采用 $\alpha_3=0.15$。

坝体内扬压力的作用分项系数值同前述坝底面扬压力作用分项系数值的相应规定。

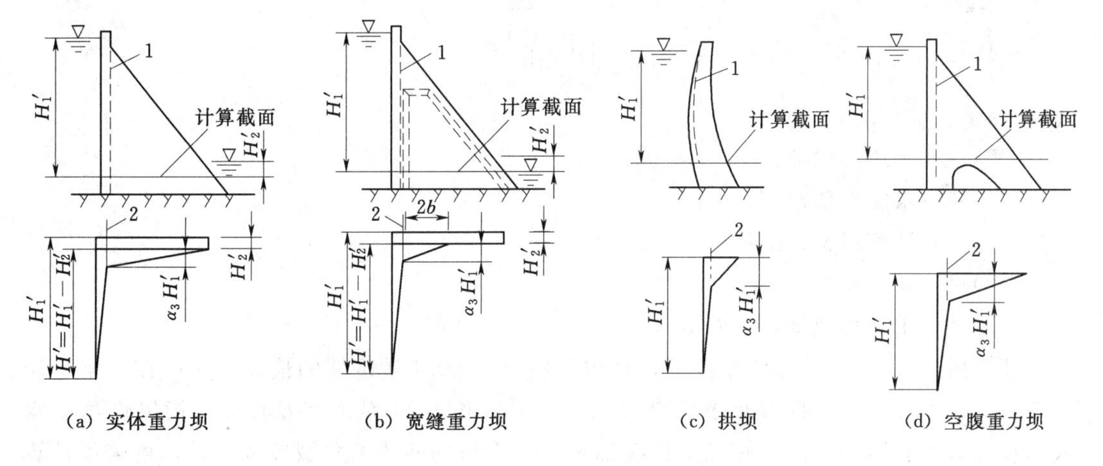

图2.6　坝体计算截面上扬压力分布图

1—坝内排水管；2—排水管中心线

4. 浪压力

由于风的作用，在水库内形成波浪，它不但给闸坝等挡水建筑物直接施加浪压力，而且波峰所达到的高程也是决定坝高设计的重要依据。浪压力的大小与波浪要素和坝前水深等因素有关。

（1）波浪要素计算。波浪的几何要素如图2.7所示，主要包括平均波高（h_m）、平均坡长（L_m）、波浪中心线高于静水面的高度（h_z）。其值的大小与水面的宽阔程度、水域形状、风力、风向、库区的地形等条件有关。SL 319—2005《混凝土重力坝设计规范》规定，波浪要素宜根据拟建水库的具体条件，按下述情况计算：

1）对平原、滨海地区的水库及水闸，宜按莆田试验站公式计算波浪要素值：

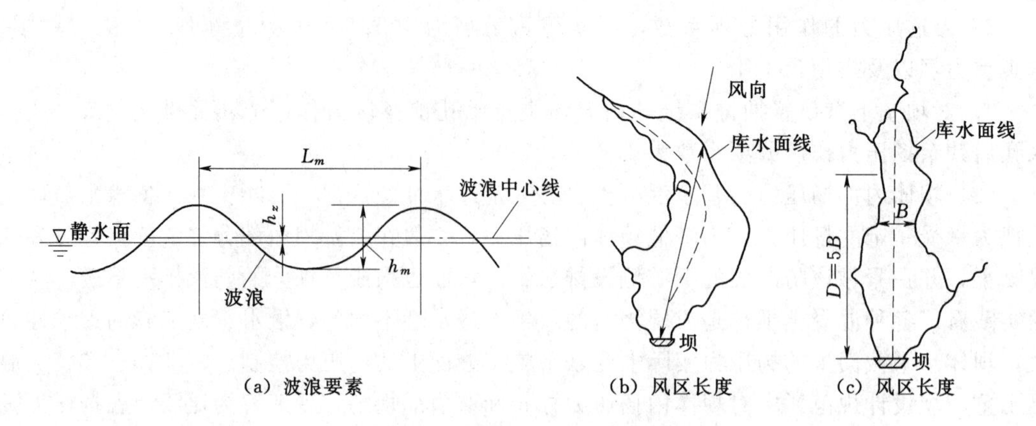

图 2.7　波浪要素及风区长度

$$\frac{gh_m}{v_0^2}=0.13\text{th}\left[0.7\left(\frac{gH_m}{v_0^2}\right)^{0.7}\right]\text{th}\left\{\frac{0.0018(gD/v_0^2)^{0.45}}{0.13\text{th}[0.7(gH_m/v_0^2)^{0.7}]}\right\} \tag{2.5}$$

$$\frac{gT_m}{v_0}=13.9\left(\frac{gh_m}{v_0^2}\right)^{0.5} \tag{2.6}$$

当$\frac{H_m}{L_m}\geqslant 0.5$时：　　$L_m=\frac{gT_m^2}{2\pi}$

当$\frac{H_m}{L_m}<0.5$时：　　$L_m=\frac{gT_m^2}{2\pi}\text{th}\,\frac{2\pi H_m}{\lambda}$

式中　h_m——平均波高，m；

T_m——平均波周期，s；

H_m——水域平均水深，m；

v_0——计算风速，m/s；

D——风区长度，m；

g——重力加速度，9.81m/s^2。

计算风速 v_0 在正常运用条件下，采用相应季节50年重现期的最大风速；在非常运用条件下，采用相应洪水期多年平均最大风速。风区长度 D 亦称有效吹程，指风作用于水域的直线最大长度，一般可按以下情况确定：当沿风向两侧的水域较宽广时，可采用计算点至对岸的直线最大距离；当沿风向有局部缩窄且缩窄处的宽度 B 小于12倍计算波长时，可采用 $5B$，同时不小于计算点至对岸的直线距离，如图2.7（b）、（c）所示。

2）对丘陵、平原地区水库，其风浪要素值宜按鹤地水库试验公式计算：

$$\frac{gh_{2\%}}{v_0^2}=0.00625v_0^{\frac{1}{6}}\left(\frac{gD}{v_0^2}\right)^{\frac{1}{3}} \tag{2.7}$$

$$\frac{gL_m}{v_0^2}=0.0386\left(\frac{gD}{v_0^2}\right)^{\frac{1}{2}} \tag{2.8}$$

式中　$h_{2\%}$——累积频率为2%的波高，m；

L_m——平均波长，m。

鹤地水库试验公式适用于水深较大，计算风速 $v_0<26.5$m/s，风区长度 $D<7.5$km 的水库。

3）对内陆的峡谷水库，宜按官厅公式计算各风浪要素值（适用于 $v_0<20\text{m/s}$，风区长度 $D<20\text{km}$ 的情况）：

$$\frac{gh}{v_0^2}=0.0076v_0^{\frac{-1}{12}}\left(\frac{gD}{v_0^2}\right)^{\frac{1}{3}} \tag{2.9}$$

$$\frac{gL_m}{v_0^2}=0.331v_0^{\frac{-1}{2.15}}\left(\frac{gD}{v_0^2}\right)^{\frac{1}{3.75}} \tag{2.10}$$

式中　h——当$\frac{gD}{v_0^2}=20\sim250$时，为累积频率 5%的波高 $h_{5\%}$，当$\frac{gD}{v_0^2}=250\sim1000$时，为累积频率为 10%的波高 $h_{10\%}$。

累积频率为 P(%) 的波高 h_p 与平均波高的关系可按表 2.2 进行换算。

表 2.2　累积频率为 P(%) 的波高与平均波高的比值

$\frac{h_m}{H_m}$	P/%									
	0.1	1	2	3	4	5	10	13	20	50
0	2.97	2.42	2.23	2.11	2.02	1.95	1.71	1.61	1.43	0.94
0.1	2.70	2.26	2.09	2.00	1.92	1.87	1.65	1.56	1.41	0.96
0.2	2.46	2.09	1.96	1.88	1.81	1.76	1.59	1.51	1.37	0.98
0.3	2.23	1.93	1.82	1.76	1.70	1.66	1.52	1.45	1.34	1.00
0.4	2.01	1.78	1.68	1.64	1.60	1.56	1.44	1.39	1.30	1.01
0.5	1.80	1.63	1.56	1.52	1.49	1.46	1.37	1.33	1.25	1.01

（2）直墙式挡水建筑物的波浪压力。对作用在铅直迎水面建筑物上的风浪压力，应根据建筑物前的水深情况，按以下三种波态分别计算，如图 2.8 所示。

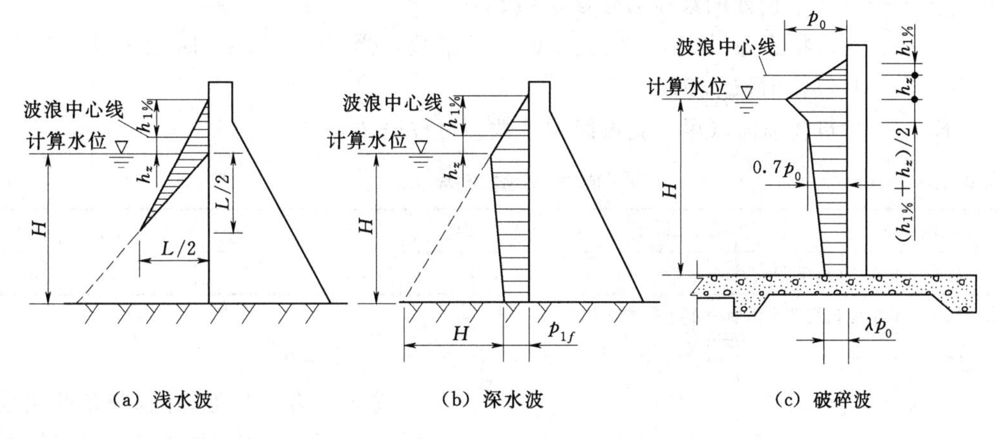

图 2.8　波浪压力分布图

1）当 H 满足 $H\geqslant H_{cr}$ 和 $H\geqslant\frac{L_m}{2}$时，单位长度挡水建筑物迎水面上的浪压力标准值按下式计算：

$$P_{WK}=\frac{1}{4}\gamma_W L_m(h_{1\%}+h_z) \tag{2.11}$$

其中
$$h_z=\frac{\pi h_{1\%}^2}{L_m}\operatorname{cth}\frac{2\pi H}{L_m}\tag{2.12}$$

$$H_{cr}=\frac{L_m}{4\pi}\ln\frac{L_m+2\pi h_{1\%}}{L_m-2\pi h_{1\%}}\tag{2.13}$$

式中 P_{WK}——单位长度迎水面上的浪压力，kN/m；

γ_W——水的重度，kN/m³；

L_m——平均波长，m；

$h_{1\%}$——累积频率为1%的波高，m；

H——挡水建筑物迎水面前的水深，m；

h_z——波浪中心线至计算水位的高度，m；

H_{cr}——使波浪破碎的临界水深，m。

2）当 $H\geqslant H_{cr}$ 但 $H<\frac{L_m}{2}$ 时，坝前产生浅水波，单位长度的浪压力标准值按下式计算：

$$P_{WK}=\frac{1}{2}[(h_{1\%}+h_z)(\gamma_w H+p_{lf})+Hp_{lf}]\tag{2.14}$$

其中
$$p_{lf}=\gamma_w h_{1\%}\operatorname{sech}\frac{2\pi H}{L_m}\tag{2.15}$$

式中 p_{lf}——建筑物底面处的剩余浪压力强度，kN/m²。

3）当 $H<H_{cr}$ 时，则闸、坝前产生破碎波，单位长度上的波浪压力标准值可按下式计算：

$$P_{WK}=\frac{1}{2}p_0[(1.5-0.5\lambda)h_{1\%}+(0.7+\lambda)H]\tag{2.16}$$

其中
$$p_0=K_0\gamma_w h_{1\%}$$

式中 p_0——计算水位处的浪压力强度，kPa；

λ——建筑物底面处的浪压力强度折减系数，当 $H\leqslant 1.7h_{1\%}$ 时取0.6，当 $H>1.7h_{1\%}$ 时取0.5；

K_0——建筑物前河（渠）底坡影响系数，可按表2.3采用。

表2.3 底坡影响系数 K_0

底坡 i	1/10	1/20	1/30	1/40	1/50	1/60	1/80	<1/100
K_0	1.89	1.61	1.48	1.41	1.36	1.33	1.29	1.25

注 底坡 i 采用建筑物迎水面前一定距离的平均值。

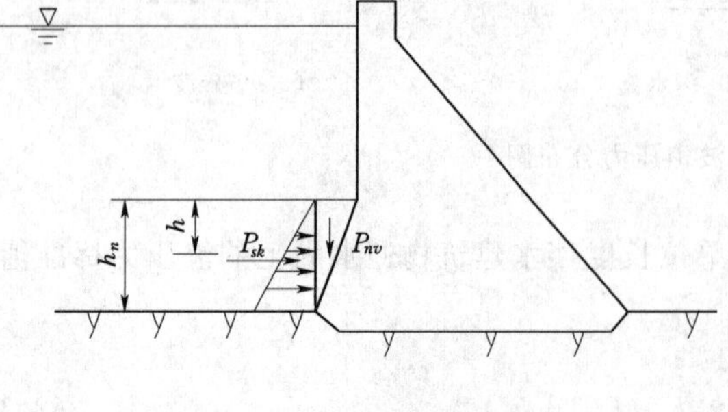

图2.9 淤沙压力计算图

5. 淤沙压力

淤沙压力是指入库水流挟带的泥沙在水库中淤积，淤积在坝前的泥沙对坝面产生的压力。淤沙压力计算图如图2.9所示。

淤积的规律是从库首至坝前，随水深的增加而流速减小，沉积的粒径由粗到细，坝前淤积的是极细的泥沙，淤积泥沙的深度和内摩擦角随时间在变化，

一般计算年限取50～100年。

单位坝长上的水平淤沙压力标准值 P_{sk} 为

$$P_{sk}=\frac{1}{2}\gamma_{sb}h_s^2\tan^2\left(45°-\frac{\varphi_s}{2}\right) \tag{2.17}$$

式中 P_{sk}——淤沙压力标准值，kN/m；

γ_{sb}——淤沙的浮重度，kN/m^3；

h_s——挡水建筑物前泥沙的淤积高度，m；

φ_s——淤沙的内摩擦角，(°)。

淤沙高度应根据河流的水文泥沙特性和枢纽布置情况经计算确定；淤沙的浮容重和内摩擦角一般可参照类似工程的实测资料分析确定；对淤积严重的工程，宜通过物理模型试验后确定。淤沙压力的作用分项系数应采用1.2。

6. 地震作用

(1) 基本概念。

地震烈度表示地震时在一定地点的地面震动的强烈程度，分0～12度。地震荷载的大小与建筑物所在地区的烈度有关，烈度又分基本烈度和设计烈度两种。

基本烈度是指建筑物所在地区今后一定时期（一般指100年左右）内可能遭遇的地震最大烈度。

设计烈度是指抗震设计时实际采用的烈度（震级≠烈度）。

一般情况下：　　设计烈度＝基本烈度

特殊情况下：　　设计烈度＝基本烈度＋1度

一般对设计烈度为6度以下地区的建筑物，可不考虑地震作用；而设计烈度在9度以上地震区的水工建筑物或高度大于250m的壅水建筑物，必须进行专门的抗震研究。

基本烈度是指在50年基准期内，一般场地条件下，可能遭遇的地震事件中，超越概率 P_{50} 为0.01所对应的地震烈度。

(2) 地震作用力计算。

1) 地震惯性力。水平地震惯性力采用拟静力法计算地震作用效应时，沿建筑物高度作用于质点 i 的水平向地震惯性力代表值应按下式计算：

$$F_i=\alpha_h\zeta G_{Ei}\alpha_i/g \tag{2.18}$$

其中

$$\alpha_i=1.4\times\frac{1+4(h_i/H)^4}{1+4\sum_{j=1}^{n}\frac{G_{Ej}}{G_E}(h_j/H)^4} \tag{2.19}$$

式中 F_i——作用在质点 i 的水平地震惯性力代表值；

ζ——地震作用的效应折减系数，除另有规定外，取0.25；

G_{Ei}——集中在质点 i 的重力作用标准值；

G_{Ej}——集中在质点 j 的重力作用标准值；

α_i——质点 i 的动态分布系数；

n——建筑物计算质点总数；

H——建筑物高度，m，对溢流坝算至闸墩顶；

h_i、h_j——质点 i、j 距坝底的高度，m；

G_E——产生地震惯性力的建筑物总重力作用的标准值。

垂直地震惯性力：一般 α_v 应取水平向设计地震加速度代表值的2/3。总的地震作用效应也可将竖向地震作用效应乘以0.5偶合系数后与水平地震作用效应直接相加。

2）地震动水压力。水闸、重力坝等上游面垂直的情况下，水深 h 处的地震动水压力代表值应按式（2.20）计算：

$$p_w(h)=\alpha_h\zeta\psi(h)\rho_w H_0 \tag{2.20}$$

式中　$p_w(h)$——作用在直立建筑物迎水面水深 h 处的地震动水压力代表值；

α_h——水平向设计地震加速度代表值；

$\psi(h)$——水深 h 处的地震动水压力分布系数；

ρ_w——水体质量密度标准值；

H_0　水深，m。

单位坝面的总地震动水压力作用在水面以下 $0.54H_0$ 处，其代表值 F_0 应按下式计算：

$$F_0=0.65\alpha_h\zeta\rho_w H_0^2 \tag{2.21}$$

注：与水平面夹角 θ 的倾斜迎水面，式（2.21）应乘以折减系数 $\eta_c=\dfrac{\theta}{90}$。

3）地震动土压力。当重力坝或水闸一侧有填土时，则应考虑地震作用引起的土体对结构产生的动态压力，即地震动土压力。

7. 冰压力和冻胀力

（1）冰压力。冰压力可分为静冰压力和动冰压力。

1）静冰压力：水库水面结冰后，当气温回升时，冰盖产生膨胀，则对建筑物产生挤压作用，称为静冰压力。作用于其表面单位长度上的静冰压力标准值按表2.4采用。静冰压力垂直作用于结构物前沿，其作用点取冰面以下1/3冰厚处。

表2.4　静冰压力标准值

冰层厚度/m	0.4	0.6	0.8	1.0	1.2
静冰压力标准值/(kN/m)	85	180	215	245	280

2）动冰压力：

$$F_{bk}=0.07vd_i\sqrt{Af_{ic}} \tag{2.22}$$

式中　F_{bk}——冰块撞击建筑物时产生的动冰压力，MN；

v——冰块流速，m/s，宜按实测资料确定，当无实测资料时，对于河（渠）冰可采用水流流速，对于水库冰可采用历年冰块运动期内最大风速的3%，但不宜大于0.6m/s，对于过冰建筑物可采用该建筑物前流冰的行近流速；

A——冰块面积，m^2，可由当地或邻近地点的实测或调查资料确定；

d_i——流冰厚度，可采用当地最大冰厚的0.7～0.8倍，流冰初期取大值；

f_{ic}——冰的抗压强度，MPa，宜由试验确定，当无试验资料时，对于水库可采用0.3MPa；对于河流，流冰初期可采用0.45MPa，后期可采用0.3MPa。

（2）冻胀力。冻胀力可分为切向冻胀力、水平冻胀力、竖向冻胀力。

1）冰压力对高坝可以忽略，因为一方面水库开阔，冰易凸起破碎；另一方面，冰压力在总荷载中所占比例较小。

2）对低坝、闸较为重要，它占总荷载的比重大。

3）某些部位如闸门进水口处及不宜承受大冰压力的部位，可采取充气措施等。

8. 山体围岩压力

当岩体较破碎时，其可能产生塌落、滑移，而施加在隧洞衬砌上的压力，称为围岩压力。

9. 风荷载及雪荷载

对混凝土坝、土石坝等结构物，风、雪荷载占全部荷载的比重很小，一般可忽略不计，但对渡槽、进水塔、启闭机房、泵房等架空、高耸结构物，则必须计入风、雪荷载的作用。

(1) 风荷载。对一些架空建筑物、厂房等结构物，其侧面受风的作用后垂直作用于建筑物侧表面上的风荷载。

(2) 雪荷载。降雪时由于积雪对电站厂房、泵站厂房、渡槽等建筑物顶面的作用称为雪荷载。

10. 其他作用

(1) 温度作用。温度作用是与结构特征相关的间接作用，当外界气温或水温发生变化时，则结构内部的温度发生变化，使其产生膨胀或收缩。

(2) 灌浆压力。压力灌浆可分为固结灌浆、回填灌浆、接触灌浆及接缝灌浆等几种。一般只考虑地下结构的混凝土衬砌拱顶与围岩之间的回填灌浆压力；钢衬与外围混凝土之间的接触灌浆压力。

对灌浆压力的标准值，可取回填灌浆、接触灌浆的设计压力值乘以小于 1.0 的面积系数。

2.1.2.2 荷载组合

1. 荷载

永久荷载，指在设计基准期内，其量值不随时间变化或其变化与平均值相比可忽略不计的荷载。包括坝体自重和永久性设备自重、淤沙压力（有排沙设施时可列为可变作用）、土压力。

可变荷载，指在设计基准期内量值随时间变化，且变化与平均值相比不可忽略的荷载。包括静水压力，扬压力（包括渗透压力和浮托力），动水压力（包括水流离心力、水流冲击力、脉动压力等），浪压力，冰压力（包括静冰压力和动冰压力），风雪荷载，机动荷载。

偶然荷载，指在设计基准期内出现概率很小，一旦出现其量值很大且持续时间很短的荷载。包括地震作用，以及校核洪水位时的静水压力。

2. 荷载组合

重力坝按其所处的工作状况分为持久状况、短暂状况和偶然状况。

(1) 持久状况。在结构正常使用过程中一定出现且持续期很长，一般与结构设计基准期同一数量级的设计状况。

(2) 短暂状况。在结构施工（安装）、检修或使用过程中必然且短暂出现的设计状况。

（3）偶然状况。在结构使用过程中，出现概率很小，持续期很短的设计状况。

常用的作用效应组合有基本组合（持久状况、短暂状况）和偶然组合（偶然状况）。基本组合指可能同时出现的永久作用、可变作用效应组合，其中持久状况下的基本组合称为长期组合，短暂状况下的基本组合称为短期组合。偶然组合指基本组合与一种可能出现的偶然作用效应组合。

2.1.3　非溢流重力坝的剖面设计

2.1.3.1　剖面设计的原则

重力坝的剖面设计原则是指在满足稳定和强度要求的前提下，力求获得施工简单、运用方便、体积最小的剖面，以达到既安全又经济合理的目的。

影响坝体剖面设计的因素很多，如荷载、地形、地质、运用要求、筑坝材料、施工条件等。设计时应综合考虑上述因素，拟定多种方案进行比较，从中选出最优设计方案。剖面拟定的步骤为：首先拟定基本剖面；其次根据运用及其他要求，将基本剖面修改成实用剖面；最后对使用剖面进行应力分析和稳定验算。按规范要求，经过几次反复修正和计算后，得到合理的设计剖面。

2.1.3.2　基本剖面

由于作用于坝上游面的水压力呈三角形分布，与此作用相适应的坝体的基本断面必为三角形，如图2.10所示。因此，重力坝的基本断面一般是指在水压力（水位与坝顶齐平）、自重和扬压力等主要荷载作用下，满足稳定、强度要求的最小三角形断面。

从满足强度要求来看，对基本三角形的要求如下：

（1）当$\alpha>90°$，上游面为倒坡时［图2.10（a）］，在库空的情况下，三角形重心超出底边的三分点，在下游面会产生拉应力，而且倒坡也不便施工。

（2）当$\alpha<90°$时［图2.10（b）］，可以利用上游面的水重帮助稳定。但α小到一定程度，在库满时合力可能超出底边的三分点，在上游面会产生拉应力。因此，上游面坡角α也不宜太小。

在一般情况下，常将上游面做成铅直的［图2.10（c）］，即$\alpha=90°$。当抗剪断面系数f'_R较低时，可适当减少α值，以便利用上游面的水重维持稳定。根据工程经验，重力坝本断面的上游坡度宜常用1∶0～1∶0.2，下游面的坡度宜采用1∶0.6～1∶0.8，坝底宽为坝高的0.7～0.9倍。

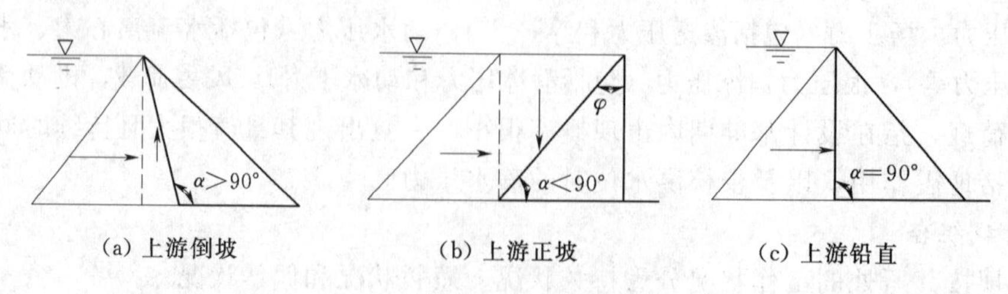

图2.10　不同α角的坝体断面

2.1.3.3　实用剖面

基本断面拟定以后，要根据运用条件，如防浪墙、坝顶设备布置，交通、施工和检修

要求等，把基本剖面修正成为实用断面。

1. 坝顶宽度

坝顶必须有一定的宽度，以满足运用和交通的要求。无特殊要求时，坝顶宽度可采用坝高的8%～10%，一般不小于3m，碾压混凝土坝坝顶宽不小于5m；当有交通要求时，应按交通要求布置。当坝顶布置移动式启闭机时，坝顶宽度要满足安装门机轨道的要求。

当有较大的冰压力或漂浮物撞击力时，坝顶最小宽度还应满足强度要求。

2. 坝顶高程

为了交通和运用管理的安全，非溢流重力坝的坝顶应高于校核洪水位，坝顶上游的防浪墙顶的高程应高于波浪高程，其与正常蓄水位或校核洪水位的高差Δh为

$$\Delta h=h_{1\%}+h_z+h_c \tag{2.23}$$

式中 Δh——防浪墙顶至正常蓄水位或校核洪水位的高差，m；

$h_{1\%}$——累积频率为1%的波高，m；

h_z——波浪中心线高出静水位的高度，m；

h_c——取决于坝的级别和计算情况的安全超高，按表2.5选取。

表2.5　　安全超高 h_c　　单位：m

相应水位	坝的安全级别		
	Ⅰ	Ⅱ	Ⅲ
正常蓄水位	0.7	0.5	0.4
校核洪水位	0.5	0.4	0.3

$h_{1\%}$、h_z按照DL 5077—1999《水工建筑物荷载设计规范》规定的公式计算，在计算$h_{1\%}$、h_z时，设计和校核情况应采用不同的计算风速值，坝顶高程（或坝顶上游防浪墙顶高程）按下式计算，并选用其中的较大值：

$$\left.\begin{aligned}&\text{坝顶或防浪墙顶高程}=\text{设计洪水位}+\Delta h_{\text{设}}\\&\text{坝顶或防浪墙顶高程}=\text{校核洪水位}+\Delta h_{\text{校}}\end{aligned}\right\} \tag{2.24}$$

当坝顶设防浪墙时，坝顶高程不得低于相应的静水位，防浪墙顶高程不得低于波浪顶高程。

式（2.24）中，$\Delta h_{\text{设}}$和$\Delta h_{\text{校}}$分别按式（2.23）的要求考虑。对于Ⅰ、Ⅱ级的坝，如果按照可能最大洪水校核时，坝顶高程不得低于相应静水位，防浪墙顶高程不得低于波浪顶高程。防浪墙高度一般为1.2m，应与坝体在结构上连成整体，墙身应有足够的厚度，以抵挡波浪及漂浮物的冲击。

3. 坝顶布置

坝顶结构布置的原则：安全、经济、合理、实用。

坝顶结构型式：坝顶部分伸向上游；坝顶部分伸向下游，并做成拱桥或桥梁结构型式；坝顶建成矩形实体结构，必要时为移动式闸门启闭机铺设隐形轨道。

坝顶排水：一般都排向上游。

坝顶防浪墙：高度一般为1.2m，厚度应能抵抗波浪及漂浮物的冲击，与坝体牢固地连在一起，防浪墙在坝体分缝处也留伸缩缝，缝内设止水。

4. 实用剖面型式

坝顶宽度和高程确定以后，对基本剖面进行修正，可得到如图2.11所示的实用剖面。

(1) 上游面铅直的坝面，如图2.11 (a) 所示。该坝型的优点是便于在上游坝面布置进水口、闸门和拦污设备，也便于施工。由于增加了坝顶重量，在库空时可能使下游坝面产生微小的拉应力，设计时应调整下游坝坡系数，使坝体应力控制在允许范围内。该型式适用于坝基抗剪断参数较大，由强度条件控制坝体断面的情况。

(2) 上游坝面做成折坡面，如图2.11 (b) 所示。该坝型是实际中常采用的一种形式。其特点是可利用部分水重来增加坝的稳定性，折坡点以上既可节省进口设备，还可以避免空库时在下游坝面产生拉应力。一般起坡点在坝高1/3～2/3附近。由于起坡点处断面突变，故应对该截面进行强度和稳定校核，当库满时上游斜坡面部分容易产生拉应力。

(3) 上游坝面做成倾斜面，如图2.11 (c) 所示。该坝型的优点是可以利用上游斜面上的水重来满足抗滑稳定要求，但是不利于布置进水口。适用于坝基面抗剪断参数较小，由稳定条件控制坝体剖面的情况。

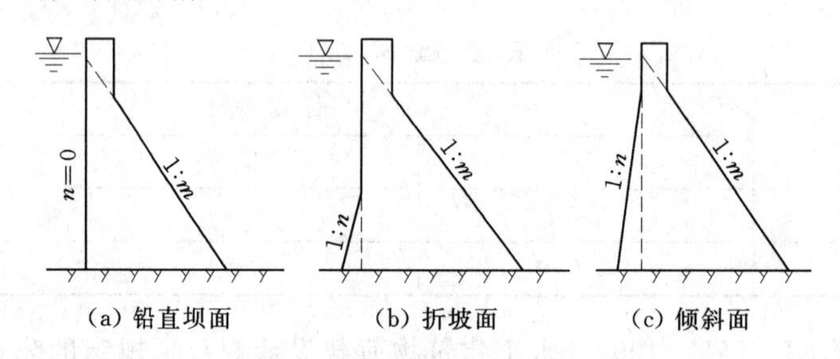

(a) 铅直坝面　(b) 折坡面　(c) 倾斜面

图2.11　非溢流坝断面形态

坝底一般应按规定置于坚硬新鲜岩基上，100m以下重力坝坝基灌浆廊道距岩基和上游坝面应不小于5m。

实用剖面应该以剖面的基本参数为依据，以强度和稳定为约束条件，建立坝体工程量最小的目标函数，进行优化设计，确定最终的设计方案和相关尺寸。

2.1.4 重力坝的结构设计

2.1.4.1 重力坝的结构可靠度设计原理

水工结构设计的目的是保证结构设计满足安全性、适用性、耐久性，而结构的安全性、适用性、耐久性则构成了结构的可靠性，也称为结构的基本功能要求。

1. 结构设计准则的演变

水工结构上的各种作用使结构产生位移变形、内力、应力等统称结构效应（或作用效应），而结构本身的承载能力称为结构抗力。结构的设计任务就是将所设计的结构受作用产生的效应与该结构的相应抗力对比，即$R-S>0$，此处R为结构抗力，S为作用效应。从而使结构能应付偶然出现的不利局面，以保持原定功能。我国水工设计规范规定处理方式有以下两种：

(1) 安全系数法。该方法是采用单一的安全系数，$S\leqslant R/K$，K为安全系数。无论是

早期的容许应力法，还是破坏阶段法和单一安全系数表达的极限状态法，都是采用定值的安全系数 K，而该系数 K 是根据经验确定的。

从“定值理论”出发，人们往往误认为只要在设计中采用了规范给定的安全系数，结构就绝对安全，这是不符合实际的，这种定值安全系数也不能用来比较不同类型的结构可靠程度。

(2) 分项系数的极限状态设计方法。这种设计表达式与单一安全系数表达式不同，它由一组分项系数和设计代表值组成，反映了由各种原因产生的不定性的影响。各种分项系数都是根据可靠度分析，并与规定的目标可靠指标相对应确定的，因此设计结果反映了规定的可靠度水平。该方法具体内容见后述。

2. 结构的极限状态和可靠度分析

结构的可靠性设计中，完成各项功能的程度由极限状态来衡量。

结构整个或部分超过某种状态时，结构就不能满足设计规定的某一功能的要求，这种状态称为结构的极限状态。结构的极限状态是用极限状态函数（或称功能函数）来描述的。

设有几个相互独立的随机变量 $X_i(i=1，2，\cdots，n)$ 影响结构的可靠度，其功能函数为 $Z=g(x_1，x_2，\cdots，x_n)$。若 $Z=g(x_1，x_2，\cdots，x_n)=0$，结构已达到极限状态，该式则称为极限状态方程。

结构设计传统的原则是结构抗力 R 不小于作用效应 S，事实上，由于抗力、作用效应总存在有不定性，可能都是随机变量，或是随机变量的函数。若只以结构的作用效应 S 和结构抗力 R 作为两个独立的基本随机变量来表达时，则功能函数表示为

$$Z=g(R,S)=R-S \tag{2.25}$$

极限状态方程为

$$Z=g(R,S)=R-S=0 \tag{2.26}$$

因 R、S 是随机变量，则功能函数 Z 也是随机变量，显然，当 $Z>0$ 时，结构可靠；$Z<0$ 时，结构失效；$Z=0$ 时，结构处于极限状态。

极限状态又分为承载能力极限状态，正常使用极限状态两大类。

承载能力极限状态是对应于结构或构件达到最大承载能力或不适于继续承载的变形的极限状态。当结构或构件出现下列状态之一时，即认为超过了承载能力极限状态：①整个结构或结构的一部分失去刚体平衡（如倾覆、滑移）；②结构构件因超过材料强度而破坏（包括疲劳破坏），或因过大的塑性形变而不适于继续承载；③结构或结构构件丧失稳定；④整个结构或结构的一部分转变为机动体系而丧失承载能力。

正常使用极限状态是相应于结构或构件达到正常使用或耐久性的某项规定限值的极限状态。当结构或构件出现下列状态之一时，即认为超过了正常使用极限状态：①影响结构正常使用或外观的变形；②对运行人员、设备、仪表等有不良影响的振动；③对结构外形、耐久性以及防渗结构抗渗能力有不良影响的局部破坏；④影响正常适应的其他特定状态。

对于重力坝应分别按承载能力极限状态和正常使用极限状态进行计算和验算。

结构可靠度就是结构在规定的时间内、规定条件下具有预定功能的概率。

结构的可靠度分析就是对结构可靠性进行概率度量。结构能完成预功能的概率是“可靠概率”P_S，不能完成预定功能（$R<S$）的概率为“失效概率”P_f，很显然，$P_S+P_f=1$，采用适当方法求得P_S（或P_f）或相应的指标值（即可靠度指标β值）就可知道结构的可靠度。P_S越接近1，结构可靠度越大。

3. 分项系数极限状态设计方法

混凝土重力坝应分别按承载能力极限状态和正常使用极限状态进行下列计算和验算。

承载能力极限状态：坝体断面、结构及坝基岩体进行强度和抗滑稳定计算，必要时进行抗浮、抗倾验算；对需抗震设防的坝结构，尚需按DL 5073—2000《水工建筑物抗震设计规范》进行验算。

正常使用极限状态：按材料力学方法进行坝体上、下断面拉应力验算，必要时进行坝体及结构变形计算；复杂地基应进行局部渗透稳定验算。

混凝土重力坝分项系数极限状态表达式，有承载能力极限状态表达式和正常使用极限状态表达式两种。

（1）承载能力极限状态设计表达式。

当结构按承载能力极限状态设计时，应考虑基本组合、偶然组合两种作用效应。

1）承载能力极限状态基本组合应采用下列表达式：

$$\gamma_0 \psi S(\gamma_G G_k, \gamma_Q Q_k, \alpha_k) \leqslant \frac{1}{\gamma_{d1}} R\left(\frac{f_k}{\gamma_m}, \alpha_k\right) \tag{2.27}$$

式中 γ_0——结构重要性系数，对应于结构安全级别为Ⅰ、Ⅱ、Ⅲ级的结构及构件，可分别取用1.1、1.0、0.9；

ψ——设计状况系数，对应于持久状况、短暂状况、偶然状况，可分别取用1.0、0.95、0.85；

$S(\cdot)$——作用效应函数；

$R(\cdot)$——结构及构件抗力函数；

γ_G——永久作用分项系数，见表2.6；

γ_Q——可变作用分项系数，见表2.6；

G_k——永久作用标准值；

Q_k——可变作用标准值；

α_k——几何参数的标准值（可作为定值处理）；

f_k——材料性能的标准值；

γ_m——材料性能分项系数，见表2.7；

γ_{d1}——基本组合结构系数，见表2.8。

2）承载能力极限状态偶然组合应采用下列设计表达式：

$$\gamma_0 \psi S(\gamma_G G_k, \gamma_Q Q_k, A_k, \alpha_k) \leqslant \frac{1}{\gamma_{d2}} R\left(\frac{f_k}{\gamma_m}, \alpha_k\right) \tag{2.28}$$

式中 A_k——偶然作用代表值；

γ_{d2}——偶然组合结构系数，见表2.8。

表 2.6 作用分项系数

序号	作用类别		分项系数
1	自重		1.0
2	水压力	静水压力	1.0
		动水压力：时均压力、离心力、冲击力、脉动压力	1.05、1.1、1.1、1.3
3	扬压力	渗透压力	1.2（实体重力坝）、1.1（宽缝、空腹重力坝）
		浮托力	1.0
		扬压力（有抽排）	1.1（主排水孔之前）
		残余扬压力（有抽排）	1.2（主排水孔之后）
4	淤沙压力		1.2
5	浪压力		1.2

注 其他作用分项系数见 DL 5077。

表 2.7 材料性能分项系数

材料性能		分项系数	备注
抗剪断强度			
1）混凝土/基岩	摩擦系数 f'_R	1.3	
	黏聚力 C'_R	3.0	
2）混凝土/混凝土	摩擦系数 f'_c	1.3	包括常态混凝土和碾压混凝层面
	黏聚力 C'_c	3.0	
3）基岩/基岩	摩擦系数 f'_d	1.4	
	黏聚力 C'_d	3.2	
4）软弱结构面	摩擦系数 f'_d	1.5	
	黏聚力 C'_d	3.4	
强度	抗压强度 f_c	1.5	

表 2.8 结构系数

项目	组合类型	结构系数	备注
抗滑稳定极限状态设计式	基本组合	1.2	包括建基面、层面、深层滑动面
	偶然组合	1.2	
抗压极限状态设计式	基本组合	1.8	
	偶然组合	1.8	

（2）正常使用极限状态表达式。

当结构按正常使用极限状态设计时，应考虑以下两种效应组合：

短期组合，即持久状况或短暂状况下，可变作用的短期效应与永久作用效应的组合。

长期组合，即持久状况下，可变作用的长期效应与永久作用效应的组合。

1）短期组合。正常使用极限状态作用效应的短期组合采用下列设计表达式：

$$\gamma_0 S_S(G_k, Q_k, f_k, \alpha_k) \leqslant C_1/\gamma_{d3} \tag{2.29}$$

2）长期组合。正常使用极限状态作用效应的长期组合采用下列设计表达式：

$$\gamma_0 S_1(G_k, \rho Q_k, f_k, \alpha_k) \leqslant C_2/\gamma_{d4} \tag{2.30}$$

式中 C_1、C_2——结构的功能限值；

S_S、S_1——作用效应的短期组合、长期组合时的效应函数；

γ_{d3}、γ_{d4}——正常使用极限状态短期组合、长期组合时的结构系数；

ρ——可变作用标准值长期组合系数，一般取 $\rho=1$。

2.1.4.2 重力坝结构设计与计算

1. 重力坝结构设计任务和计算方法

（1）设计任务：在各种作用组合工况下，对初拟的断面尺寸进行作用效应计算（应力分析）、强度校核和稳定验算，以及最终定出满足强度、稳定要求的经济断面。

（2）计算方法：重力坝一般以材料力学法进行应力分析，以刚体极限平衡法验算稳定，对于建在地质条件复杂的中坝、高坝除用材料力学法计算坝体应力外，尚宜采用有限元法进行计算分析，对于高坝，必要时可采用结构模型、地质力学等试验验证。宽缝重力坝可用材料力学法计算坝体应力分析，对于局部区域如头部附近则可用有限元计算，并允许在离上游面较远部位出现不超过坝体混凝土允许的拉应力。空腹重力坝可用结构力学、材料力学法和有限元计算坝体应力，并用模型试验验证所得应力成果，应没有特别不利的应力分布状态。

2. 重力坝承载能力极限状态

承载能力极限状态设计是指坝体及坝基强度计算和坝体与坝基接触面、坝体层面及坝基深层软弱结构面等部位的抗滑稳定计算。待各个分析重力坝设计计算有关系数确定后，就归结为作用效应函数和抗力函数的计算求值的比较。

（1）坝趾抗压强度承载能力极限状态。重力坝正常运行时，下游坝址发生最大主压应力，故计入扬压力情况下抗压强度承载能力极限状态作用效应函数为

$$S(\cdot)=\left(\frac{\sum W_R}{B}-\frac{6\sum M_R}{B^2}\right)(1+m_2^2) \tag{2.31}$$

抗压强度极限状态抗力函数为

$$R(\cdot)=f_c \tag{2.32}$$

式中 $\sum W_R$——全部竖直力之和，kN（向下为正），包含扬压力 U 在内；

$\sum M_R$——全部法向作用分别对坝基面形心的力矩之和（kN·m），逆时针方向为正；

m_2——坝体下游坡度；

B——计算截面沿上下游方向的宽度；

f_c——混凝土允许抗压强度，kPa。

（2）坝基面抗滑稳定极限状态。在水压力等水平荷载作用下，坝体向下游滑动，因此，重力坝依靠自重等作用在坝体与基岩胶结面上产生的摩擦力与黏聚力来维持滑移稳定。当水平力足够大时，摩擦力与黏聚力就达到其抗剪断强度，此时，该平衡将达到极限状态。

抗滑稳定极限状态作用效应函数为

$$S(\cdot)=\sum P_R \tag{2.33}$$

抗滑稳定极限状态抗力函数为

$$R(\cdot)=f_R'\sum W_R+c_R'A_R \tag{2.34}$$

式中 $\sum P_R$——全部水平力之和，kN（向下游为正）；

$\sum W_R$——全部竖直力之和，kN（向下为正），包含扬压力U在内；

c_R'——坝基面抗剪断黏聚力，kPa；

f_R'——坝基面抗剪断摩擦系数；

A_R——坝基面积，m^2。

（3）坝体层面（包括常态水平施工缝或碾压层面）的抗滑稳定极限状态。由于重力坝的施工是分层浇筑，因此，水平施工缝也是抗滑（抗剪断）相对薄弱面。因此，重力坝设计中也要对层面进行抗滑稳定计算。

作用效应函数为

$$S(\cdot)=\sum P_C \tag{2.35}$$

抗滑稳定抗力函数为

$$R(\cdot)=f_c'\sum W_c+c_c'A_c \tag{2.36}$$

式中 $\sum P_C$——计算层面上全部切向作用之和，kN；

$\sum W_c$——计算层面上全部法向作用之和，kN；

f_c'——层面抗剪摩擦系数；

c_c'——层面抗剪断黏聚力，kPa；

A_c——计算层面截面积，m^2。

核算坝体层面的抗滑稳定极限状态时，应按材料的标准值和作用的标准值或代表值分别计算基本组合和偶然组合。

（4）提高坝体抗滑稳定的工程措施。为了提高坝体的抗滑稳定性，常采用以下工程措施：

1）设置倾斜的上游坝面，利用坝面上水重以增加稳定。当坝底面与基岩间的抗剪强度参数较小时，常将坝的上游面倾向上游，利用坝基上的水重来提高坝的抗滑稳定性。但应注意，上游面的坡度不宜过缓，应控制在1∶0.1～1∶0.2，否则，在上游坝面容易产生拉应力，对强度不利。

2）采用有利的开挖轮廓线。开挖坝基时，最好利用岩面的自然坡度，使坝基面倾向上游，如图2.12（a）所示。有时有意将坝踵高程降低，使坝基面倾向上游，如图2.12

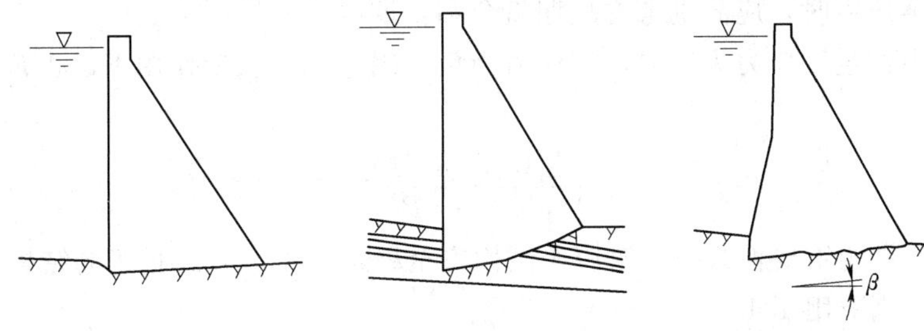

(a) 坝基利用自然坡度倾斜上游　(b) 坝基开挖成倾斜面　(c) 坝基开挖成锯齿状

图2.12　坝基开挖轮廓

(b) 所示。但这种做法将加大上游水压力，增加开挖量和浇筑量，故较少采用。当基岩比较固定时，可以开挖成锯齿状，形成局部的倾向上游的斜面，如图 2.12 (c) 所示，但能否开挖成齿状，主要取决于基岩节理裂隙的产状。

3）设置齿墙。如图 2.13 (a) 所示，当基岩内有倾向下游的软弱面时，可在坝踵部位设齿墙，切断较浅的软弱面，迫使可能的滑动面由 abc 成为 $a'b'c'$，这样既增大了滑动体的重量，同时也增大了抗滑体的抗力。如在坝趾部位设置齿墙，将坝趾放在较好的岩层上，如图 2.13 (b) 所示，则可更多地发挥抗力体的作用，在一定程度上改善了坝踵应力，同时由于坝趾的压应力较大，设在坝趾下齿墙的抗剪能力也会相应增加。

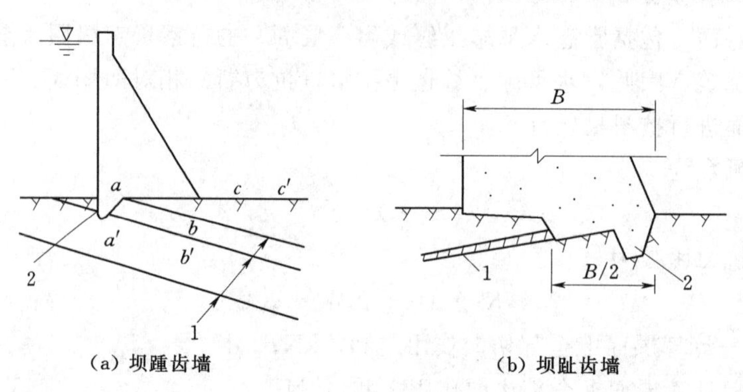

图 2.13　齿墙设置

1—软弱夹层；2—齿墙

4）抽水降压措施。当下游水位较高，坝体承受的浮托力较大时，可考虑在坝基面设置排水系统，定时抽水以减少坝底浮托力。如我国的龚嘴工程，下游水深达 30m，采取抽水措施后，浮托力只按 10m 水深计算，节省了许多浇筑量。

5）加固地基。包括帷幕灌浆、固结灌浆及断层、软弱夹层的处理等。还有横缝灌浆、预应力措施等，具体见相关文献。

3. 重力坝的正常使用极限状态计算

以坝踵垂直应力不出现拉应力作为正常使用极限状态，计入扬压力后，作用效应函数计算式为

$$S(\cdot)=\frac{\sum W_R}{B}+\frac{6\sum M_R}{B^2} \tag{2.37}$$

核算坝踵应力时，应分别考虑短期组合和长期组合。

坝体应力约定压应力为正时，拉应力为负。因此，在长期作用下，正常使用极限状态设计式为

$$\gamma_0\left(\frac{\sum W_R}{B}+\frac{6\sum M_R}{B^2}\right)\geqslant 0 \tag{2.38}$$

式中　γ_0——结构重要性系数，对应于结构安全级别为Ⅰ、Ⅱ、Ⅲ级的结构及构件，可分别取用 1.1、1.0、0.9；

$\sum W_R$——全部竖直力之和，kN（向下为正），包含扬压力 U 在内；

$\sum M_R$——全部法向作用分别对坝基面形心的力矩之和，kN·m，逆时针方向为正；

B——计算截面沿上下游方向的宽度。

根据 SL 319—2005《混凝土重力坝设计规范》规定，对于上游有倒坡的重力坝，在施工期下游面垂直拉应力应小于 0.1MPa。

2.1.5 溢流重力坝

在蓄水枢纽中修建重力坝，常将其河床部分做成溢流坝（段），用以泄洪。所以，溢流重力坝既是挡水建筑物，又是泄水建筑物，它主要承担泄洪保坝、输水供水、排沙、放空水库、施工导流等任务。溢流坝除具有非溢流坝相同的工作条件外，同时又要满足泄洪要求，也就是说，溢流坝设计时既要满足稳定和强度要求，同时还要满足下列要求：有足够的泄洪能力；应使水流平顺地通过坝面，避免产生振动和空蚀；应使下泄水流对河床不产生危及坝体安全的局部冲刷；不影响枢纽中其他建筑物的正常运行等。

因此，溢流坝断面设计除稳定和强度计算与非溢流坝相同外，还涉及泄流的孔口尺寸、溢流堰形态以及消能方式等的合理选定。

2.1.5.1 溢流孔口设计

溢流孔口设计包括孔口型式、堰顶高程、前缘长度、孔数、孔口尺寸的确定及运用要求等内容。

溢流坝的孔口设计涉及设计洪水标准、下游防洪要求、库内水位壅高有无限制、是否利用洪水预报、泄水方式、地质条件等。设计时，通常先选定泄水方式、拟定孔口布置方案和相应的孔口尺寸，分别进行调洪演算，求出各方案的防洪库容，设计和校核洪水位及相应的下泄流量，并估算出淹没损失和工程造价，经技术经济比较，选出最优方案。

1. 孔口形式

溢流坝孔口形式有坝顶溢流式和设有胸墙的大孔口溢流式两种，如图 2.14 所示。

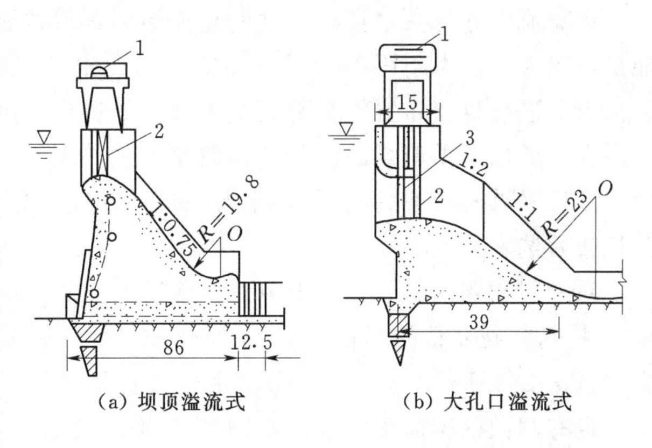

图 2.14 溢流坝泄水方式示意图（单位：m）
1—移动式启闭机；2—工作闸门；3—检修闸门

（1）坝顶溢流式（开敞式）。这种形式的溢流孔除宣泄洪水外，还能排除冰凌和其他漂浮物。坝顶可设或不设闸门。不设闸门的堰顶高程就是水库的正常蓄水位，泄洪时，库水位壅高，淹没损失大，非溢流坝顶高程也要相应地提高。该孔口形式的优点是结构简单，管理方便，仅适用于淹没损失不大的中小型工程。

设置闸门时，其闸门顶略高于正常蓄水位，堰顶高程较低。可以调节水库水位和下泄流量，减少淹没损失和非溢流坝的工程量。当闸门全开时，其泄流能力与水头 $H^{1.5}$ 成正比，随着水库水位的升高，泄量也迅速加大，对保证枢纽安全有较大的作用。另外，闸门设在坝顶部，操作检修方便，工作安全可靠，所以大、中型水库的溢流坝孔口一般均设有闸门。

（2）大孔口溢流式。上部设置胸墙，这种溢流孔的堰顶较低。胸墙的作用是降低闸门高度。

这种形式的溢流孔可根据洪水预报提前放水，腾出较多的库容蓄洪水，从而提高了调洪能力。当库水位较低时，水流为堰顶溢流，随着水位升高，逐渐由堰流变为大孔口泄流。此时下泄流量与水头 $H^{0.5}$ 成正比，超泄能力不如坝顶溢流式，也不利于排泄漂浮物。

2. 孔口尺寸

溢流坝孔口尺寸拟定包括过水前缘总宽度、堰顶高程、孔口的数目、尺寸等。其尺寸的拟定和布置涉及许多因素，如洪水设计标准、洪水过程线、洪水预报水平、水库运行方式、采用的泄水方式及枢纽地形、地质条件等。

设计时，先定泄水方式，拟定若干个孔口布置方案，然后根据洪水流量和容许的单宽流量，闸门的形式及运用要求等因素，通过水库调洪演算、水力计算和方案的经济比较加以确定。

溢流前缘总净宽（不包括闸墩的厚度）L 可表示为

$$L=\frac{Q_{溢}}{q} \tag{2.39}$$

其中

$$Q_{溢}=Q_{总}-\alpha Q_0 \tag{2.40}$$

式中 $Q_{溢}$、q——通过溢流孔的下泄流量和容许的单宽流量；

$Q_{总}$——通过调洪演算确定枢纽总的下泄流量（坝顶溢流、泄水孔及其他建筑物下泄流量的总和）；

Q_0——通过泄水孔、水电站及其建筑物的下泄流量；

α——系数，正常运行时取 0.75～0.9，校核情况时取 1.0。

单宽流量 q 是决定孔口尺寸的重要指标，单宽流量 q 越大，单位宽度下泄水流所含的能量也越大，消力越困难，下游冲刷也越严重，但所需溢流前缘 L 越短，对于在狭窄山区河道上进行枢纽布置较为有利。若选择 q 过小，虽可以降低消能工的费用，而使溢流前缘增大，增加了溢流坝的造价和枢纽布置上的困难。因此，单宽流量 q 的选定，必须综合地质条件（首先考虑的因素），下游河道的水深、枢纽布置和消能工的设计，通过技术经济比较后选定。

对一般软弱的岩石，常取 $q=25\sim50\text{m}^3/(\text{s}\cdot\text{m})$，较好的岩石取 $q=50\sim70\text{m}^3/(\text{s}\cdot\text{m})$，特别坚硬完整的岩石取 $q=100\sim150\text{m}^3/(\text{s}\cdot\text{m})$ 或更大。我国的安康水电站表孔单宽流量达 $282.7\text{m}^3/(\text{s}\cdot\text{m})$，彭水水电站表孔最大单宽流量已达 $332\text{m}^3/(\text{s}\cdot\text{m})$。

设有闸门的溢流坝，当过水净宽 L 确定之后，常需用闸墩将溢流段分隔成若干个等宽的溢流孔，设孔口数为 n，每孔净宽为 b，中墩厚度为 d，边墩厚度为 t，则溢流前缘总宽度 L_0 为

$$L_0=L+(n-1)d+2t=nb+(n-1)d+2t \tag{2.41}$$

选择 n 和 b 时，要考虑闸门的形式和制造能力、闸门跨度与高度的合理比例、运用要求和坝段分缝等因素。我国目前大、中型坝一般常用 $b=8\sim16\text{m}$，有排泄漂浮物要求时，可加大到 18～20m，闸门宽高比为 1.5～2.0，应尽量采用闸门规范中推荐的标准尺寸。

当溢流孔口宽度 b 确定后，可以确定溢流坝的堰顶高程。这是因为由溢流前缘坝净宽 L 和堰顶水头 H_0 所决定的溢流能力，应与要求达到的下泄流量 $Q_{溢}$ 相当。对于采用坝顶

溢流的堰顶水头 H_0 可利用下式计算：

$$Q_{溢}=L\varepsilon m\sqrt{2g}H_0^{3/2}(m^3/s) \tag{2.42}$$

式中 m——流量系数，与堰型有关，非真空实用剖面堰在设计水头下一般 $m=0.49\sim0.50$；

ε——侧收缩系数，与闸墩形状、尺寸有关，一般 $\varepsilon=0.90\sim0.95$；

g——重力加速度。

$$堰顶高程=设计洪水位-H$$

$$H=H_0-\frac{v_0^2}{2g}$$

采用有胸墙的大孔口泄流时，可按下式计算：

$$Q_{溢}=\mu A\sqrt{2gH_0}(m^3/s) \tag{2.43}$$

式中 A——孔口面积，m^2；

μ——孔口流量系数，当 $H_0/D=2.0\sim2.4$ 时，$\mu=0.74\sim0.82$；

D——孔口高度，m；

H_0——作用水头$\left(H+\frac{v_0^2}{2g}\right)$，自由出流时 H 为库水位与孔口中心高程之差，在淹没出流时 H 为上下游水位差。

2.1.5.2 溢流坝断面设计

溢流坝的基本断面也是三角形，为了满足泄流要求，其实用断面是将三角形上部和坝体下游斜面做成溢流面，且溢流面外形应具有较大的流量系数，泄流顺畅，坝面不发生空蚀。

1. 堰面曲线

溢流坝由顶部曲线段、中间直线段和下部反弧段三部分组成，如图 2.15 所示。

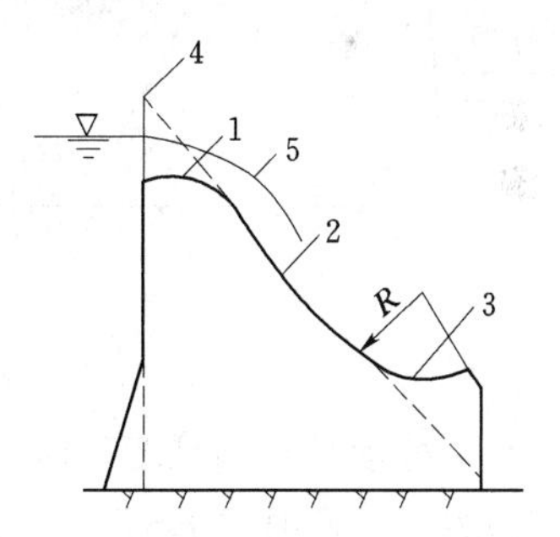

图 2.15 溢流坝面
1—顶部曲线段；2—直线段；3—反弧段；4—基本剖面；5—溢流水舌

溢流坝顶曲线段的形状对泄流能力及流态影响很大。

当采用坝顶溢流孔口时，其坝顶溢流可以采用曲线型非真空实用断面堰。其曲线为克-奥曲线和 WES 曲线（幂曲线），我国早期多用克-奥曲线，近年来，我国许多高溢流坝设计均采用美国陆军工程师团水道试验站（water - ways experiment station）基于大量试验研究所得的 WES 曲线。该坝面曲线的主要优点是与克-奥曲线相比流量系数较大，断面较瘦，工程量较省；以设计水头运行时堰面无负压。坝面曲线用方程控制，便于设计施工，所以在国内外得到广泛应用。

WES 型溢流堰顶曲线以堰顶为界，分上游段和下游段两部分。

堰顶下游堰面曲线方程为

$$x^n=KH_d^{(n-1)}y \tag{2.44}$$

式中 H_d——定型设计水头，m，按堰顶最大作用水头 H_{max} 的 75%～95%计算；

x、y——以溢流堰顶点为坐标原点的坐标，x 以向下游为正，y 以向下为正；

K、n——与上游堰面的倾斜坡度有关的参数，按表 2.9 查取。

参数 K、n 可根据上游临水堰面是否倾斜，以及行近流速水头能否被忽略，而有不同适应值和型号。表 2.9 为各型 WES 堰断面曲线方程参数，各系数含义如图 2.16（b）所示。

表 2.9　　WES 剖面曲线方程参数表

上游面坡度 $\left(\frac{\Delta y}{\Delta x}\right)$	K	n	R_1	A	R_2	B	型号
3 : 0	2.000	1.850	$0.5H_d$	$0.175H_d$	$0.2H_d$	$0.282H_d$	Ⅰ、Ⅱ
3 : 1	1.936	1.836	$0.68H_d$	$0.139H_d$	$0.21H_d$	$0.237H_d$	Ⅲ
3 : 2	1.939	1.810	$0.48H_d$	$0.115H_d$	$0.22H_d$	$0.214H_d$	Ⅳ
3 : 3	1.873	1.776	$0.45H_d$	$0.119H_d$	—	—	Ⅴ

上游坝面为铅直时，即为 WESⅠ型堰：该堰用于高溢流坝，此时下游堰面曲线方程，$K=2$，$n=1.85$，上游堰面曲线与堰顶之间原为两段圆弧相连，见图 2.16（b）及表 2.9，现改为三段弧连接，R_1、R_2、R_3 各个半径具体如图 2.16（c）所示，第三段圆弧直接与铅直上游面相切。

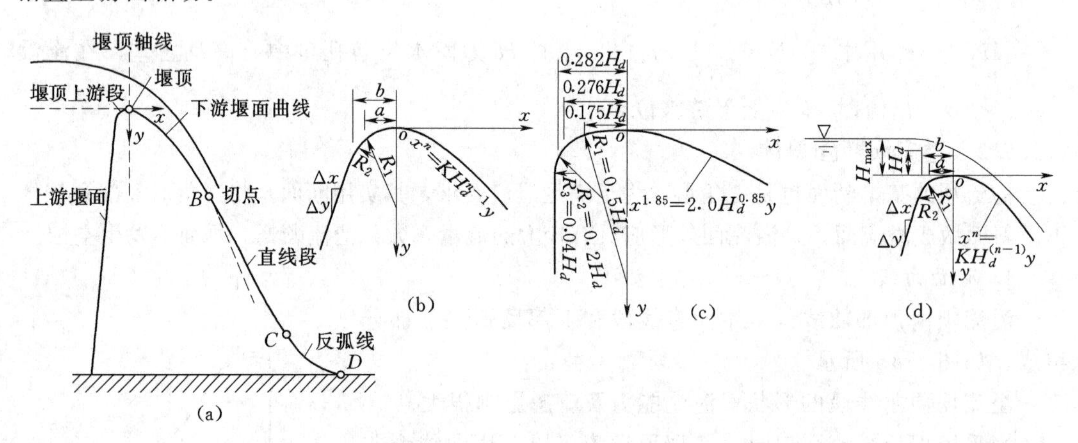

图 2.16　WES 堰剖面图

上游坝具有倒悬堰顶时，即为 WESⅡ型，实际工程常使 $M \geqslant 0.6H_d$，M 为悬顶高度，实验表明，此时 WESⅡ型曲线可完全沿用 WESⅠ型。

对上游坝面分别具有 3∶1、3∶2、3∶3 前倾斜上游面，即 WESⅢ、Ⅳ、Ⅴ型堰，前两者属于高堰，如图 2.16（d）所示，后者既可为高堰，也可用于低堰，当用于高堰时下游的堰面曲线仍用式（2.44），K、n 值仍按表 2.9 取值。堰顶的上游曲线则由表 2.9 中各半径之圆弧与上游坡面相接。

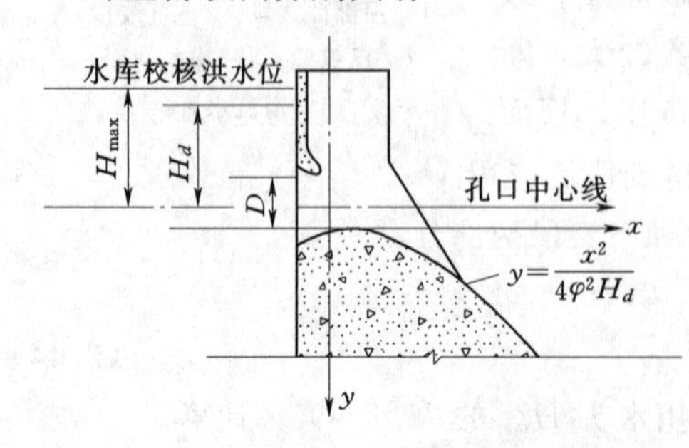

图 2.17　有胸墙溢流堰的堰面曲线示意图

设有胸墙，采用大孔口泄流，当校核洪水位情况下最大作用水头 H_{max}（孔口中心线上）与孔口高 D 的比值 $H_{max}/D>1.5$ 或闸口全开时，仍属孔口泄流，如图 2.17 所示，溢流坝

面方程可表示为

$$y=\frac{x^2}{4\varphi^2 H_d} \tag{2.45}$$

式中　H_d——定型设计水头，m，一般取孔口中心线至水库校核水位的水头的75%～95%；

φ——孔口收缩断面上的流速系数，一般取 $\varphi=0.96$，当孔前设有检修闸门槽时取值为0.95。

当 $1.2<\frac{H_{max}}{D}<1.5$ 时，应通过试验确定。

上述两种堰面曲线是根据定型设计水头确定的，当宣泄校核洪水时，堰面出现负压值应不超过6m水柱。

2. 反弧段

下游反弧段是使沿溢流坝面下泄的高速水流平顺转向的工程设施，要求沿程压力分布均匀，不产生负压和不致引起有害的脉动压力。通常采用圆弧曲线，其反弧段半径应视下游消能设施而言。不同的消能设施可选用不同的公式。

(1) 挑流消能反弧段半径可按下式求得：

$$R=(4\sim10)h \tag{2.46}$$

式中　h——校核洪水位闸门全开时反弧段最低点处的水深，m。

反弧段流速 $v<16$m/s时，可取下限，流速越大，反弧半径也宜选用较大值，以致取上限。

(2) 戽流消能反弧段半径 R 与流能比 $K=\frac{q}{\sqrt{g}E^{1.5}}$ 有关，一般选择范围为 $E/R=2.1\sim8.4$，E 为自戽底起算的总能头，m；q 为单宽流量，$m^3/(s\cdot m)$；g 为重力加速度，m/s^2。E/R 与 K 的相关曲线见规范SL 319—2005《混凝土重力坝设计规范》。

(3) 底流消能反弧段半径可近似按下式求得：

$$R=\frac{10^x}{3.28} \tag{2.47}$$

其中

$$x=\frac{3.28v+21H+16}{11.8H+64} \tag{2.48}$$

式中　H——不计行进流速的堰上水头，m；

v——坝趾流速，m/s。

3. 直线段

中间直线段与顶部曲线段和下部反弧段相切，坡度与非溢流坝的下游坡度相同。

4. 断面设计

溢流坝的实用断面是由基本断面与溢流面拟合修改而成的。上游坝面一般设计成铅直或上部铅直、下部倾向上游，如图2.18 (a) 所示。

当溢流坝断面小于基本三角线时，可适当调整堰顶曲线，使其与三角形的斜边相切；对有鼻坎的溢流坝，鼻坎超过基本三角形以外，当 $\frac{L}{h}>0.5$，经核算 $B-B'$ 截面的拉应力较大时，可设缝将鼻坎与坎体分开，如图 2.18（a）所示。当溢流断面大于基本三角形时，如地基较好，为节省工程量，使下游与基本三角形一致，而将堰顶部伸向上游，将堰顶做成具有突出的悬臂。悬臂高度 h_L 应大于 $0.5H_{max}$（H_{max}为堰上最大水头），如图 2.18（b）所示。

若溢流坝较低，其坝面顶部曲线可直接与反弧段连接，如图 2.18（c）所示。

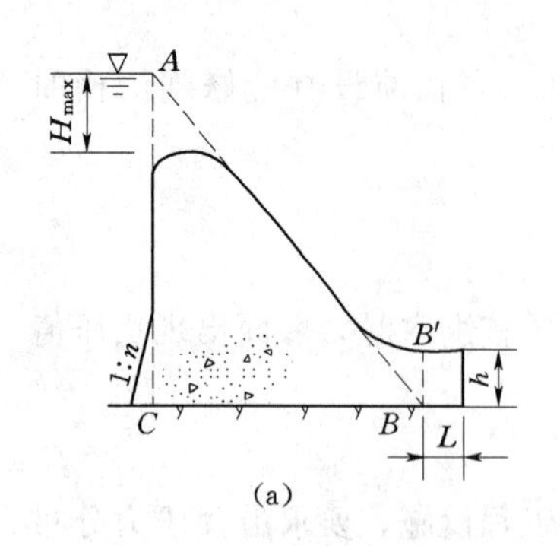

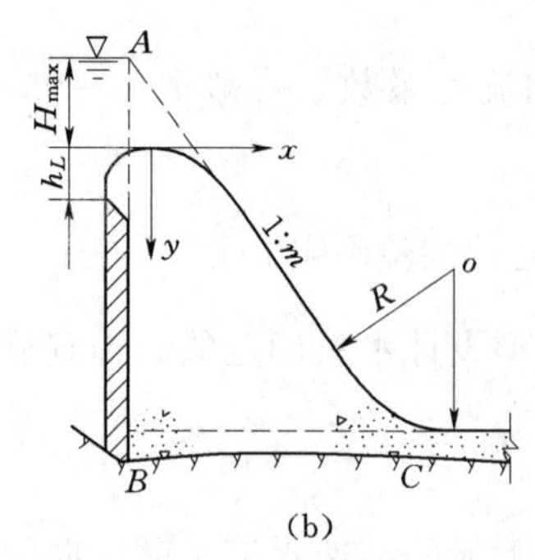

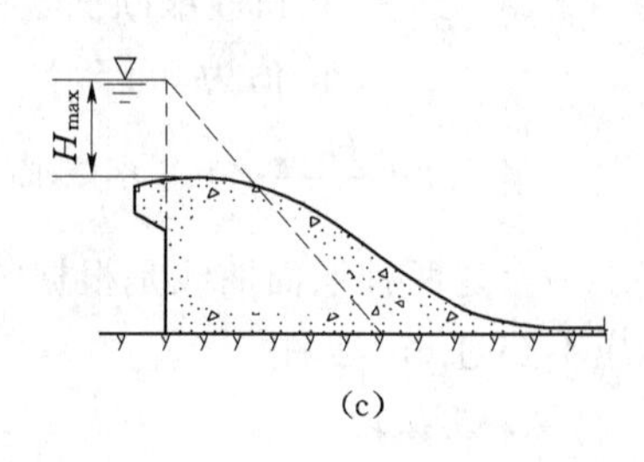

图 2.18　溢流重力坝断面

2.1.5.3　溢流重力坝的消能方式

通过溢流坝下泄的水流，具有很大的动能，常高达几百万甚至几千万千瓦。如此大的能量，如不加处理，必将冲刷下游河床，破坏坝址下游地基，威胁建筑物的安全或其他建筑物的正常运行。国内外坝工实践中，由于消能设施不善而遭受严重冲刷的例子屡见不鲜。因此，必须采取妥善的消能防冲措施，确保大坝安全运行。

消能设计的原则：尽量使下泄水流的大部分动能消耗在水流内部的紊动中以及与空气的摩擦上，且不产生危及坝体安全的河床或岸坡的局部冲刷，使下泄水流平稳、结构简单、工作可靠和工程量较少。消能设计包括了消能的水力学问题与结构问题。前者是指建立某种边界条件，对下泄水流起扩散、反击和导流作用，以形成符合要求的理想的水流状态。后者是要研究该水流状态对固体边界的作用，较好地设计消能建筑物和防冲措施。

岩基上溢流重力坝常用的消能方式有挑流式、底流式、面流式和戽流式（淹没面流式）等，其中挑流消能应用最广，底流消能次之，而面流及戽流消能一般应用较少。本节重点介绍挑流消能，其他几种形式只做简单介绍。

1. 挑流消能

挑流消能是利用挑流鼻坎，将下泄的高速水流抛向空中，然后自由跌落到距坝脚较远的下游水面，与下游水流相衔接的消能方式，如图 2.19 所示。能量耗散一般通过高速水流沿固体边界的摩擦（摩阻消能）、射流在空中与空气摩擦、掺气、扩散（扩散掺气消能），及射流落入下游尾水中淹没紊动扩散（淹没、扩散和紊动剪切消能）等方式消能。一般来说，前两者消能率约为 20%，后者消能率为 50%。挑流消能具有结构简单、工程造价低，检修施工等方面的优点，但会造成下流冲刷较严重、堆积物较多，雾化及尾水波动较大等。

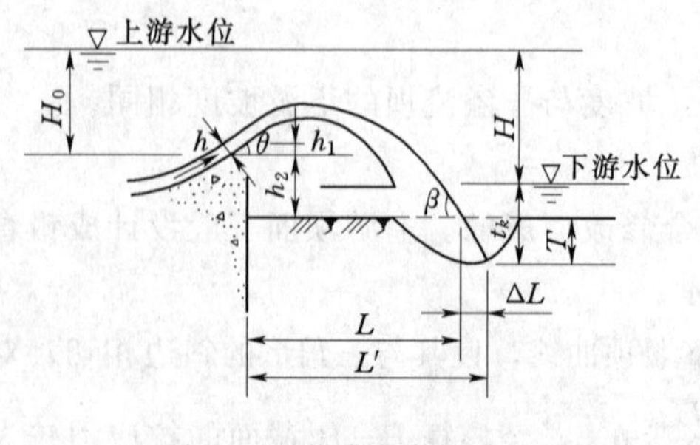

图 2.19　挑流消能示意图

因此，挑流消能适用于坚硬岩石的中、高坝。低坝需经论证才能选用。当坝基有延伸至下游缓倾角软弱结构面，可能被冲坑切断而形成空面，危及坝基稳定或岸坡可能被冲塌危及坝肩稳定时，均不宜多用。

挑流消能的设计内容，主要包括确定挑流鼻坎的型式、高程、反弧半径、挑角、挑距和下游冲刷坑深度。

（1）挑流鼻坎的型式、高程及挑角的确定。挑流鼻坎的型式，一般有连续式、差动式、窄缝式和扭曲式等。型式的选择可通过比较加以确定。这里仅对连续式、差动式鼻坎做以介绍。

差动式设置高低坎、射流挑离鼻坎时上下分散，加剧了挑射水舌在空气中的掺气和碰撞，提高消能效果，减少冲刷坑深度。但冲刷坑最深点距坝底较近，鼻坎上流态复杂，特别在高速水流作用下易于空蚀，如图 2.20（a）、（b）所示。

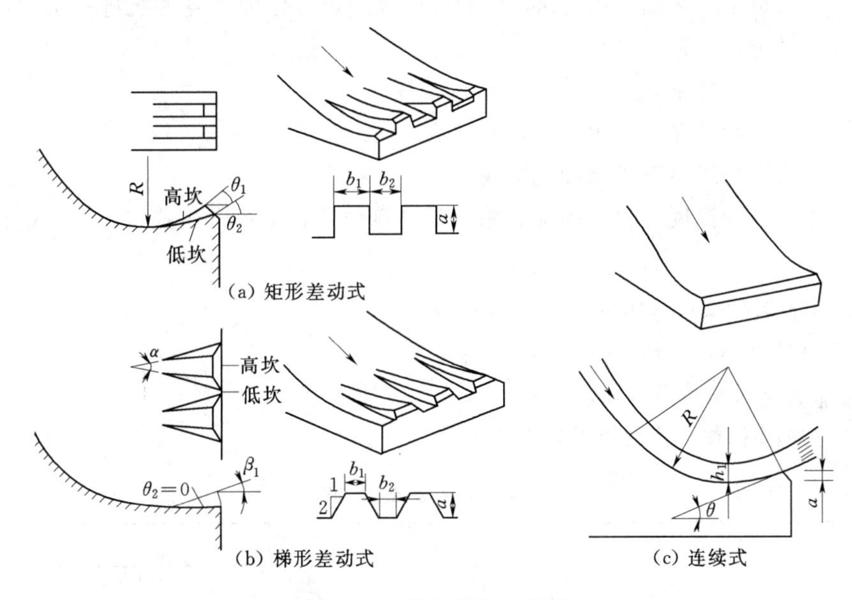

图 2.20　挑流鼻坎示意图

差动式鼻坎的上齿坎挑角和下齿坎挑角的差值以 5°～10°为宜；上齿宽度和下齿宽度之比宜大于 1.0，齿高差以 1.5m 为宜，高坎侧宜设通气孔。

连续式构造简单、易于施工、水流平顺、不易空蚀、水流雾化较轻，但掺气作用较差，主要适用于尾水较深，基岩较为均一，坚强及溢流前沿较长的泄水建筑物。如图 2.20（c）所示。

在我国的工程实践中，连续式鼻坎应用较为广泛。其鼻坎的最低高程，一般应高于下游最高水位 1～2m（下游最高水位宜采用消能防冲建筑物设计的洪水标准时的下游水位）。其挑角多采用 $\alpha=20°\sim35°$。

连续式挑流鼻坎的水舌挑射距离，可按下式估算：

$$L'=L+\Delta L \tag{2.49}$$

$$L=\frac{1}{g}\left[v_1^2\sin\theta\cos\theta+v_1\cos\theta\sqrt{v_1^2\sin^2\theta+2g(h_1+h_2)}\right] \tag{2.50}$$

$$\Delta L = T\tan\beta \tag{2.51}$$

其中
$$v_1 = 1.1v = 1.1\varphi\sqrt{2gH_0}$$

式中 L'——冲坑最深点到坝下游垂直面的水平距离，m；

L——坝下游垂直面到挑流水舌外缘进入下游水面后与河床面交点的水平距离，m；

ΔL——水舌外缘与河床面交点到冲坑最深点的水平距离，m；

v_1——坎顶水面流速，m/s，按鼻坎处平均流速 v 的1.1倍计；

H_0——水库水位至坎顶的落差，m；

θ——鼻坎的挑角，(°)；

h_1——坎顶垂直方向水深，m，$h_1 = h/\cos\theta$（h 为坎顶平均水深，m）；

h_2——坎顶至河床面高差，m，如冲坑已经形成，作为计算冲坑进一步发展时，可算至坑底；

φ——堰面流速系数；

T——最大冲坑深度，由河床面至坑底，m；

β——水舌外缘与下游水面的夹角。

（2）关于冲坑的深度，目前尚无较精确的计算公式，工程常用式（2.52）进行估算：

$$t_k = kq^{0.5}H^{0.25} \tag{2.52}$$

式中 t_k——水垫厚度，自水面算至坑底，m；

q——单宽流量，$m^3/(s \cdot m)$；

H——上下游水位差，m；

k——冲刷系数，其数值见表2.10。

表2.10 基岩冲刷系数 k 值

可冲性类别		难冲	可冲	较易冲	易冲
节理裂缝	间距	>150m	50～150m	20～50m	<20m
	发育程度	不发育，节理（裂隙）1～2组，规则	较发育，节理（裂隙）2～3组，X形，较规则	发育，节理（裂隙）3组以上，不规则，呈X形或米字形	很发育，节理（裂隙）3组以上，杂乱，岩性被切割呈碎石状
基岩构造特征	完整程度	巨块状	大块状	块（石）、碎（石）状	碎石状
	结构类型	整体结构	砌体结构	镶嵌结构	碎裂结构
	裂隙性质	多为原生型或构造型，多密闭，延展不长	以构造型为主，多密闭，部分微张，少有充填，胶结好	以构造或风化型为主，大部分微张，部分为黏土充填，胶结较差	以风化或构造型为主，裂隙微张或张开，部分为黏土充填，胶结很差
k	范围	0.6～0.9	0.9～1.2	1.2～1.6	1.6～2.0
	平均	0.8	1.1	1.4	1.8

注 适用范围：水舌入水角 $30° < \beta < 70°$。

2. 底流消能

底流消能是利用水跃消能，如图 2.21 所示。在坝下设置消力池、消力坎及辅助消能设施，促使下泄水流在限定的范围内产生淹没式水跃。通过水流内部的漩滚、摩擦、掺气和撞击达到消能的目的，以减轻水流对下游河床的冲刷。底流消能工作可靠，但工程量较大，多用于低水头、大流量、地质条件较差的溢流重力坝。

3. 面流式消能

面流式消能是在溢流重力坝下游面设一低于下游水位、挑角不大的鼻坎，使下泄的高速水流既不挑离水面也不潜入底层，而是沿下游水流的上层流动，水舌下有一水滚，主流在下游一定范围内逐渐扩散形成波状水跃，使水流分布逐渐接近正常水流情况，如图 2.22 所示。

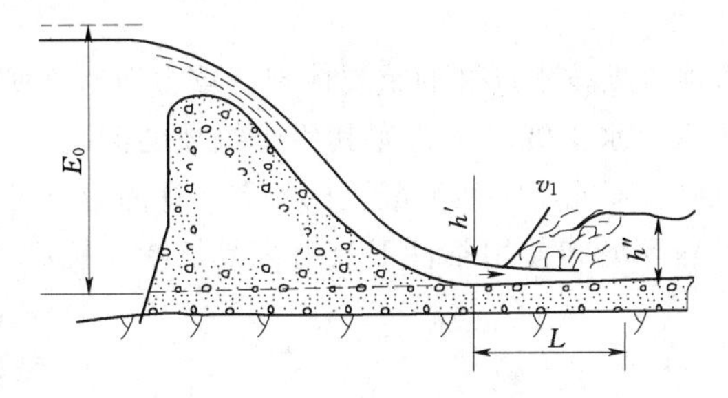

图 2.21 底流消能示意图

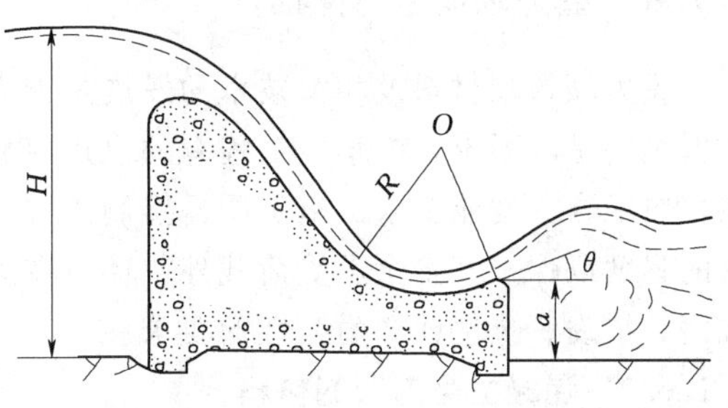

图 2.22 面流消能示意图

其优点是下游河床可以不设护坦，工程量小；水流表面可以过木、排冰，不会损伤坝面。缺点是高速水流在表面、伴有强烈的波浪、绵延数里，影响电站运行及下游通航，易冲刷两岸。

面流式消能适用于下游尾水较深（大于跌后水深），水位变幅小，河床和两岸有较强的抗冲能力，或者有过木排冰要求的河流。一般要经过水工模型试验来确定其各部分尺寸，我国西津、富春江和龚咀等工程采用此种消能型式。

4. 消力戽消能

消力戽消能的工作原理是利用戽坎在水下的特点，使水流分别在戽内和戽后漩滚，形成“三滚一浪”，进而达到消能目的，如图 2.23 所示。其优点是工程量较消力池小，冲刷坑比挑流式浅，不存在雾化问题；缺点是下游水面波动大，易冲刷岸坡，不利航运，戽面磨损率高，增大了维修费用。

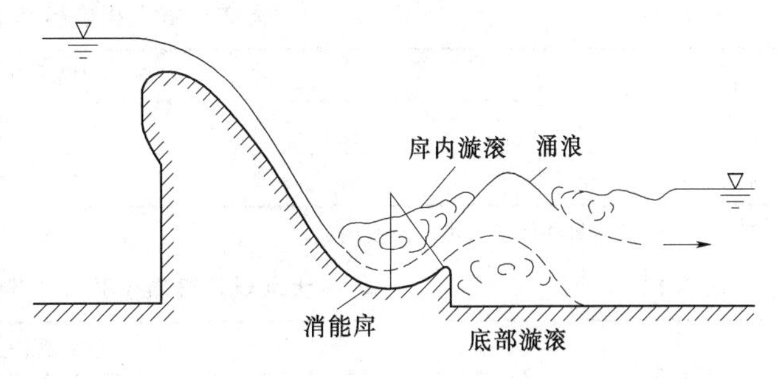

图 2.23 消力戽消能示意图

消力戽消能也像面流消能一样，要求下游尾水较深（大于跃后水深），而且下游水位和下泄流量的变幅较小，消力戽设计既要避免下游水位过低出现自由挑流，造成严重冲刷，也要注意下游水位过高，淹没过大，急流潜入河底淘刷坝脚。

消力戽消能主要适用于下游尾水深、变幅小、无航运要求，且下游河岸有一定抗冲能力。

5. 折冲水流的产生与防止

产生折冲水流的主要原因是开启部分泄水孔，下游水流不能迅速在平面上扩散，在主流两侧容易形成回流，主流受到压缩，使水流单宽流量增加，流速在长距离内不能降低，引起河床冲刷。如两侧回流强度不同，水位不同，还可将主流压向一侧，形成折冲水流。

防止折冲水流的措施主要有三方面：①在枢纽布置上，尽量使溢流坝下游水流与原河床主流位置方向一致；②在运用管理上，制定出合理的闸门开启程序使下泄水流均匀对称；③可通过布置导流墙来防止折冲水流产生的危害。

2.1.6　重力坝材料及构造

重力坝筑坝材料及相关技术的发展是重力坝筑坝技术进展的重要体现。重力坝的筑坝材料主要是混凝土，中小型工程有的也用浆砌石。水工混凝土，尤其用于筑坝的混凝土，在材料配合、性能要求、施工质量控制等方面要有不同于一般混凝土的特点，即除应有足够的强度以保护其安全承受荷载外，还应在天然环境和使用条件下具有满足抗渗、抗冻、抗磨、抗裂、抗侵蚀等耐久性的要求。

2.1.6.1　混凝土重力坝的材料

1. 混凝土强度等级

混凝土强度等级是混凝土的重要性能指标，一般重力坝的混凝土其抗压强度等级采用的是C10、C15、C20、C25等级别：C7.5只用于应力很小的次要部位或作回填使用；C30或更高强度等级的混凝土应尽量少用，或仅用于局部。

对于大坝混凝土（常态）抗压强度龄期一般采用90d和保证率为80%的轴心抗压强度（MPa），按表2.11采用，对于大坝碾压混凝土程度的标准值可采用180d龄期强度，保证率为80%，按表2.12采用。

表2.11　坝常态混凝土强度标准值

强度种类	大坝常态强度等级					
	C7.5	C10	C15	C20	C25	C30
轴心抗压 f_{ck}/MPa	7.6	9.8	14.3	18.5	22.4	26.2

注　常态强度等级和标准值可内插使用。

表2.12　大坝碾压混凝土强度标准值

强度种类	大坝碾压强度等级					
	C5	C7.5	C10	C15	C20	C25
轴心抗压 f_{ck}/MPa	7.2	10.4	13.5	19.6	25.4	31.0

注　碾压强度等级和标准值可内插使用。

2. 混凝土的耐久性

（1）抗渗性。抗渗性是指混凝土抵抗压力水渗透作用而不被破坏的能力。对于大坝的上游面，基础层和下游水位以下的坝面均为防渗部位。其混凝土应具有抵抗压力水渗透的

能力。抗渗性能通常用W即抗渗等级表示。

大坝混凝土抗渗等级应根据所在部位和水力坡降，按表2.13采用。

表2.13　　大坝抗渗等级的最小允许值

部　　位	水力坡降 i	抗渗等级
坝体内部		W2
坝体其他部位按水力坡降考虑时	$i<10$	W4
	$10\leqslant i<30$	W6
	$30\leqslant i<50$	W8
	$i\geqslant 50$	W10

注　1. 承受侵蚀水作用的建筑物，其抗渗等级应进行专门的试验研究，但不得低于W4。
2. 混凝土的抗渗等级应按SD 105—82《水工混凝土试验规程》规定的试验方法确定。根据坝体承受水压力作用的时间也可采用90d龄期的试件测定抗渗等级。

（2）抗冻性。抗冻性能指混凝土在饱和状态下，经多次冻融循环而不破坏；不严重降低强度的性能。坝体水位变化区及以上的外部混凝土，容易受到干湿、冻融作用，应具有一定的抗冻要求。通常用F即抗冻等级来表示。

抗冻等级一般应视气候分区，冻融循环次数、表面局部小气候条件、水分饱和程度、结构构件重要性和检修的难易程度，由表2.14查取。

表2.14　　大坝抗冻等级

<table>
<tr><th rowspan="4">表面局部气候条件</th><th colspan="5">气候分区</th></tr>
<tr><th colspan="2">严寒</th><th colspan="2">寒冷</th><th>温和</th></tr>
<tr><th colspan="5">年冻融循环次数/次</th></tr>
<tr><th>≥100</th><th><100</th><th>≥100</th><th><100</th><th>—</th></tr>
<tr><td>受冻严重且难于检修部位：流速大于25m/s、过冰、多沙或多推移质过坝的溢流坝、深孔或其他输水部位的过水面及二期混凝土</td><td>F300</td><td>F300</td><td>F300</td><td>F200</td><td>F100</td></tr>
<tr><td>受冻严重但在检修条件部位：混凝土重力坝上游面冬季水位变化区；流速小于25m/s的溢流坝、泄水孔的过水面</td><td>F300</td><td>F200</td><td>F200</td><td>F150</td><td>F50</td></tr>
<tr><td>受冻较重部位：混凝土重力坝外露阴面部位</td><td>F200</td><td>F200</td><td>F150</td><td>F150</td><td>F50</td></tr>
<tr><td>受冻较轻部位：混凝土重力坝外露阳面部位</td><td>F200</td><td>F150</td><td>F100</td><td>F100</td><td>F50</td></tr>
<tr><td>重力坝下部位或内部混凝土</td><td>F50</td><td>F50</td><td>F50</td><td>F50</td><td>F50</td></tr>
</table>

注　1. 混凝土抗冻等级应按一定的快冻试验方法确定，也可采用90d龄期的试件测定。
2. 气候分区按最冷月平均气温 T_1 值作如下划分：严寒 $T_1<-10℃$；寒冷 $-10℃\leqslant T_1<-3℃$；温和 $T_1>-3℃$。
3. 年冻融循环次数分别按一年内气温从3℃以上降至−3℃以下期间设计预定水位的涨落次数统计，并取其中的大值。
4. 冬季水位变化区指运行期内可能遇到的冬季最低水位以下0.5～1.0m，冬季最高水位以上1.0m（阳面）、2.0m（阴面）、4.0m（水电站尾水区）。
5. 阳面指冬季大多为晴天，平均每天有4h以上阳光照射，不受山体或建筑物遮挡的表面，否则均按阴面考虑。
6. 最冷月份平均气温低于−25℃地区的混凝土抗冻等级宜根据具体情况研究确定。
7. 混凝土抗冻必须加气剂，其水泥、掺合料、外加剂的品种和数量，水灰比、配合比及含气量应通过试验确定。

（3）抗磨性。抗磨性是指抵抗高速水流或挟砂水流的冲刷、抗磨损的能力。目前，尚未制定出定量的技术标准，一般而言，对于有抗磨要求的混凝土，应采用高强度混凝土或高强硅粉混凝土，其抗压强度等级不应低于C20，要求高的则不应低于C30。

（4）抗侵蚀性。抗侵蚀性是指抵抗环境水的侵蚀性能。当环境水具有侵蚀性时，应选用适宜的水泥，尽量提高混凝土的密实性，且外部水位变动区及水下混凝土的水灰比可参考表2.15中的数值减去0.05。

表2.15　　最大水灰比

气候分区	大坝分区					
	Ⅰ	Ⅱ	Ⅲ	Ⅳ	Ⅴ	Ⅵ
严寒和寒冷地区	0.55	0.45	0.50	0.50	0.65	0.45
温和地区	0.65	0.50	0.55	0.55	0.65	0.45

此外，为了提高坝体的抗裂性，除应合理分缝、分块和必要的温控措施以防止大体积混凝土结构产生的温度裂缝外，还应选用发热量较低的水泥（如大坝水泥、矿渣水泥等），减少水泥用量，在适当掺入粉煤灰或外加剂等。

2.1.6.2　坝体混凝土的分区

由于坝体各部分的工作条件不同，因而对混凝土强度等级、抗掺、抗冻、抗冲刷、抗裂等性能要求也不同，为了节省和合理使用水泥，通常将坝体不同部位按不同工作条件分区，采用不同等级的混凝土，如图2.24所示为重力坝的三种坝段分区情况。

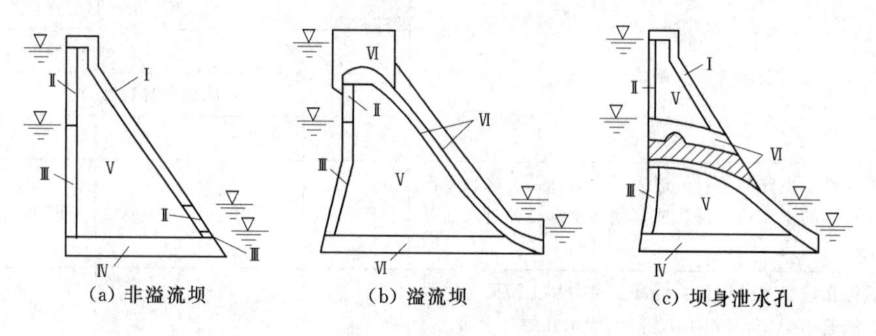

(a) 非溢流坝　　(b) 溢流坝　　(c) 坝身泄水孔

图2.24　坝体分区示意图

Ⅰ区为上、下游最高水位以上坝体表层混凝土，在寒冷地区多采用厚2～3m的抗冻混凝土，一般用C15、W4、F150～F200。

Ⅱ区为上、下游水位变动区的坝体表层混凝土，多采用厚3～5m的抗渗、抗冻并具有抗侵蚀性的混凝土，一般用C15、W8、F150～F300。

Ⅲ区为上、下游最低水位以下坝体表层混凝土，其抗渗性要求较高，多采用厚2～3m的抗渗混凝土，一般用C20、W10、F100。

Ⅳ区为坝体靠近基础的底部混凝土，主要满足强度要求，一般用C20、W10、F200。

Ⅴ区为坝体内部混凝土，多采用低标号低热混凝土，一般用C10～C15、W2～W4。

Ⅵ区为抗冲刷部位的混凝土，如溢洪道溢流面、泄水孔、导墙和闸墩等。抗压强度不低于20～25MPa（90d龄期），严寒地区应满足抗冻要求，一般用C25以上、F200～F300。

坝体不同分区的混凝土所用的水泥，应尽量采用同一品种。同一浇筑块中混凝土强度等级不宜超过两种，分区厚度最小为 2～3m。

大坝分区特性见表 2.16。

表 2.16 大坝分区特性

分区	强度	抗渗	抗冻	抗冲刷	抗侵蚀	低热	最大水灰比	选择各分区的主要因素
Ⅰ	＋	—	＋＋	—	—	＋	＋	抗冻
Ⅱ	＋	＋	＋＋	—	＋	＋	＋	抗冻、抗裂
Ⅲ	＋＋	＋＋	＋	—	＋	＋	＋	抗渗、抗裂
Ⅳ	＋＋	＋	＋	—	＋	＋＋	＋	抗裂
Ⅴ	＋＋	＋	＋	—	—	＋＋	＋	
Ⅵ	＋＋	—	＋＋	＋＋	＋＋	＋	＋	抗冲耐磨

注 表中有“＋＋”的项目为选择各区等级的主要控制因素，有“＋”的项目为需要提出要求的，有“—”的项目为不需提出要求的。

2.1.6.3 坝体排水

为了减少渗水对坝体的不利影响，降低坝体中的渗透压力，靠近上游坝面应设置排水管系。排水管将坝体渗水由排水管排入廊道，再由廊道汇集于集水井，经由横向排水管自流或用水泵抽排向下游。

排水管至上游坝面的距离一般不小于坝前水深的 1/15～1/25，且不小于 2m。排水管常用预制多孔混凝土管，间距 2～3m，内径 15～25cm。施工时应防止水泥漏入及其他杂物堵塞。

2.1.6.4 重力坝坝身廊道及泄水孔（孔口）

1. 坝内廊道

为了满足坝基灌浆，汇集并排除坝身及坝基的渗水，观测检查及交通等需求，必须在坝内设置各种廊道，这些廊道根据需要可沿纵向、横向及竖向进行布置，并互相连通，构成廊道系统，如图 2.25 所示。

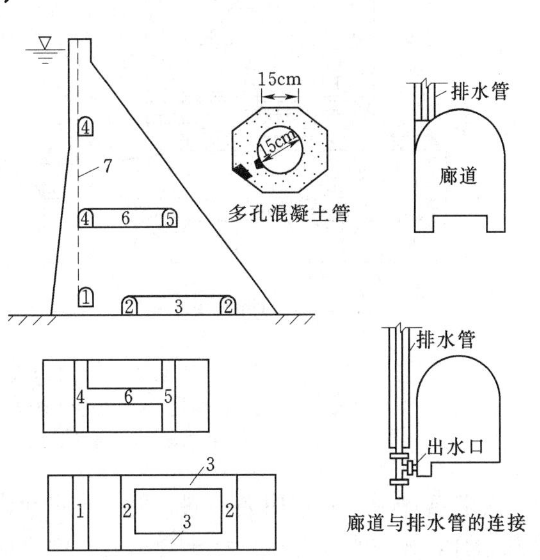

图 2.25 坝体排水和廊道布置示意图

1—基础灌浆排水廊道；2—基础纵向排水廊道；3—基础横向排水廊道；4—纵向排水检查廊道；5—纵向检查廊道；6—横向检查廊道；7—坝体排水管

坝基灌浆廊道通常沿纵向布设在坝踵附近，一般距上游的坝面不应小于水头的 0.05 倍，且不小于 4m，廊道底距基岩面 3～5m，在两岸则沿岸坡布置。如岸坡过陡，则分层设置廊道并用竖井将它们连接。廊道尺寸要满足钻机尺寸。一般最小为 2.5m×3.0m（宽×高）。

检查和观测廊道用以检查坝身工作性，并安放观测设备，通常沿坝高 15～

30m 设一道。此种廊道最小尺寸为 1.2m×2.2m。

交通廊道和竖井用以通行与器材设备的运输，并将有关的廊道连通起来。

坝基的排水廊道由坝基排水孔收集基岩排出的水，经过设在廊道底角的排水沟流入集水井，并排至下游。若排水廊道低于下游水位，则应用水泵将水送至下游。收集坝身渗水的排水廊道沿坝高每隔 15～20m 布置一道。渗水由坝身排水管进入廊道排水沟。再沿岸坡排水沟流至最低排水廊道的集水井。

坝内廊道的布置应该力求一道多用，综合布置，以减少廊道的数目，一般廊道离上游的坝面不应小于 2m，廊道的断面形式，一般均采用城门洞形。这种断面应力条件较好。也可采用矩形断面（国外采用较多）。

2. 泄水孔（坝内孔口）

在水利枢纽中为了满足泄洪、灌溉、发电、排砂、放空水库及施工导流等，需在重力坝坝身设置多种泄、放水的孔口。这些孔口一般都布置在设计水位以下较深的部位，故工程上称为深式泄水孔，如图 2.26 所示。泄水孔口无论用途如何，其孔内水流状态分为有压或无压泄水孔两大类，如发电压力输水孔为有压孔。其他用途的泄水，放水孔可以是有压或无压。有关泄水孔布置结构组成、高程及应力计算可参考其他文献。

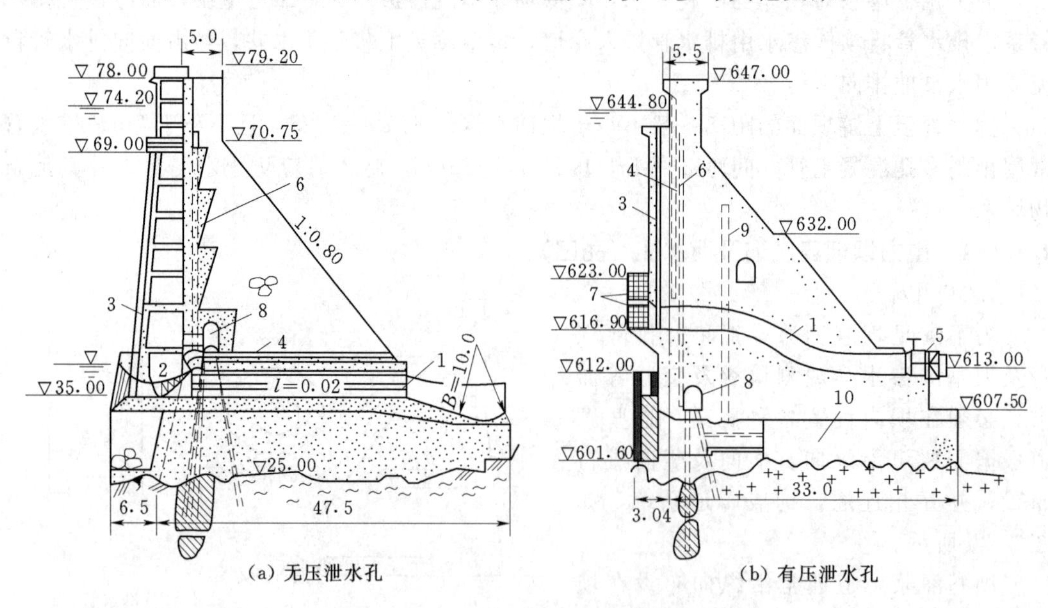

图 2.26 坝身泄水孔（单位：m）

1—泄洪孔；2—弧形门；3—检修门槽；4—通气管；5—锥形阀；6—排水管；7—拦污栅；8—廊道；9—检查井；10—导流底孔

尽管各种泄水孔口用途不同，但在技术允许的条件下，尽可能一孔多用，如导流与泄洪孔结合，放空水库与排砂相结合，或放空水库与导流相结合，灌溉与发电相结合等。

2.1.6.5 坝体分缝与止水

1. 坝体分缝

由于地基的不均匀沉降和温度变化，施工时期的温度应力及施工浇筑能力和温度控制

等原因，一般要求重力坝坝体进行分缝。

按缝的作用可分为沉降缝、温度缝及工作缝。沉降缝是将坝体成若干段，以适应地基的不均匀沉降，防止产生沉降裂缝，该缝常设在地基岩性突变处。温度缝是将坝体分块，以减小坝体伸缩时地基对坝体的约束，以及新旧混凝土之间的约束而造成的裂缝。工作缝（施工缝）主要是便于分期分块浇筑，装拆模板以及混凝土的散热而设的临时缝。

按缝的位置可分为横缝、纵缝及水平缝。

（1）横缝是垂直于坝轴线的竖向缝（图2.27），可兼做沉降缝和温度缝，一般有永久性和临时性两种。

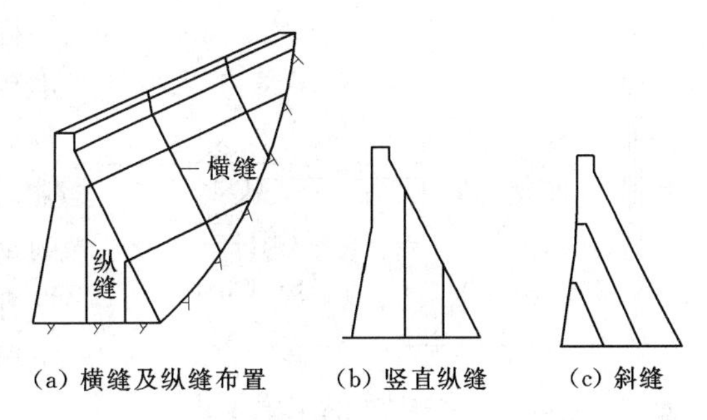

图2.27 重力坝的横缝及纵缝

永久性横缝是指从坝底至坝顶的贯通缝；将坝体分为若干独立的坝段，若缝面为平面，不设缝槽，不进行灌浆，使各坝段独立工作。横缝间距（坝段长度）一般可为12～20m，有时可达到24m（温度缝），若作沉降缝考虑间距可达50～60m。当坝内设有泄水孔或电站引水管道时，还应考虑泄水孔和电站机组的间距。对于溢流坝，可将缝设在闸墩中；地基若为坚硬的基岩也可将缝布置在闸孔中央。

横缝也可做成临时缝。主要用于当岸坡较陡、坝基地质条件较差或强地震区，为提高坝体的抗滑稳定性，在施工期用横缝将坝体沿轴线分段浇筑，以利用温度控制，然后对横缝进行灌浆，形成整体重力坝。

（2）纵缝是为适应混凝土浇筑能力和减小施工期温度应力而设置的临时缝，可兼作温度缝和施工缝。纵缝布置形式有竖直纵缝、斜缝和错缝。

竖直纵缝将坝体分成柱块状，混凝土浇筑施工时干扰少，是应用最多的一种施工缝，间距视混凝土浇筑能力和施工期温度控制而定，一般为15～30m。纵缝须设在水库蓄水运行前，混凝土充分冷却收缩，坝体达到稳定温度的条件下进行灌浆填实，使坝段成为整体。

斜缝是大致沿主应力方向设置的缝，由于缝面剪应力很小，从结构的观点看，斜缝比直缝合理。斜缝张开度很小，一般不必进行水泥灌浆。我国的安砂重力坝的部分坝段和日本的丸山坝曾采用斜缝不灌浆方法施工。但斜缝对相邻坝块施工干扰较大，对施工程序要求严格，加之缝面应力传递不够明确，故已很少采用。错缝浇筑类似砌砖方式是采用小块分缝，交错地向上浇筑。缝的间距一般为10～15m，浇筑高度一般为3～4m，在靠近基岩面附近为1.5～2.0m。错缝浇筑是在坝段内没有通到顶的纵缝，结构整体性较强，可不进行灌浆。由于错缝在施工中各浇筑块相互干扰大，温度应力较复杂，故此法只在低坝中应用，我国用的极少。

（3）水平工作缝是上下层新老混凝土浇筑块之间的施工接缝，是临时性的。施工时需先将下层混凝土表面的水泥乳膜及浮碴用风水枪或压力水冲洗并使表面成为干净的麻面，再铺一层2～3cm的水泥砂浆，然后再在上面浇混凝土。国内外普遍采用薄层浇筑，每层厚1.5～4.0m，以便通过表面散热，降低混凝土温度。

2. 止水

重力坝横缝的上游面、溢流面，以及下游面最高尾水位以下及坝内廊道和孔洞穿过分缝处的四周等部位应设置止水设施。

止水有金属的、橡胶的、塑料的、沥青的及钢筋的。金属止水片有铜片、铝片和镀锌片，止水片厚一般为1.0～1.6mm，两端插入的深度不小于20cm。橡胶止水和塑料止水适应变形能力较强，在气候温和地区可用塑料止水片，在寒冷地区则可采用橡胶止水，应根据工作水头、气候条件、所在部位等选用标准型号。沥青止水置于沥青井内，井内设有蒸汽或电热设备，加热可使沥青玛琋脂熔化，使其与混凝土有良好的接触。钢筋止水是把做成的钢筋塞设置在缝的上游面，塞与坝体间设有沥青油毛毡层，当受水压时，塞压紧沥青油毛毡层而起止水作用。

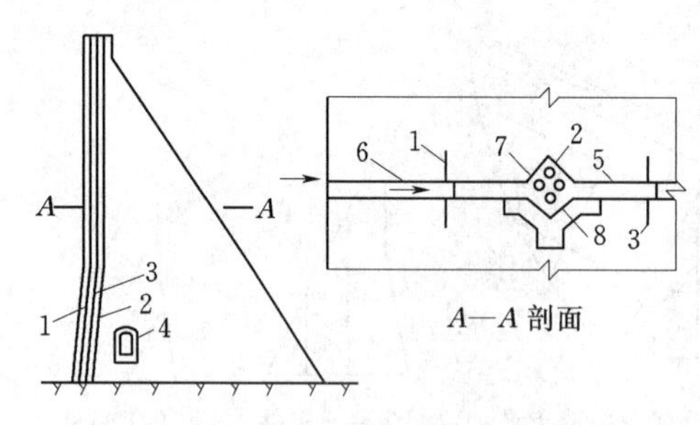

图2.28　横缝止水构造示意图
1—第一道止水铜片；2—沥青井；3—第二道止水片；4—廊道止水；5—横缝；6—沥青麻片；7—电加热器；8—预制块

对于高坝的横缝止水常采用两道金属止水片和一道防渗沥青井，如图2.28所示。当有特殊要求时，可考虑在横缝的第二道止水片与检查井之间进行灌浆作为止水的辅助设施。

对于中、低坝的横缝止水可适当简化。如中坝第二道止水片可采用橡胶或塑料片等。低坝经论证也可采用一道止水片，一般止水片距上游坝面为0.5～2.0m，以后各道止水设施之间的距离为0.5～1.0m。

在坝底，横缝止水必须与坝基岩石妥善连接。通常在基岩上挖一深30～50cm的方槽，将止水片嵌入，然后用混凝土填实。

2.1.7　重力坝的地基处理

由于受长期地质作用，天然的坝基一般都存在风化、节理、裂隙等缺陷，有时也存在断层、破碎带和软弱夹层等。因此，必须进行地基处理。地基处理的目的有三个方面：渗流控制、强度控制和稳定控制。即经过处理后坝基满足下列要求：具有足够的抗掺性，以满足渗透稳定，控制流量；具有足够的强度，以承受坝体的压力；具有足够的整体性和均匀性，以满足坝基的抗滑稳定和减少不均匀沉陷；具有足够的耐久性，以防止岩体性质在水的长期作用下发生恶化。

地基处理的措施包括开挖清理、固结灌浆、坝基防渗、坝基排水、破碎带或软弱夹层的专门处理。

2.1.7.1　地基的加固处理

坝基的加固处理有开挖、清理、固结灌浆和破碎带的处理等。

1. 坝基开挖清理

坝基开挖清理的目的是该坝体坐落在稳定、坚固的地基上，坝基的开挖深度应根据坝基应力情况、岩石强度及其完整性，结合上部结构对基础的要求研究确定。

对于超过100m的高坝应建在新鲜、微风化或弱风化层上部的基岩上；对一些中、小

型工程，坝高50～100m时，也可考虑建在微风化或弱风化上部—中部基岩上，对两岸较高部位的坝段，其开挖基岩的标准可比河床部位适当放宽。

坝基开挖的边坡必须保持稳定，在顺河流方向基岩石尽可能略向上游倾斜，以增强坝体的抗滑稳定，必要时可挖成分段平台，两岸岸坡应开挖成台阶形以利坝块的侧向稳定。基坑开挖轮廓应尽量平顺，避免有高低悬殊的突变，以免应力集中造成坝体裂缝，当坝基中软弱夹层存在，且用其他措施无法解决时，也应挖掉。

基岩开挖后，在浇筑混凝土前，需进行彻底的清理和冲洗，包括清除松动的岩块、打掉凸出的尖角；冲洗基岩面上残留的泥土、油渍和杂物；排除基岩面上全部积水；基坑内原有的勘探钻孔、井、洞等均应回填封堵。

2. 坝基的固结灌浆

混凝土坝工程中，对岩石的节理裂隙采用浅孔低压灌注水泥浆的方法对坝基进行加固处理，称为固结灌浆，如图2.29所示。

固结灌浆的目的是提高基岩的整体性和弹性模量，减少基岩受力后的变形，并提高基岩的抗压、抗剪强度、降低坝基的渗透性、减少渗流量，在防渗帷幕范围内先进行固结灌浆可提高帷幕灌浆的压力。

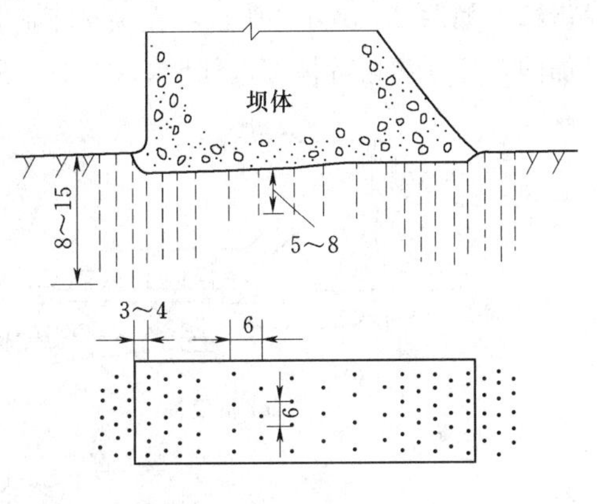

图2.29 重力坝地基灌浆示意图（单位：m）

固结灌浆的范围主要根据坝基的地质条件、岩石破碎程度及坝基受力情况而定。当基岩较好时，可仅在坝基上、下游应力较大的地区进行，坝基岩石普遍较差而坝又较高的情况下，则多进行坝基全面积固结灌浆。有的工程甚至在坝基以外的一定范围内，也进行固结灌浆。固结灌浆孔的布置，采用梅花形的排列，孔距、排距随岩石破碎情况而定，一般为3～4m，孔深一般为5～8m。局部地区及坝基应力较大的高坝基础，必要时可适当加深，帷幕上游区宜配合帷幕深度确定，一般采用8～15m。灌浆时，先用稀浆，而后逐步加大浆液的稠度，灌浆压力一般为0.2～0.4MPa，在有混凝土盖重时为0.4～0.7MPa，以不掀动岩石为限。

3. 坝基软弱破碎带的处理

当坝基中存在较大的软弱破碎带时，如断层破碎带、软弱夹层、泥化层、裂隙密集带等。对坝的受力条件和安全及稳定有很大危害，则需要专门的加固处理。

对于侧角较大或与基面接近垂直的断层破碎带，需采用开挖回填混凝土的措施，如做成混凝土（塞）或混凝土拱进行加固，如图2.30所示。当软弱带的宽度小于2m时，混凝土塞的高度（即开挖深度）一般可采用软弱宽度的1～1.5倍，且不小于1m，或根据计算确定。塞的两侧可挖成1：1～1：0.5的斜坡，以便将坝体的压力经混凝土塞（或拱）传到两侧完整的基岩上。如破碎带延伸至坝体上、下游边界线以外，则混凝土塞也应向外延伸，延伸长度取1.5～2倍混凝土塞的高度。若软弱层破碎带与上游水库连通，还必须做好防渗处理。

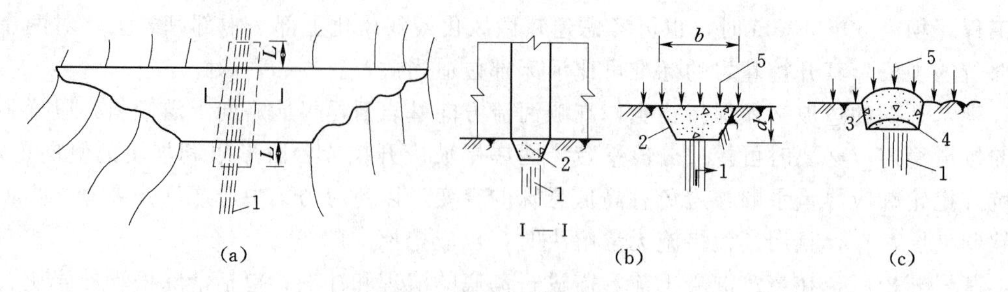

图 2.30 破碎带处理示意图

1—破碎带；2—混凝土塞；3—混凝土拱；4—回填混凝土；5—坝基应力

对于软弱的夹层，如浅埋软弱夹层要多用明挖换基的方法，将夹层挖除，回填混凝土。对埋藏较深的，应结合工程情况分别采用在坝踵部位做混凝土深齿墙，切断软弱夹层直达完整基岩，如图 2.31 所示；在夹层内设置混凝土塞，如图 2.31（a）所示；在坝趾处设混凝土深齿缝，如图 2.31（b）所示；在坝趾下游侧岩体内采取设钢筋混凝土抗滑桩，或预应力钢索加固，化学灌浆等措施，如图 2.31（c）所示，以提高坝体和坝基的抗滑稳定性。

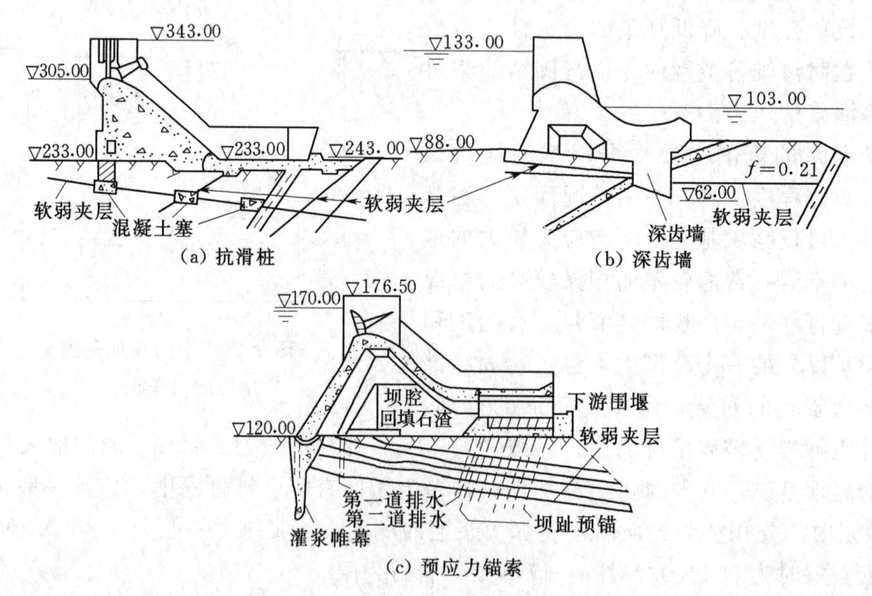

图 2.31 软弱夹层的处理（高程单位：m）

2.1.7.2 坝基的防渗处理

防渗处理的目的是增加渗透途径，防止渗透破坏，降低坝基面的渗透压力及减少坝基的渗漏量。

坝基及两岸的防渗措施，可采用水泥帷幕灌浆；经论证坝基也可采用混凝土齿墙，防渗墙或水平防渗铺面；两岸岸坡可采用明挖或洞挖后回填混凝土形成防渗墙。

当裂缝比较发育时，做成混凝土齿墙很有效，但深齿墙施工困难，很少采用，通常采用帷幕灌浆。如基岩表面裂隙发育，可用浅齿墙和帷幕灌浆相结合的方法。

防渗帷幕的深度应视基岩的透水性、坝体承受的水头和降低渗透压力的要求来确定。

当坝基下存在可靠的相对隔水层时，防渗帷幕应伸入到该岩层内3～5m，形成封闭的阻水幕。不同坝高所要求的岩体相对隔水层的透水率 q 见表2.17。

表2.17　岩体相对隔水层的透水率 q

坝高/m	>100	100～50	<50
相对隔水层的透水率 q/Lu	1～3	3～5	5

当坝基下相对隔水层埋藏较深或分布无规律，可根据降低渗透压力和防止渗透变形等设计要求来确定，一般可在0.3～0.7倍水头范围内选择。

防渗帷幕的排数、排距及孔距，应根据工程地质条件、水文地质条件、作用水头及灌浆试验资料确定。

帷幕由一排或几排灌浆孔组成。在考虑帷幕上游区的固结灌浆对加强基础浅层的防渗作用后，坝高100m以下的可采用一排。若地质条件较差，岩体裂缝特别发育或可能发生渗透变形的地段可采用两排，但坝高50m以下的仍采用一排。

当帷幕由两排灌浆孔组成时，可将其中的一排孔钻灌到设计深度，另一排孔深可灌至设计深度的1/2左右。帷幕孔距为1.5～3m，排距可略小于孔距。

帷幕灌浆必须在浇筑一定厚度的坝体混凝土作为盖重后施工，灌浆压力通常取帷幕孔顶段的1.0～1.5倍坝前静水头，在孔底段段2～3倍坝前静水头，但以不抬动岩体为原则。水泥灌浆的水灰比适当，灌浆时浆液由稀逐渐变稠。

2.1.7.3　坝基排水

为了进一步降低坝体底面的扬压力，应在防渗帷幕后设置排水孔幕（包括主、副排水孔幕）。主排水孔幕可设一排，副排水孔幕视坝高可设1～3排（中等坝设1～2排，高坝可设2～3排）。对于尾水位较高的坝，可在主排水幕下游坝基面上设置由纵、横廊道组成的副排水系统，采取抽排措施，当高尾水位历时较久时，尚宜在坝趾增设一道防渗帷幕，如图2.32所示。

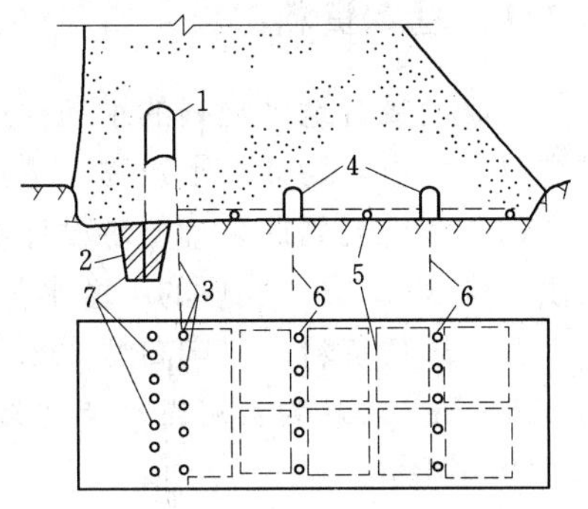

图2.32　坝基排水系统
1—灌浆排水廊道；2—灌浆帷幕；3—主排水孔幕；4—纵向排水廊道；5—半圆管；6—辅助排水孔幕；7—灌浆孔

主排水幕一般应设在坝基面的帷幕孔下游2m左右。主排水孔的孔距为2～3m，副排水孔的孔距为3～5m，孔径为150～200mm。排水孔的孔深应根据帷幕和固结灌浆的深度及基础工程地质、水文地质条件确定。一般主排水孔深为帷幕深的0.4～0.6倍，对于坝高50m以上者，不宜小于10m；副排水孔深可为6～12m。若坝基有透水层时，排水孔应穿过透水层。

2.1.7.4　两岸处理

当河岸较陡且有顺坡剪切裂隙时，要校核岸坡沿裂隙的稳定性，必要时应开挖削坡。若开挖量大，也可采用预应力锚系钢筋固定岸坡，如图2.33（c）、（d）所示。

若岸坡稳定平缓，岸坡坝段可直接建在开挖的岸坡基岩上，如图2.33（a）所示；若岸坡较陡，但基岩稳定，为使岸坡坝段稳定，可考虑把岸坡开挖成梯级，利用基岩和混凝土的抗剪强度增加坝段的抗滑稳定，但应避免把岸坡挖成大梯级，以防在梯级突变处引起应力集中，产生裂缝，如图2.33（c）所示。

有时河岸十分陡峻，以致岸坡段的一部分建在河床上，另一部分坐落在岸坡上，如图2.33（d）所示。此时，坝段主要由河床支承，岸坡受力较小，坝段混凝土冷却收缩后，易脱离岸壁产生裂缝。因此，可先在岸壁做钢筋混凝土层，并用钢筋锚系在河岸基岩上，在钢筋混凝土层与坝段之间设临时温度横缝和键槽，而后进行灌浆处理；也可不设横缝，使岸坡段与河岸直接接触，但加设锚系钢筋，以承受温度引起的拉应力。

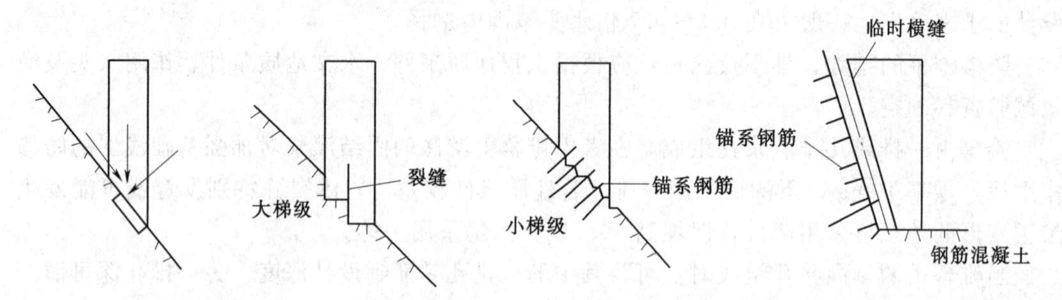

图2.33 重力坝与坝坡的连接

2.2 设 计 实 例

2.2.1 基本资料

某高山峡谷地区规划的水利枢纽，拟定坝型为混凝土重力坝，其任务以防洪为主，兼顾灌溉、发电，为3级建筑物，试根据提供的资料设计非溢流坝剖面。

（1）水电规划成果。上游设计洪水位为355.0m，相应的下游水位为331.0m；上游校核洪水位355.8m，相应的下游水位为332.0m；正常高水位354.0m；死水位339.5m。

（2）地质资料。河床高程328.0m，有1～2m覆盖层，清基后新鲜岩石表面最低高程为326.0m。岩基为石灰岩，节理裂隙少，地质构造良好，摩擦系数 $f'_{Rk}=0.82$，黏聚力 $C'_{Rk}=0.6\text{MPa}$。

（3）其他有关资料。河流泥沙计算年限采用50年，据此求得坝前淤沙高程337.1m。泥沙浮重度为6.5kN/m^3，内摩擦角 $\varphi=18°$。

枢纽所在地区洪水期的多年平均最大风速为15m/s，水库最大风区长度由库区地形图上量得 $D=2\text{km}$。

坝体混凝土重度 $\gamma_c=24\text{kN/m}^3$，地震设计烈度为6度。拟采用混凝土强度等级C10，90d龄期，80%保证率，混凝土的强度标准值为10MPa，坝基岩石允许压应力设计值为4000kPa。

2.2.2 设计要求

（1）拟定坝体剖面尺寸。确定坝顶高程和坝顶宽度，拟定折坡点的高程、上下游坡

度，坝底防渗排水幕位置等相关尺寸。

(2) 荷载计算及作用组合。该例题只计算一种作用组合，选设计洪水位情况计算，取常用的五种荷载：自重、静水压力、扬压力、淤沙压力、浪压力。列表计算其作用标准值和设计值。

(3) 抗滑稳定验算。可用极限状态设计法进行可靠度计算。

2.2.3 非溢流坝剖面的设计

1. 资料分析

该水利枢纽位于高山峡谷地区，波浪要素的计算可选用官厅公式。因地震设计烈度为6度，故不计地震影响。大坝以防洪为主，3级建筑物，对应可靠度设计中的结构安全级别为Ⅱ级，相应结构重要性系数 $\gamma_0=1.0$。坝体上的荷载分两种组合，基本组合（设计洪水位）取持久状况对应的设计状况系数 $\psi=1.0$，结构系数 $\gamma_{d1}=1.2$；偶然组合（校核洪水位）取偶然状况对应的设计状况系数 $\psi=0.85$，结构系数 $\gamma_{d2}=1.2$。坝趾抗压强度极限状态的设计状况系数同前，结构系数 $\gamma_d=1.8$。

可靠度设计要求均采用作用（荷载）设计值和材料强度设计值。作用（荷载）标准值乘以作用（荷载）分项系数后的值为作用（荷载）设计值；材料强度标准值除以材料性能分项系数后的值为材料强度设计值。本设计有关（荷载）作用的分项系数查表2.6得：自重为1.0，静水压力为1.0，渗透压力为1.2，浮托力为1.0，淤沙压力为1.2，浪压力为1.2；混凝土材料的强度分项系数为1.5；材料性能分项系数中，对于混凝土与岩基间抗剪强度摩擦系数 f'_R 为1.3，黏聚力 C'_R 为3.0。上游坝踵不出现拉应力极限状态的结构功能极限值为0。下游坝基不能被压坏而允许的抗压强度功能极限值为4000kPa。实体重力坝渗透压力强度系数 α 为0.25。

2. 非溢流坝剖面尺寸拟定

(1) 坝顶高程的确定。坝顶在水库静水位以上的超高根据下式计算：

$$\Delta h=h_{1\%}+h_z+h_c$$

对于安全级别为Ⅱ级的坝，查得安全超高设计洪水位时为0.5m，校核洪水位时为0.4m。分设计洪水位和校核洪水位两种情况计算。

1) 设计洪水位情况。风区长度（有效吹程）$D=2\text{km}$，计算风速 v_0 在设计洪水情况下取多年平均年最大风速的1.5倍，为22.5m/s。

(a) 波高：

$$\begin{aligned}h &=0.0076v_0^{-\frac{1}{12}}\left(\frac{gD}{v_0^2}\right)^{\frac{1}{3}}\frac{v_0^2}{g}\\ &=0.0076\times22.5^{-\frac{1}{12}}\times\left(\frac{9.81\times2000}{22.5^2}\right)^{\frac{1}{3}}\times\frac{22.5^2}{9.81}\\ &=1.024(\text{m})\end{aligned}$$

因 $\frac{gD}{v_0^2}=38.8$，故 h 为累积频率5%的波高 $h_{5\%}$。

根据工程经验可取 $\qquad h_{1\%}=1.24h_{5\%}$

$$h_{1\%}=1.42h_{10\%}$$

故 $h_{1\%}=1.24h_{5\%}=1.24\times1.024=1.270(\mathrm{m})$

(b) 波长：

$$L_m=0.331v_0^{-\frac{1}{2.15}}\left(\frac{gD}{v_0^2}\right)^{\frac{1}{3.75}}\frac{v_0^2}{g}$$

$$=0.331\times22.5^{-\frac{1}{2.15}}\times\left(\frac{9.81\times2000}{22.5^2}\right)^{\frac{1}{3.75}}\times\frac{22.5^2}{9.81}$$

$$=10.645(\mathrm{m})$$

(c) 波浪中心线至计算水位的高度：

$$h_z=\frac{\pi h_{1\%}^2}{L_m}\mathrm{cth}\frac{2\pi H}{L_m}，因\ H>L_m，\mathrm{cth}\frac{2\pi H}{L_m}\approx1$$

$$h_z=\frac{\pi h_{1\%}^2}{L_m}=\frac{3.14\times1.270^2}{10.645}=0.467(\mathrm{m})$$

$$\Delta h=1.024+0.476+0.5=2.00(\mathrm{m})$$

$$坝顶高程=355+2.00=357(\mathrm{m})$$

2）校核洪水位情况。风区长度为2km，计算风速 v_0 在校核洪水位情况取多年平均年最大风速的1倍，为15m/s。

(a) 波高：

$$h=0.0076v_0^{-\frac{1}{12}}\frac{gD}{v_0^2}^{\frac{1}{3}}\frac{v_0^2}{g}$$

$$=0.0076\times15^{-\frac{1}{12}}\times\frac{9.81\times2000}{15^2}^{\frac{1}{3}}\times\frac{15^2}{9.81}$$

$$=0.617(\mathrm{m})$$

因 $\frac{gD}{v_0^2}=87.2$，故 h 为累积频率5%的波高 $h_{5\%}$。

$$h_{1\%}=1.24h_{5\%}=1.24\times0.617=0.765(\mathrm{m})$$

(b) 波长：

$$L_m=0.331v_0^{-\frac{1}{2.15}}\left(\frac{gD}{v_0^2}\right)^{\frac{1}{3.75}}\frac{v_0^2}{g}$$

$$=0.331\times15^{-\frac{1}{2.15}}\times\left(\frac{9.81\times2000}{15^2}\right)^{\frac{1}{3.75}}\times\frac{15^2}{9.81}$$

$$=7.092(\mathrm{m})$$

(c) 波浪中心线至计算静水位的高度：

$$h_z=\frac{\pi h_{1\%}^2}{L_m}=\frac{3.14\times0.765^2}{7.092}=0.259(\mathrm{m})$$

$$\Delta h=0.765+0.259+0.4=1.424(\mathrm{m})$$

$$坝顶高程=355.8+1.424=357.224(\mathrm{m})$$

取上述两种情况坝顶高程中的大值，并取防浪墙高度1.2m，防浪墙基座高0.1m并外伸0.3m，则坝顶高程为357.224－1.2－0.1＝355.924(m)，取356m。最大坝高为356.0－326.0＝30(m)。

（2）坝顶宽度。因该水利枢纽位于山区峡谷，无交通要求，按构造要求取坝顶宽度5m，同时满足维修时的单车道要求。

（3）坝坡的确定。根据工程经验，考虑利用部分水重增加坝体稳定，上游坝面采用折坡，起坡点按要求为1/3～2/3坝高，该工程拟折坡点高程为346.0m，上部铅直，下部为1：0.2的斜坡，下游坝坡取1：0.75，基本三角形顶点位于坝顶，349.3m以上为铅直坝面。

（4）坝体防渗排水。根据上述尺寸算得坝体最大宽度为26.5m。分析地基条件，要求设防渗灌浆帷幕和排水幕，灌浆帷幕中心线距上游坝踵5.3m，排水孔中心线距防渗帷幕中心线1.5m。拟设廊道系统，实体重力坝剖面设计时暂不计入廊道的影响。

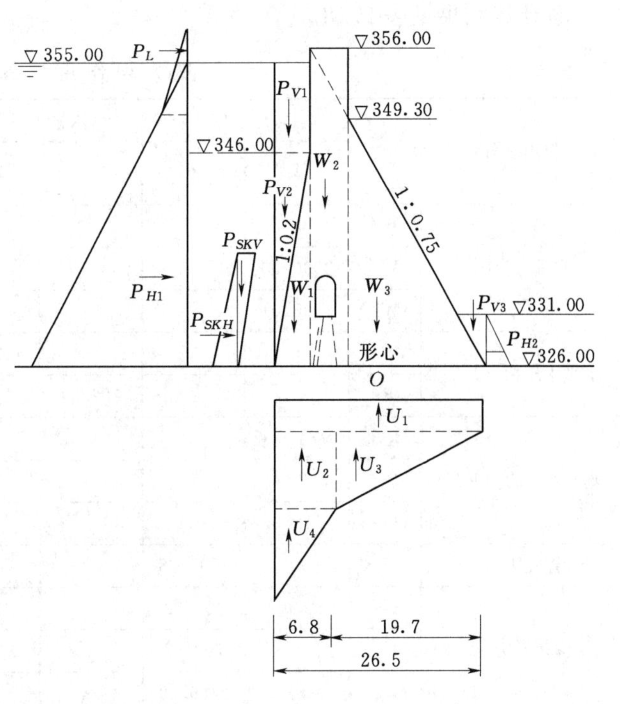

图2.34 重力坝剖面设计图（单位：m）

拟定的非溢流坝剖面如图2.34所示。确定剖面尺寸的过程归纳为初拟尺寸→稳定和应力校核→修改尺寸→稳定和应力校核，经过几次反复，得到满意的结果为止。

3. 荷载计算及组合

以设计洪水位情况为例进行稳定和应力的极限状态验算（其他情况略）。根据作用（荷载）组合，设计洪水情况的荷载组合包含：自重＋静水压力＋淤沙压力＋扬压力＋浪压力。沿坝轴线取单位长度1m计算。

（1）自重。将坝体剖面分成两个三角形和一个长方形计算其标准值，廊道的影响暂时不计入。

（2）静水压力。按设计洪水时的上下游水平水压力和斜面上的垂直水压力分别计算其标准值。

（3）扬压力。扬压力强度在坝踵处为γH_1，排水孔中心线上为$\gamma(H_2+\alpha H)$，坝趾处为γH_2，α为0.25。按图中U_1、U_2、U_3、U_4分别计算其扬压力标准值。

（4）淤沙压力。分水平方向和垂直方向计算。泥沙浮重度为6.5kN/m³，内摩擦角$\phi_s=18°$，水平淤沙压力标准值为

$$P_{SKH}=\frac{1}{2}\gamma s_b h s^2\tan\left(45°-\frac{\phi_s}{2}\right),\ P_{SKV}=\gamma s_b V$$

（5）浪压力。坝前水深大于1/2波长（$H_1>L_m/2$且$H_1>H_c$）采取下式计算浪压力标准值：

$$P_{uk}=\frac{1}{4}\gamma_w L_m(h_l+h_z)$$

各计算结果见表 2.18。

表 2.18 **重力坝作用计算**

作用（分项系数）		垂直力/kN		水平力/kN		对坝底截面形心的力臂/m	力矩/(kN·m)	
		↓	↑	←	→		↗−	+↖
自重（1.0）	W_1	960.00				11.17		10720.00
	W_2	3600.00				8.00		28800.00
	W_3	4886.01				0.58	2850.17	
水平水压力（1.0）	P_1				4125.11	9.67	39876.02	
	P_2			122.63		1.67		204.38
垂直水压力（1.0）	P_{V1}	784.00				11.25		8820.00
	P_{V2}	392.00				11.58		4540.67
	P_{V3}	91.88				10.58	972.34	
扬压力 浮托力（1.0）	U_1		1297.28			0.00		
扬压力 渗透压力（1.2）	U_2		493.92			8.75	4321.80	
	U_3		792.92			0.58		462.54
	U_4		2469.60			9.92	24490.20	
淤沙压力（1.2）	P_{SKH}				349.12	3.70	1291.73	
	P_{SKV}	96.10				8.55		821.69
浪压力（1.2）	P_1				10.05	29.00	291.32	
	P_2					5.00		50.23
合计		10809.99	5053.71	122.63	4484.27		74093.59	54419.49
		5756.28↓		4351.60→			19674.10 ↗−	

4. 抗滑稳定极限状态计算

坝体抗滑稳定极限状态，属承载能力极限状态，核算时，其作用和材料性能均应以设计值代入。基本组合时 $\gamma_0=1.0$；$\psi=1.0$，$\gamma_d=1.2$；$f'_R=0.82/1.3=0.6308$；$c'_R=600/3=200.00(\text{kPa})$

$$\gamma_0\psi_S(\cdot)=\gamma_0\psi\left(\frac{1}{2}\gamma H_1^2-\frac{1}{2}\gamma H_2^2+P_{WK}+P_{SKH}\right)$$
$$=1.0\times1.0\times(4125.11-122.63+10.05+349.12)$$
$$=4361.7(\text{kN})$$

$$\frac{1}{\gamma_d}R(\cdot)=\frac{1}{\gamma_d}(f'_R\sum W+c'_R A)$$
$$=\frac{1}{1.2}\times(0.6308\times5756.28+200.00\times25.5\times1)$$
$$=7209.2(\text{kN})$$

由于 4361.7kN＜7209.2kN，故基本组合时抗滑稳定极限状态满足要求。

5. 坝趾抗压强度极限状态计算

坝趾抗压强度极限状态，属承载能力极限状态，核算时，其作用和材料性能均以设计值代入。基本组合时，$\gamma_0=1$，$\psi=1.0$，$\gamma_d=1.8$。

$$\begin{aligned}\gamma_0\psi S(\cdot)&=\gamma_0\psi\left(\frac{\sum W}{B}-\frac{6\sum M}{B^2}\right)(1+m_2)\\&=1.0\times1.0\times\left(\frac{5756.28}{25.5}+\frac{6\times19674.1}{25.5^2}\right)\times(1+0.75)\\&=447.99(\text{kPa})\end{aligned}$$

对于坝趾岩基：

$$\frac{1}{\gamma_d}R(\cdot)=\frac{1}{\gamma_d}4000=\frac{1}{1.8}\times4000=2222.22(\text{kPa})$$

由于 447.99kPa＜2222.22kPa，故基本组合时坝趾基岩抗压强度极限状态满足要求。

对于坝趾混凝土 C10：

$$\frac{1}{\gamma_d}R(\cdot)=\frac{1}{\gamma_d}f_{cu,k}/\gamma_m=\frac{1}{1.5}\times\frac{10000}{2.0}=3333.33(\text{kPa})$$

由于 447.99kPa＜3333.33kPa，故基本组合时坝趾混凝土 C10 抗压强度极限状态满足要求。

2.3 拓 展 知 识

2.3.1 碾压混凝土重力坝

1. 碾压混凝土重力坝简介

碾压混凝土重力坝是将土石坝施工中的碾压技术应用于混凝土坝，从根本上改革常态的大坝混凝土浇捣施工方法，采用水泥含量低的超干硬混凝土熟料，采用现代施工机械和碾压设备实施运料，通仓铺填，逐层碾压固结而成的坝。与常态混凝土坝相比，碾压混凝土重力坝具有坝身构造简单、水泥用量省的特点，碾压混凝土的单位体积胶凝材料用量一般为混凝土总重量的 5%～7%，扣除粉煤灰等活性混合材料，每立方米碾压混凝土的水泥用量仅为 60～90kg。其具有模板用量省、施工速度快和工程造价低的特点，是近 20 多年迅速发展起来的新型大体积混凝土坝。

世界上第一座碾压混凝土坝（日本的岛地川坝，坝高 89m）建于 1980 年，据不完全统计，目前已建和在建的碾压混凝土坝有 80 余座。其中日本宫濑坝坝高 155m，是目前世界上最高的碾压混凝土坝。

我国从 1979 年开始了碾压混凝土坝的技术研究。1986 年，在福建大田县建成了我国第一座试验坝——高 56.8m 的坑口碾压混凝土重力坝。此后，相继在铜街子、沙溪口、隔河岩、天生桥、观音阁、岩滩等工程的大坝或围堰采用了碾压混凝土技术，取得许多科研成果，推进了碾压混凝土筑坝技术的发展。

碾压混凝土重力坝的断面设计、水力设计、应力和稳定分析与常态混凝土重力坝相同，但在材料与构造方面需要适应碾压混凝土的特点，下面仅就碾压混凝土的材料及碾压混凝土在坝内的布置等作简单叙述。

2. 碾压混凝土的原材料

碾压混凝土的原材料与常态混凝土无本质的区别，凡适应于水工混凝土使用的水泥均可采用。胶凝材料用量远低于常态混凝土，其中，粉煤灰在胶凝材料中所占比重一般为30%～60%，有的高达70%。为防止骨料分离，一般选用骨料的最大粒径为80mm，并需级配良好。含砂率一般比常态混凝土大3%～5%，细骨料中宜有10%左右粒径小于0.16mm的质地坚硬微粒。一般水胶比（水与胶凝材料含量的重量比）为0.45～0.7。外加剂用量为胶凝材料的0.25%左右。

国内外几座碾压混凝土重力坝胶凝材料的用量见表2.19。

表2.19　国内外几座碾压重力坝胶凝材料用量表　单位：kg/m^3

工程名称	胶凝材料用量	水泥	粉煤灰
坑口重力坝	150	60	90
岩滩重力坝	150	55	95
水口重力坝	160	65	95
观音阁重力坝	130	72	58
美国上静水重力坝	245	76	169
美国柳溪重力坝	66	47	19
日本岛地川重力坝	120	84	36

3. 碾压混凝土的物理力学性能

尽管碾压混凝土的物理力学性能指标及其测定方法与常态混凝土类似，由于两者在材料的组成和施工方法上有很大的不同，因此材料强度等指标的变化规律和影响因素也有很大的区别。可以说碾压混凝土是不同于常态混凝土的新型水工材料。

（1）抗压强度。碾压混凝土的强度直接与压实密度有关，而压实密度又直接取决于表征稠度的*VC*值（即表示拌和物从开始振动至表面全部泛浆所需时间的秒数）。因此，碾压混凝土的抗压强度相当大的程度上由*VC*值来控制。此外，碾压混凝土的强度还受碾压时含水量的影响。因此，设计碾压混凝土配合比时，不但要考虑水灰比，还要考虑振压密实所需含水量。

当然，碾压层的厚度也是影响其抗压强度的另一因素。试验表明，当碾压厚度小于50cm时，每层上下混凝土强度基本均匀，当层厚达70cm时，强度明显出现下高上低，差别可达20%～40%，所以碾压混凝土坝体应采用薄层填筑以提高坝体各部位的强度均匀性。

（2）抗拉强度。混凝土抗拉强度随着骨料体积的变化而变化。当骨料体积由0增加到20%时，其抗拉强度逐渐降低；当骨料体积由20%逐渐增加，抗拉强度也随之增加；当骨料体积达到80%～85%，其抗拉强度大于常态混凝土。混凝土的抗拉强度随骨料的最大粒径的增加而下降，因此，骨料粒径不宜太大。

可以认为，同量级碾压混凝土的抗拉强度大于常态混凝土的抗拉强度。

(3) 抗剪强度。根据国内外测试结果认为：对于连续填筑的层面或整体的碾压混凝土，若能保证施工质量均匀，其抗剪强度不亚于常态混凝土，可达到3MPa以上，剪压比亦为1/4～1/6。若施工不注意，会导致接缝处的抗剪强度值较大。一般情况下接缝处抗剪强度大都在1.4MPa以上，剪压比达到1/6～1/10，对于灰浆及砂浆均较少而粗骨料粒径较大的材料，易发生碾压不密实，而使抗剪强度下降。

(4) 变形性能。由于掺有大量粉煤灰，胶凝浆体的受力变形较大。因此，碾压混凝土初期弹性模量较低，混凝土表面裂缝较少。碾压混凝土的徐变与混凝土的配合比、水泥的品种等多种因素有关，故对碾压混凝土的徐变值应做具体试验确定。

混凝土的极限拉伸值是混凝土抗裂能力的重要指标。其值随混凝土抗拉强度和胶凝材料用量的增加而增加，对于高粉煤灰掺量的混凝土，其早期强度比不掺者降低较多，因胶凝材料总量增加，水灰比降低，其早期强度和极限拉伸值不低于常态混凝土。又因二次水化比较慢，其后期强度与极限拉伸值均增长较多，这对抗裂非常有利。对于胶凝材料用量少的碾压混凝土，由于相应灰浆量少，水灰比大，故极限拉伸值降低，抗裂能力远不如高粉煤灰掺量的碾压混凝土。

总之，碾压混凝土的各种物理力学性能，若精心设计、施工质量有保证，则都将优于常态混凝土。但碾压混凝土的施工质量控制应较常态混凝土严格。

4. 碾压混凝土在坝内的布置

碾压混凝土重力坝断面设计可考虑采用下述三种典型布置及相应的填筑碾压方式：

(1) 全断面为碾压混凝土，常态混凝土仅作模板兼坝面防护层；采用薄层连续碾压，层面不进行处理，多数情况下也不设横缝。因而具有构造简单、施工方便、速度快、效益高等优点，但坝体防渗、防冻、抗裂性稍差。当采用高粉煤灰掺量时，其粉煤灰所占胶凝材料量中比例降至60～70kg/m^3，可也达到240～250kg/m^2。

(2) 在坝体与基岩和两岸的连接部位设常态混凝土垫层；在坝顶和上、下游坝面设常态混凝土保护层，其厚度及原材料的配合比由工作条件（抗渗、抗冻、抗冲耐磨、强度、构造和施工要求）决定，其中上游面常态混凝土最小有效厚度一般为坝面水头的1/30～1/15，我国多采用1.5～3.5m。此类坝型基本上由常态混凝土坝演变而来，其防渗、防裂和防冻性相对较好，但水泥量较多，施工干扰大，经济效益稍差。坝内除廊道和管道周围应按强度要求设置一定厚度的低含钢率钢筋混凝土外，其余部均为碾压混凝土。当采用低粉煤灰掺量，其所占胶凝材料总量中比例在30%左右；填筑时碾压分层较薄，一般为75～100cm，碾压后间隔一定时间先进行层面处理，然后再填筑上一层；坝体设横缝，横缝迎水面的止水和坝身排水管均设在常态混凝土内，碾压混凝土部分的横缝在碾压后凝固前用振动切缝机造成，缝内以聚氯乙烯充填。日本岛地川坝和玉川坝均属于这种布置形式，如图2.35所示。

(3) 坝体的绝大部分为碾压混凝土，粉煤灰掺量较高，填筑碾压方式与第一种方式类似，该类型布置要在坝前设专门防渗设施。如设置沥青防渗层，并用预制钢筋混凝土板兼作模板与防渗层等，如图2.36所示。敷设合成橡胶防渗薄板；喷涂低黏度聚合物防渗层；在上游面安装预制空格模板，随着坝体上升而在其中浇常态混凝土，或预填骨料，然后进行水泥灌浆，形成防渗板。

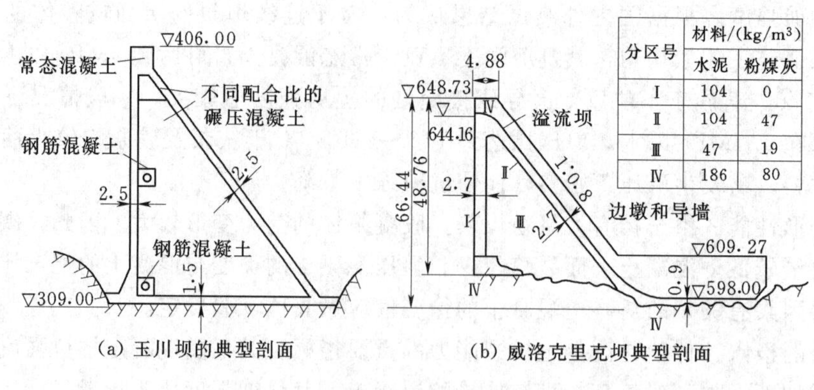

分区号	材料/(kg/m³)	
	水泥	粉煤灰
Ⅰ	104	0
Ⅱ	104	47
Ⅲ	47	19
Ⅳ	186	80

(a) 玉川坝的典型剖面　　(b) 威洛克里克坝典型剖面

图 2.35 国外碾压坝断面（单位：m）

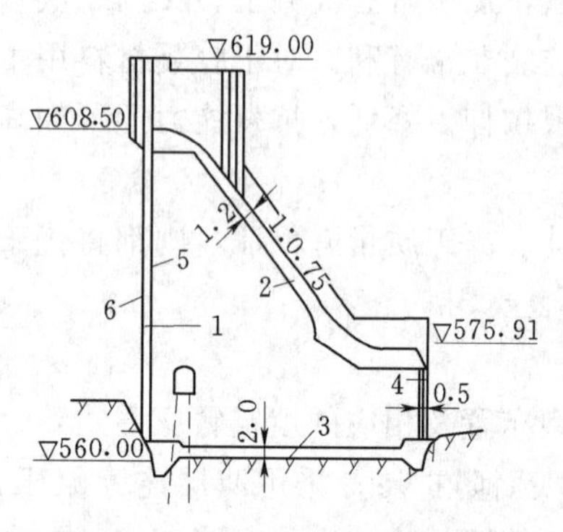

图 2.36 中国坑口坝的典型断面（单位：m）

1—碾压混凝土；2—钢筋；3—常态混凝土；4—预制板；5—沥青砂浆防渗层；6—预制钢筋板

总之，碾压混凝土坝的坝体内应尽量少设廊道和孔洞，坝基帷幕灌浆宜在坝踵处的平台上进行，确需在坝内设置廊道和孔洞时，其周边必须妥善施工，以保证质量。

碾压混凝土坝的施工要点为混凝土是在预制式拌和机中拌和制成的；用自卸汽车直接入仓散料，用推土机将混凝土铺摊平。当采用粉煤灰掺量时，每层铺筑厚度一般为 25cm 左右，如粉煤灰掺量低，则厚度可加大，用重力为 80～150kN 的振动碾碾压密实，碾压次数由试验定，一般为 6～8 遍，有横缝的常用振动切缝机切割成缝；在浇筑新一层混凝土前，用钢丝刷将老混凝土面刷毛、清洗，或用压力水冲刷，以加强层间结合。填缝可用镀锌铁片或聚氯乙烯板。养护期一般在三周以上，宜采用喷雾养护。

当然，由于碾压发展历史较短，有些技术问题尚待进一步研究解决和完善，随着科学技术水平的不断提高和经验积累，碾压混凝土坝必将在规模、数量上得以更快地发展。

2.3.2 其他型式的重力坝

1. *浆砌石重力坝*

浆砌石重力坝与混凝土重力坝相比，具有可就地取材、节省水泥、节省模板，不需要另设温控措施，施工技术简单易于掌握等优点，因而在中小型水利工程中得到广泛应用。但由于人工砌筑，砌体质量不易均匀，防渗性能差，且修整、砌筑机械化程度较低，施工期较长，耗费劳动力，故在大型工程中较少采用。我国已建成的最高浆砌石重力坝为河北省朱庆水库重力坝，坝高 95m。目前，世界上最高的浆砌石坝是印度的纳加琼纳萨格坝，坝高 125m。下面仅就浆砌体重力坝的材料、构造方面做以简述：

（1）浆砌石重力坝的材料。

1）石料。石料是浆砌石坝的主要材料。砌筑坝体的石料要求质地均匀、无裂缝，不易风化和足够的抗压强度。石料按其外形分为片石（毛石）、块石和条石等。片石无一定的规则形状尺寸，砌体强度差，胶结材料用量大，一般仅用于坝体的次要部分。块石是具有两个较大平行面且基本方正的石料，砌体强度较高，宜用于砌筑浆砌石坝体。条石是经过加工修整而外形大致平整的长方形石料，其砌体强度高，节省胶结材料，砌筑速度快，但费工较多，一般用于上、下游坝面及溢流面等部位。

砌筑坝体的石块尺寸越大越省胶结材料，砌体强度也越高，但应以能运输上坝为原则。一般片石厚度不应小于15cm，块石、条石的厚度不小于25cm。

2）胶结材料。胶结材料作用是把石块胶结成整体，以承受坝体的各种作用荷载，并填实石料间的孔隙，减少坝体渗漏。常用的胶结材料有水泥砂浆、细石混凝土及混合砂浆等。

水泥砂浆由水泥、砂和水按一定比例拌和而成。水泥砂浆所用的砂应级配良好，砂质坚硬，最大粒径不超过5mm，杂质含量不超过5%。一般用的砂浆较稠，水灰比可控制在0.55～0.65；灌缝砂浆较稀，水灰比为0.8～1.0。

细石混凝土是目前广泛应用的一种胶结材料，适用于块石砌筑的坝，与水泥砂浆相比，可节省水泥，改善砂料的级配，从而提高砌体的密实度和强度，但不能用于浆砌条石。

对于一些小型工程，坝体内部常采用混合砂浆砌筑，混合砂浆是在水泥砂浆中掺入一定比例的石灰或黏土等掺合料组成。这种胶结材料只用于坝体的次要部位。

（2）砌体的强度。砌体的强度不仅取决于石料和胶结材料的强度等级，还与石料的形状、大小及砌筑质量有关。

砌体强度随石料的强度的增大而增大，但当达到一定强度后，其影响不甚明显。胶结材料的强度越高，砌体强度也越高，但影响程度随石料的种类不同而有所差异。一般情况下，细石混凝土砂浆砌筑比水泥砂浆砌筑的砌体强度高。胶结材料的和易性好，则砌体强度较高。此外，石料的形状越不规则、大小越不均匀，砌体强度就越低。

（3）浆砌石重力坝的构造特点。浆砌石重力坝在构造上与混凝土重力坝大致相同，但在坝体防渗、分缝、溢流坝面的衬护等方面有它的特点和要求。

1）坝体的防渗。工程中常采用以下两种防渗设施：

a）混凝土防渗面板。在坝体迎水面设置混凝土防渗面板，是大、中型浆砌石重力坝广泛采用的一种防渗措施。面板在底部应嵌入完整基岩内1～1.5m，并与坝基防渗设施连成整体。防渗面板的厚度，一般为上游水深的1/20～1/15或更薄，但不得小于0.3m。防渗面板一般采用C15或C20混凝土，并适当布置纵横温度钢筋，使温度钢筋与砌体内的预埋钢筋连接，面板在沿坝轴线方向设伸缩缝，一般间距为10～20m，缝宽约1.0cm，缝内应设止水。有的工程混凝土防渗面板做在距上游坝面1～2m的坝体内，迎水面用浆砌石或预制混凝土砌筑，以省去浇混凝土面板的模板支撑及脚手架。

b）浆砌条石防渗层。在坝体迎水面用水泥砂浆砌筑一层质地良好的条石作为防渗层。厚度不超过坝上水头1/20，砌缝的宽度应控制在1～2cm。用M7.5～M10号水泥砂浆作为胶结材料，表面用10～15号水泥砂浆仔细勾缝。也有工程采用凿槽填缝防渗，即将已砌好的防渗层在迎水面沿砌缝凿成宽4～5cm、深3cm的梯形槽，然后再用M10～

M15的水泥砂浆填塞满，勾成平缝或突缝。此种防渗措施适用于小型工程。除此而外，也可在迎水面采用钢丝网水泥喷浆护面及预制混凝土板护面等防渗措施。

2）溢流坝面的衬护。溢流坝面需用混凝土衬护，混凝土层厚0.6～1.5m，不得小于0.3m，混凝土强度等级为C19，衬护内布设温度筋，且用锚筋与砌体锚固。对于单宽流量较小的工程，除坝顶混凝土外，其余部位可用条石或方正块石丁砌衬护。

3）坝体分缝。由于浆砌石坝水泥用量少，水化热低，加之施工时又是分层砌筑，所以一般不需设纵向施工缝。横缝间距也可增大，一般为20～30m，但不宜超过50m。为了适应不均匀的沉降，在基岩岩性变化或地形有陡坎处均设横缝。

为使砌体与基岩紧密结合，在砌石前需先浅筑一层0.5～1.0m的混凝土垫层。当工程规模较小、基岩完整坚硬、地形较规整时，可先在坝底铺5cm厚的砂浆，然后砌石。

2. 宽缝重力坝及空腹重力坝

（1）宽缝重力坝。宽缝重力坝是将坝段间的横缝部分拓宽（仅在上游端和下游端闭合）的重力坝。与实体重力坝相比，宽缝重力坝具有以下特点：设置宽缝后坝底扬压力减少，由于坝底所受的扬压力较小，所以坝体混凝土方量较实体重力坝可节省10%～20%；设置宽缝后，水平截面形状接近工字形，该截面形状比实体重力坝的矩形截面具有较大的惯性矩，可改善坝体的应力条件。宽缝重力坝的主要缺点是：增加了模板用量，立模也较复杂，分期导流不便。

坝体尺寸主要有坝段宽度L，缝宽比$2S/L$，上、下游坝坡系数n、m，上游头部与下游尾部的厚度t_u、t_a、t_d等。其中，L一般选用16～24m，$2S/L=0.2\sim0.4$，$n=0.15\sim0.35$，$m=0.6\sim0.8$。

t_u为坝面作用水头的0.07～0.10倍，且不得小于3m；$t_d=3\sim5$m，不宜小于2m。

宽缝重力坝的抗滑稳定分析基本原理和实体重力坝相同，但需以一个坝段作为计算单元。

（2）空腹重力坝。在实体重力坝底部沿坝轴线方向设置大尺寸的空腔，即为空腹重力坝。

空腹重坝与实体重力坝相比，其优点是：由于空腹下部不设底板，减少了坝底面上的扬压力；节省混凝土方量20%～30%，减少了坝基的开挖量；空腹为布置水电站厂房及进行检查、灌浆和观测提供了方便。缺点是施工复杂，用钢筋模板量大。

空腹坝的腹孔净跨度一般为坝底全宽的1/3，腹孔高为坝高的1/4～1/5，为便于施工，空腹上游边大都做成铅直的，下游边的坡率为0.6～0.8。空腹重力坝的坝体应力情况比较复杂，其坝体应力可采用有限单元法和结构模型进行分析，材料力学法一般不适用。

3. 支墩坝

支墩坝由一系列支墩和挡水面板组成，如图2.37所示。挡水面板支承在支墩上，水压力由挡水面板传给支墩，再由支墩传给地基，是一种轻型坝。

支墩坝的特点：扬压力仅作用于挡水面板的底面，支墩之间的空腔较大，有利于排水，故作用于支墩底部的扬压力很小；挡水面板坡度平缓使其能充分地利用水重，有助于坝体的稳定。与重力坝相比，支墩坝节省工程量；支墩坝结构比较单薄，使材料强度得到

充分发挥。但侧向稳性较差，支墩的应力较大，对地基的要求较高，支墩坝的设计和施工均较复杂。

按挡水面板的形式不同支墩坝可分为平板坝、连拱坝和大头坝，如图 2.37 所示。

（1）平板坝，如图 2.37（a）所示。面板系平面板，简支于支墩上。能避免面板上游面产生拉应力，可适应地基不均匀沉降。

支墩分单、双支墩两种。一般采用单支墩，其间距（中心距）一般为 5～10m，挡水面板顶部厚度一般不小于 0.2m。

支墩上游坡角常为 40°～60°，下游常为 60°～80°。为加强支墩的侧向稳定，常在相邻两支墩之间设加劲梁。平板坝无论是面板、支墩均为钢筋混凝土结构，用筋量多，宜适用于气候温和地区的中、低水头的枢纽。

（2）连拱坝，如图 2.37（b）所示。连拱坝的挡水面板由支承在支墩上的拱圈构成。一般为钢筋混凝土结构，当坝高不大时，也可采用浆砌石结构或混合式结构。

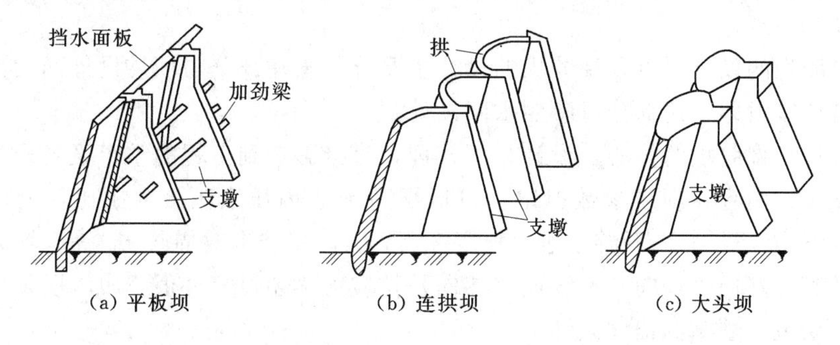

图 2.37 支墩坝的形式

支墩的形式有单、双支墩两大类。

支墩的间距 10～20m，单支墩结构简单，施工方便，模板用量少，但其倾向（垂直于水流方向）抗震刚度较差，纵向弯曲较差，双支墩多用于高坝。

拱圈在水平面或斜面为等内半径、等中心角的圆拱，中心角一般为 135°～180°。

（3）大头坝，如图 2.37（c）所示。大头坝是利用坝体和坝面水重来维持稳定的一种大体积支墩坝，由大头（支墩头部放大部分）和支墩组成。大头坝与宽缝重力坝接近，坝体均属大体积结构，但较宽缝重力坝更节省坝体工程量、缩短工期、降低造价，因而用得较多。

大头坝可用混凝土或浆砌石修建。其支墩可分为单、双支墩，单支墩坝段宽为 14～18m，双支墩多用 18～25m，上下游边坡为 1∶0.4～1∶0.6。

4. 橡胶坝

橡胶坝是由锚固于基础底板上且横贯河床（渠道）的橡胶坝袋，通过充水（气）形成的水坝。坝袋由若干层高强度的合成纤维受力骨架，经橡胶粘接，并用橡胶作为保护层的胶布袋。因此，橡胶坝又称为纤维坝。

（1）橡胶坝的适用范围、特点。橡胶坝具有挡水、泄水的双重功能，坝高一般不超过 6.0m，单距长度一般为 50～100m，适用于低水头、大跨度的闸坝工程。主要用于灌溉、供水、小型电站、城市园林、施工围堰或活动围堰等工程。

橡胶坝与传统的闸坝工程相比具有以下优点：结构简单、造价低；与同规模的常规水闸相比，可节省投资30%～70%；施工期短，坝袋能适应较大的变形，抗震性能好等。该坝在许多国家得到了广泛的应用，值得一提的是日本，从1965年起日本已建成2500余座，我国从1966年至今建成400余座。但该坝也存在坝袋高度受到限制且易磨损、易老化、需要定期更换等不足。

(2) 橡胶坝型式及组成。橡胶坝按充胀方式分为充水式、充气式、充气充水合用式。按结构型式分为直墙式和斜墙式。按锚固线布置分为单锚固线和双锚固线。

橡胶坝由上游连接段、坝段、下游连接段及坝的控制和安全观测系统组成。其中，上、下游连接段属土建部分，主要包括底板、边墙、上下游护坡、护坦、海漫、防冲墙、防渗铺盖、机房及供水等，其作用和设计方法同水闸上、下游连接段。

坝段包括坝袋、底垫片、锚固系统、充排气管、坝基等，主要作用是控制水位及下泄流量。

控制和安全观测系统包括充胀和坍落坝体的充排设备、安全及检测装置，其作用为控制坝的高度。

(3) 橡胶坝的设计要点。橡胶坝的设计主要分为土建部分与坝袋设计两大部分。橡胶坝上、下游连接段即土建部分可参照水闸设计。

坝袋设计是橡胶坝的核心，设计是否合理，直接影响到工程的整个设备及安全使用。

坝袋设计的内容：坝袋参数拟定，包括坝高 H、内压水头、内压比，上、下游坝面曲线段长度 S_1 及 S，上、下游贴地段长度 n_1 和 X_0，坝袋有效周长 L_0 等；坝袋选择包括坝袋强度计算［环向（经向）和纵向（纬向）拉应力不超过容许值 F_0］，坝袋尺寸及选择坝袋材料、层数，坝基的锚固设计。

橡胶坝是一种新型的水工建筑物，随着科学技术的发展，橡胶坝必将在材料、设计施工和管理等方面得到进一步的发展和完善。

2.3.3　重力坝稳定分析

1. 抗滑稳定计算截面的选取

混凝土坝设永久性横缝，将坝体分成若干坝段，横缝不传力，坝段独立工作，无水平梁的作用。因此，稳定分析时取单独坝段或沿坝轴线方向取1m长进行计算。根据坝基地质条件和坝体剖面形式，应选择受力较大、抗剪强度低、最容易产生滑动的截面作为计算截面。

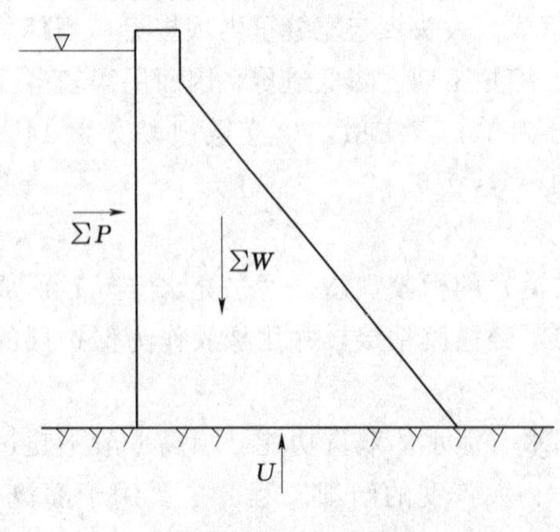

图2.38　重力坝沿坝基水平滑动示意图

2. 坝体抗滑稳定计算

《混凝土重力坝设计规范》(SL 319—2005) 规定，重力坝的抗滑稳定计算应用定值安全系数法，计算公式有抗剪强度公式和抗剪断强度公式。

(1) 抗剪强度公式。该方法适用于坝体与基岩胶结较差的情况，滑动面上的阻滑力只计摩擦力，不计黏聚力。当滑动面为水平面时，如图2.38所示，抗滑稳定安全系数 K 为

$$K=\frac{阻滑力}{滑动力}=\frac{f(\sum W-U)}{\sum P} \tag{2.53}$$

式中 $\sum W$——作用于滑动面上的总铅直力，kN；

$\sum P$——作用于滑动面上的总水平力；kN；

U——作用在滑动面上的扬压力；kN；

f——滑动面上的抗剪摩擦系数。

当滑动面为倾向上游的倾斜面时，如图 2.39 所示，计算公式为

$$K=\frac{f(\sum W\cos\beta-U+\sum P\sin\beta)}{\sum P\cos\beta-\sum W\sin\beta} \tag{2.54}$$

式中 β——接触面与水平面的夹角，(°)。

需要注意扬压力 U 应垂直于所计算的滑动面。当滑动面倾向上游时，对坝体抗滑稳定有利；倾向下游时，滑动力增大，抗滑力减小，对坝体稳定不利。在选择坝轴线和开挖基坑时，应尽可能考虑这一因素。

规范规定，f 的最后选取应以野外和室内试验成果为基础，结合现场实际情况，参照地质条件类似的已建工程的经验等，由地质、试验和设计人员研究确定。根据国内外已建工程的统计资料，混凝土与基岩的 f 值常取 0.5～0.8。

摩擦系数的选定直接关系到大坝的造价与安全，f 值越小，要求坝体剖面越大。

用抗剪强度公式设计时，各种荷载组合情况下的安全系数见表 2.20。

表 2.20　　抗滑稳定安全系数 K

荷载组合		坝的级别		
		1	2	3
基本组合		1.10	1.05	1.05
特殊组合	(1)	1.05	1.00	1.00
	(2)	1.00	1.00	1.00

(2) 抗剪断强度公式。该方法适用于坝体与基岩胶结良好的情况，滑动面上的阻力包括摩擦力和黏聚力，并直接通过胶结面的抗剪断试验确定抗剪断强度的参数 f' 和 c'。其抗滑稳定安全系数 K' 为

$$K'=\frac{f'(\sum W-U)+c'A}{\sum P} \tag{2.55}$$

式中 f'——坝体混凝土与坝基接触面的抗剪断摩擦系数；

c'——坝体混凝土与坝基接触面的抗剪断黏聚力，kPa。

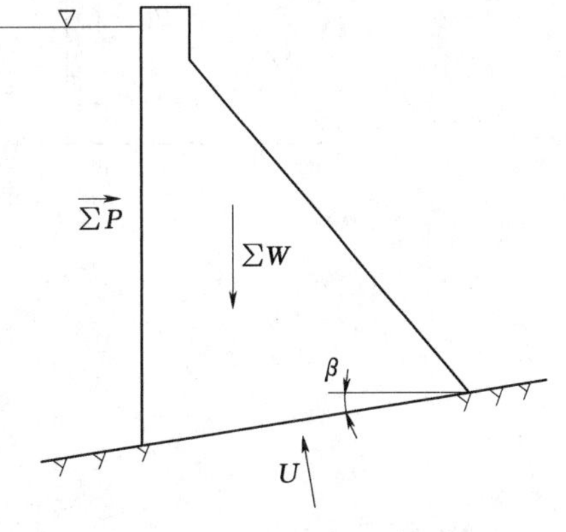

图 2.39　重力坝沿坝基倾斜滑动示意图

抗剪断参数的选定：对于大、中型工程，在设计阶段，f' 和 c' 应由野外及室内试验成果决定。在规划和可行性研究阶段，可以参考规范给定的数值选用。Ⅰ类岩石 f' 可取 1.2～1.5，c' 可取 1.3～1.5MPa；Ⅱ类岩石 f' 可取 1.0～1.3，c' 可取

1.1～1.3MPa；Ⅲ类岩石 f'可取 0.9～1.2，c'可取 0.7～1.1MPa；Ⅳ类岩石 f'可取 0.7～0.9，c'可取 0.3～0.7MPa。

用抗剪断强度公式设计时，各种荷载组合情况下的安全系数见表 2.21。

表 2.21　　抗滑稳定安全系数 K'

荷载组合	K'	
基本组合	3.0	
特殊组合	(1)	2.5
	(2)	2.3

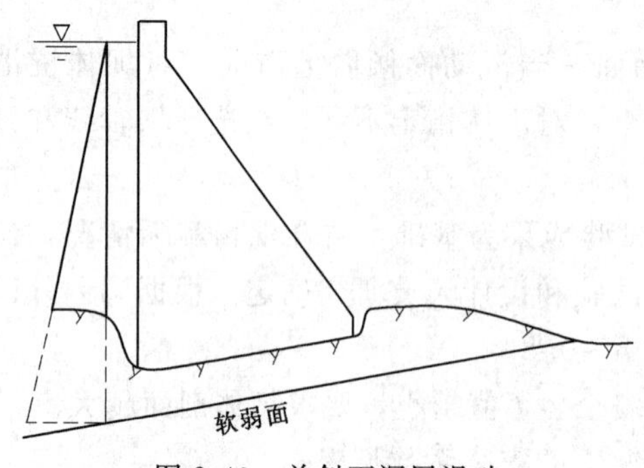

图 2.40　单斜面深层滑动

3. 深层抗滑稳定分析

当坝基岩体内存在着不利的软弱夹层或缓倾角断层时，坝体有可能沿着坝基软弱面产生深层滑动，如图 2.40 所示，其计算原理与坝基面抗滑稳定计算相同。若实际工程中地基内存在相互切割的多条软弱夹层，构成多斜面深层滑动，计算时选择几个比较危险的滑动面进行试算，然后做出比较、分析和判断。

4. 重力坝抗滑稳定计算案例

某混凝土重力坝为 3 级建筑物，正常蓄水位 177.00m，相应下游水位为 154.10m，校核洪水位为 179.02m。按最大坝高拟定出的非溢流坝断面尺寸如图 2.41 所示。坝基高程

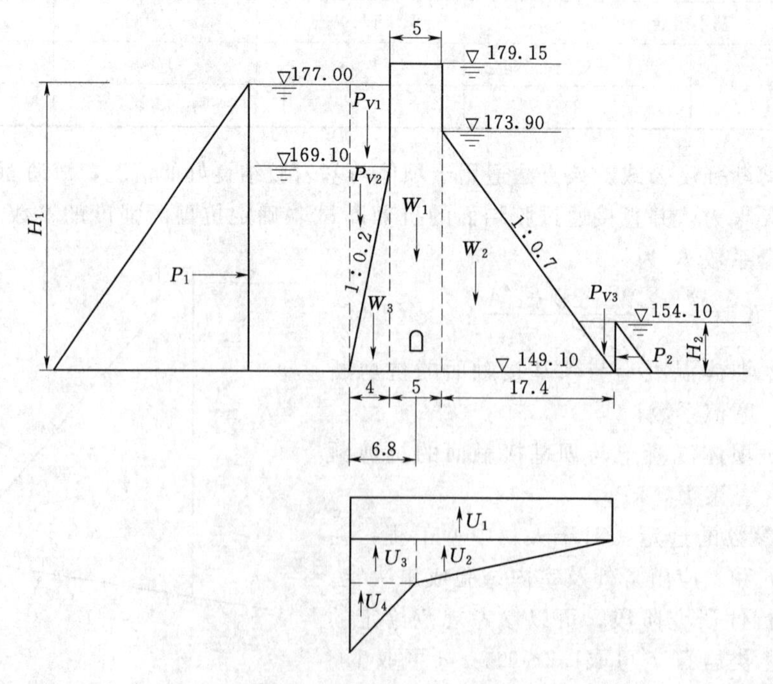

图 2.41　坝体尺寸与荷载

149.10m，地基为花岗岩，左岸节理较发育。根据试验数据并参照类似工程资料，选定抗剪断摩擦系数及黏聚力分别为 $f'=0.85$、$c'=0.65$MPa，不计浪压力和淤沙压力。要求验算正常蓄水位情况下坝基面的抗滑稳定性。

（1）荷载计算。基本组合正常蓄水位情况下，其荷载组合为自重、正常蓄水位情况下的静水压力和扬压力。

1）自重。坝体断面分为两个三角形和一个长方形分别计算，混凝土容重采用 24kN/m³，因廊道尺寸较小，计算自重时不考虑。

2）静水压力。静水压力包括上下游的水平水压力和斜坡上的垂直水压力。

3）扬压力。扬压力包括浮托力和渗透水压力，折减系数 α 采用 0.3。

上述荷载计算成果见表 2.22。

表 2.22　　重力坝荷载计算成果

荷载		计算式	垂直力/kN		水平力/kN	
			↓	↑	→	←
自重	W_1	$5.0\times30.05\times24$	3606			
	W_2	$\frac{1}{2}\times24.8\times17.4\times24$	7178			
	W_3	$\frac{1}{2}\times20\times4\times24$	960			
水平水压力	P_1	$\frac{1}{2}\times27.9^2\times10$			3892	
	P_2	$\frac{1}{2}\times5^2\times10$				125
垂直水压力	P_{V1}	$4\times7.9\times10$	316			
	P_{V2}	$\frac{1}{2}\times4\times20\times10$	400			
	P_{V3}	$\frac{1}{2}\times0.7\times5\times5\times10$	88			
扬压力	U_1	$5\times26.4\times10$		1320		
	U_2	$\frac{1}{2}\times19.6\times0.3\times22.9\times10$		673		
	U_3	$0.3\times22.9\times6.8\times10$		467		
	U_4	$\frac{1}{2}\times(22.9-0.3\times22.9)\times6.8\times10$		545		
合计			10548	3005	3936	160
			7543↓		3776→	

（2）抗滑稳定校核。将以上结果代入抗剪断强度计算公式得

$$K'=\frac{f'(\sum W-U)+c'A}{\sum P}=\frac{0.85\times(10548-3005)+650\times26.4}{3776}=6.24$$

$K'=6.24>[K']=3.0$，满足抗滑稳定要求。

复习思考与技能训练题

1. 重力坝的工作原理是什么？

2. 重力坝的工作特点有哪些？你认为有哪些途径和方法，可以改进实体重力坝存在的缺点？

3. 重力坝有哪些类型？

4. 作用于重力坝上的荷载有哪些？何为计算荷载的标准值？何为设计值？为什么要进行荷载组合？

5. 如何对作用重力坝上的荷载进行组合？

6. 重力坝应力分析的目的是什么？需要分析哪些内容？

7. 若坝踵坝趾应力不满足强度标准要求，应如何改善呢？

8. 为什么要对坝体混凝土进行分区？

9. 简述溢流重力坝的消能型式、消能原理及适用条件。

10. 提高坝体抗滑稳定性的工程措施有哪些？

11. 重力坝为什么要进行分缝？常见的缝有哪些？

12. 坝内廊道有哪些？各有什么作用？

13. 重力坝对地基有哪些要求？

14. 重力坝地基处理的措施有哪些？

15. 固结灌浆、帷幕灌浆各有什么作用？

16. 简述重力坝坝基的防渗与排水措施。

17. 什么叫浮托力、渗透压力、扬压力？为什么扬压力对重力坝的稳定不利？

18. 说明地震震级和烈度的概念。说明地震基本烈度和设计烈度的含义，确定其值应注意的问题。

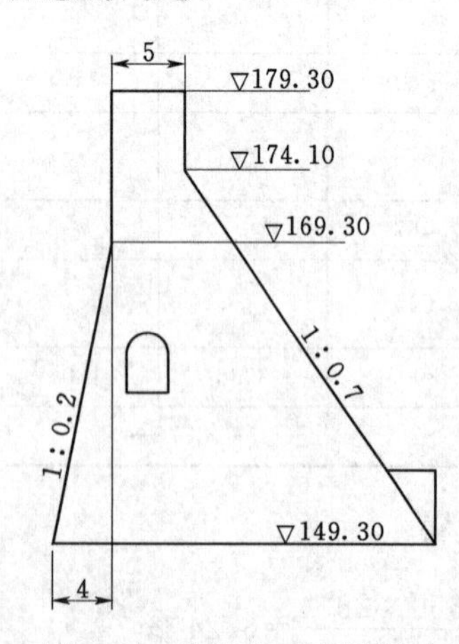

图 2.42 非溢流重力坝剖面（单位：m）

19. 某混凝土重力坝，如图 2.42 所示，为 3 级建筑物，上游坝坡取折坡形，折坡点位于坝高的 2/3 处，即 169.3m 高程。在此以上坝坡铅直，在此以下坝坡坡率 n 取 0.2，下游坝坡坡率 m 取 0.7，坝顶宽度 5.0m。防洪高水位 177.2m，相应下游水位 154.3m；校核洪水位 177.8m，相应下游水位 154.7m；正常高水位 176.0m，相应下游水位 154.0m；死水位 160.4m，淤沙高程 160.4m；淤沙的浮重度 $\gamma_s=8\text{kN/m}^3$，内摩擦角 $\varphi=18°$；混凝土重度 $\gamma_c=24\text{kN/m}^3$。河床基岩面高程为 149.3m，地基为较完整的微风化花岗片麻岩，坝基设帷幕灌浆和排水孔，帷幕及排水孔中心线距上游坝脚分别为 5.3m 和 6.8m。地震设计烈度为 7 度；50 年一遇风速 22.5m/s；水库吹程 $D=3\text{km}$。用分项系数极限状态设计法核算基本组合（防洪高水位情况）时坝体沿坝基面的抗滑稳定性能。

20. 混凝土重力坝剖面，设计资料如下。

基本资料：

某重力坝为2级建筑物，建在山区峡谷非地震区，坝顶无交通要求。

上游设计洪水位26.0m，相应下游水位3.0m。上游校核洪水位28.0m，相应下游水位3.0m。坝趾处基岩表面高程为0.0m，坝底与基岩之间的摩擦系数 $f=0.6$，黏聚力系数 $c=600\text{kPa}$。

为了进行坝基灌浆和排水，设置一标准廊道，其尺寸为2.5m×2.5m，廊道上游至坝面的最小距离为4.0m，廊道底面至坝底面的距离为6.0m。

多年平均最大风速 $v=16\text{m/s}$。吹程 $D=3\text{km}$。计算中暂不计泥沙压力。坝体材料为细骨料混凝土，其重度 $\gamma_k=24\text{kN/m}^3$。

要求：

（1）根据教材中确定基本剖面的原理（不必用基本剖面计算公式），并参考实用剖面经验数据，初拟坝体剖面（要按比例）。

（2）根据初拟剖面进行坝体抗滑稳定计算（设计洪水位情况）。如不满足抗滑稳定要求，指出改进措施（不要求重新计算）。

项目3 小 型 土 石 坝

3.1 基 本 知 识

3.1.1 土石坝的特点及类型

土石坝又称“当地材料坝”，主要由坝址附近的土石料填筑而成，根据筑坝材料不同又分为土坝和堆石坝。土石坝历史悠久，国内外广泛采用，目前世界上最高的水坝为塔吉克斯坦的罗贡土石坝，坝高335m。我国已建的最高土石坝为小浪底土石坝，坝高154m，水布垭面板堆石坝高达233m。21世纪，我国将发展更高的土石坝。

3.1.1.1 土石坝的特点

1. 土石坝应用特性

土石坝被广泛采用并不断发展与其下列的优越性分不开：①可以就地取材，节省大量水泥、木材和钢材，降低造价，比其他坝型经济；②适应地基变形能力强，特别是气候恶劣、地质条件复杂和高烈度地震的情况下，土石坝是唯一可取坝型；③结构简单，便于维修和加高、扩建；④施工工序简单、施工速度快，质量也易保证。但是土石坝也有其不足的一面：①坝身一般不能溢流，需另设溢洪道；②施工导流不如混凝土坝方便；③坝体断面大，土料填筑易受气候条件影响。

2. 土石坝的工作条件

土坝是由散粒土料经过填筑而成的挡水建筑物，它和其他坝型用的材料不同，因此，土坝具有和其他坝型不同的工作特点。

(1) 稳定方面。由于筑坝材料为散体土料，抗剪强度低，上下游坝坡平缓，坝体体积和重量都较大，所以不会产生水平整体滑动。土坝失稳的形式，主要是坝坡的滑动或坝坡连同部分坝基一起滑动。设计时应根据工程的具体情况选定合理的坝坡，以保证坝坡的稳定性。

(2) 渗流方面。土坝的坝体和坝基总是透水的。当坝体挡水时，在上下游水位差的作用下，水流将通过坝身和坝基（包括两岸）向下游渗透。渗透水流在坝体内的自由水面称为浸润面，它与垂直坝轴线的剖面的交线称为浸润线。浸润线以上有一毛管水上升区，区内的土料处于湿润状态。毛管水层以上的水为自由含水区，浸润线以下为饱和渗流区，如图3.1所示。此外，当渗透流速和渗透坡降超过一定数值时，还会引起渗透破坏。设计时应采取防渗、排水措施，以消除或减轻渗流的不利影响。

(3) 沉陷方面。由于填筑坝体的土料颗粒间存在着孔隙，在自重和水压力作用下，坝体和坝基（土基）都会由于压缩而产生沉陷，造成坝顶高程不足或产生裂缝，影响大坝的运用和安全。因此，设计时应预计坝体和坝基的沉陷量，并采取相应的防止措施。

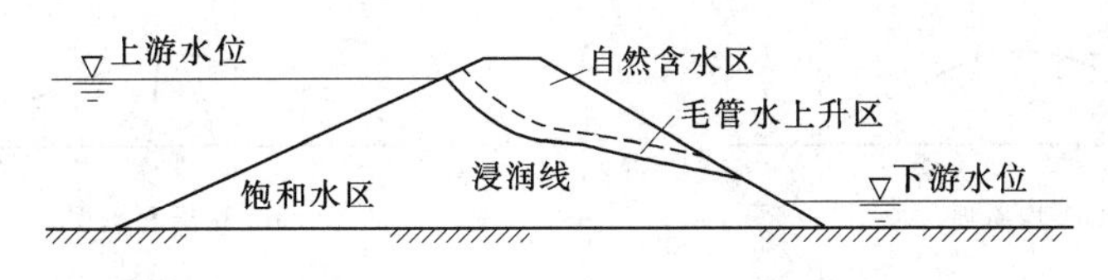

图 3.1 土坝坝体渗流示意图

(4) 冲刷方面。土料的抗冲能力较低，在雨水和风浪的作用下，坝坡容易遭受破坏。如果洪水漫溢坝顶，还会造成垮坝事故。因此，一般土石坝的上下游坡均设护坡。为了保证坝顶不溢水，应预留有足够的安全超高。

根据上述的工作特点，土石坝一般由坝体、防渗体、排水设备和护坡四部分组成。

3.1.1.2 土石坝的类型

1. 按坝高分类

SL 274—2001《碾压土石坝设计规范》规定：高度在 30m 以下的为低坝，高度在 30～70m 的为中坝，高度超过 70m 的为高坝。土坝的坝高应从坝体防渗体的底部或坝轴线部位的建基面算至坝顶（不含防浪墙），取其大者。

2. 按筑坝材料分类

土石坝可分为土坝、土石混合坝和堆石坝。当坝体绝大部分由土料筑成时称为土坝；绝大部分由石料筑成时称为堆石坝；由土石混合堆筑时称为土石混合坝。

3. 根据筑坝施工方法分类

(1) 碾压式土石坝。碾压式土石坝是用适当的土料分层填筑，并逐层压实（碾压）而成的坝。这种施工方法在土坝中应用广泛。这种类型的土石坝按照土料在坝身内的配置和防渗体的位置又可分为以下几种：

1) 均质坝。坝身的绝大部分由一种主料筑成，整个剖面起防渗和稳定作用，见图 3.2 (a)。

2) 黏土心墙和斜墙坝。用透水性较好的砂石料作坝壳，以防渗性较好的土质做防渗体，设在坝中央或稍向上游倾斜的防渗墙坝称为心墙坝或斜心墙坝；设在靠近上游面的防渗墙坝称为斜墙坝，如图 3.2 (b)～(d) 所示。

3) 人工材料心墙或斜墙坝。防渗体由沥青混凝土、钢筋混凝土或其他人工材料制成，其余部分用石料构成的坝称为人工材料心墙或斜墙坝，如图 3.2 (e) 所示。

4) 多种土质坝。坝身主要部分由几种不同的土料所构成的坝称为多种土质坝，如图 3.2 (f) 所示。

(2) 水力冲填坝。水力冲填坝是以水力为动力完成土料的开采、运输和填筑全部工序而建成的坝。水力开挖方法有水冲法和吸泥法；输送泥浆的方法有输泥管输送和渠道自流输送；填筑有单向冲填和双向冲填法。水力冲填坝使用的土料多为均匀的砂土。中国西北地区用黄土修建了许多水力冲填坝，习惯称为水坠坝。其施工方法是把水提引到比坝顶高程高的取土场，用水枪冲土形成泥浆或在流经造泥沟的过程中掺土混合建成稠泥浆，泥浆浓度较一般冲填坝的泥浆高，泥浆沿人工开挖的输泥渠流入坝面畦块内，经脱水固结，形成均匀密实的土坝。

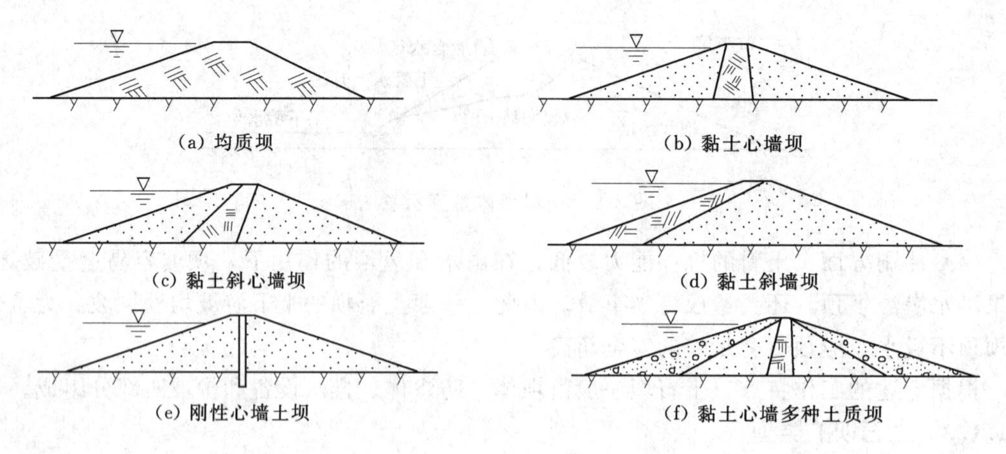

图 3.2　土石坝类型

3.1.2　土石坝的剖面设计

土石坝的基本剖面根据坝高、坝的等级、坝型、筑坝材料、坝基、施工及运行条件等参照现有工程的实践经验初步拟定，然后通过渗流和稳定分析，最终确定合理的剖面形状。土石坝剖面的基本尺寸主要包括坝顶高程、坝顶宽、上下游坝坡、坝顶构造、坝体坝基防渗排水、坝面（坡）排水及反滤层。

3.1.2.1　土石坝的坝顶高程

根据正常运用和非常运用的静水位加相应的超高，即可确定坝顶高程。

按下列四种工况计算，并取最大值：①设计洪水位＋正常运用条件的坝顶超高；②正常蓄水位＋正常运用条件的坝顶超高；③校核洪水位＋非常运用条件的坝顶超高；④正常蓄水位＋非常运用条件的坝顶超高＋地震安全加高。

设计的坝顶高程是针对坝体沉降稳定以后的情况而言的。因此竣工时的坝顶高程预留足够的沉陷超高。一般施工质量好的土石坝沉陷量为坝高的 0.2%～0.4%。坝顶高程计算如图 3.3 所示。

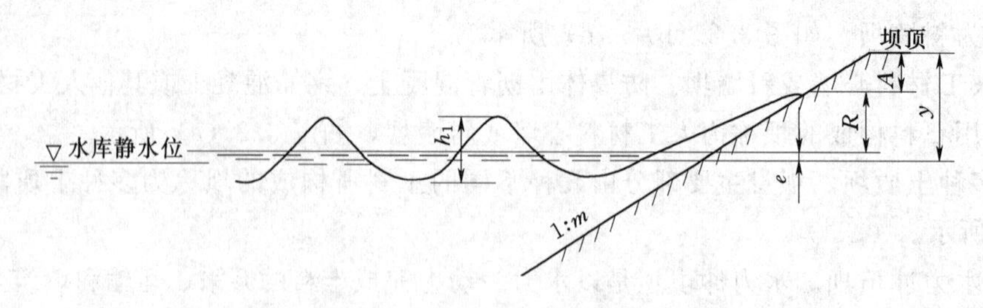

图 3.3　坝顶高程计算图

坝顶超高按式（3.1）计算：

$$y=R+e+A \tag{3.1}$$

$$e=\frac{kv^2D}{2gH_m}\cos\beta \tag{3.2}$$

式中　y——坝顶超高，m；

R——波浪在坝坡上的最大爬高，m；

A——安全加高，m，按表3.1采用；

e——最大风壅水面高度，m，按式（3.2）计算。

k——综合摩阻系数，其值为$(1.5\sim5.0)\times10^{-6}$，计算时一般取$3.6\times10^{-6}$；

D——风区长度，m；

H_m——坝前风区水域平均水深，m；

β——计算风速与坝轴线法线的夹角，(°)；

v——计算风速，m/s，在正常运用情况，1、2级坝取$v=(1.5\sim2.0)\overline{v}_{max}$（$\overline{v}_{max}$是坝址多年平均最大风速），3、4、5级坝取$v=1.5\overline{v}_{max}$，非常运用情况，取$v=\overline{v}_{max}$。

表3.1　　土石坝安全加高A值　　单位：m

运用情况	坝的级别			
	1	2	3	4、5
正常	1.50	1.00	0.70	0.50
非常	0.70	0.50	0.40	0.30

波浪爬高R是波浪沿建筑物坡面爬升的垂直高度（从风壅水面起算），土石坝设计规范推荐以蒲田公式计算为宜。具体计算如下。

1. 平均波浪爬高R_m

当坝坡的单坡系数$m=1.5\sim5.0$时，平均爬高可按式（3.3）计算：

$$R_m=\frac{K_\Delta K_\omega(h_m L_m)^{\frac{1}{2}}}{(1+m^2)^{\frac{1}{2}}} \tag{3.3}$$

当$m\leqslant1.25$时：

$$R_m=K_\Delta K_\omega R_0 h_m \tag{3.4}$$

式中　K_Δ——坝面糙率渗透性系数，按表3.2选用；

K_ω——经验系数，按表3.3选用；

h_m、L_m——平均波高和平均波长，m；

m——坝坡系数，当静水位附近变坡且设马道时，应采用折算坡度系数m_e代替m，折算坡度$m_e=\frac{1}{2}\left(\frac{1}{m_上}+\frac{1}{m_下}\right)$，$m_上$、$m_下$为变坡处马道以上、以下坝坡系数；

R_0——无风情况下，平均波高$h_m=1$m，$K_\Delta=1$时的爬高值，可查表3.4。

当$1.25<m<1.5$时，可由$m=1.25$和$m=1.5$的值按直线内插法求得。

表3.2　　糙率及渗透性系数

护面类型	K_Δ	护面类型	K_Δ
光滑不透水护面（沥青混凝土）	1.00	砌石护面	0.75～0.80
混凝土板护面	0.90	抛填两层块石（不透水基础）	0.60～0.65
草皮护面	0.85～0.90	抛填两层块石（透水基础，	0.50～0.55

表 3.3 经验系数 k_ω

$v/\sqrt{gH_m}$	≤1.0	1.5	2.0	2.5	3.0	3.5	4.0	≥5.0
k_ω	1.00	1.02	1.08	1.16	1.22	1.25	1.28	1.30

表 3.4 R_0 值

m	0	0.5	1.0	1.25
R_0	1.24	1.45	2.20	2.50

2. 设计爬高 R_P

求出 R_m 后，按工程等级选用设计累计频率（%）（对1～3级土石坝取 $P=1\%$；对4、5级坝取 $P=5\%$），并由 $P(\%)$ 值查表3.5，求得设计爬高值 R_P。

表 3.5 爬高统计分布（R_P/R_m 值）

$\frac{h_m}{H}$	P/%									
	0.1	1	2	4	5	10	14	20	30	50
<0.1	2.66	2.23	2.07	1.90	1.84	1.64	1.54	1.39	1.22	0.96
0.1～0.3	2.44	2.08	1.94	1.80	1.75	1.57	1.48	1.36	1.21	0.97
>0.3	2.13	1.86	1.76	1.65	1.61	1.48	1.42	1.31	1.19	0.99

当来风风向线与坝轴线的法线成夹角 β 时，波浪爬高 R_P 应有所降低。因此，应将爬高值 R_P 乘以风向折减系数 k_β 后作为设计值，k_β 值按表3.6选用。

表 3.6 斜向波折减系数 k_β

β	0°	10°	20°	30°	40°	50°	60°
k_β	1.00	0.98	0.96	0.92	0.87	0.82	0.76

对于小型低水头的土石坝，波浪爬高可按式（3.5）近似计算：

$$R=3.2K_\Delta h_m \tan\alpha \tag{3.5}$$

式中 h_m——波高，m；

α——静水位坝面坡角，(°)。

当坝顶上游侧设防浪墙时，y 是指静水位与墙顶的高差。要求在正常运用情况下，坝顶最少应高出相应的静水位0.5m；在非常情况运用情况下，坝顶应不低于相应的静水位。

最后指出，确定坝顶高程应分别按正常运用和非常运用情况计算，取其最大值作为设计坝顶高程。当坝址地震烈度大于6度时，还应考虑地震的影响。

3.1.2.2 坝顶宽度

坝顶宽度取决于交通、防汛、施工及其他专门性要求。当坝顶有交通要求时，应按交通部门的有关规定执行；如无特殊要求，对于100m以上的高坝，坝顶宽度 $B=\sqrt{H}$ 可选用10～15m；100m以下的坝，$B=\frac{H}{10}$，可选用5～10m。

3.1.2.3 坝坡坡度

土石坝坝坡一般在坝顶附近宜陡些，向下逐级变缓，每级高度约15～20m，相邻边坡坡率差不宜大于0.50。例如密云水库白河主坝为斜墙土坝，由坝顶到坝基，上游坝坡分别为1∶2.65、1∶3、1∶3.25，下游坝坡为1∶2.2、1∶2.5。常用的坝坡一般取1∶2.0～1∶4.0。

在拟定坝坡时，上游坝坡长期浸水，水库水位又有可能迅速下降，所以当上下游边坡用同种土料填筑时，上游坝坡常比下游坝坡缓；一般情况下土质斜墙坝的上游坡比心墙坝缓，而下游坡可比心墙坝陡；砂壤土、壤土的均质坝坡比砂或砂砾组成的坝坡要缓些；黏性土料坝的坝坡与坝高有关，坝高越大则坝坡越缓；而砂或砂砾料坝体的坝坡与坝高关系甚微。

碾压式土石坝下游坝坡沿高程每隔10～30m设置一条马道，其宽度不小于1.5m。马道的作用是：拦截雨水，防止冲刷坝面，同时兼作交通、检修、观测之用，还有利于坝坡稳定。

土石坝的坝坡初选一般参照已有工程的实践经验拟定，初拟坝坡可参考表3.7和表3.8。

表3.7　　均质坝坝坡

坝高/m	塑性指数较高的亚黏土				坝高/m	塑性指数较低的亚黏土			
	马道		上游坡	下游坡		马道		上游坡	下游坡
	级数	宽度/m	自上而下	自上而下		级数	宽度/m	自上而下	自上而下
<15	1	1.5	1∶2.50 1∶2.75	1∶2.25 1∶2.50	<15	1	1.5	1∶2.25 1∶2.50	1∶2.00 1∶2.25
15～25	2	2	1∶2.75 1∶3.00	1∶2.50 1∶2.75	15～25	2	2.0	1∶2.50 1∶2.75	1∶2.25 1∶2.50
25～35	3	2	1∶2.75 1∶3.00 1∶3.50	1∶2.50 1∶2.75 1∶3.00	25～35	3	2.0	1∶2.50 1∶2.75 1∶3.25	1∶2.25 1∶2.50 1∶2.75

表3.8　　黏土心墙坝坝坡

坝高/m	坝坡				心墙	
	马道级数	马道宽/m	上游坡	下游坡	顶宽/m	边坡
			自上而下	自上而下		
<15	1	1.5	1∶2.00～2.25 1∶2.25～2.50	1∶1.25～2.00 1∶2.00～2.25	1.5	1∶0.2
15～25	1～2	2.0	1∶2.25～2.50 1∶2.50～2.75	1∶2.00～2.25 1∶2.25～2.50	2.0	1∶0.15～0.25
25～35	2	2.0	1∶2.50～2.75 1∶2.75～3.00 1∶3.00～3.50	1∶2.25～2.50 1∶2.50～2.75 1∶2.75～3.00	2.0	1∶0.15～0.25

3.1.3 土石坝的材料与构造

3.1.3.1 筑坝材料及填筑标准

就地取材是土石坝的一个主要优点和基本原则，由于筑坝技术近几年的发展，对筑坝材料的要求已经逐步放宽。原则上只要是质量合格、储量足够、开采运输方便、压实效果好的土石料均可选作碾压土石坝的筑坝材料。对于填筑坝体不同部位要求有所差别。

1. 筑坝材料选择

土石坝一般有坝体（坝壳）、防渗设施、排水设施和护坡四个部分组成。它们所处坝体不同部位，工作条件不同，对材料要求也有所不同。

（1）均质坝对土料的要求。要求渗透系数不大于 1×10^{-4} cm/s；要求粒径小于0.005mm的颗粒的含量不大于40%，一般为10%～30%；有机质含量（按质量计）不大于5%，常用的是砂质黏土和壤土。

（2）防渗体对土料的要求。一般要求渗透系数不大于 1×10^{-5}cm/s，与坝壳材料的渗透系数之比不大于1/1000；水溶盐含量应小于3%，有机质含量应小于1%。浸水和失水时体积变化较小。

目前，国内外对土石料的要求有所放宽的趋势。工程中出现砾石土、人工掺合砾石土等作防渗材料。用于填筑防渗体的砾石土，粒径大于5mm的颗粒含量不宜超过50%，最大粒径不宜大于150mm或铺填厚度的2/3；0.075mm以下的颗粒含量不应小于15%。填筑时不得发生粗料集中架空现象

（3）坝壳对土石料的要求。强度指标 Φ、c 较大，具有抗震、抗滑稳定性；排水性能好，经过防渗体后，迅速降低浸润线；有良好级配，级配连续，不均匀系数 $\eta=d_{60}/d_{10}\approx$ 30～100；砂、砾石、卵石、漂石、碎石等无黏性土料，料场开采的石料、开挖的石渣料，均可作为坝壳填料。

（4）排水、护坡对土石料的要求：具有良好的抗水性、抗冻性和抗风化性；具有一定的强度，抗压强度不小于50MPa；岩质不宜用风化料，用新鲜岩石、卵石、碎石。

2. 筑坝材料的填筑标准

确定填筑标准时，应对下列因素进行综合研究：①坝高、坝型、坝的级别和坝的不同部位；②坝体填料特性，土石料的压实特性、填筑干重和含水量与力学性质的关系、填料的天然干重度和天然含水率以及土石坝设计对填料的力学性质要求；③坝基土的强度和压缩性；④自然条件，当地气候对施工影响、设计地震烈度和其他动荷载作用；⑤施工条件，采用的压实机具、施工难易程度；⑥不同填筑标准对造价的影响。

（1）黏性土的填筑标准。SL 274—2001《碾压式土石坝设计规范》对黏性土的填筑标准作出如下规定：以设计干重度为设计标准，并以含水量为控制。含砾和不含砾黏性土的填筑标准以压实度和最优含水率作为控制指标，设计干重度应以击实最大干重度乘以压实度确定。

$$\gamma_d=p\gamma_{d\max} \tag{3.6}$$

式中 γ_d——设计干重度；

p——压实度；

$\gamma_{d\max}$——标准击实试验平均最大干重度。

对于1、2级坝和高坝的压实度应取0.98～1.0，3～5级坝和中、低坝应取0.95～0.98，5级坝和低坝取小值，设计地震烈度为8～9度时取最大值。

（2）砂性土的填筑标准。非黏性土的压实度与含水量关系不大，主要取决于土料的级配、压实作用力的性质和压实功能大小，一般采用相对密度为指标。

$$D_r=\frac{e_{\max}-e}{e_{\max}-e_{\min}} \tag{3.7}$$

对于砂料，相对密度不应低于0.7，反滤料宜为0.7，砂砾石不应低于0.75。堆石料，宜用孔隙率为设计控制指标，孔隙率宜取20%～28%。

3.1.3.2 土石坝的构造

1. 坝顶构造

坝顶一般都为路面。如作为公路，则路面应按公路等级根据有关规范设计。如无交通要求，可采用单层砌石或只铺设碎石路面。四级以下的土坝，也可用草皮护面。为了排除雨水，坝顶应向一侧或两侧倾斜，呈2%～3%的坡度。

通常在上游侧设置防浪墙，与坝体防渗体必须严密结合；浆砌块石、混凝土和钢筋混凝土防浪墙，墙顶应高于坝顶1.00～1.20m；墙的基础应牢固埋入坝内，当土坝设有防渗体时，防浪墙还应与防渗体牢固结合。下游坝肩处有时设路肩石或栏杆，如图3.4所示。

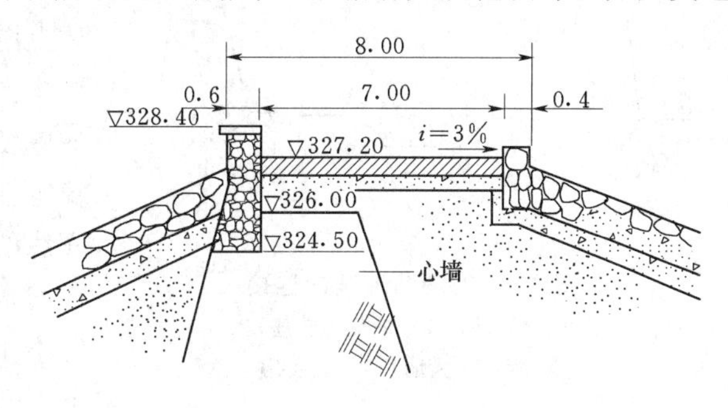

图3.4 坝顶构造图（单位：m）

2. 坝的防渗体

除均质坝直接利用坝体防渗外，其余坝型都要设置专门的防渗设备。所谓防渗体，是指这部分土体比坝壳其他部分更不透水，它的作用是控制坝体内浸润线的位置，并保持渗流稳定，以减少通过坝体的渗流量；降低渗透坡降，避免渗透破坏；降低浸润线，并增加下游坝坡的稳定性。我国常用的防渗体是黏性土筑成的黏土心墙和黏土斜墙。

（1）黏土心墙。心墙位于坝体断面中心部位，并略微偏向上游，有利于心墙与坝顶的防浪墙相连接；同时也可使心墙后的坝壳先期施工，坝壳得到充分的先期沉降，从而避免或减少坝壳与心墙之间因变形不协调而产生的裂缝。心墙顶部高程应高出设计洪水位0.3～0.6m，在非常运用情况下，心墙顶部的高程应不低于校核洪水位；对设有可靠的防浪墙的土坝，心墙顶部的高程也应不低于设计洪水位。顶部应设保护层以防止冰冻和干裂，保护层厚度根据当地冰冻或干裂深度而定，且不小于1.0m。心墙顶部最小厚度按构造要求不小于1.0m，如为机械化施工，应不小于3.0m；厚度自上而下逐渐加大，保持1：(0.15～0.3）的坡度，以便与坝壳紧密结合；心墙底部厚度一般按允许渗透坡降决定，即不小于作用水头的1/4。心墙与坝壳之间应设置1.5～2.0m的过渡层，以起过渡和反滤排水作用，并一直延伸至心墙顶部，如图3.5所示。心墙与地基和两岸必须有可靠的连接。对土基，一般采用黏性土截水槽；对于岩石地基，一般还要设混凝土垫座，或修建1～3道混凝土齿墙。齿墙的高度一般为1.5～2.0m，切入岩基的深度常为0.2～0.5m，有时还要在下部进行帷幕灌浆，如图3.6所示。

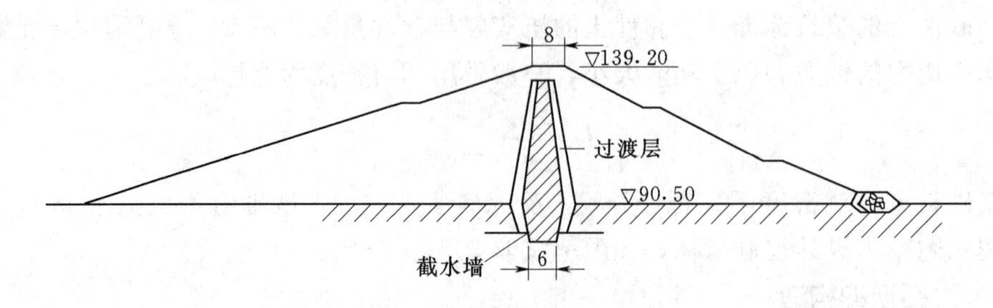

图3.5　心墙坝构造图（单位：m）

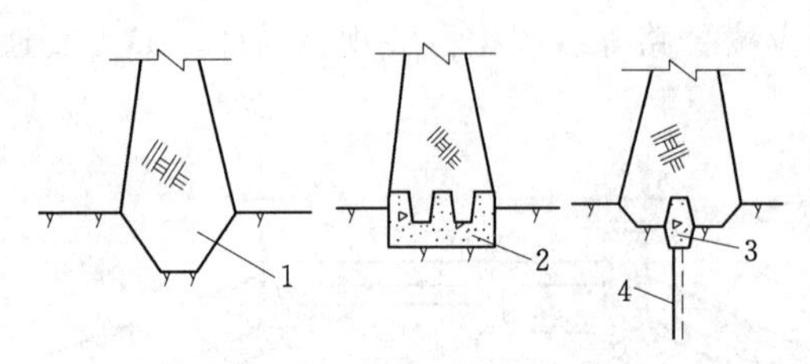

图3.6　心墙与地基的连接
1—截水槽；2—混凝土垫座；
3—混凝土齿墙；4—灌浆孔

（2）黏土斜墙。土质斜墙位于土石坝坝体上游面。它是土石坝中常见的又一种防渗结构。填筑材料土土质心墙材料相近。斜墙的厚度应根据土壤的容许渗透坡降和结构的稳定性两方面来确定，有时也需考虑控制浸润线的要求，以及渗透流量的要求。斜墙顶部的水平宽度不宜小于3m；斜墙底部的厚度应不小于作用水头的1/5。在正常运用情况下，斜墙顶部的高程应不低于上游设计水位0.6～0.8m；在非常运用情况下，斜墙顶部的高程应不低于校核洪水位；对设有可靠的防浪墙的土坝，斜墙顶部的高程也应不低于设计洪水位。斜墙顶部与坝顶之间应设置保护层，以防止冻结、干燥等因素的影响，并按结构要求不小于1m，一般为1.5～2.5m。斜墙及过渡层的两侧坡度，主要取决于土坝稳定计算的结果，一般外坡应为1∶2.0～1∶2.5，内坡为1∶1.5～1∶2.0。斜墙的上游侧坡面必须设置保护层，其目的是防止斜墙被冲刷、冻裂或干裂，一般用砂、砂砾石、卵石或碎石等砌筑而成。保护层的厚度不得小于冰冻和干燥深度，一般为2～3m。斜墙与坝壳之间应设置过渡层。过渡层的作用、构造要求等与心墙与坝体间的过渡层类似，但由于斜墙在受力后更容易变形，因此斜墙后的过渡层的要求应适当高一些，且常设置为两层，如图3.7所示。

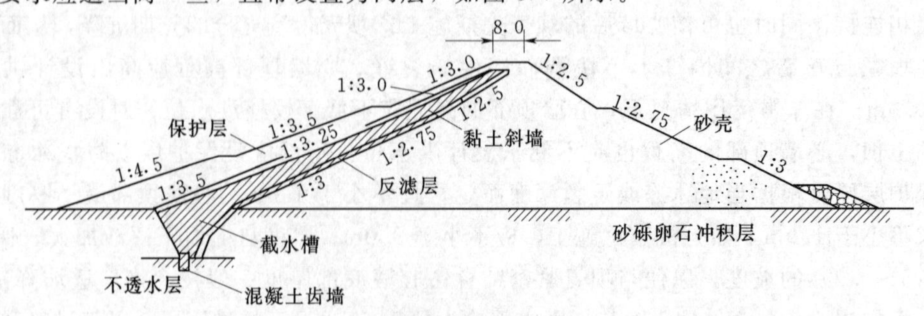

图3.7　斜墙坝构造图（单位：m）

(3) 人工材料防渗体。常见的是沥青混凝土、混凝土和钢筋混凝土。当坝址附近缺少天然防渗土料时，可考虑使用之。

1) 沥青混凝土防渗体。沥青混凝土具有较好的塑性和柔性，渗透系数很小，为 $1\times10^{-7}\sim1\times10^{-10}$cm/s，防渗和适应变形的能力均较好；产生裂缝时，有一定自我修复的功能；施工受气候的影响小，是一种合适的防渗材料。目前国内外建成的沥青防渗体土石坝有 200 多座，多用于堆石坝，砂砾石坝也有采用，一般以中低坝居多，如陕西的石砭峪堆石坝。沥青混凝土可以做成心墙，也可以做成斜墙。

沥青混凝土心墙不受气候和日照的影响，可减少沥青的老化速度，对抗震也有利，但检修困难。沥青混凝土心墙底部厚度一般为坝高的 1/40～1/60，且不少于 0.4m；顶部厚度不少于 0.3m；心墙两侧应设置过渡层。沥青混凝土斜墙铺筑在厚 1～3cm、由碎石或砾石做成的垫层和 3～4cm 厚的沥青碎石基垫上，以调节坝体变形。沥青混凝土斜墙一般厚 20cm，分层铺填碾压，每层厚 3～6cm。沥青混凝土斜墙上游侧坡度不应陡于 1∶1.6。

2) 钢筋混凝土面板。钢筋混凝土心墙已较少使用。钢筋混凝土心墙底部厚度一般为坝高的 1/20～1/40，顶部厚度不少于 0.3m。心墙两侧应设置过渡层。钢筋混凝土面板一般不用于以砂砾石为坝壳材料的土石坝，因为土石坝坝面沉降大，而且不均匀，面板容易产生裂缝。钢筋混凝土面板主要用于堆石坝中。

3) 复合土工膜。利用土工膜作为坝体防渗体材料，可以降低工程造价，而且施工方便快捷，不受气候影响。对 2 级及其以下的低坝，经论证可采用土工膜代替黏土、混凝土或沥青等，作为坝体的防渗体材料，如云南楚雄州塘房庙堆石坝，坝高 50m，采用复合土工膜作为防渗材料，布置在坝体断面中间，现已竣工运行。

3. 土石坝的排水设施

土石坝虽然设置防渗设施拦截渗水，但仍有一定的水量渗入坝体内，因此排水设施的作用是控制和引导渗流，降低浸润线，加速孔隙水压力消散，以增强坝的稳定，并保护下游坝坡免遭冻胀破坏。

为使坝体排水设施满足运用条件，坝体排水应满足如下三点要求：①排水设施应向坝外排出全部渗水；②排水体应便于观测和检修；③排水体应按反滤要求设置反滤层。排水设施有如下几种型式：

(1) 棱体式排水。堆石棱体式排水是在坝趾处用块石堆筑而成的棱体，也称为排水棱体或滤水坝趾，如图 3.8 (a) 所示。堆石棱体式排水能使坝体降低浸润线，防止坝坡冰冻和渗透变形，保护下游坝脚不受尾水淘刷，同时还可支撑坝体，增加坝的稳定性。堆石棱体式排水工作可靠，便于观测和检修，是目前使用最为广泛的一种坝体排水设施，多设置在下游有水的情况。但石料用量较大，费用高，与坝体施工干扰性大，检修困难。

棱体式排水顶部高程应超出下游最高水位；对 1、2 级坝，不应小于 1.0m，对 3、4、5 级坝，不应小于 0.5m；并应超过波浪沿坡面的爬高；顶部高程应使坝体浸润线距坝面的距离大于该地区冻结深度；顶部宽度应根据施工条件和检查观测需要确定，且不宜少于 1.0m；应避免在棱体上游坡脚处出现锐角，棱体的内坡坡度一般为 1∶1～1∶1.5，外坡坡度一般为 1∶1.5～1∶2.0。排水体与坝体及地基之间应设置反滤层。

（2）贴坡式排水。贴坡式排水是一种直接紧贴下游坝坡表面，用一两层堆石或砌石加反滤层铺设成的排水设施，不伸入坝体内部，又称表面排水，如图3.8（b）所示。贴坡式排水不能缩短渗径，也不能降低影响浸润线的位置，但它能防止渗流溢出点处土体发生渗透破坏，提高下游坝坡的抗渗稳定性和抗冲刷的能力。贴坡式排水构造简单，用料节省，施工方便，易于检修，多用于浸润线很低和下游无水的情况。

贴坡式排水顶部高程应高于坝体浸润线逸出点，且应使坝体浸润线在该地区的冻结深度以下；对1、2级坝，不应小于2.0m，对3、4、5级坝，不应小于1.5m；并应超过波浪沿坡面的爬高；底脚应设置排水沟或排水体；材料应满足防浪护坡的要求。

（3）褥垫式排水。褥垫式排水是设在坝体基部、从坝址部位沿坝底向上游方向伸展的水平排水设施。褥垫式排水的主要作用是降低坝内浸润线。褥垫伸入坝体越长，降低坝内浸润线的作用越大，但越长也越不经济。因此，褥垫伸入坝内的长度以不大于坝底宽度的1/3～1/4为宜。褥垫式排水一般采用粒径均匀的块石，厚度为0.4～0.5m，向下游有0.005～0.01的底坡，以利于渗水排出，如图3.8（c）所示在褥垫式排水的周围，应设置反滤层。褥垫式排水一般设置在下游无水的情况。但由于褥垫式排水对地基不均匀沉降的适应性较差，且难以检修，因此在工程中应用得不多。

（4）管式排水。管式排水构造图如3.8（d）所示。埋入坝体的暗管可以是带孔的陶瓦管、混凝土管或钢筋混凝土管，还可以由碎石堆筑而成。平行于坝轴线的集水管收集渗水，经由横向排水管排向下游。此排水的优缺点与褥垫式排水相似。排水效果不如褥垫式排水好，但用料少。一般用在土石坝岸坡及台地地段，因为这里坝体下游经常无水，排水效果好。

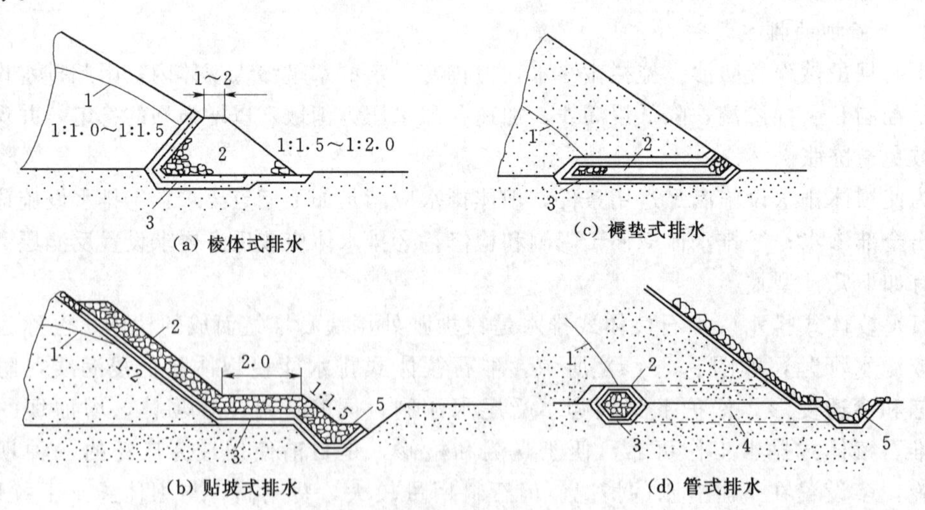

图3.8 排水型式（单位：m）

1—浸润线；2—排水设施；3—反滤层；4—横向排水带或排水管；5—排水沟

（5）综合式排水。在实际工程中，往往将两种不同的排水型式组合在一起使用，如图3.9所示。

4. 反滤层

反滤层的作用是滤土排水，防止土工建筑物在渗流逸出处遭受管涌、流土等渗流变形

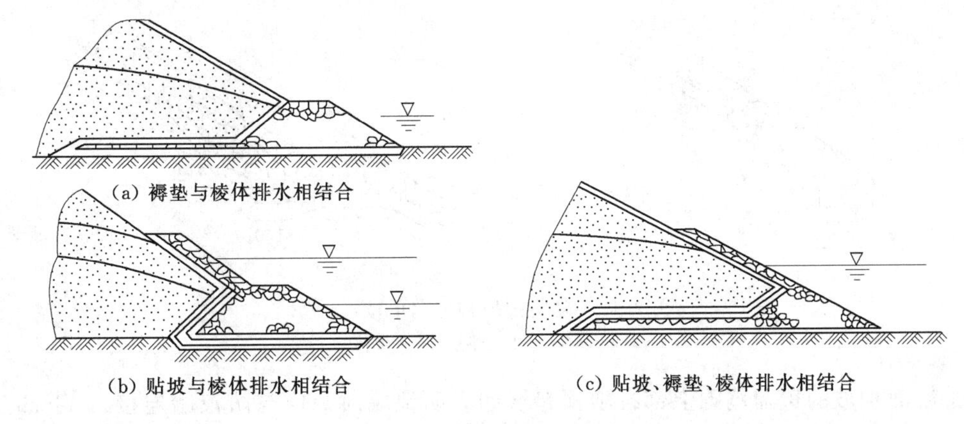
(a) 褥垫与棱体排水相结合

(b) 贴坡与棱体排水相结合

(c) 贴坡、褥垫、棱体排水相结合

图 3.9 综合式排水型式

的破坏，以及不同土层界面处的接触冲刷。对下游侧具有承压水的土层，还可以起压重作用。

(1) 反滤层类型。Ⅰ型反滤，反滤层位于被保护土的下部，渗流方向主要由上向下，如斜墙后的反滤层。Ⅱ型反滤，反滤层位于被保护土的上部，渗流方向主要由下向上，如位于地基渗流逸出处反滤层，如图 3.10 所示。

Ⅰ型反滤要承受自重和渗流压力的双重作用，方向水平而反滤层成垂直向的形式属过渡型，如减压井、竖式排水等的反滤层，可防止渗流变形。反滤层一般是由 1～3 层不同粒径的非黏性土构成，每层铺设得大体与渗流正交，其粒径随渗流的方向而增大，如图 3.11 所示。

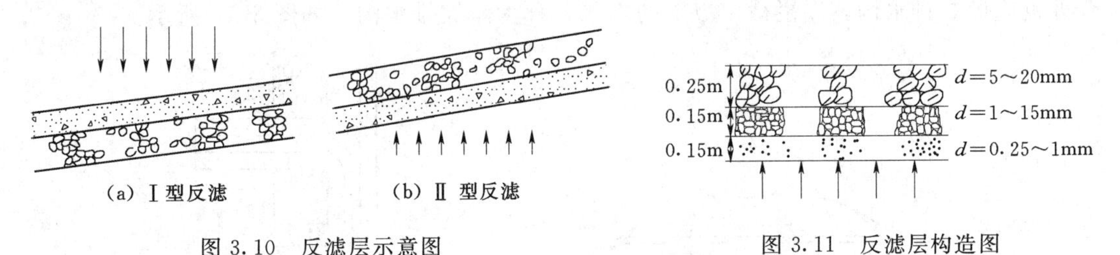

(a) Ⅰ型反滤

(b) Ⅱ 型反滤

图 3.10 反滤层示意图

图 3.11 反滤层构造图

(2) 滤层的基本要求是：①某一层的颗粒不应穿过相邻的粒径较大层的孔隙；②每一层内的颗粒不应发生移动；③被保护的土层颗粒不应被冲过反滤层，但允许小于 0.1mm 粒径的颗粒被渗流带走，因为这不影响土骨架的稳定，但小颗粒含量不应超过 5%；④滤层不应被淤塞，即细小颗粒应能通过反滤料的孔隙。

5. 土石坝的护坡排水

(1) 护坡。土石坝的上下游面通常都应设置护坡。对上下游面护坡要求是坚固耐久，能抵御风浪的冲击和冰层的移动，并能保证底层不受淘刷；尽可能就地取材，以使造价经济、施工简单、维修方便、外形美观。

上游护坡主要有堆石（抛石）、干砌石、浆砌石、预制或现浇的混凝土或钢筋混凝土板（或块）、沥青混凝土等，如图 3.12 所示。下游护坡主要有干砌石、草皮、钢筋混凝土框格填石等。

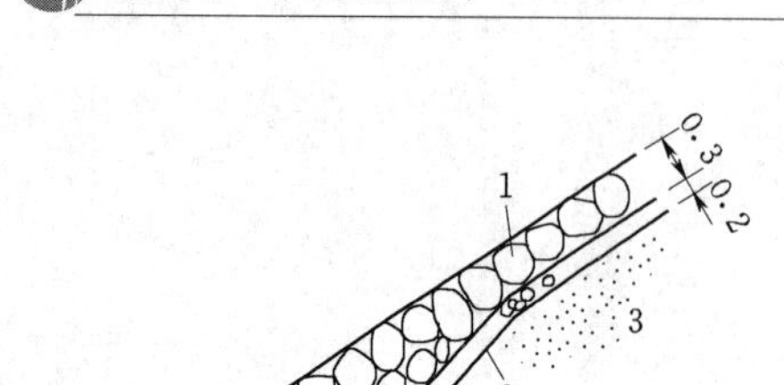

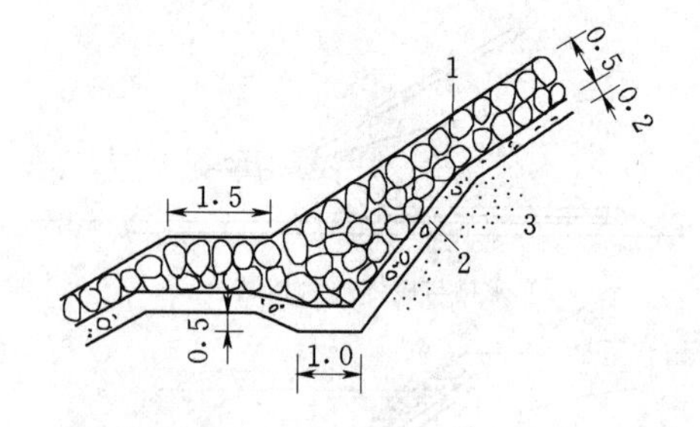

图 3.12 砌石护坡构造（单位：m）

1—干砌石；2—垫层；3—坝体

上游面护坡的覆盖范围上部自坝顶起（如设防浪墙时，应与防浪墙连接），下部至死水位以下。死水位以下的距离，对 1、2、3 级坝，不宜小于 2.50m；对于 4、5 级坝，不宜小于 1.50m。当上游最低水位不确定时，上游护坡应护至坝脚。下游面护坡的覆盖范围应由坝顶护至排水棱体；无排水棱体时，应护至坝脚。

干砌石、浆砌石、碎石或砾石护坡的厚度，一般为 0.3m；堆石护坡底部，应按反滤原则设施碎石或砾石垫层；当波浪作用较大时，干砌石护坡可能遭受破坏。此时，宜采用水泥砂浆或细骨料混凝土灌缝或勾缝；草皮护坡草皮厚度一般为 0.05～0.10m，且在草皮下部一般先铺垫一层厚 0.2～0.3m 的腐殖土。

（2）坝面排水。为避免雨水漫流而造成坝坡坡面冲刷，一般在下游坝面设置纵横向排水沟。纵向排水沟与坝轴线方向平行，通常都在每层马道的内侧设置。在垂直坝轴线方向可每隔 50～100m 设置横向排水沟，沟的尺寸和底坡由计算确定。在坝端与两岸山坡的结合处也应设置排水沟，以拦截山坡上的雨水，称为岸坡排水沟，如图 3.13 所示。

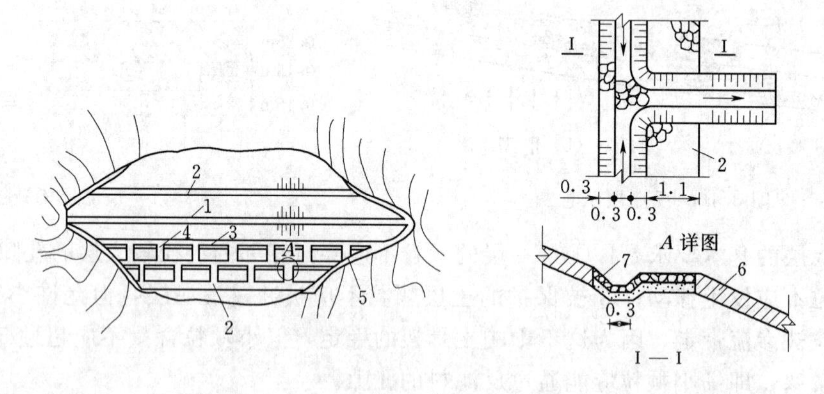

图 3.13 坝坡排水布置及构造（单位：m）

1—坝顶；2—马道；3—纵向排水沟；4—横向排水沟；5—岸坡排水沟；6—草皮护坡；7—浆砌石排水沟

3.1.4 土石坝的渗流分析

3.1.4.1 渗流分析计算概述

1. 渗流分析的任务和目的

（1）确定坝体内浸润线的位置。

（2）确定坝体及坝基的渗流量，以估算水库的渗漏损失。

（3）确定坝体和坝基渗流逸出区的渗流坡降，检查产生渗透变形的可能性。

（4）为坝体稳定分析和布置观测设备提供依据。

2. 渗流计算的方法

土石坝渗流分析通常将坝体转化成平面问题来处理，具体计算时，沿坝轴线在地质、地形变化显著处。将坝体分成若干段，分别选取代表断面进行计算分析。主要计算方法有解析法、手绘流网法、电模拟实验法和数值解法四种。

解析法分为流体力学法和水力学法。前者理论严谨，只能计算某些边界条件比较简答的情况；水力学法计算简易，精度满足工程要求，在工程实践中广泛使用，本节主要介绍此种方法。

手绘流网法是一种图解法，当渗流条件不十分复杂时，精度可满足工程要求，但在渗流场内具有不同土质，且其渗透系数较大情况下，较难应用。在这种情况下，可以用电模拟实验法。

随着计算机的发展，有限元数值解法进行土石坝渗流分析计算，得到广泛的应用。对1、2级坝及高坝，规范提出数值解法。

3. 渗流分析计算工况

SL 274—2001《碾压土石坝设计规范》规定，渗流计算应包括以下水位组合情况：①上游正常蓄水位与下游相应的最低水位；②上游设计洪水位与下游相应的水位；③上游校核洪水位与下游相应的水位；④库水位降落时上游坝坡稳定最不利的情况。

3.1.4.2 渗流计算的水力学法

1. 渗流计算的基本假定、基本原理及基本公式

用水力学法计算渗流的基本要点是将坝内渗流分成若干段（即所谓分段法），应用达西定律和杜平假定，建立各段的运动方程式，然后根据水流的连续性求解渗透流速、渗透流量和浸润线等。

（1）基本假定：①坝体土料是均质的，各向同性，即坝内各点在各个方向的渗透系数相同；②渗流属渐变流，过水断面上各点的坡降和流速相等；③渗流是层流，满足达西定律；④渗流满足连续流方程。

（2）基本原理。

1）等效原理。20世纪20年代苏联学者巴甫洛夫斯基提出，以浸润线两端为分界线，将均质土坝分为3段，即上游楔形体、中间段和下游楔形体，分别列出计算公式，再根据水流连续原理求解，称为“三段法”，如图3.14（a）所示。

用一个等效矩形体代替上游楔形体，将此矩形体与原三段法的中间段合二为一，成为第一段，下游楔形体为第二段，如图3.14（b）所示。虚拟上游面为铅直的，距原坝坡与设计水位交点A的水平距离为

$$\Delta L=\frac{m_1}{1+2m_1}H_1 \tag{3.8}$$

式中　m_1——上游坝坡坡率；

H_1——坝前水深。

式（3.8）根据流体力学和电拟试验得到，利用连续流原理：

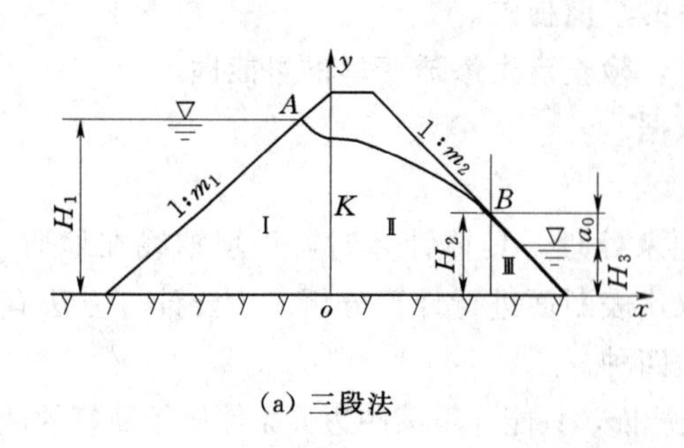

(a) 三段法

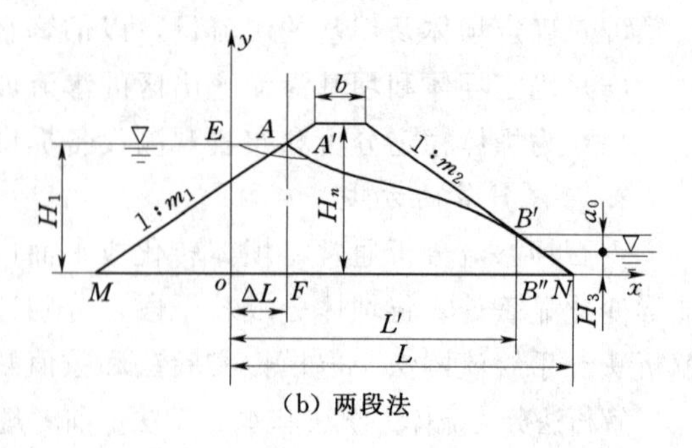

(b) 两段法

图 3.14　等效原理示意图

$$q_{Ⅰ}=q_{Ⅱ} \tag{3.9}$$

2）叠加原理。计算坝体渗流量认为坝基不渗流，计算坝基渗流量认为坝体不渗流。分析计算坝断面总渗流量为

$$q_{总}=q_{体}+q_{基} \tag{3.10}$$

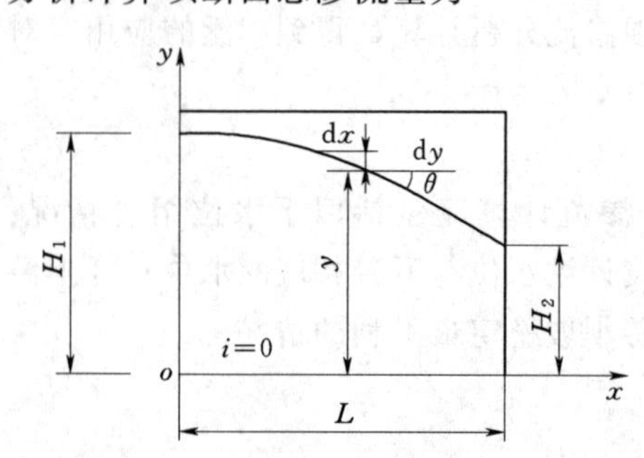

图 3.15　矩形土体渗流符号含义

(3) 基本公式。式(3.11)为单宽渗流量计算公式，矩形土体渗流符号含义如图 3.15 所示。

$$q=\frac{k(H_1^2-H_2^2)}{2L} \tag{3.11}$$

浸润线方程：

$$y=\sqrt{H_1^2-\frac{2q}{K}x} \tag{3.12}$$

注意：上述浸润线方程与所建立的直角坐标系有关，坐标系建立不同则浸润线方程不同。

(4) 总渗流量的计算。根据地形及坝体结构，沿坝轴线将坝分成若干段，各段的长度为 L_1，L_2，L_3，…分别计算各段的平均渗流量 q_1，q_2，q_3，…后，将各段渗流量相加，即可求出全坝的渗流量 Q，公式为

$$Q=\frac{1}{2}[q_1l_1+(q_1+q_2)l_2+\cdots+(q_{n-2}+q_{n-1})l_{n-1}+q_{n-1}l_n] \tag{3.13}$$

式中　q_1，q_2，…，q_n——断面 1，2，…，$n-1$ 的单宽渗流量；

L_1，L_2，…，L_n——相邻两断面在坝顶处的水平距离，如图 3.16 所示。

2. 不透水地基上的均质坝

严格地讲，绝对不透水的坝基是不存在的。当坝基渗透系数小于坝体渗透系数的 1/100 时，视为相对不透水地基。计算时一般取单位坝长作为分析对象。

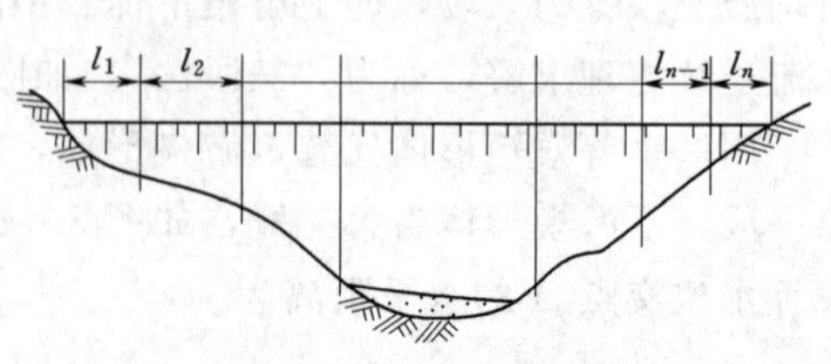

图 3.16　总渗透流量计算

(1) 下游无排水（贴坡排水）设施情况。对上游坝坡，斜面入流的渗流分析要比垂直面入流复杂得多。而电模拟试验结果证明，虚拟适宜位置的垂直面代替上游坝坡斜面进行渗流分析，其计算精度误差不大。为简化计算，在实际分析中，常以虚拟等效的矩形代替上游坝体三角形，如图 3.17 (a) 所示，虚

拟矩形宽度 ΔL 按式（3.8）计算。

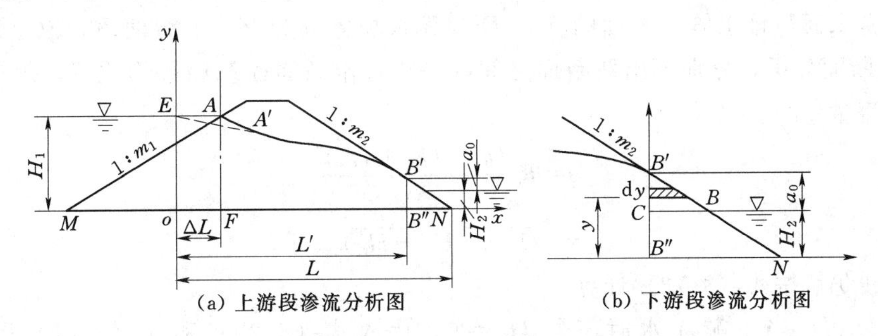

图 3.17　不透水地基上均质坝的渗流计算

无排水设施均质坝渗流分析的思路是以渗流逸出点为界将坝体分为上、下游两部分，分别列出各部分的流量表达式，并根据流量连续性原理，即可求出相应的未知量。

如图 3.17 所示，上游段分析根据达西定律，通过浸润线以下任何单宽垂直剖面的渗流量 q 为

$$q=K\frac{H_1^2-(a_0+H_2)^2}{2L'} \tag{3.14}$$

下游段分析以下游水面为界将下游段三角形坝体分为水上、水下两部分计算。为简化起见采用新的坐标系，如图 3.17（b）所示。

$$q=\frac{Ka_0}{m_2}\left(1+\ln\frac{a_0+H_2}{a_0}\right) \tag{3.15}$$

联立求解式（3.14）和式（3.15）就可求出未知量 q 和 a_0 讨论分析，当下游无水时，把 $H_2=0$ 代入式（3.15）得

$$q=\frac{Ka_0}{m_2} \tag{3.16}$$

即不透水地基均质坝的渗流计算，当下游无排水设施且 $H_2=0$ 时，可由式（3.14）和式（3.16）联立求解出 q 和 a_0，浸润线仍按式（3.12）计算。

由两段法计算的浸润线，在渗流进口段应作适当修正，浸润线起点应与坝面 A 点正交，末点与原浸润线相切，中间浸润线适当修正，如图 3.17（a）所示。

（2）下游有褥垫式排水设施情况。褥垫式排水情况如图 3.18（a）所示，这种排水设施在下游无水时排水效果更为显著。由模拟实验证明，褥垫排水的坝体浸润线为一标准抛物线，抛物线的焦点在排水体上游起始点，焦点在铅直方向与抛物线的截距为 h_0，至顶点的距离为 $h_0/2$，由此可得

$$q=K\frac{H_1^2-h_0^2}{2L'} \tag{3.17}$$

$$y^2=\frac{h_0^2-H_1^2}{L'}x+H_1^2 \tag{3.18}$$

把边界条件 $x=L'+L_1=L'+\frac{h_0}{2}$、$y=0$ 代入式（3.18），即可求得 h_0：

$$h_0=\sqrt{L'^2+H_1^2}-L' \tag{3.19}$$

(3) 下游有堆石棱体排水设施情况。当下游有水时，如图3.18(b)所示。为简化计算，以下游水面与排水体上游面的交点D为界将坝体分为上、下游两段，取上游OE断面和D点断面分析，分别列出两断面之间的平均过水断面面积和平均比降，由达西定律可导出渗流量q的表达式：

$$q=K\frac{H_1^2-(h_0+H_2)^2}{2L} \tag{3.20}$$

$$h_0=\sqrt{L^2+(H_1-H_2)^2}-L \tag{3.21}$$

浸润线仍可按式(3.12)计算。

讨论分析：当下游无水时，令$H_2=0$，代入式(3.20)和式(3.21)得到与式(3.18)和式(3.19)完全相同的公式。因此，下游无水的堆石棱体排水设施均质坝的渗流计算可采用褥垫式排水情况的公式计算。

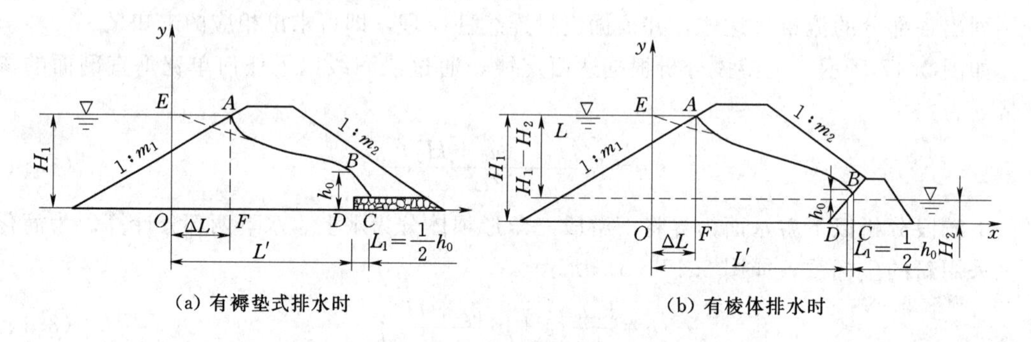

图3.18 均质土坝的渗流计算

3. 有限深透水地基上的土石坝

(1) 均质坝。对于透水地基上的均质坝(特别是下游有水情况)，分析时把坝体与坝基分开考虑，即先假设地基为不透水的，由上述方法计算坝体的渗流量q_1(用q_1代替q)和浸润线，然后再假定坝体为不透水的，计算坝基渗流量q_2，利用叠加原理可得通过坝体和坝基的流量q。

考虑到坝基透水的影响，上游面的等效矩形宽度按下式计算：

$$\Delta L=\frac{\beta_1\beta_2+\beta_3\dfrac{K_T}{K}}{\beta_1+\dfrac{K_T}{K}} \tag{3.22}$$

其中 $\beta_1=\dfrac{2m_1}{T}+\dfrac{0.44}{m_1}+0.12$，$\beta_2=\dfrac{m_1H_1}{1+2m_1}$，$\beta_3=m_1H_1+0.44T$

式中 T——透水地基厚度；

K_T——透水地基渗透系数。

如图3.19所示，当有棱体排水时，因地基产生渗流使得浸润线有所下降，可假设浸润线在下游水面与排水体上游面的交点进入排水体(即$h_0=0$)，则通过坝体的渗流量q_1可表达为

$$q_1=K\frac{H_1^2-H_2^2}{2(L'+m_3H_2)} \tag{3.23}$$

引入流体力学分析结果，通过坝基的渗流量 q_2 可表达为

$$q_2=K_T\frac{(H_1-H_2)}{L'+0.44T}T \tag{3.24}$$

因此，坝体、坝基的单宽渗流总量 q 可按下式计算：

$$q=q_1+q_2=K\frac{H_1^2-H_2^2}{2L'}+K_T\frac{(H_1-H_2)T}{L'+0.44T} \tag{3.25}$$

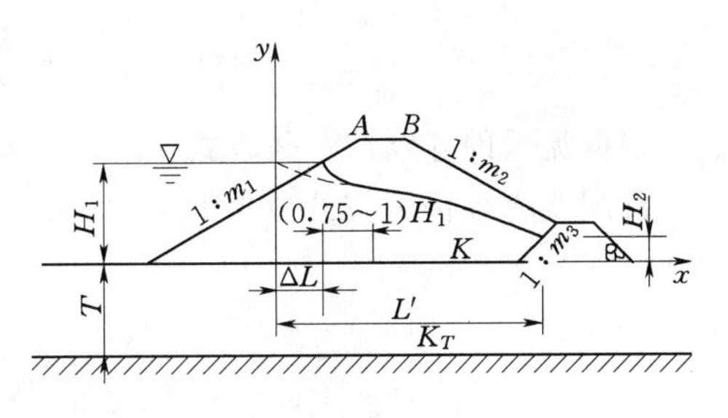

图 3.19 透水地基渗流计算

式中 K_T——坝基土料渗透系数；

T——透水层厚度，m。

浸润线仍然按式（3.12）计算，此时应将渗流量 q 用坝体渗流量 q_1 代替：

$$y=\sqrt{H_1^2-\frac{2q_1}{K}x} \tag{3.26}$$

（2）设有截水槽的心墙坝。有限透水深度地基的心墙坝，一般可做成有截水槽的防渗型式，如图 3.20 所示。计算时假设上游坝壳无水头损失（因为坝壳土料为强透水土石料），心墙上游面的水位按水库水位确定。因此，只需计算心墙、截水槽和下游坝壳两部分。

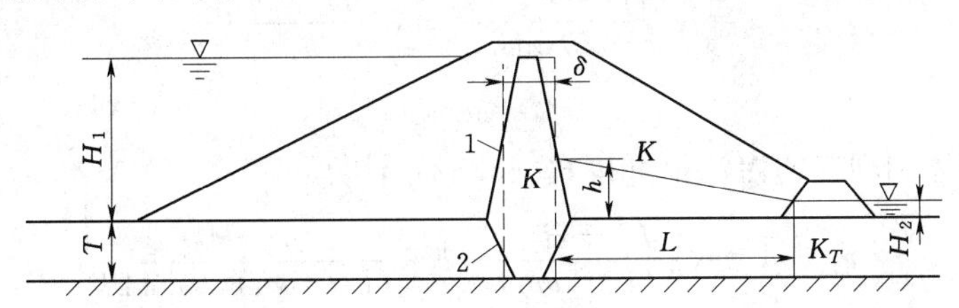

图 3.20 透水地基黏土心墙渗流计算

1—黏土心墙；2—截水槽

分析时，可分别计算通过心墙和下游坝壳的渗流量，并根据流量连续性原理求出渗流单宽流量 q 和下游坝壳在起始断面的浸润线高度 h。心墙和截水槽渗流量 q 计算时，由于心墙和截水槽的土料一般都采用同一种土料，为简化计算，取心墙和截水槽的平均厚度代替变截面厚度，渗流量可按式（3.27）计算：

$$q=K_T\frac{(H_1+T)^2-(h+T)^2}{2\delta} \tag{3.27}$$

式中 K_T——心墙、截水槽的渗透系数；

δ——心墙、截水槽的平均厚度。

下游坝壳的渗流量计算，参照均质坝公式，取 h 代替 H_1，并假定浸润线在下游水位与排水设备上游面的交点进入排水体，可导出渗流量表达式。

当下游有水时：

$$q=q_1+q_2=K\frac{h^2-H_2^2}{2L}+K_T\frac{h-H_2}{L+0.44T}T \tag{3.28}$$

当下游无水时：

$$q=q_1+q_2=K\frac{h^2}{2L}+K_T\frac{h}{L+0.44T}T \tag{3.29}$$

根据流量的连续性，联解式（3.27）与式（3.28）或式（3.29）即可求得 q 和 h。

浸润线方程仍可按式（3.12）计算。计算时，取 h 代替 H_1，q_1 代替 q 即可导出方程 y：

$$y=\sqrt{h^2-\frac{2q_1}{K}x} \tag{3.30}$$

式中　q_1——透过下游坝壳的渗流量。

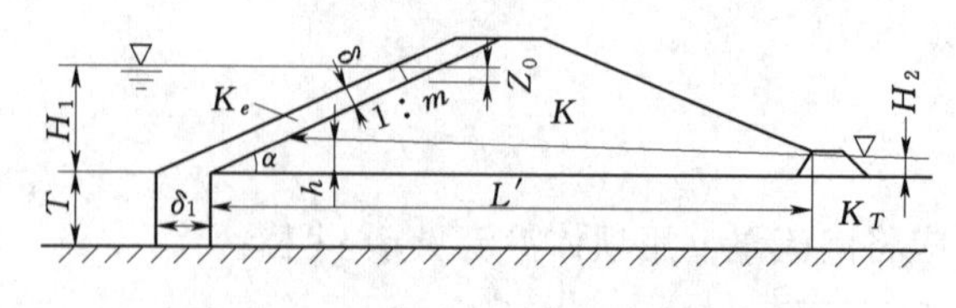

图 3.21　带截水槽的斜墙坝渗流计算

对于不透水地基，只要令 $T=0$ 代入式（3.27）～式（3.29）即可导出不透水地基心墙坝的渗流计算公式。

（3）设有截水槽的斜墙坝（图 3.21）。同样，把斜墙和截水槽与下游坝体和坝基分开分别进行计算。计算时，取斜墙和截水槽的各自平均厚度为 δ、δ_1，则通过斜墙、截水槽的渗流量可近似按式（3.31）计算：

$$q=K_e\frac{H_1^2-h^2-Z_0^2}{2\delta\sin\alpha}+K_e\frac{H_1-h}{\delta_1}T \tag{3.31}$$

其中

$$Z_0=\delta\cos\alpha$$

通过下游坝体和坝基的渗流量可按式（3.32）计算：

$$q=q_1+q_2=K\frac{h^2-H_2^2}{2(L'-mh)}+K_T\frac{h-H_2}{(L'-mh)+0.44T}T \tag{3.32}$$

式中　q_1——通过下游坝体的渗流量；

　　m——斜墙外坡坡度系数。

联解式（3.31）、式（3.32）即可求出 q 和 h。对于不透水地基，只要令 $T=0$，代入式（3.31）、式（3.32）即可导出不透水地基斜墙坝的渗流计算公式。坝体浸润线可近似按式（3.30）计算。

（4）设有水平铺盖的斜墙坝，如图 3.22 所示。相对而言，铺盖、斜墙土料的渗透系数要比坝体和坝基土料小得多。当铺盖和斜墙的渗透系数 K_e 小于坝体、坝基的（1/50～1/100）时，可按下述方法计算。计算时，以下游坝体浸润线起始点（A、B 断面）为界分为上、下游两段分析。

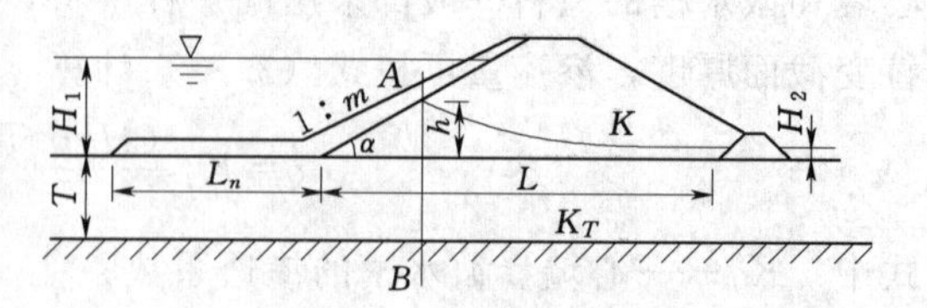

图 3.22　带铺盖的斜墙坝渗流计算

通过上游段的渗流量：

$$q=K_T\frac{H_1-h}{L_n+0.44T}T \tag{3.33}$$

通过上游段的渗流量：

$$q=q_1+q_2=K\frac{h^2-H_2^2}{2(L-mh)}+K_T\frac{h-H_2}{L+0.44T}T \tag{3.34}$$

坝体浸润线仍可近视按式（3.30）计算。

3.1.4.3 土坝的渗透变形及其防止措施

土坝及地基中的渗流，由于其机械或化学作用，可能使土体产生局部破坏，称为“渗透破坏”。严重的渗透破坏可能导致工程失事，因此必须加以控制。

1. 渗透变形型式

渗透变形的型式及其发生、发展、变化过程，与土料性质、土粒级配、水流条件以及防渗、排渗措施等因素有关，一般可归纳为管涌、流土、接触冲刷、接触流土、接触管涌等类型。最主要的是管涌和流土两种类型。

流土是在渗流作用下，土体从坝身或坝基表面隆起、顶穿或粗细颗粒同时浮起而流失的现象；管涌是在渗流作用下，无黏性土中的细小颗粒从骨架孔隙中连续移动和流失的现象；接触冲刷是当渗流沿两种不同的土层接触面流动时，沿层面夹带细小颗粒流失的现象，一般发生在两层级配不同的非黏性土中；接触流失是渗流沿层次分明、渗流系数相差悬殊的两相邻土层的垂直面流动中，将渗透系数较小土层中的细小颗粒带入渗透系数较大土层中的现象。

2. 渗透变形的判别

判断土体可能产生何种型式的渗透变形是比较困难的，目前尚无严格意义上的理论计算方法，主要是根据实验资料和工程经验得出的一些经验性的判断方法。

（1）管涌和流土的判别方法。黏性土不会产生管涌，无需判别；对于无黏性土，管涌与流土应根据土的细小颗粒含量 P_c 判别：

$$\left.\begin{aligned}&\text{管涌}\quad P_c<\frac{1}{4(1-n)}\times100\\&\text{流土}\quad P_c\geqslant\frac{1}{4(1-n)}\times100\end{aligned}\right\} \tag{3.35}$$

式中 P_c——土的细小颗粒含量，%。

对于不均匀系数 C_u 大于 5 的不连续级配土也可采用式（3.36）判别：

$$\left.\begin{aligned}&\text{管涌}\quad P_c\leqslant25\%\\&\text{流土}\quad P_c\geqslant35\%\\&\text{过渡型}\quad 25\%<P_c<35\%\end{aligned}\right\} \tag{3.36}$$

（2）产生管涌和流土的临界比降计算。

1）管涌的临界水力比降计算：南京水利科学研究院建议的计算公式为

$$J_{cr}=\frac{42d_3}{\sqrt{\dfrac{K}{n^3}}} \tag{3.37}$$

式中 J_{cr}——土的临界水力比降；

K——土的渗透系数，cm/s；

d_3——占总土重 3%的土粒粒径，cm；

n——土的孔隙比，%。

2）流土的临界水力比降计算：流土的临界水力比降的研究公式较多，也较成熟，常用的有太沙基公式和王韦公式。太沙基公式计算流土的临界水力比降 J_{cr} 为

$$J_{cr}=(G_s-1)(1-n) \tag{3.38}$$

式中　J_{cr}——土的临界水力比降；

G_s——土粒密度与水的密度之比。

3. 防止渗透变形的工程措施

防止渗透变形的措施有两点：①在渗流的上游或源头采用防渗措施，拦截渗水或延长渗径，从而减小渗透流速和渗透压力，降低渗透比降；②在渗流的出口段采用排水减压措施和渗透反滤保护措施，提高渗流出口段抵御渗透变形的能力。一般采用的工程措施有为：①设置垂直或水平防渗设施（如截水槽、斜墙、心墙和水平铺盖等）；②设置排水设施；③盖重压渗措施；④设置反滤层，反滤层是提高坝体抗渗破坏能力、防止各种渗透变形特别是防止管涌的有效措施。

3.1.5　土石坝的稳定分析

3.1.5.1　稳定分析概述

土石坝是由散颗粒体堆筑而成，依靠土体颗粒之间的摩擦力来维持其整体性，为此必须采用比较平缓的边坡，因而形成肥大的断面，以致有足够的强度抵挡上游水压力。所以，土石坝的稳定性主要是指边坡稳定问题，如果土石坝的边坡稳定性能得到保证，则其整体稳定性也就能得到保证。

坝坡土体的破坏，主要是剪切破坏，即一旦土体内任一平面上的剪应力达到或超过了土体的抗剪强度时，土体就发生破坏。土石坝边坡稳定性就是边坡的抗剪强度问题。土石坝结构、土料和地基的性质以及工况条件等因素决定边坡的失稳形式，通常主要有滑坡、塑性流动和液化形式。其中滑坡主要以下几种形式。

1. 曲线滑动（图 3.23）

曲线滑动的滑动面是一个顶部稍陡而底部渐缓的曲面，多发生在黏性土坝坡中。在计算分析时，通常简化为一个圆弧面。

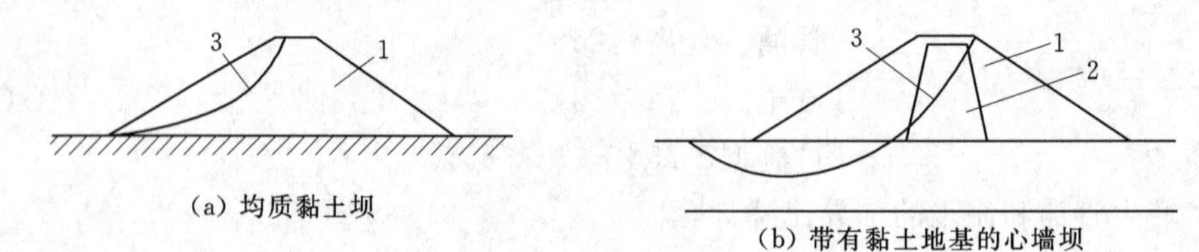

图 3.23　曲线滑动示意图

1—黏土坝壳料；2—黏土心墙；3—滑动面

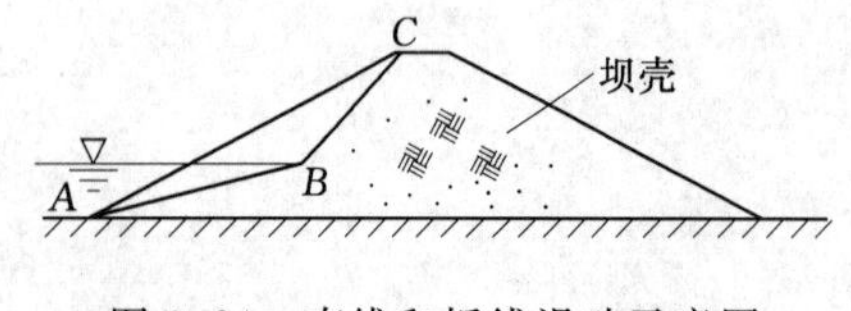

图 3.24　直线和折线滑动示意图

2. 直线和折线滑动面（图 3.24）

在均质的非黏性土边坡中，滑动面一般为直线；当坝体的一部分淹没在水中时，滑动面可能为折线。在不同土料的分界面，也可能发生直线或折线滑动。

3. 复合式滑动面（图 3.25）

复合式滑动面是同时具有黏性土和非黏性土的土坝中常出现的滑动面型式。复式滑动面比较复杂，穿过黏性土的局部地段可能为曲线面，穿过非黏性土的局部地段则可能为平面或折线面。在计算分析时，通常根据实际情况对滑动面的形状和位置进行适当的简化。

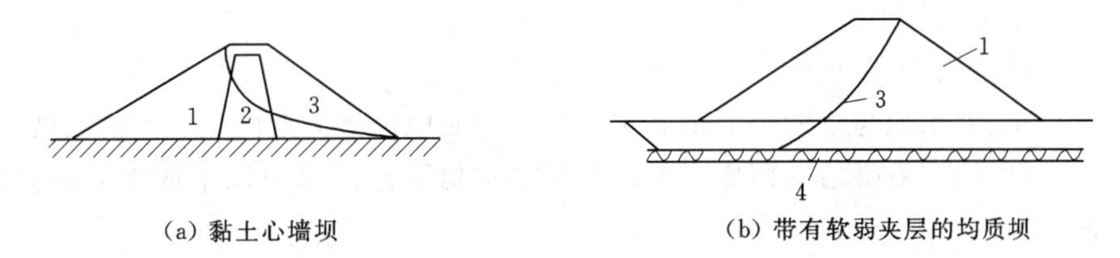

图 3.25 复合滑动示意图

1—坝壳料；2—黏土心墙；3—滑动面；4—软弱夹层

3.1.5.2 常见荷载和稳定安全系数

1. 土石坝的荷载

土石坝的荷载主要包括自重、水压力、渗透压力、孔隙水压力、浪压力、地震惯性力等，大多数荷载的计算与重力坝相似。其中土石坝主要考虑的荷载有自重、渗透压力、孔隙水压力等，分述如下：

（1）自重。土坝坝体自重分三种情况来考虑，即在浸润线以上的土体，按湿容重计算；在浸润线以下、下游水面线以上的土体，按饱和容重计算；在下游水位以下的土体，按浮容重计算。

（2）渗透力。渗透力是在渗流场内作用于土体的体积力。沿渗流场内各点的渗流方向，单位土体所受的渗透力 $p=\gamma J$，其中 γ 为水的容重；J 为该点的渗透坡降。

（3）孔隙水压力。黏性土在外荷载的作用下产生压缩，由于土体内的空气和水一时来不及排出，外荷载便由土粒和空隙中的空气与水来共同承担。其中，由土粒骨架承担的应力称为有效应力 σ'，它在土体产生滑动时能产生摩擦力；由空隙中的水和空气承担的应力称为孔隙水压力 u，它不能产生摩擦力。因此，孔隙水压力是黏性土中经常存在的一种力。

土壤中的有效应力 σ' 为总应力 σ 与孔隙水压力 u 之差，因此土壤的有效抗剪强度为

$$\tau=c+(\sigma-u)\tan\varphi=c+\sigma'\tan\varphi \tag{3.39}$$

式中 φ——内摩擦角；

c——黏聚力。

孔隙水压力的存在使土的抗剪强度降低，从而使坝坡的稳定性也降低，因此在土坝坝坡稳定分析时应予以考虑。

孔隙水压力的大小与土料性质、土料含水量、填筑速度、坝内各点荷载、排水条件等因素有关，且随时间而变化。因此，孔隙水压力的计算一般比较复杂，且多为近似估计。

2. 稳定计算工况

依照 SL 274—2001《碾压土石坝设计规范》的规定，控制坝坡稳定应按如下几种工况计算：

（1）正常运用条件。

1）上游正常蓄水位与下游相应的最低水位或上游设计洪水位与下游相应的最高水位形成稳定渗流期的上、下游坝坡。

2）水库水位从正常蓄水位或设计洪水位正常降落到死水位的上游坝坡。

（2）非常运用条件Ⅰ。

1）施工期的上、下游坝坡。

2）上游校核洪水位与下游相应最高水位可能形成稳定渗流期的上、下游坝坡。

3）水库水位的非常降落，即库水位从校核洪水位降至死水位以下或大流量快速泄空的上游坝坡。

（3）非常运用条件Ⅱ。正常运用水位遇地震的上、下游坝坡。

3. 稳定安全系数的标准

SL 274—2001《碾压式土石坝设计规范》规定：对于均质坝、厚斜墙坝和厚心墙坝，宜采用计及条间作用的简化毕肖普法；对于有软弱夹层、薄斜墙坝的坝坡稳定分析及其他任何坝型，可采用满足力和力矩平衡的摩根斯顿-普赖斯等滑楔法。

SL 274—2001《碾压式土石坝设计规范》第8.3.11条规定：采用不计条间作用力的瑞典圆弧法计算坝坡抗滑稳定安全系数时，对1级坝正常运用条间最小安全系数应不小于1.30，对其他情况应比表3.9规定值减小8%。

SL 274—2001《碾压式土石坝设计规范》第8.3.12条规定：采用滑楔法进行稳定计算时，如假设滑楔之间作用力平行于坡面和滑底斜面的平均坡度，安全系数应满足表3.9中的规定；若假设滑楔之间作用力为水平方向，安全系数应满足上述第8.3.11条的规定。

表3.9　按简化毕肖普法计算时的容许最小抗滑稳定安全系数

运用条件	工程等级			
	1	2	3	4、5
正常运用条件	1.50	1.35	1.30	1.25
非常运用条件Ⅰ	1.30	1.25	1.20	1.15
非常运用条件Ⅱ	1.20	1.15	1.15	1.10

3.1.5.3 土石坝边坡稳定计算

目前所采用的土石坝坝坡稳定分析方法的理论基础是极限平衡理论，即将土看作是理想的塑性材料，当土体超过极限平衡状态时，土体将沿着某一破裂面产生剪切破坏，出现滑动失稳现象。

所谓极限平衡状态是指土体某一面上导致土体滑动的滑动力，刚好等于抵抗土体滑动的抗滑力。计算的关键是滑动面的形式的选定，一般有圆弧、直线、折线和复合滑动面等。对黏性土填筑的均质坝或非均质坝多为圆弧；对非黏性土填筑的坝，或以心墙、斜墙为防渗体的砂砾石坝体，一般采用直线法或折线法；对黏性土与非黏性土填筑的坝，则为复合滑动面。

1. 圆弧法

（1）基本原理。任意选择一个圆弧，对圆弧上的土条进行受力分析，摩擦力和黏聚力

产生抗滑力矩，荷载产生滑动力矩，求出每一个假定圆弧面的抗滑安全系数 K_c 如下式：

$$K_c=\frac{\text{抗滑力矩}}{\text{滑动力矩}}=\frac{\sum M_r}{\sum M_S}\geqslant[K_c] \tag{3.40}$$

（2）基本方法。

1）瑞典圆弧法。瑞典圆弧法是目前土石坝设计中坝坡稳定分析的主要方法之一。该方法简单、实用，基本能满足工程精度要求，特别是在中小型土石坝设计中应用更为广泛。

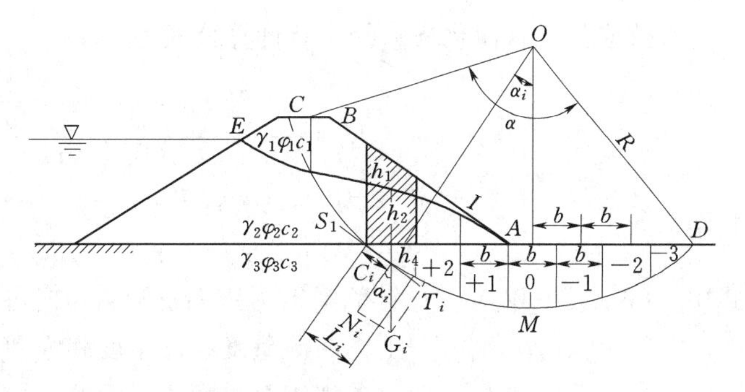

图 3.26 圆弧法计算示意图

AB—坝坡面；AE—浸润线；AD—地基面；CMD—滑裂面

假设滑动面为一个圆柱面，在剖面上表现为圆弧面。将可能的滑动面以上的土体划分成若干铅直土条，不考虑土条之间作用力的影响，作用在土条上的力主要包括土条自重、土条底面的黏聚力和摩擦力。如图 3.26 所示为用任意半径 R 和圆心 O 所画的滑动圆弧。

根据考虑孔隙水压力影响的方法不同，圆弧滑裂面法分为总应力法与有效应力法。

a）坝坡稳定计算的总应力法公式。如图 3.26 所示，设某一滑裂面圆弧$\overset{\frown}{CD}$，圆心为 O，半径为 R，将滑裂弧内的土体分成宽度相等的若干土条，土条的高度为 h_i，宽为 b。现分析任一土条 i 作用在圆弧面上的力。

土条的重量 $W_i=\gamma_i bh_i$

土条重量的法向分力 N_i 和切向分力 T_i 为

$$N_i=W_i\cos\alpha=\gamma_i bh_i\cos\alpha$$

$$T_i=W_i\sin\alpha=\gamma_i bh_i\sin\alpha$$

在滑弧面上，总滑动力矩为总切向分力对圆心 O 点的力矩，为 $R\sum T_i$；总扰滑力矩为总法向分力 $\sum N_i$ 产生的总摩擦力 $\sum N_i\tan\varphi_i$ 和 abc 上总黏聚力 $\sum c_il_i$ 对圆心 O 点产生的力矩为 $R(\sum N_i\tan\varphi_i+\sum c_il_i)$ 坝坡稳定安全系为

$$K_c=\frac{\sum M_r}{\sum M_S}=\frac{R(\sum N_i\tan\varphi_i+\sum c_il_i)}{R\sum T_i} \tag{3.41}$$

b）考虑孔隙水压力影响的坝坡稳定计算。含水量较高的均质坝、厚心墙坝、厚斜墙坝和水中填土坝，在进行施工期坝坡稳定计算时应考虑孔隙水压力的影响。采用有效应力法计算的坝坡稳定安全系数为

$$K_c=\frac{\sum[(W_i\cos\alpha_i-u_il_i)\tan\varphi_i'+C_i'l_i]}{\sum W_i\sin\alpha_i} \tag{3.42}$$

由于孔隙水压力的计算比较复杂，施工期又没有坝身的渗透水流问题，对 3 级以下的坝，可用式（3.41）的总应力法公式计算。

c）考虑渗透压力和水位降落时的坝坡稳定计算。土坝在稳定渗流期将产生渗透压力；水库水位降落时，除产生渗透压力外，还将产生附加的孔隙水压力，要考虑它对坝坡稳定

性的影响。为计算方便，通常采用有效应力法简化计算，即用变换重度的方法来近似考虑渗透压力的影响。具体做法是在浸润线以上一律用湿重度；下游静水位以下一律用浮重度；在浸润线以下、下游静水位以上的土体，计算滑动力矩时用饱和重度，计算抗滑力矩时用浮重度。

有效应力法（简化法）的稳定计算公式为

$$K_c=\frac{\sum(W_i)_2\cos\alpha_i\tan\varphi_i+\frac{1}{b}\sum c_i l_i}{\sum(W_i)_1\sin\alpha_i} \tag{3.43}$$

其中

$$\left.\begin{aligned}(W_i)_1=\gamma_\omega h_1+\gamma_s h_2+\gamma_b h_3+\gamma_b h_4\\(W_i)_2=\gamma_\omega h_1+\gamma_b h_2+\gamma_b h_3+\gamma_b h_4\end{aligned}\right\} \tag{3.44}$$

式中　$(W_i)_1$、$(W_i)_2$——计算滑动力矩和抗滑力矩时各条块重量；

γ_ω、γ_b、γ_s——土体的湿重度、浮重度和饱和重度；

h_1——土条坝体至浸润线之间的中线高度，m；

h_2——土条浸润线至下游水位之间的中线高度，m；

h_3——土条下游水位线至坝基之间的中线高度，m；

h_4——土条坝基至滑弧之间的中线高度，m。

在实际计算中，要首先确定土条宽度和进行土条编号。为计算方便，常取土条宽度 $b=0.1R$。土条的编号，应以通过圆心 O 点的铅直线作为第 0 号土条的中心线，然后，以宽度 b 向左、向右两侧连续量取，得出各块中心线的位置，其编号顺序和正负号为上游坡：0 号土条以右为 1，2，3，…，n，以左为 −1，−2，−3，…，m，下游坡正负号相反。如果两端土条的宽度 b' 不等于 b，可将其高度 h' 换算成宽度为 b 的高度 $h=\frac{b'h'}{b}$。因取 $b=0.1R$，所以 $\sin\alpha_i=\frac{ib}{R}=0.1i$，$\cos\alpha_i=\sqrt{1-(0.1)^i}$ 对每个滑弧都是固定数，不必每次计算。

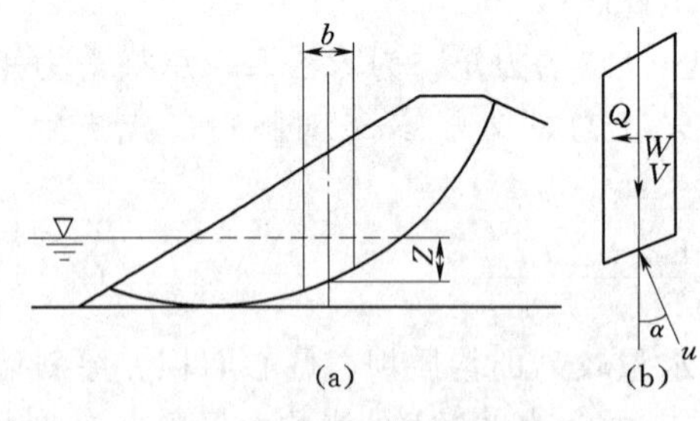

图 3.27　简化毕肖普法计算示意图

2）简化毕肖普法。瑞典圆弧法的主要缺点是没有考虑土条间的作用力，因而不满足力和力矩的平衡条件，所计算出的安全系数一般偏低。

毕肖普法是对瑞典圆弧法的改进。其基本原理是考虑了土条水平方向的作用力（$H_i+\Delta H_i$ 与 H_i，即 $H_i+\Delta H_i\neq H_i$），忽略了竖直方向的作用力（切向力，$X_i+\Delta X_i$ 与 X_i，即令 $X_i+\Delta X_i=X_i=0$）。如图 3.27 所示，由于忽略了竖直方向的作用力，因此称为简化的毕肖普法（只考虑土条间水平作用力忽略竖向力作用）。

$$K=\frac{\sum\frac{1}{m_{ai}}[(W_i-u_i b_i+X_i-X_{i+1})\tan\varphi_i'+C_i'b_i]}{\sum W_i\sin\alpha_i} \tag{3.45}$$

3）最危险滑弧位置的确定。圆弧法计算需要选定圆弧位置——圆心位置和圆弧半径，

但很难确定最危险圆弧位置（对应最小安全系数），一般是在一定范围内搜索，经过多次计算才能找到最小安全系数。确定搜索范围有两种方法：①B.B方捷耶夫法，最小安全系数范围见图3.28中的$bcdf$，a点为边坡中点，ca为垂直线；②费兰钮斯法，最小安全系数范围在M_1M_2连线上。

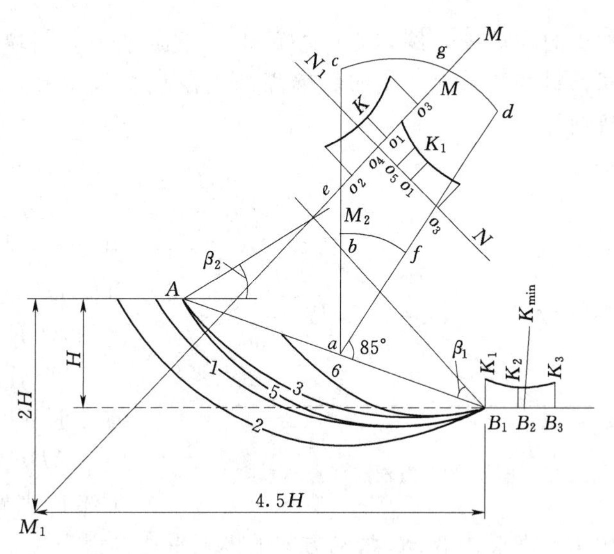

图3.28 最小安全系数范围图

具体做法：在坝坡中点a作一铅锤线，并在该点作另一直线与坝坡面成85°角，再以a为圆心，以R_1、R_2为半径画弧，与上述两直线相交形成扇形acd，如图3.28所示。R_1、R_2的大小随坝坡坡度而变，可由表3.10查得。再以距坝顶$2H$和距下游坝脚B处$4.5H$确定M_1点，以A为顶点引水平角β_2和由坝址B引β_1角相交得出M_2。连接M_1、M_2并延长之得M_2M线。β_1、β_2也随坝坡坡度而变，由表3.11查得。

表3.10　　$R_内$、$R_外$值

坝坡		1:1	1:2	1:3	1:4	1:5	1:6
$\frac{R}{H}$	$R_内$	0.75	0.75	1.0	1.5	2.2	3.0
	$R_外$	1.50	1.75	2.30	3.75	4.80	5.50

注 1. H为坝高。
2. 对于表3.10中未列的坝坡坡度，其R_1、R_2值可用内插法求得。

表3.11　　β_1、β_2值

坝坡坡度	角度/(°)	
	β_1	β_2
1:1.5	26	35
1:2	25	35
1:3	25	35
1:4	25	36

在M_2M线上任取o_1、o_2、o_3等点为圆心；均通过坝脚B点作圆弧，分别求出各圆弧的稳定安全系数，按比例标于o_1、o_2、o_3位置上方，并连成k_c的变化曲线。通过变化曲线的最小点作M_2M的垂直线N_1N。在N_1N线上又任取数点o_4、o_5、…为圆心，仍通过B点作弧分别求最小安全系数，用上述同样方法计算，至少要计算15个点才能找到最小稳定安全系数。工作量很大，现在可用计算机进行。

2. 折线滑动面法

(1) 折线滑动部位。可能发生直线或折线或复合面滑动的部位包括：①发生在非黏性土的坝坡中，例如心墙坝的上、下游坝坡，斜墙坝的下游坝坡等；②发生在两种不同材料的接触面，例如斜墙坝的上游保护层滑动，斜墙坝的上游保护层连同斜墙一起滑动等。

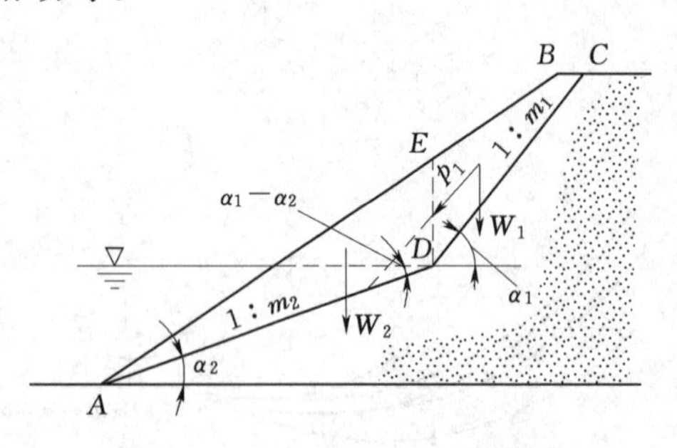

图3.29　滑楔法计算示意图

(2) 稳定计算方法。采用滑楔法分析计算。

如图3.29所示，ADC为滑动面（对上游坝坡，折点一般在上游水位对应处），从折点铅直向DE将滑动土体分为两部分：$BCDE$楔形体和ADE楔形体。

1) 对$BCDE$楔形体。其作用力主要有楔形体自重W_1、平行于DC的两土块之间的作用力P_1（ADE楔形体对$BCDE$楔形体的抗滑力）、土体自重在滑动面DC上产生的摩擦力。则$BCDE$楔形体沿DC滑动方向的极限平衡方程为

$$P_1-W_1\sin\alpha_1+\frac{1}{K_c}W_1\cos\alpha_1\tan\varphi_1=0 \tag{3.46}$$

2) 对ADE楔形体。其作用力主要有楔形体自重W_2、平行于DC的两土块之间的作用力P_1（$BCDE$楔形体作用在ADE楔形体上的滑动力）、土体自重在滑动面AD上产生的摩擦力。则ADE楔形体沿AD滑动方向的极限平衡方程为

$$\frac{1}{K_c}W_2\cos\alpha_2\tan\varphi_2+\frac{1}{K_c}P_1\sin(\alpha_1-\alpha_2)\tan\varphi_2-W_2\sin\alpha_2-P_1\cos(\alpha_1-\alpha_2)=0 \tag{3.47}$$

3. 复合滑动面法

当滑动面通过不同土料时，还会出现直线与圆弧组合的复合滑动面型式。当坝基内有软弱夹层时，也可能产生如图3.30所示的滑动面。

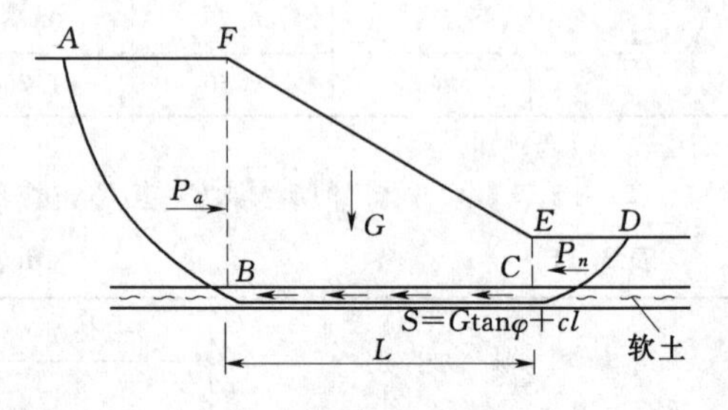

图3.30　复合滑动面稳定计算

计算时，可将滑动土体分为3个区，取$BCEF$为隔离体，其左侧受到土体AFB的主动土压力P_a（假定方向水平），右侧受到ECD的被动土压力P_n（也假定方向水平），同时在脱离体底部BC面上有抗滑力S。

当土体处于极限平衡时，BC面上的最大抗滑力为

$$S=G\tan\varphi+cL \tag{3.48}$$

式中　G——脱离体$BCEF$的重量；

φ、c——软弱夹层的强度指标。

此时坝体连同坝基夹层的稳定安全系数为

$$K_c=\frac{P_n+S}{P_a}=\frac{P_n+G\tan\varphi+cL}{P_a} \tag{3.49}$$

式中，P_a和P_n可用条分法计算，也可按朗肯或库仑土压力公式计算。最危险滑动面需通过试算确定。

4. 提高土石坝稳定性的工程措施

土石坝产生滑坡的原因往往是由于坝体抗剪强度太小、坝坡偏陡，滑动土体的滑动力超过抗滑力，或由于坝基土体的抗剪强度不足因而会连同坝体一起发生滑动。滑动力大小主要与坝坡的陡缓有关，坝坡越陡，滑动力越大。抗滑力大小主要与填土性质、压实程度以及渗透压力有关。因此，在拟定坝体断面时，如稳定复核安全性不能满足设计要求，可考虑从以下几个方面来提高坝坡抗滑稳定安全系数。

（1）提高填土的填筑标准。较高的填筑标准可以提高填筑料的密实性，使之具有较高的抗剪强度。因此，在压实功能允许的条件下，提高填土的填筑标准可提高坝体的稳定性。

（2）坝脚加压重。坝脚设置压重后既可增加滑动体的重量，同时也可增加原滑动土体的抗滑力，因而有利于提高坝坡稳定性。

（3）加强防渗排水措施。通过采取合理的防渗、排水措施可进一步降低坝体浸润线和坝基渗透压力，从而降低滑动力，增加其抗滑稳定性。

（4）加固地基。对于由于地基的稳定问题，可对地基采取加固措施，以增加地基的稳定，从而达到增加坝体稳定的目的。

3.1.6 土石坝地基处理

3.1.6.1 土石坝对地基的要求

渗流控制的思路是上铺、中截、下排。“上铺”是在上游坝脚附近铺设水平防渗铺盖，“中截”是在坝体底部中上游布置截水设施，两者目的就是延长渗径，拦截渗流，降低渗透比降和减少渗流量；垂直截渗措施往往是最有效和最可靠的方法。“下排”就是在渗流出口段布置排水减压设施，使地基的渗水顺畅自由地排出地面，达到滤土、排水、降压，避免地基发生渗透失稳。一般要求如下：

（1）控制渗流。要求经过技术处理后的地基不产生渗透变形和有效地降低坝体浸润线，保证坝坡和坝基在各种情况下均能满足渗透稳定要求，并将坝体的渗流量控制在设计允许的范围内。

（2）控制稳定。通过处理使坝基具有足够的强度，不致因坝基强度不足而使坝体及坝基产生滑坡，软土层不致被挤出，砂土层不致发生液化等。

（3）控制变形。要求沉降量和不均匀沉降控制在允许的范围内（竣工后，坝基和坝体的总沉降量，一般不应大于坝高的1%），以免影响坝的正常运行。

3.1.6.2 地基处理方法

砂砾石地基具有较高的抗剪能力和承载能力，压缩变形小，抗渗性能差，因此对这类地基的处理以渗流控制为主。

（1）黏性土截水槽（图3.31）。适用范围：砂砾土层深度在15m以内位置，一般位于心墙或斜墙的底部，截水槽的土料应与心墙或斜墙一致大坝防渗体的底部（均质坝则多设在靠上游1/3～1/2坝底宽处），横贯整个河床并伸到两岸。允许比降：按回填土料的允许比降确定（一般砂壤土的允许比降取3.0，壤土取3.0～5.0，黏土取5.0～10.0）；截水槽厚度一般取5～10m，并满足施工最小宽度3.0m的要求。

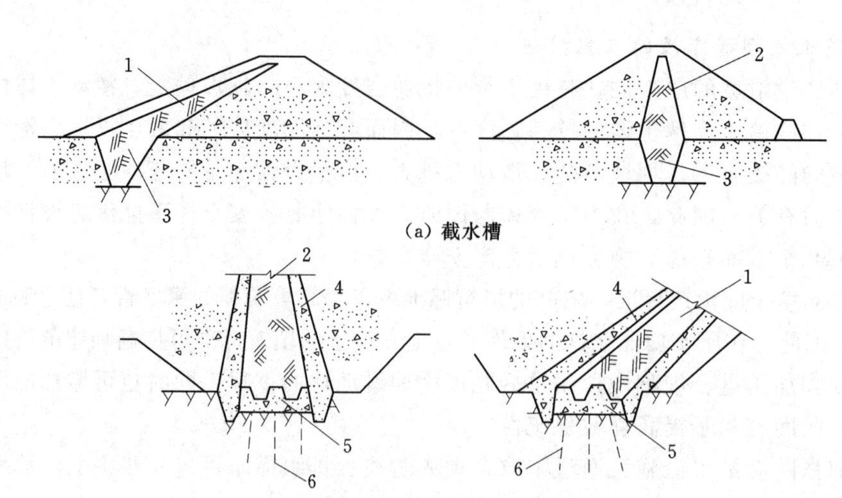

图 3.31　截水槽构造图

1—黏土斜墙；2—黏土心墙；3—截水槽；4—过渡层；5—垫层；6—固结灌浆

(2) 混凝土防渗墙。适用范围：地基砂砾石层深度为15～80m；防渗墙的厚度：由坝高和防渗墙的允许渗透比降、墙体溶蚀速度和施工条件等因素确定，其中施工条件和坝高起决定性作用，如图3.32所示；允许比降以80～100为宜，并由最大工作水头除以允许比降校核墙的厚度，控制在0.6～1.3m。

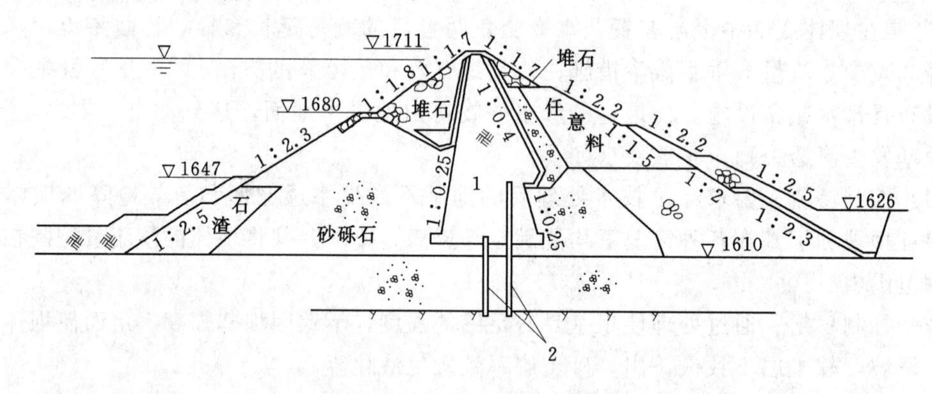

图 3.32　碧口土石坝防渗墙

1—黏土心墙；2—混凝土防渗墙

(3) 帷幕灌浆。适用范围：当砂砾石层很深或采用其他防渗截水措施不可行时，可采用灌浆帷幕。

1) 可灌比 M。

$$M=D_{15}/d_{85} \tag{3.50}$$

式中　D_{15}——受灌地层中小于该粒径的土重占总土重的15%，mm；

d_{85}——灌注材料中小于该粒径的土重占总土重的85%，mm。

当 $M>15$ 时，可灌水泥浆；$M>10$ 时可灌水泥黏土浆。

2）渗透系数。关于可灌性的评估也可用渗透系数进行评估。当地基的渗透系数大于 10^{-1}cm/s 时，可灌水泥浆；当地基的渗透系数大于 10^{-2}cm/s 时，可灌水泥黏土浆。

帷幕厚度由工作水头和帷幕本身的渗透比降确定，公式如下：

$$T=H/J \tag{3.51}$$

式中　T——帷幕厚度，m；

H——最大设计水头；

J——帷幕的渗透比降，对一般水泥黏土浆可采用 3～4。

帷幕底部伸入相对不透水层的深度：高中坝应不小于 5m，低坝可酌情减小。多排帷幕灌浆的孔距和排距通过现场灌浆试验确定，初拟时可选用 2～3m，排数可根据帷幕厚度确定。

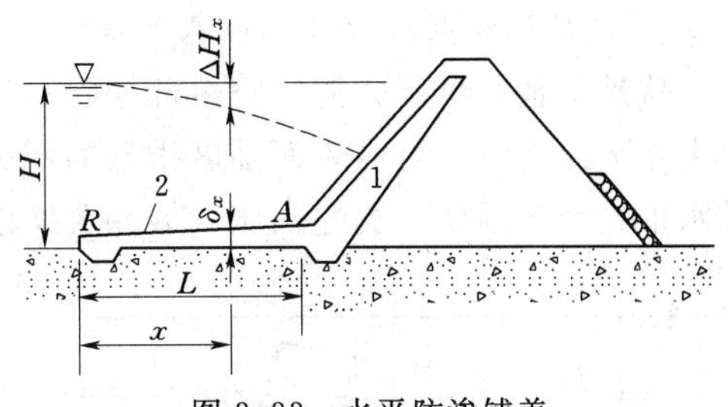

图 3.33　水平防渗铺盖
1—黏土斜墙；2—防渗铺盖

（4）防渗铺盖（图 3.33）。铺盖的作用是延长渗径，从而使坝基渗漏损失和渗流比降减小至允许范围内。当坝基砂砾石透水层深厚，采用其他防渗措施从经济上不够合理时可考虑。

采用铺盖防渗或采用其他措施防渗效果较差时，可在下游坝脚或以外处配套设置排水减压措施。减压井由沉淀管、进水花管和导水管三部分组成，如图 3.34 所示。

综上所述，当砂砾石透水层深度不大时（<10m），采用水平铺盖加截水槽的措施；当砂砾石透水层较深时（>10m），采用水平铺盖加混凝土防渗墙的措施；当砂砾石透水层很深时（>15m），采用水平铺盖加灌浆帷幕的措施。

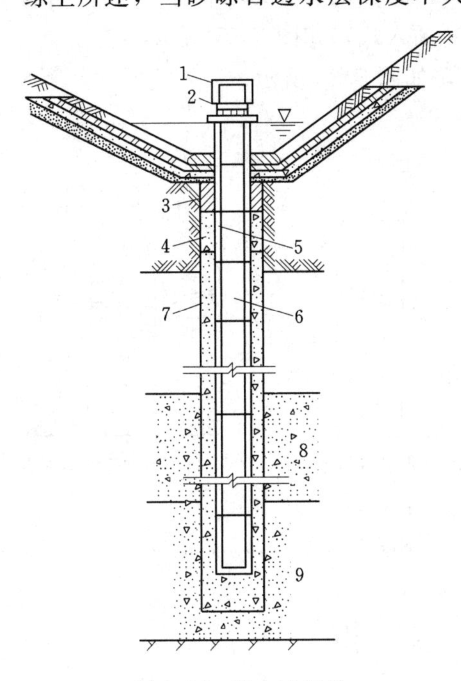

图 3.34　排水减压井
1—井帽；2—钢丝出水口；3—回填混凝土；4—回填砂；5—上升管；6—穿孔管；7—反滤料；8—砂砾石；8—砂卵石

3.1.6.3　软土地基处理

1. 细砂地基处理

均匀饱和的细砂地基受到震动时（特别是遇地震时）极易液化，必须进行处理。可采用振冲、强夯等方法加密：

（1）振冲法。一般振冲孔孔距为 1.5～3.0m，加固深度可达 30m。经过群孔振冲处理，土层的相对密实度可提高到 0.7～0.8 以上，可达到防止液化的程度。

（2）强夯法。其原理是用重锤（国内一般为 8～25t）从高处自由落下（落距一般为 8～25m），经地基以冲击和振动迫使地基加密。

2. 淤泥地基处理

处理方法：挖除、表层挖除与压重法或

砂井排水法相结合。

压重法是在下游坝脚附近堆放可滤水的块石或卵石，其作用是保护淤积土层不被坝体的巨大重量从下游坝脚附近挤出，保证坝坡的安全。

砂井排水法是在坝基中打造砂井加快排水固结的方法，砂井直径为30～40cm，井距为6～8倍的井径，深度应伸入至潜在最危险滑动面以下。砂井的施工是在地基中打入封底的钢管，拔管后回填粗粒砂、砾石料。其目的一方面是加密地基，另一方面是通过砂井把地基土料的含水量从砂井中导出，从而加快地基固结，提高其承载力和抗剪强度。

3. 软黏性和湿陷性黄土地基处理

软黏土地基土层较薄时宜全部挖除；当软黏土层较厚、分布范围较广、全部挖除难度较大或不经济时，可将表面强度很低的部分挖除，其余部分可用打砂井（同上）、插塑料排水带、加载预压、真空预压、振冲置换以及调整施工速率等措施处理。

3.1.6.4　土石坝的岸坡处理

1. 坝体与土质坝基及岸坡的连接

坝身防渗体应与坝基防渗设施妥善连接，坝基防渗设施应坐落在相对不透水土基或经过处理的坝基上。

2. 坝体与岩石地基及岸坡的连接

土石坝与混凝土建筑物连接一般采用插入式和侧墙式（翼墙式和重力墩式等）两种型式。

（1）插入式，如图3.35所示。

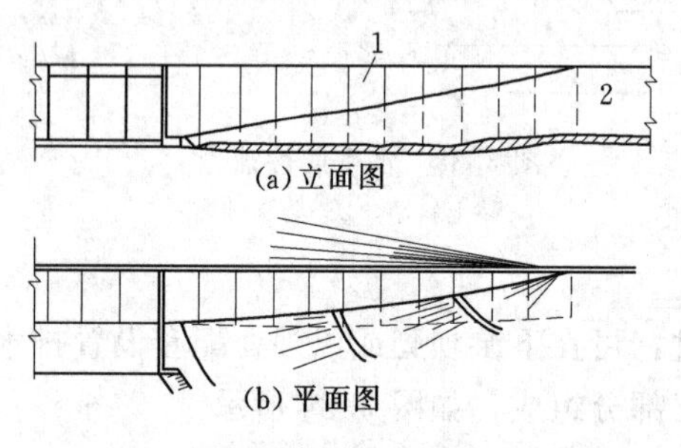

图3.35　插入式连接

1—溢流坝；2—土石坝

（2）侧墙式。侧墙式包括重力墩式和翼墙式，如图3.36所示。

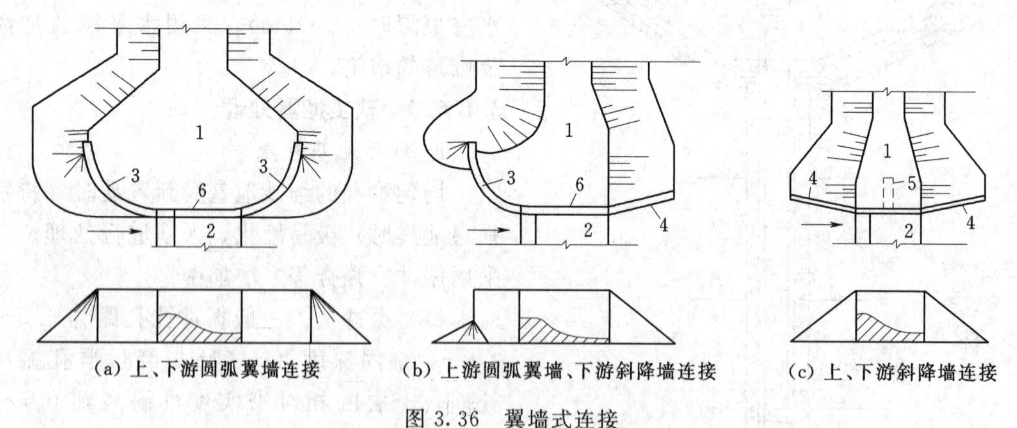

图3.36　翼墙式连接

1—土石坝；2—溢流重力坝；3—圆弧翼墙；4—斜降翼墙；5—刺墙；6—边墩

3.2　设　计　实　例

3.2.1　基本资料

某水库主要任务以灌溉为主，结合灌溉进行发电。水库总库容1200万m^3，灌溉下游

左岸 2.5 万 hm^2 耕地，灌溉最大引水量 $40m^3/s$。引水高程 347.49m，发电装机容量 75 万 kW。

1. 地形地质

水库位于低山丘陵区，南部多山，高程为 400～500m，发育南北向冲沟。北西东多为第四纪黄土覆盖的丘陵阶地，高程为 300～400m，颍河由西向东流经坝区。

坝址两岸河谷狭窄。坝址及库区岩层均为第三纪砂页岩，无大的不利地质构造。

坝址岩层为黄色石英砂岩与紫色砂质页岩互层，坝址两岸为黄色石英砂岩，岩石坚硬，但裂隙较为发育，上覆 6～10m 黄土，左岸有部分黏土。地震基本烈度为 6 度。

2. 建筑材料

（1）土料。在坝址附近 400～1500m 的河道右岸有丰富的土料，大部分为中粉质壤土，储量在 150 万 m^3 以上，坝址下游有 30 万 m^3 左右的重粉质壤土，可作为防渗材料。

（2）砂卵石料。颍河河槽及两岸滩地也有大量砂、砾石及卵石，上、下游河滩地表层 0～2m 为黄土覆盖，下为 3～7m 厚的砂卵石，在枯水季节河水位降低，上游在坝脚 100m 以外 2000m 以内卵石平均取深 1.5m，约 86 万 m^3，下游在坝脚 100m 以外 2000m 以内平均取深 1.3m，约 86 万 m^3。其物理力学性质指标见表 3.12。

表 3.12　　土石料物理力学性质指标

指标		坝基砂卵石	坝体					
			中粉质壤土	重粉质壤土	砂卵石		堆石	
					水上	水下	水上	水下
饱和快剪	φ/(°)	28	16.9	13.86	33	30	40	38
	c/kPa	0	35	98	0	0	0	0
饱和固结快剪	φ/(°)	28	20.1	17.8	33	30	40	38
	c/kPa	0	76	111	0	0	0	0
颗粒重度/(kN/m^3)		27.1	27.1	27.1	27.1		27.1	
干重度/(kN/m^3)		19.0	16.5	16.5	20		19.0	
含水量/%			19.2	18.3	7		3	
湿重度/(kN/m^3)			19.5	20.1	21.4		19.4	
饱和重度/(kN/m^3)		20.0	20.5	20.7	22.5		22.0	
渗透系数/(cm/s)		6.1×10^{-3}	1.2×10^{-5}	1.18×10^{-7}	6.1×10^{-3}			
塑限含水量/%			17	18.5				
料场含水量/%			19.3	21.3				

3. 水文和气象资料

（1）气温。历年各月特征气温见表 3.13。

表 3.13　　历年气温

月份	1	2	3	4	5	6	7	8	9	10	11	12
多年均日气温/℃	−0.5	2.9	7.7	15.3	21.1	25.7	26.8	25	23.1	15.0	8.2	2.1

(2) 风速。多年平均最大风速 12.1m/s。水库最大吹程 3.2km。

(3) 降雨。流域年平均降水量 690mm 左右，其中 2/3 降于 6—9 月，约有 45%的降水集中于 7 月、8 月。

(4) 坝址处河流多年平均流量 0.5m^3/s，年总径流量 1684.39 万 m^3。

(5) P=10%年份的径流年内分配见表 3.14。

表 3.14 P=10%年份流量年内分配

月份	1	2	3	4	5	6	7	8	9	10	11	12
流量/(m^3/s)	0.16	0.12	0.08	0.08	0.22	0.18	5.77	2.67	0.61	0.57	0.55	0.35

(6) 各种频率洪峰流量见表 3.15。

表 3.15 各频率洪峰流量

P/%	5	2	1	0.2
Q/(m^3/s)	860	1106	1360	1675

4. 枢纽规划成果

死水位 340m，最高兴利水位（正常蓄水位）360.52m，对应下游无水；设计洪水位 363.62m（频率 2%），对应下游水位 338m；校核洪水位 364.81m（频率 0.2%），对应下游水位 339m。

3.2.2 设计任务

(1) 确定土坝坝型及坝体级别。

(2) 拟定坝体剖面尺寸。

(3) 拟定坝体排水设施及地基处理措施。

(4) 计算正常蓄水位工况下的渗流计算（单宽渗流量、浸润线方程）。

(5) 计算正常蓄水位工况下下游坝坡的抗滑安全系数。

3.2.3 任务解析

1. 土坝级别及坝型选择

(1) 建筑物级别。根据 SL 252—2000《水利水电工程等级划分及设计标准》以及该工程的一些指标确定建筑物等级为大坝为 3 级建筑物。

(2) 坝型选择。

1) 心墙坝。用作心墙防渗材料的重粉质壤土在坝下游，运距远，施工困难，造价高。

2) 斜墙坝。断面较大，特别是上游坡较缓，坝脚伸出较远，对溢洪道和输水建筑物进口布置有一定影响，防渗体坐落在黄土地基上，由于黄土有湿陷性，易断裂。

3) 均质坝。坝址附近有中粉质壤土，天然含水量接近塑限含水量 17%；渗透系数 $K=1.2\times10^{-5}$cm/s，满足 $K<1.0\times10^{-4}$cm/s；内摩擦角 20°较大。

同其他坝型比较，均质坝造价较低，且对地基要求低，施工简单，干扰不大，材料单一，便于群众性施工。通过分析认为宜选用均质坝。

2. 地基处理

结合本坝坝基情况，地基处理如下：

(1) 地基可开挖截水槽，挖至弱风化层 0.5m 深处，内填中粉质壤土。截水槽横断面拟定：边坡采用 1∶1.5～1∶2.0；底宽，渗径不小于 (1/3～1/5)H，其中 H 为最大作用水头。

(2) 河槽处，水流常年冲刷，基岩裸露，抗风化能力强。坝体与岩基结合面是防渗的薄弱环节，需设混凝土齿墙，以增加接触渗径。延长后的渗径 L 长为 1.05～1.10 倍原渗径，一般可布置 4 排。

(3) 坝体与岸坡的连接。坝肩结合面范围内的所有腐殖土层、树根、草根，均需彻底清除。岸坡应削成平顺的斜面，右岸削成 1∶4 缓坡，岸坡上修建混凝土齿墙，左岸较陡，边坡开挖成 1∶0.75 坡度。

3. 坝体剖面设计

(1) 坝坡。坝高约 30m，故采用三级变坡。上游坝坡：1∶3.0、1∶3.25、1∶3.5；下游坝坡：1∶2.5、1∶2.75、1∶3.0；马道：第一级马道高程为 343m，第二级马道高程为 353m。

(2) 坝顶宽度。本坝顶无交通要求，对中低坝最小宽度 $B=6$m。

(3) 坝顶高程。坝顶高程等于水库静水位与超高之和，并分别按以下运用情况计算，取其最大值：①设计洪水位加正常运用情况的坝顶超高；②校核洪水位加非常运用情况的坝顶超高。

为了防止库水漫溢坝顶，坝顶在水库静水位以上应有足够的波浪超高，如图 3.3 所示，SL 274—2001《碾压式土石坝设计规范》规定其值按下式计算：

$$y=R+e+A$$

$$e=\frac{kv^2D}{2gH_m}\cos\beta$$

SL 274—2001《碾压式土石坝设计规范》推荐采用莆田试验站统计分析公式计算 R，其步骤如下：

1) 计算波浪平均爬高 R_m：

$$R_m=\frac{K_\Delta K_\omega(h_mL_m)^{\frac{1}{2}}}{(1+m^2)^{\frac{1}{2}}}$$

a) 按莆田实验站公式，在水深较大、吹程较小的情况下，即当 $\frac{gD}{v^2}\leqslant 1760\times\left\{\text{th}\left[0.7\left(\frac{gh}{v^2}\right)^{0.7}\right]\right\}^{\frac{1}{0.45}}$ 时，可简化为 $\frac{gh_m}{v^2}=0.0018\left(\frac{gD}{v^2}\right)^{0.45}$。

b) 计算波浪平均周期 T_m，$T_m=4.0\sqrt{h_m}$。

c) 计算平均波长 L_m，$L_m=\frac{gT_m^2}{2\pi}\approx 1.56T_m^2$。

2) 计算波浪爬高 R。在工程设计中，波浪设计爬高 R 按建筑物的级别确定，对 3 级土石坝取保证率 $P=1\%$ 的波浪爬高，设计爬高 $R=R_{1\%}$，由其相应波浪爬高保证率 P、平均爬高 R_m 及爬高统计分布表计算爬高 $R_{1\%}$。分别按设计洪水和校核洪水情况计算，注意两种情况下计算风速取值不一样，计算成果见表 3.16。

表 3.16 顶高程计算

运用情况	静水位/m	R/m	e/m	A/m	Δh/m	防浪墙顶高程/m		坝顶高程/m
设计情况	363.62	1.853	0.013	0.7	2.566	66.19	366.38	365.18（取365.20）
校核情况	364.81	1.164	0.005	0.4	1.569	366.38		

4. 坝体排水设备拟定

本土坝坝体排水设备选用棱体排水，尺寸为顶宽 2m，内坡 1∶1.5，外坡 1∶2.0，顶部高出下游最高水位 1.0～2.0m，故顶部高程为 340.10m。在排水设备与坝体和土基接合处设反滤层。坝体最大剖面图如图 3.37 所示。

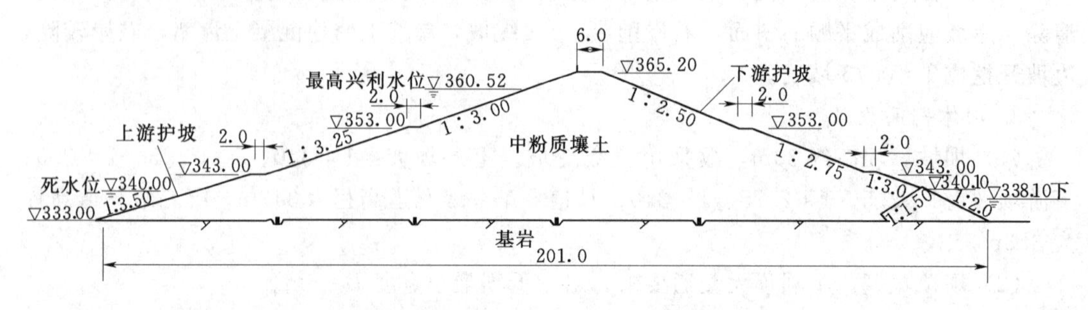

图 3.37 坝体最大剖面图（单位：m）

5. 渗流计算

（1）计算情况选择。渗流计算水位组合情况：上游正常高水位与下游相应的最低水位。

（2）单宽流量计算。按不透水地基上均质坝下游带有棱体式排水、下游有水情况：

$$q=K\frac{H_1^2-(h_0+H_2)^2}{2L'}$$

$$h_0=\sqrt{L'^2+(H_1-H_2)^2}-L'$$

计算成果见表 3.17。

表 3.17 渗流单宽流量计算结果

计算情况	h_0/m	q/[m³/(s·m)]
正常蓄水位	3.96	4.75×10^{-5}

（3）浸润线方程。正常蓄水位情况下，浸润线方程：$y=\sqrt{757.35-7.92x}$，$x\in(0,95.63)$。

6. 稳定计算

（1）分析情况选择。以上游正常高水位而下游无水、上游设计洪水位而下游相应水位来验证稳定（下游坝坡采用其平均坡比 1∶2.7）；以库水位为 1/3 坝高处而下游无水坝坡进行稳定计算（上游坝坡采用其平均坡比 1∶3.36）。

（2）滑裂面形式。对于均质坝，上下游坝坡均为曲线滑裂面。采用圆弧法进行稳定计算。

（3）不计条块间作用力的总应力法的稳定分析。

计算分析步骤：

a）利用 B.B 方捷耶夫法和费兰钮斯法确定最危险滑弧所对应圆心的范围。在一扇形范围内的 M_1M_2 延长线附近。

b）以 O_1 为圆心，以 R=75m（当上游为设计洪水位时 R 取 70m，库水位为 1/3 坝高处时 R 值取 87.5m）为半径，作滑弧。

c）分条编号为 b=0.1R，从圆心作垂线，此垂线为 0 号土条的中心线，向上依次为 1，2，3，…向下依次为－1，－2，…

d）绘制坝坡稳定计算图如图 3.38 所示。

e）列表计算荷载，参见表 3.18。

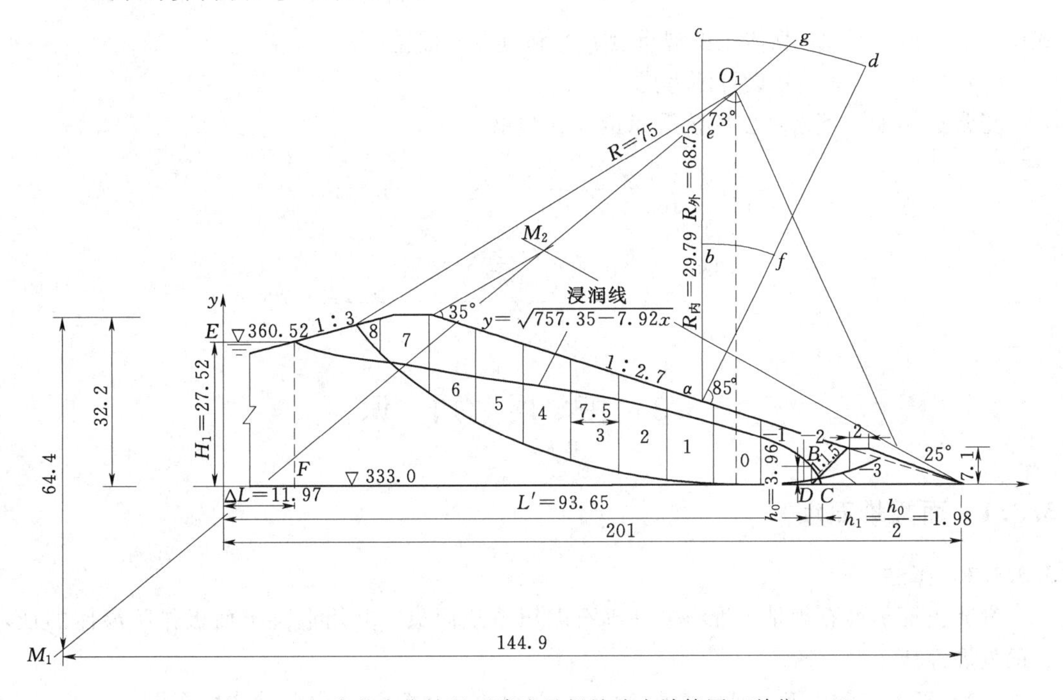

图 3.38 正常蓄水位情况下渗流及坝坡稳定计算图（单位：m）

表 3.18　　　　正常蓄水位情况下下游坝坡稳定计算

土条编号	h_1	h_2	$\gamma_1 h_1$	$\gamma_3 h_2$	$\gamma_2 h_2$	W_i	W_i'	$\sin\alpha_i$	$\cos\alpha_i$	$W_i\cos\alpha_i$	$W_i\sin\alpha_i$
	(1)	(2)	(3)	(4)	(5)	(6)=(3)+(4)	(7)=(3)+(5)	(8)	(9)	(10)	(11)
8	1.6	0	31.2	0	0	31.2	31.2	0.8	0.6	18.72	24.96
7	9	1.5	175.5	16.05	30.75	191.55	206.25	0.7	0.71	136.0	144.38
6	9	6.5	175.5	69.55	133.25	245.05	308.75	0.6	0.8	196.04	185.25
5	7.5	10.5	146.25	112.35	215.25	258.6	361.5	0.5	0.87	224.98	180.75
4	6.5	12	126.75	128.4	246	255.15	372.75	0.4	0.92	234.7	149.1
3	5.5	13.5	107.25	144.45	276.75	251.7	384.0	0.3	0.95	239.12	115.2
2	4	11.5	78	123.05	235.75	201.05	313.75	0.2	0.98	197.03	62.75
1	4	12.5	78	133.75	256.25	211.75	334.25	0.1	0.99	209.63	33.43
0	3.5	10.5	68.25	112.35	215.25	180.6	283.5	0	1.0	180.6	0
－1	4	6.5	78	69.55	133.25	147.55	211.25	－0.1	0.99	146.07	－21.13
－2	6.5	0	126.75	0	0	126.75	126.75	－0.2	0.98	124.22	－25.35
－3	1.33	0	25.94	0	0	25.94	25.94	－0.3	0.951	24.64	－7.78
合计										1931.75	841.56

用公式计算抗滑稳定安全系数 K_c：

$$K_c=\frac{\sum(W_i)_2\cos\alpha_i\tan\varphi_i+\frac{1}{b}\sum c_i l_i}{\sum(W_i)_1\sin\alpha_i}$$

$$W_i=\gamma_1 h_1+\gamma_3(h_2+h_3)+\gamma_4 h_4$$

$$W_i'=\gamma_1 h_1+\gamma_2 h_2+\gamma_3 h_3+\gamma_4 h_4$$

式中 γ_1、γ_2、γ_3——坝体土的湿重度、饱和重度、浮重度；

γ_4、h_4——本设计不考虑。

正常运用期，下游坝坡的抗滑稳定计算结果为

$$\sum l_i=\frac{\pi R}{180}\theta=\frac{3.14\times75}{180}\times73=95.5(\mathrm{m})$$

$$K_c=\frac{1931.75\times0.366+\frac{1}{7.5}\times76\times95.5}{841.56}=1.99$$

3.3 拓 展 知 识

3.3.1 面板堆石坝

3.3.1.1 概述

混凝土面板堆石坝是用堆石或砂砾石碾压填筑而成，并用混凝土面板作防渗体的坝，它的发展经历了三个阶段：

(1) 1850—1940 年，坝高最高 100m，为具有刚性防渗体的抛填式堆石坝。

(2) 1940—1960 年，土力学和土工技术迅速发展，建成了许多以黏性土料为防渗体的堆石坝。其塑性较高，比刚性防渗体更能适应堆石体变形。

(3) 1960 以后，振动碾问世，使得堆石体密度和变形模量大大增加，堆石体在各种荷载作用下的变形量大幅度减低。我国自 1980 年开始采用振动碾，第一座为湖北西北口面板堆石坝。

3.3.1.2 面板堆石坝的特点

1. 面板堆石坝的主要特点

(1) 就地取材。

(2) 施工度汛问题比土坝较为容易解决。

(3) 对地形地质和自然条件适应性较混凝坝强。

(4) 方便机械化施工，有利于加快施工工期和减少沉降。

(5) 坝身不能泄洪，一般需另设泄洪和导流设施。

2. 钢筋混凝土面板堆石坝的剖面尺寸

(1) 坝顶。一般不宜小于 5m，防浪墙高可采用 4～6m，背水面一般高于坝顶 1.0～1.2m。

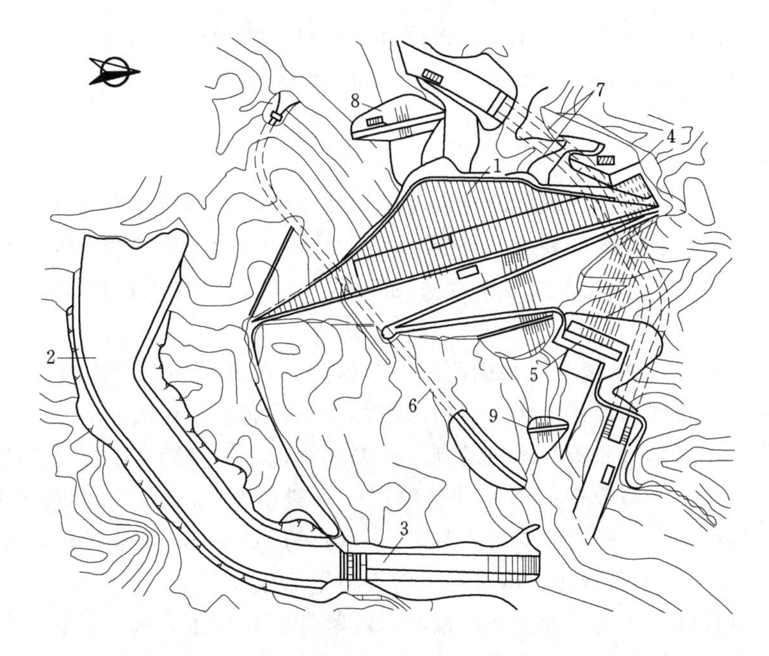

图 3.39　天生桥一级混凝土面板堆石坝枢纽布置图
1—大坝；2—引水渠；3—溢洪道泄槽；4—电站进水塔；5—厂房；
6—放空隧洞；7—导流洞；8—上游围堰；9—下游围堰

(2) 坝坡。一般采用 1：1.3～1：1.4。对于地质条件较差或堆石体填料抗剪强度较低以及地震区的面板堆石坝，其坝坡应适当放缓。

3.3.1.3　面板堆石坝的构造

1. 堆石体

堆石体是面板堆石坝的主体部分，根据其受力情况和在坝体所发挥的功能，又可划分为垫层区（2A 区）、过渡区（3A 区）、主堆石区（3B 区）和次堆石区（3C 区），如图 3.40 所示。

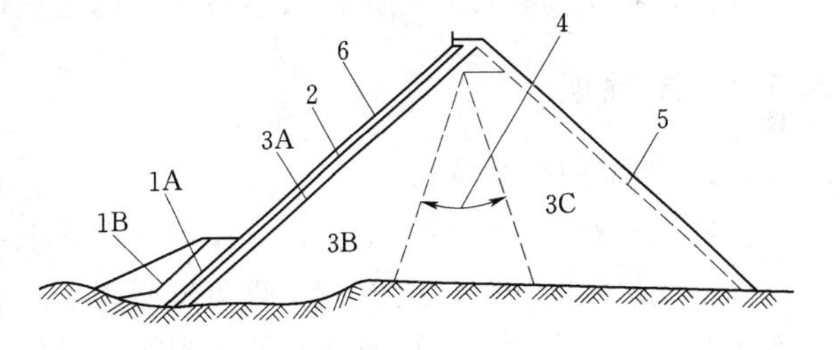

图 3.40　混凝土面板堆石坝堆石体通用分区示意图
1A—上游铺盖区；1B—重压区；2—垫层区；3A—过渡区；3B—主堆石区；3C—下游堆石区；4—主堆石区和下游堆石区的可变界限；5—下游护坡；6—混凝土面板

垫层区应选用质地新鲜、坚硬且耐久性较好的石料，可采用经筛选加工的砂砾石、人工石料或者由两者混合掺配。高坝垫层料应具有连续级配，一般最大粒径为 80～100mm，粒径小于 5mm 的颗粒含量为 30%～50%，小于 0.075mm 的颗粒含量应少于 8%。

过渡区介于垫层与主堆石区之间，起过渡作用，石料的粒径级配和密实度应介于垫层与主堆石区两者之间。

主堆石区为面板坝堆石的主体，是承受水压力的主要部分，它将面板承受的水压力传递到地基和下游次堆石区，该区既应具有足够的强度和较小的沉降量，同时也应具有一定的透水性和耐久性。

下游次堆石区承受水压力较小，其沉降和变形对面板变形影响也一般不大，因而对填筑要求可酌情放宽。石料最大粒径可达1500mm，填筑层厚1.5～2.0m，用10t振动碾碾压4遍。

2. 防渗面板的构造

(1) 钢筋混凝土面板。钢筋混凝土面板防渗体主要是由防渗面板和趾板组成。面板是防渗的主体，对质量有较高的要求，即要求面板具有符合设计要求的强度、不透水性和耐久性。面板底部厚度宜采用最大工作水头的1%，考虑施工要求，顶部最小厚度不宜小于30cm。

(2) 趾板（底座）。趾板是面板的底座，其作用是保证面板与河床及岸坡之间的不透水连接，同时也作为坝基帷幕灌浆的盖板和滑模施工的起始工作面。

面板接缝设计（包括面板与趾板的周边接缝和趾板之间接缝）主要是止水布置，周边缝止水布置最为关键。面板中间部位的伸缩缝，一般设1～2道止水，底部用止水铜片，上部用聚氯乙烯止水带。周边缝受力较复杂，一般采用2～3道止水，在上述止水布置的中部再加PVC止水。如布置止水困难，可将周边缝面板局部加厚。

(3) 面板与岩坡的连接。为保证趾板与岸坡紧密结合和加大灌浆压重，趾板与岸坡之间应插锚筋固定。锚筋直径一般为25～35mm，间距1.0～1.5m，长3～5m。趾板范围内的岸坡应满足自身稳定和防渗要求，为此，应认真做好该处岸坡的固结灌浆和帷幕灌浆设计。固结灌浆可布置两排，深3～5m。帷幕灌浆宜布置在两排固结灌浆之间，一般为一排，深度按相应水头的1/3～1/2确定。灌浆孔的间距视岸坡地质条件而定，一般取2～4m，重要工程应根据现场灌浆试验确定。为了保证岸坡的稳定，防止岸坡坍塌而砸坏趾板和面板，趾板高程以上的上游坡应按永久性边坡设计。

3.3.2 淤地坝

3.3.2.1 淤地坝的概念

淤地坝是指在沟道中为了拦泥、淤地所建的坝，坝内淤成的土地称为坝地。淤地坝是在我国古代筑坝淤田经验的基础上逐步发展起来的。据调查，陕西省佳县仁家村的淤地坝已有150多年的历史，山西省禽石县贾家源的淤地坝已有200多年的历史。新中国成立以来，在黄河中游地区已修建淤地坝10余万座，淤出坝地20万hm^2以上，对发展农业生产、控制入黄泥沙发挥了重要作用。实践证明，淤地坝是我国黄河中游水土流失地区沟道治理的一项行之有效的水土保持丁程措施。20世纪50—80年代，随着水坠法筑坝技术试验研究工作由陕西、山西两省向全国各地发展，以及80年代以后水坠法筑坝技术的逐渐成熟及其推广应用，筑坝的施工速度大力提高，投资大幅降低，为淤地坝建设创造了良好的条件。如图3.41所示为淤地坝枢纽图。

3.3.2.2 淤地坝的分类及组成

1. 淤地坝的分类

按筑坝材料可分为土坝、石坝、土石混合坝等；按坝的用途可分为缓洪骨干坝、拦泥生产坝等；按建筑材料和施工方法可分为夯碾坝、水力冲填坝、水中填土坝、定向爆破坝、堆石坝、干砌石坝、浆砌石坝等。

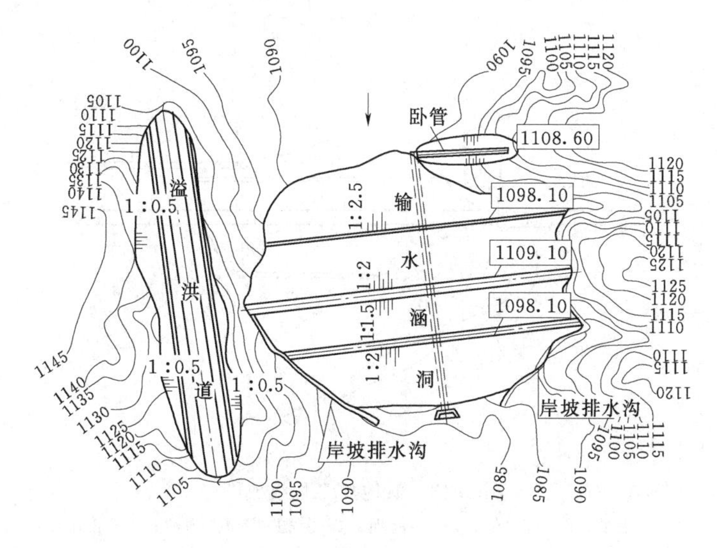

图 3.41 淤地坝枢纽图

淤地坝一般根据库容、坝高、淤地面积、控制流域面积等因素分组，参考水库分级标准，并考虑群众习惯叫法，可分为大、中、小型三级。表 3.19 为淤地坝分级标准。

表 3.19　　　淤地坝分级标准（水土保持技术规范）

分级 / 标准	库容 /万 m^3	坝高 /m	单坝淤地面积 /hm^2	控制流域面积 /hm^2
大型	500～100	＞30	＞10	＞15
中型	100～10	30～15	10～2	15～1
小型	＜10	＜15	＜2	＜1

2. 淤地坝的组成及作用

淤地坝一般由坝体、溢洪道、放水建筑物三部分组成，其工程组成如图 3.42 所示。坝体是横拦沟道的挡水拦泥建筑物，用以拦蓄洪水，淤积泥沙。随着坝内淤积面的逐年提高，坝体与坝地能较快地连成一个整体，溢洪道是排洪建筑物，当淤地坝内洪水位超过设计高度时，洪水就由溢洪道排出，以保证坝体的安全和坝地的正常生产。放水建筑物用以排泄沟道长流水和库内清水等到坝的下游，通常采用竖井或卧管的形式，淤地坝主要用于拦泥淤地，一般不长期蓄水，其下游也无灌溉要求。

淤地坝枢纽工程组成在实践中有三大件方案（大坝、溢洪道和放水建筑物），也有两大件方案（大坝和放水建筑物），还有一大件方案（仅大坝）。近年来，新建淤地坝工程多为两大件。

（1）组成方案特点：

1）三大件方案。该方案防洪安全对洪水的处理是以排为主工程建成后运用较安全上游淹没损失也少，但溢洪道工程量大，工程投资、维修费较高。

2）两大件方案。两大件方案防洪安全对洪水的处理是以蓄滞为主，坝高库容大，土

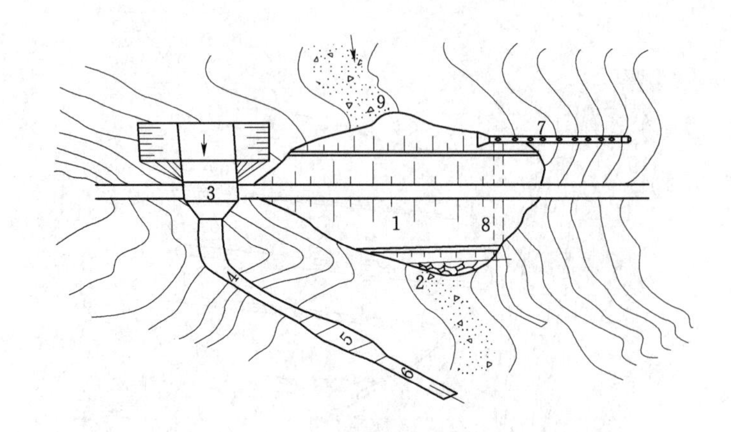

图 3.42 淤地坝工程组成图

1—土坝；2—排水体；3—溢流坝；4—陡槽；5—消力池；6—渠道；
7—卧管；8—放水洞；9—河道

坝工程量大，上游淹没损失多，但因无溢洪道，石方工程量小，工程总投资小。

3）一大件方案。该方案对洪水的处理是全拦全蓄，工程安全性差，仅适用于集水面积很小且无常流水的小型荒沟内的防扩工程，故此处不做讨论。

（2）组成方案选用。我国已建成的淤地坝枢纽工程一般是根据自然条件、流域面积、暴雨特点、建筑材料、环境状况（道路、村镇、工矿等）和施工技术水平选择组成方案。三大件方案适用于筑坝土料合黏粒量大、施工困难、土方造价高、流域面积大（$>10km^2$）、洪流模数大、以排为主的情况。两大件方案适用于筑坝土料透水性大（土坝施工可用水坠法，造价低）、流域面积小、洪量模数小、以滞蓄为主的情况。淤地坝枢纽工程组成方案究竟如何选择，还须从技术、经济方面进行比较。

1）在设计标准相同和放水洞投资相近情况下，当用两大件方案造成的上游淹没损失和加高土坝土方投资总和大于三大件方案投资时，应选用三大件方案；若相近时采用两大件方案。

2）在V字形断面沟道筑坝，当地无建筑溢洪道的石料而需外运时，应选用两大件方案。

3）当控制流域面积大于 $5km^2$ 且多暴雨，下游又有重要交通道路线村镇、工矿时，应选用三大件方案。

4）控制流域面积小于 $5km^2$，坝址下游无重要建筑物时，应选用两大件方案。

（3）淤地坝的治理作用。淤地坝是小流域综合治理中一项重要的工程措施，也是最后一道防线，它在控制水土流失、有效地控制泥沙下泄、发展农业生产等方面具有巨大的优越性。为此可将淤地坝的具体作用归纳如下：

1）稳定和抬高侵蚀基点，防止沟底下切和沟岸坍塌，控制沟头前进和沟壁扩张。

2）拦洪、拦泥、削峰，减少入河、入库泥沙，减轻下游洪沙灾害。

3）拦泥、落淤、造地，变荒沟为良田，为山区农林牧业发展创造了有利条件。

3.3.2.3 坝址选择

坝址选择在很大程度上取决于地形和地质条件。选择坝址必须结合工程枢纽布置、坝系整体规划、淹没情况、经济条件等综合考虑。坝址选择合理与否，直接关系到拦洪淤地效益、工程量及工程安全等问题。一个好的坝址，应是淤地面积大、工程量小、施工方便、运用安全可靠。

（1）地形方面。坝址要选择在沟谷狭窄、上游地形开阔平坦、口小肚大的葫芦状地形处，这样筑坝工程量小、库容大、淤地面积大。此外，还要有宜于开挖溢洪道的地形和地质条件，如有马鞍形岩石山凹或有红黏土山坡。

（2）地质方面。应选择土质坚实、地质结构均一、两岸无滑坡、崩塌的地段筑坝，且地基无淤泥、流沙和地下水。

（3）筑坝材料方面。坝址附近有足够、良好的筑坝土料、砂石料，开采、运输方便。水坠法筑坝，须有足够水源和一定高度（比坝顶高约 20m）的土料场。

（4）其他方面。库区淹没损失要小，应尽量避免有村庄、大片耕地、交通要道、矿井等被淹没。有些地形和地质条件都很好的坝址，就是因为淹没损失过大而被放弃或者降低坝高。

坝址还必须结合坝系规划统一考虑。有的坝址，从单坝考虑比较优越，但从坝系的整体衔接和梯级开发方面看就不一定合适。用碾压法施工的大型淤地坝，要考虑土料运输机械的操作之便，要求坝址处地形较为平坦开阔。

3.3.2.4 枢纽工程布置

（1）土坝布置。土坝轴线要短，大致与沟道水流方向垂直。采用分期加高的土坝，加高时，要考虑最终坝高坝轴线的位置。当坝上下游还有坝库时，应注意该坝蓄水后，水位不应超过上坝下游坡脚，下坝蓄水后，水位不要淹没本坝下游坡脚。同时须注意溢洪道和放水工程的布设要紧凑协调，操作管理方便。

（2）溢洪道布置。溢洪道轴线力争短而顺直，开挖工程最小，岸坡稳定，进口在坝端 10m 以外，出口距下游坝脚 20～50m 以外，转弯半径大于水面宽度的 5 倍以上。考虑土坝分期加高时，前期工程可只建简易溢洪道（可以是明渠），后期完成永久性工程。

（3）放水洞布置。淤地坝放水洞常见有两种结构形式，一种卧管式，一种为竖井式。输水洞也有两种形式，一种为无压涵洞，一种为压力管道。放水洞在布设时，卧管轴线与输水洞轴线应垂直或成钝角，输水洞轴线与坝轴线也应垂直，以减少其长度。卧管、输水洞必须布设在坚实地基上，以防不均匀沉陷。卧管消力池或竖井位置应布置在坝体上游坡脚以外，以备以后坝体改建。放水洞进口高程一般比沟床高，出门应在土坝下游坡脚20～30m 以外。

3.3.2.5 坝的基本规格和修筑方法

淤地坝坝高、库容、淤地面积，可根据坝址以上流域地形、侵蚀模数（或多年平均输沙量）、坝址按制集水面积和设计淤积年限等确定。

（1）坝的规格：要根据各地不同的雨量和坝的修筑方法决定。山西西部地区坝高一般为 2～4m，顶宽 2～3m，迎水坡 1：1～1：1.5，背水坡 1：0.4 左右，其他地区一般坝高 4.6m，顶宽 2～3m，迎水坡 1：1.5～1：2.0，背水坡为 1：1 左右，见表 3.20。

表 3.20　　山西西部地区坝体断面尺寸

汇水面积/亩	150	300	450	600	750	900
坝高/m	3.0	4.0	5.5	6.0	6.5	7.0
铺底宽/m	9.5～11.0	12～14	15～19	17～21	18～22	20～24

注　迎水坡 1∶1.5～1∶2，背水坡 1∶1，顶宽 2m。

淤地坝总高 H 由拦泥坝高 $h_{拦}$、滞洪坝高 $h_{滞}$ 和安全加高 Δh 三部分组成，如图 3.43 所示。

$$H=h_{拦}+h_{滞}+\Delta h$$

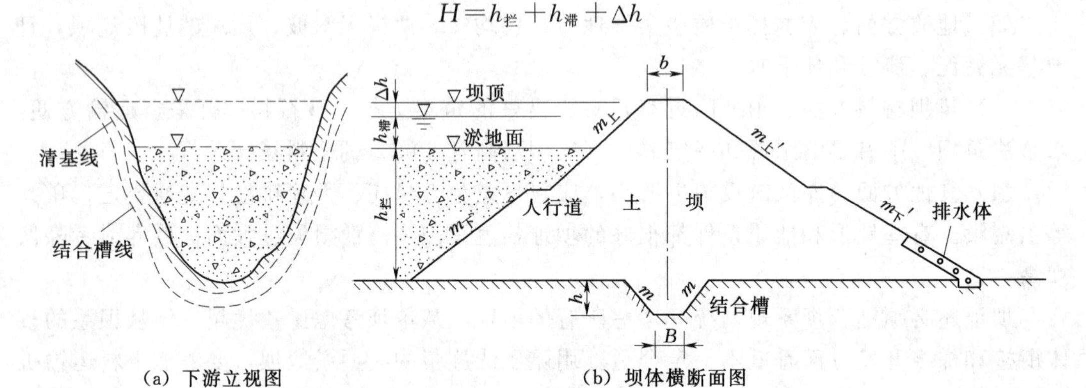

(a) 下游立视图　　(b) 坝体横断面图

图 3.43　坝体断面构造图

(2) 修筑方法。筑坝上土前要进行坝基清基。即把坝底和坝两头岸坡接头地方的杂草、树根、碎石、风化石层等杂物全部清除。清基厚度一般为 0.2m，清基后在坝的两头岸坡和坝底挖一条结合沟，沟宽 1～1.5m，深 0.5～1.0m，以利新老土（或石）接合。沟底如为石质应将岩石凿毛，或弄成倒坡。如果两岸坡度过陡，还需进行削坡，不使坝修好后由于坝身沉陷而发生裂缝。

清基完毕，结合沟挖好后，就可开始上土。上土时要打碎土块、分层夯实，一般每层铺土厚 0.3m，夯实到 0.2m。所用的土料不能过湿或过干，以手攥成团，落地能散为适宜。同时应当特别注意坝岸接头的地方和接合沟的填土夯实工作。

坝修好后为了加快形成坝地，不少地区还采用了劈沟垫地的做法，就是把两旁沟壁的土劈下来，垫到沟底，使窄沟变成宽沟，深沟变成浅沟，这样既扩大了坝地的面积，又加快了坝地的形成，这就是所说的淤垫平举。为了防止暴雨一来洪水漫过坝顶，冲毁土坝，应在坝的一端坚实土层上挖一条溢洪道，可参考表 3.21。

表 3.21　　溢 洪 道 尺 寸　　单位：m

种类	汇水面积/亩	丘陵沟壑区		平地阶地		土石山区		说明
		深	底宽	深	底宽	深	底宽	
土溢洪道	300	0.7	1.1	0.6	1.5	0.6	1.4	边坡 1∶1.25
	600	0.9	1.3	0.8	1.6	0.8	1.4	
	900	1.0	1.4	1.0	1.3	1.0	1.1	

续表

种类	汇水面积/亩	丘陵沟壑区		平地阶地		土石山区		说明
		深	底宽	深	底宽	深	底宽	
石溢洪道	300	0.7	1.7	0.6	2.0	0.6	1.9	边坡1∶0.25
	600	0.9	2.0	0.8	2.3	0.8	2.1	
	900	1.0	2.3	1.0	2.1	1.0	2.0	

(3) 淤地坝加高：晋西、陕北一带修建淤地坝多采用逐步加高的办法，这样可以省时，淤积快，受益早。初步坝高一般为2～4m，每次加修高度要看来水和淤积的多少决定，一般为0.5～2.0m，如图3.44所示。

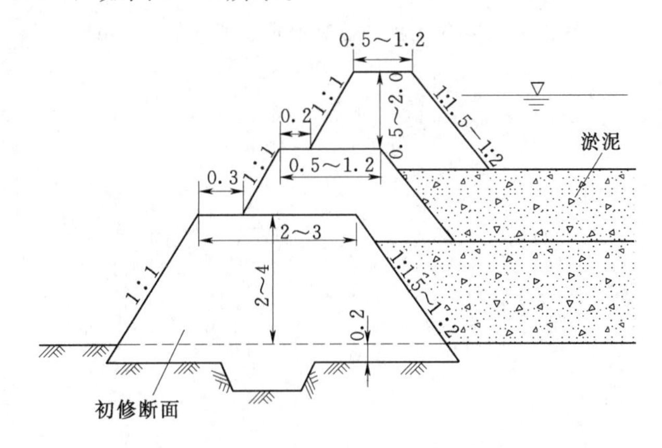

图3.44 断面加高示意图（单位：m）

复习思考与技能训练题

1. 反滤层的作用是什么？其设计的一般要求有哪些？试用简图说明反滤层的构造。
2. 土坝渗流计算的目的和方法是什么？
3. 简述圆弧滑动法的基本原理及其适用条件。
4. 如何确定土石坝的坝顶高程？
5. 影响土坝坝坡陡缓的主要因素有哪些？
6. 确定土坝坝坡的一般步骤是什么？
7. 坝体浸润线对坝体下游坡的稳定有何影响？
8. 简述土石坝剖面设计的一般步骤。
9. 黏性土料干容重、含水量、压实功能关系如何？
10. 如何选择黏性土料的填筑含水量？
11. 试分析黏性土料的含水量对压实的影响。
12. 试分析土石坝坝顶高程的确定与重力坝有何不同。
13. 试分析土石坝与重力坝的稳定问题在性质上有何区别。
14. 试分析土石坝与重力坝在剖面设计方面的侧重点有何不同。

15. 若在土石坝坝顶出现一条平行于坝轴线的深层裂缝，请问有可能产生何种后果？如何处理？

16. 某均质土坝修建在不透水地基上，坝体土料系数 $K=1\times10^{-6}$ cm/s，坝体断面尺寸如图 3.45 所示，试计算坝体渗流量，并按比例画出坝体浸润线。

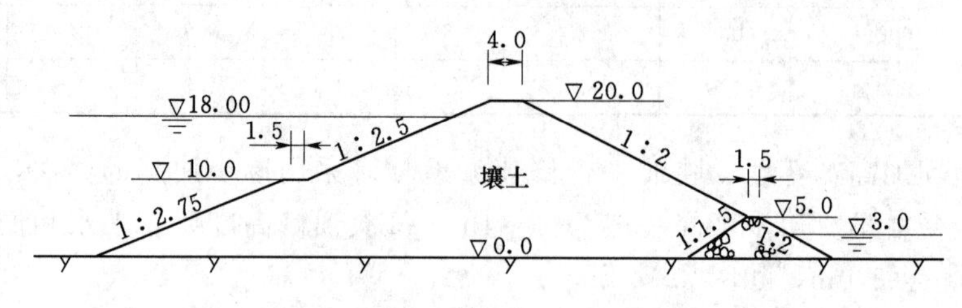

图 3.45　均质土坝坝体断面示意图（单位：m）

项目4　河　岸　溢　洪　道

4.1　基　本　知　识

4.1.1　河岸溢洪道的特点及类型

4.1.1.1　河岸溢洪道的应用特点

在水利枢纽中，为了防止洪水漫过坝顶，危及大坝和枢纽的安全，必须布置泄水建筑物，以宣泄水库按运行要求不能容纳的多余来水量。

常用的泄水建筑物有河床式泄水建筑物（溢流坝、泄水孔）和河岸式泄水建筑物（溢洪道、泄水隧洞等）。对于以土石坝及某些轻型坝型为主坝的枢纽，一般不容许从坝身溢流或大量泄流；或当河谷狭窄而泄流较大，难以经混凝土坝泄放全部洪水时，常在坝体以外的岸边或天然垭口布置溢洪道称为河岸溢洪道。

溢洪道除应有足够的泄洪能力外，还应能保证在运用期间的自身安全和下泄水流与原河道水流得到良好的衔接。

4.1.1.2　河岸溢洪道的型式

河岸溢洪道按其结构型式可分为正槽溢洪道、侧槽溢洪道、井式和虹吸式溢洪道四种。在实际工程中，正槽溢洪道被广泛应用，也较典型。

1. 正槽式溢洪道

正槽式溢洪道的泄槽与溢流堰轴线正交，过堰水流与泄槽轴线方向一致，如图4.1所示。

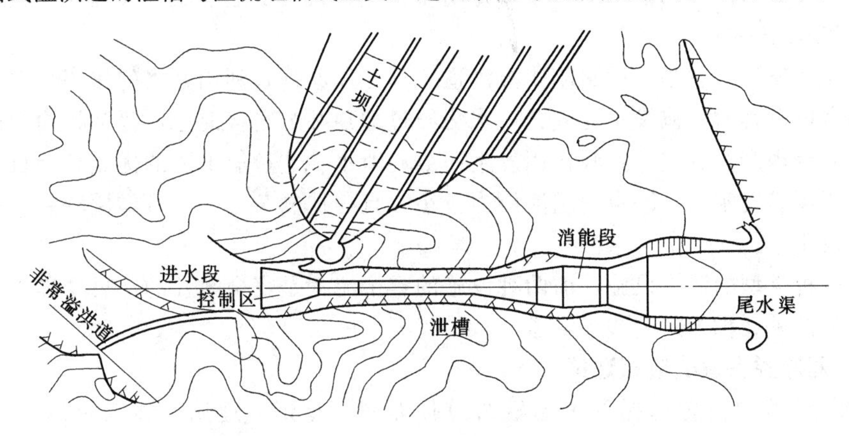

图4.1　正槽溢洪道布置图

正槽溢洪道适用于各种水头和流量，并且其水流条件好，运用管理方便。在实际工程中，大多数以土石坝为主坝的水利枢纽中都采用这种溢洪道来泄放水库多余洪水。

2. 侧槽溢洪道

其溢流堰与泄槽的轴线接近平行，使得过堰水流在较短的距离内转弯约90°，再经泄槽泄入下游。它适宜于坝肩山体较高，岸坡较陡的情况，如图4.2所示。

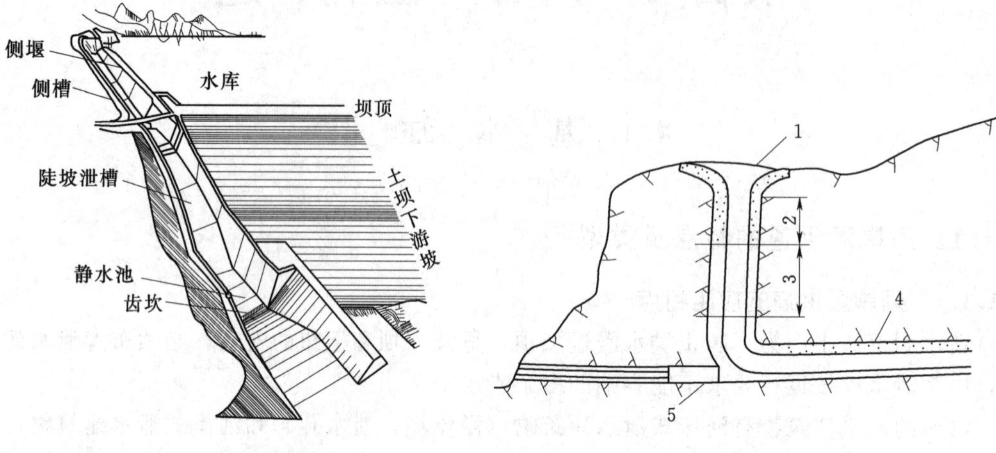

图4.2 侧槽溢洪道典型布置

图4.3 井式溢洪道示意图

1—环形喇叭口；2—渐变段；3—竖井段；
4—隧洞；5—混凝土塞

3. 井式溢洪道

如图4.3所示，这种溢洪道一般由溢流喇叭口段、竖井段和泄洪隧洞段组成。水流进入环行溢流堰后，经竖井和泄水隧洞段流入下游。这种泄水设施的主要建筑物是泄水隧洞。

其缺点是水流条件复杂，且超泄能力小，容易产生空蚀和振动。在工程实践中，布置这种泄洪设施往往与导流隧洞相结合，施工期采用隧洞导流，工程竣工后导流隧洞经改造衬砌后作为井式溢洪道的泄水隧洞段。专门布置竖井式溢洪道泄洪在我国应用较少。

4. 虹吸式溢洪道

如图4.4所示，它是一种封闭式溢洪道，其工作原理是利用虹吸的作用泄水。当库水位达到一定的高程时，淹没了通气孔，水流经过堰顶并与空气混合，逐渐将曲管内的空气带出，使曲管内产生真空，虹吸作用发生而自动泄水。这种溢洪道的优点是能自动调节上游水位，不需设置闸门。缺点是超泄能力较小，且构造复杂、工作可靠性较差，在大中型工程应用较少。

以上四种类型的泄洪设施，前两种设施的整个流程是完全敞开的，故又称为开敞式溢洪道，而后两种又称为封闭式溢洪道。

4.1.1.3 河岸溢洪道的位置选择

河岸溢洪道的位置选择要考虑枢纽总体布置、地形、地质、施工及运行、经济等因素。

(1) 枢纽总体布置。溢洪道布置应结合枢纽布置全面考虑，避免泄洪、发电、航运及灌溉等建筑物在布置上的干扰。其布置时合理选择泄洪消能布置和型式，进水口应短而直，出水渠应与下游河道平顺连接，避免下泄水流的冲刷及淤积。

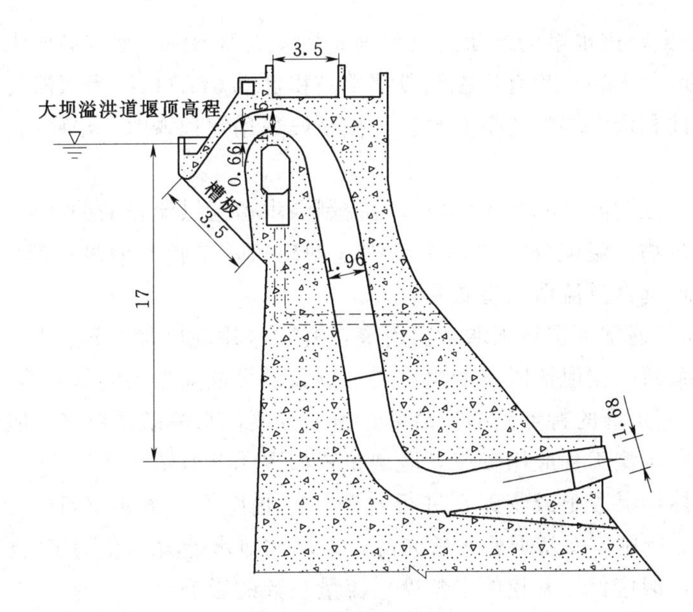

图 4.4 虹吸式溢洪道典型布置（单位：m）

（2）地形、地质条件。溢洪道应布置在地形适宜、地质坚固且稳定的岸边或天然垭口的岩基上，以减少开挖量。并应尽量避免深挖，以免造成高边坡失稳或边坡处理困难等问题。需要特别指出的是，在选择溢洪道的位置时，应充分考虑水文地质条件，以确保溢洪道的安全。

（3）施工和运行。应使开挖出碴线路和堆碴场地便于布置，并考虑尽可能利用开挖出来的土石料作为筑坝材料，以减少弃料堆放；为运行方便及便于管理，溢洪道不宜离水库管理处太远。

4.1.1.4 正槽溢洪道

1. 正槽溢洪道的组成

正槽溢洪道一般由进水渠段、控制段、泄槽段、消能防冲设施和出水渠五个部分组成。

（1）进水渠段。

进水渠段是水库与控制段之间的连接段。其作用是进水及调整水流。当控制段邻近水库时，进水渠可用一喇叭形进水口代替，具体布置应从三个方面考虑：

1）平面布置。进水渠在平面上最好按直线布置，且前缘不得有阻碍进流的山头或建筑物，以便水流均匀平顺入渠。受地形、地质条件及上游河势的影响需设置弯道时，弯道轴线的转弯半径不宜小于4倍渠底宽度。弯道与控制段之间应布置一段长度为堰上水头2～3倍的直线过渡段。

2）横断面布置。进水渠一般按梯形断面，在控制段前缘过渡成矩形断面。进水渠应有足够的断面尺寸。一般可先拟定流速，由流速控制断面尺寸。进水渠流速，应大于库水悬移质的不淤流速和小于渠底不冲流速，一般不应大于4m/s。在山势陡峭、开挖量较大的情况下，也可达5～7m/s。进水渠一般可不衬护，当为了减小水头损失或满足抗冲要求时，也可用混凝土、浆砌石衬护。

3）纵断面布置。进水渠的纵断面应布置成平坡或不大的反坡（倾向水库）。当控制段采用实用堰时，堰前渠底高程宜比控制段堰顶高程低0.5H_s（H_s为堰面设计水头），以保持良好的入流条件和增大堰的流量系数。当控制段采用宽顶堰时，渠底高程可与堰顶齐平或略为降低。

（2）控制段。控制段又称溢流堰段，是控制溢洪道泄洪流量的关键部位，包括溢流堰及两侧的连接建筑物。溢流堰是水库下泄洪水的出口，是控制溢洪道泄流能力的关键部位，因此必须合理选择溢流堰的型式和尺寸。

1）堰型选择。通常可选宽顶堰、实用堰，有时采用驼峰堰。溢流堰堰型选择的要求是尽量增大流量系数，在泄流时不产生空穴水流和诱发危险振动的负压等。

a）宽顶堰。宽顶堰的特点是结构简单，施工方便，水流条件稳定，但流量系数较小。在泄洪量不大的中小型工程应用较广，堰型布置如图4.5所示。

宽顶堰的堰体用混凝土或浆砌石进行衬砌，其堰长L一般取2.5～10倍的堰顶水头H。为使堰基免受冲刷，保持堰面平整光滑，以增加泄水能力。在坚实的岩基，有抗冲能力，可以不衬砌，但应保证开挖的平整度对流量系数的影响。

b）实用堰。实用堰的优点是堰面流量系数比宽顶堰大，泄水能力强，但施工相对复杂。在大中型工程中，特别是在泄洪流量较大的情况下，多采用这种堰型，如图4.5所示。

我国多采用WES标准剖面堰和克-奥剖面堰；堰面的水力学参数具体可参考《水力学》或有关水工设计手册。对于重要工程，其水力学参数应由水工模型试验进行验证或修正。

c）驼峰堰。驼峰堰是一种复合圆弧低堰，如图4.5所示。它的特点是堰体较低，流量系数较大，设计与施工难度介于WES堰与宽顶堰之间，对地基要求相对较低，适用于软弱岩性地基。

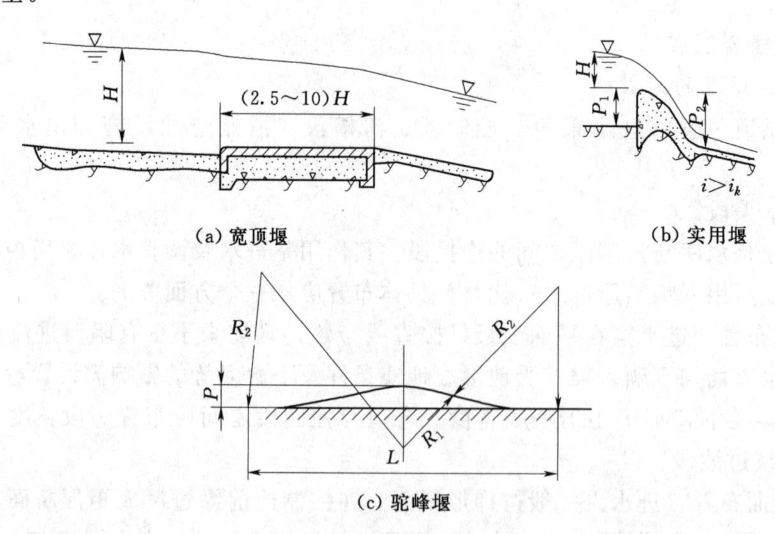

图4.5　溢洪道控制堰堰型

2）堰面参数对流量的影响。

a）定型设计水头H_d的选择。在堰顶水头不变的情况下，H_d越小，流量系数越大，

但是，过小的 H_d 将对堰面产生不利影响。对于低堰（$P_1 \leqslant 1.33H_d$），堰面出现危险负压的机会比高堰少；当上游堰高 $P_1 \leqslant 1.33H_d$ 时，取 $H_d=(0.55\sim0.85)H_{max}$；当 $P_1 \geqslant 1.33H_d$ 时，取 $H_d=(0.75\sim0.95)H_{max}$。

b）实用堰高度选择。堰高对流量系数也有较大的影响，实践证明，低实用堰的流量系数随 P_1/H_d 的减小而减小。在确定 H_d 的前提下，P_1 越小，则 m 越小。当 $P_1/H_d<0.3$ 时，m 值明显降低，为了获得较大流量系数，一般要求 P_1 应大于 $0.3H_d$。对驼峰堰取 $P_1=(0.24\sim0.34)H_d$。

在低堰中，下游堰高不足时，过堰水流将不能保证自由宣泄，从而出现流量系数随着堰顶水头增加而降低的现象。因此，下游堰高 P_2 必须保持一定的高度，一般 $P_2 \geqslant 0.6H_d$。

c）堰长对流量的影响。对于宽顶堰，堰长 L（沿水流方向）对流量影响也很大。当堰长 $L>10H$ 时（H 为堰顶水头），堰面流态已发生了质的变化。此时，不能按宽顶堰公式计算过堰流量。

（3）泄槽。泄槽的水流特点是高速、紊乱、掺气、惯性大，对边界变化非常敏感。当边墙有转折时，就会产生缓冲击波，对下游消能产生不利影响；当水流的弗劳德数 $Fr>2$ 时，将会产生波动和掺气现象；当流速超过 15m/s 时，可能产生空蚀问题。因此，应注重泄槽的合理布置。

1）泄槽的平面布置。泄槽在平面上应尽量按直线、等宽和对称布置。当泄槽较长，为减少开挖工程量，可在泄槽的前端设收缩段、末端设扩散段，但必须严格控制，如图 4.6 所示。为了适应地形地质条件，减少工程量，泄槽轴线也可设置弯道，如图 4.7 所示。

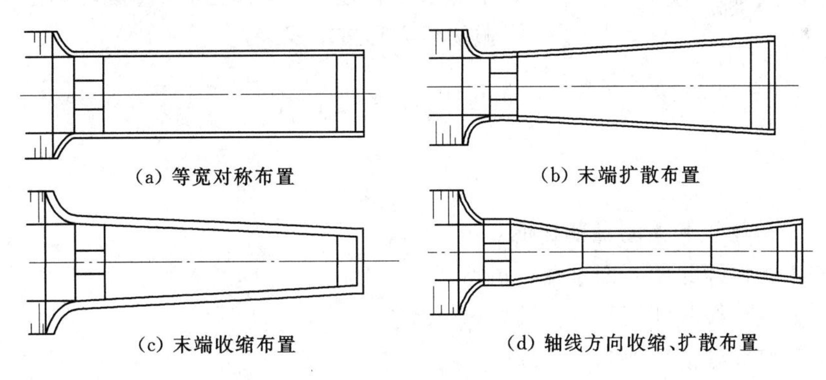

图 4.6 泄槽的平面布置

a）收缩角与扩散角。当泄槽的边墙向内收缩时，将使槽内水流产生陡冲击波。冲击波的波高取决于边墙的偏转角 θ，其值越大，波高则越大。当边墙向外扩散时，水流将产生缓冲击波。若扩散角 θ 过大，水流将产生脱离边墙的现象。因此，应严格控制其边墙的收缩角和扩散角，一般不宜大于 5°。

$$\tan\theta=\frac{1}{KFr}=\frac{\sqrt{gh}}{Kv} \tag{4.1}$$

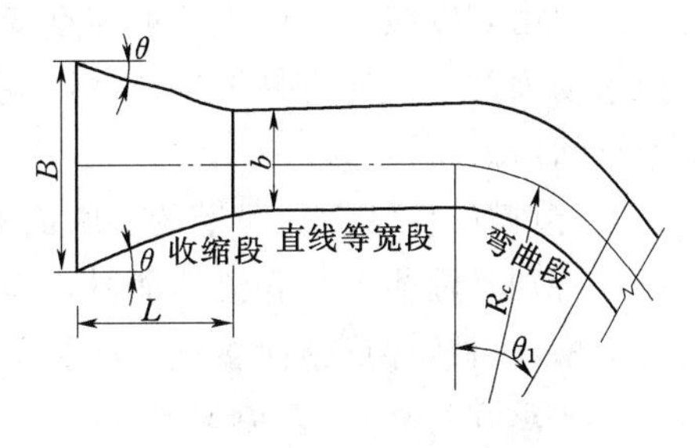

图 4.7 泄槽平面布置示意图

式中 θ——边墙与泄洪槽中心线夹角，(°)；

K——经验系数，一般取 3.0；

Fr——扩散段或收缩段的起、止断面的平均弗劳德数；

h——扩散段的起、止断面的平均水深；

v——扩散段的起、止断面平均流速。

根据工程经验和试验资料表明：当收缩角和扩散角控制在 6°以内时，槽内的水流流态较好；当 $\theta<6°$时，可不进行冲击波验算。对重要工程还应进行水工模型试验。

b）弯道设计。泄槽在平面上必须设弯道时，弯道应设置在流速较小、水流平稳、底坡较缓，且无变化的部位。转弯时，应采用较大的转弯半径及适宜的转角，对于矩形断面可取 $R=(4\sim5)B$，转角 $\theta\geqslant20°$。同时，可在直线与弯道之间设缓和过渡段，如图 4.7 所示。缓和曲线段可采用大圆弧曲线，其轴线半径 R 可取 R_c，长度取 $b\sqrt{Fr^2-1}$。

2）泄槽的纵剖面布置。泄槽纵剖面设计主要是选择适宜的纵坡，因此，对于长度较短的泄槽，宜采用单一的纵坡。为了保证不在泄槽上产生水跃，纵坡不宜太缓，而太陡的纵坡对泄槽的底板和边墙的自身稳定不利。因此，必须大于水流临界坡。

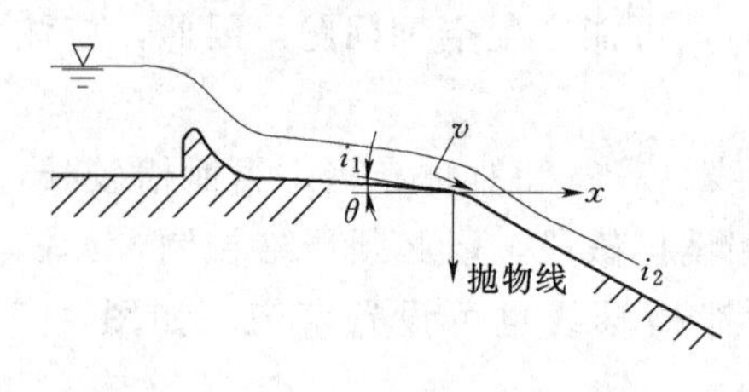

图 4.8 变坡处抛物线连接

当泄槽较长时，为了适应地形地质条件，减少开挖量，泄槽沿程可随地形、地质变化而变坡，但变坡次数不宜多，且以由缓变陡为好。纵坡由缓变陡，应避免缓坡段末端出射的水流脱离陡坡段始端槽底而产生负压和空蚀现象。为此，应在变坡处采用与水流轨迹相似的抛物线过渡，如图 4.8 所示。抛物线方程按下式确定：

$$y=x\tan\theta+\frac{x^2}{K(4H_0^2\cos^2\theta)} \tag{4.2}$$

$$H_0=h+\frac{av^2}{2g} \tag{4.3}$$

式中 H_0——抛物线起始断面的比能，m；

h——抛物线起始断面水深，m；

v——抛物线起断面平均流速，m/s；

θ——变坡处前段坡角，(°)；

K——系数，重要工程取 1.5，其余取 1.1～1.3。

纵坡由陡变缓时，由于槽面体型变化和离心力的作用，流态复杂，压力分布变化大，水流紊动强烈，该处容易发生空蚀，应尽量避免。如无法避免，变坡处用 $R\geqslant(3\sim6)$ 的变坡处水深。

3）泄槽的横断面。泄槽的横断面应尽可能按矩形布置，并进行衬砌。这种断面流态较好，特别是消能采用底流消能时，能保证较好的消能效果。对于岩基较软弱破碎或土基上的泄槽，可按梯形断面布置，并加固边坡护面或用挡土墙护砌。边坡系数不应大于 1.5（以 1.1～1.5 为宜），以免水流外溢。

泄槽的边墙或衬护高度应按水流波动及掺气后的水深加安全超高确定，水流波动及掺

气后的水深可按下式估算：

$$h_b=\left(1+\frac{\zeta v}{100}\right)h \tag{4.4}$$

式中 h_b、h——计入和不计入波动及掺气的计算断面水深，m；

v——不计波动掺气时计算断面上的平均流速，m/s；

ζ——修正系数，一般取 1.0～1.4s/m，当 $v>20$m/s 时宜取大值。

泄槽的安全超高可根据工程的规模和重要性决定，一般取 0.5～1.5m。

设置弯道后，弯道处由于离心力和冲击波共同作用下产生的横向水面高差 ΔZ，如图 4.9 所示，按下式计算：

$$\Delta Z=K\frac{v^2B}{gr_c} \tag{4.5}$$

式中 ΔZ——横向水面高差，m；

K——超高系数，其值可查表 4.1；

v——计算断面平均流速，m/s；

B——计算断面水面宽度在水平方向的投影，m；

r_c——弯曲中心轴线对应的半径，m。

表 4.1 横向水面超高系数 K

泄水槽断面形状	弯道曲线的几何形状	K 值
矩形	简单圆曲线	1.0
梯形	简单圆曲线	1.0
矩形	带有缓和曲线过渡段的复曲线	0.5
梯形	带有缓和曲线过渡段的复曲线	1.0
矩形	既有缓和曲线的过渡段，槽底又横向斜倾	0.5

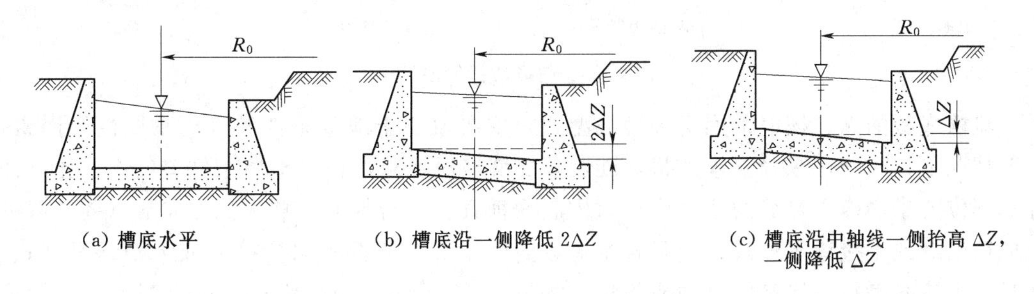

图 4.9 弯道上的泄槽

为消除弯道冲击干扰，使横断面内流速分布均匀，降低弯道边墙高度和调整水流，宜在弯道及缓和过渡段渠底设置横向坡，常将内侧渠底高程降低 ΔZ，外侧抬高 ΔZ，中心底面高程不变，如图 4.9 所示；或在弯段内设置导水墙（板），以分散横向水深差距而减小侧墙高度，使流量均匀分布。弯曲段的槽底超高和上、下游直线段应有妥善的过渡连接，不应做成突变的，一般做成平面转弯扇形抬高面，该法不适用于梯形断面弯道。

4）泄槽的构造。

a）泄槽的衬砌。为了保护槽基不受冲刷和风化，泄槽一般都要进行衬砌。要求衬砌表面平整光滑，避免槽面产生负压和空蚀；接缝处止水可靠，防止高速水流钻入缝内将衬砌掀动；排水畅通，有效降低衬砌底面的扬压力而增加衬砌的稳定性。

泄槽一般采用混凝土衬砌，流速不大的中小型工程也可以采用水泥砂浆或细石混凝土砌石衬砌，但应适当控制砌体表面的平整度。

衬砌厚度可根据工程规模，流速和地质条件决定，衬砌厚度应满足其稳定、不漏水，以及在气温变化下不裂缝，或当水流挟沙时不致被磨损破坏等要求。目前，由于作用在衬砌上的各种荷载的准确计算比较困难，因此目前关于衬砌厚度难以通过计算来确定，工程应用中主要还是采用工程类比法确定：对于重要工程的钢筋混凝土和混凝土底板，土基上可选用30～40cm，面层钢筋1%左右；岩基上可选用15～30cm，面层钢筋1%左右。对于不太重要的土基，可用20～40cm厚的素混凝土，也可用底层30cm厚的块石、面层10～20cm厚的素混凝土。如采用浆砌石底板，一般采用30～60cm厚。

为保证底板的稳定，在岩基上，必要的情况下可布置锚筋，并且锚筋应插入新鲜的岩层，锚筋的直径在25mm以上，间距1.5～3.0m，应插入岩基1.0～1.5m。在土基上，可增加衬砌厚度或增设上下游齿墙。

b）衬砌的分缝、止水和排水。为控制温度裂缝及地基的不均匀沉陷，除了在泄槽底板上配置温度钢筋外，泄槽衬砌还需要在纵、横方向进行分缝。衬砌块的分缝宜错缝布置，一般情况下泄槽底板缝间距为10～15m，衬砌较薄时可取小值。衬砌的接缝一般有平接缝、搭接缝、齿槽缝和键槽缝等四种型式。如图4.10所示，图4.10（a）、（b）接缝表面平整，有利于防止高速水流产生冲击波；图4.10（c）、（d）有利于避免下游块升起，防止高速水流产生冲击波。

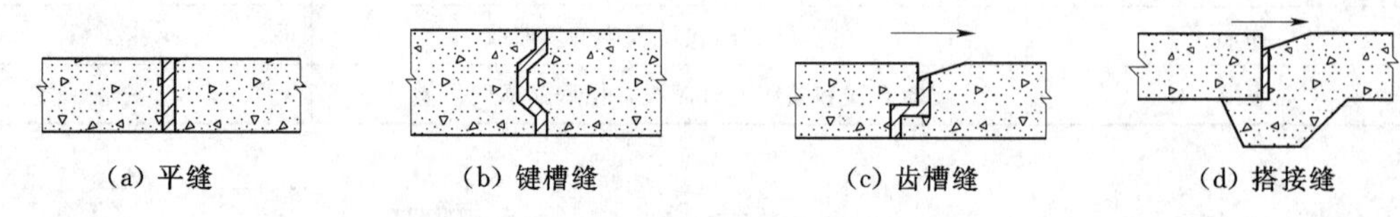

图4.10　衬砌的接缝型式

泄槽底板的纵、横缝采用何种接缝型式，主要取决于地基条件和工程重要性等因素。一般情况下，横缝比纵缝要求严格，陡坡段比缓坡段要求严格，地质条件差的部位比条件好的部位要求严格。接缝的缝面应与衬砌表面垂直。在岩基上，顺水流方向的纵缝一般可做成键槽缝或平接缝等型式；而垂直水流方向的横缝一般都采取搭接缝或齿槽缝等型式。而且，下流衬砌板边缘最好是做成斜坡，如图4.10（c）、（d）所示。在土基上，纵缝可采用键槽缝的型式，横缝最好采用齿槽缝，其作用是可以阻止衬砌板在重力作用下顺坡蠕动，以免衬砌边缘产生挤压破裂，缝宽随分块大小及地基性质而异，多采用1～2cm。

为防止高速水流通过缝口钻入衬砌底面，将衬砌掀动，所有的伸缩缝都应布置止水，其布置要求与水闸底板基本相同。

衬砌的排水设施在纵、横伸缩缝下面布置，如图4.11所示，且纵、横排水设施互相贯通。

岩基上的横向排水，通常在岩基开挖沟槽并回填碎石形成。沟槽尺寸一般取0.3m×0.3m，顶面盖上木板或沥青油毛毡，防止浇筑衬砌时砂浆进入而影响排水效果。纵向排

水，一般在沟内放置透水的混凝土管，直径10～20cm，具体尺寸视渗水多少而定。施工时，纵、横排水沟应注意开挖成一定的坡度，保证横向排水汇集的渗水尽快地汇集到纵向排水管，并顺畅地排往下游。

土基平铺式排水由30cm厚度的碎石层形成。黏性土地基应先铺一层厚0.2～0.5m的砂砾垫层，再铺碎石，或直接在砂砾垫层中布置透水混凝土管以形成排水层。对于细砂地基，则应先铺一层厚0.2～0.4m的粗砂，再做碎石排水层。

泄槽两侧的边墙，墙顶高程可由泄槽的水面曲线高程并考虑水流波动和掺气高度及安全超高进行确定。边墙的结构，如基岩良好，可做成衬砌式，其结构与底板衬砌相同，厚度一般不小于30cm，且用钢筋与岩坡锚固。边墙本身无需设置纵缝，但多在与边墙接近的底板设置纵缝，横缝应与底板贯通，如图4.11为水闸分离式底板布置。较差岩基常将边墙做成重力式挡土墙。此外，边墙同样应做好止水和排水，排水应与底板下面横向排水连通。

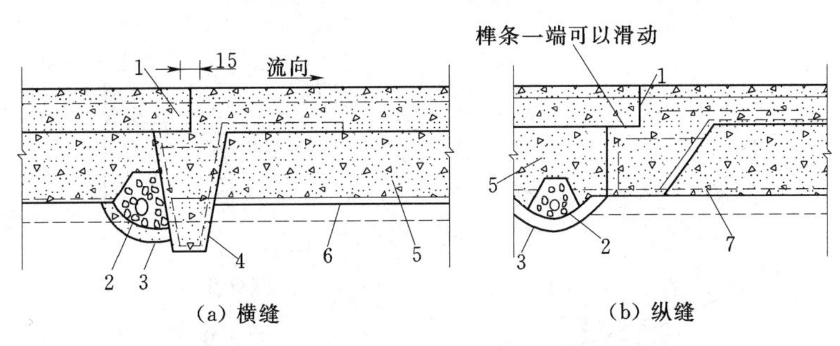

图4.11 水闸分离式底板布置

1—止水；2—排水管；3—灰浆坐垫；4—截水土墙；5—透水垫层；6—纵向排水管；7—横向排水管

注意：止水排水是防止动水压力和扬压力对衬砌稳定影响而采取的有力措施，对保证泄槽的安全运用是很重要的，切勿忽视其作用，以致造成工程事故。

（4）消能防冲设施。在土石坝枢纽中利用河岸溢洪道泄水时，往往泄流单宽流量大、流速高，能量集中，如果消能设施考虑不当，出槽的高速水流与下游河道的正常水流不能妥善衔接，易造成下游河床和岸坡冲刷，甚至会危及溢洪道的安全。

河岸溢洪道消能设施：一般采用底流消能或挑流消能，有时也可采用其他型式的消能措施。底流消能：适用于地质条件较差或溢洪道出口距坝较近的情况；挑流消能：一般适用于较好的岩石地基挑流冲刷坑对建筑物安全无大影响的高中水头枢纽。这两种消能设施的设计原则和计算方法与溢流重力坝相同，仅挑流鼻坎的构造有些不同。挑流鼻坎的基本参数（坎顶高程、挑射角、反弧半径等）以及型式（连续式或差动式等）按水流条件选定后，还可以有不同的结构型式。消能设施的平面形式有等宽式，扩散式和收缩式（包括窄缝式）。采用挑流消能时，应考虑挑射水流的雾化对枢纽其他建筑物运行的影响。挑流坎的结构型式一般有两种：一种是重力式，如图4.12（a）所示；另一种是衬砌式，如图4.12（b）所示。前者适用较软弱岩基或土基，后者适用坚实完整岩基。

挑流坎上还常设置通气孔和排水孔，如图4.13所示。通气孔的作用是从边墙顶部孔口向水舌补充空气，以免形成真空影响挑距或造成结构空蚀。坎上排水孔用来排除反弧段积水；坎底排水孔则用来排放地基渗水，降低扬压力。底流消能适用于土基或软弱岩基，其消能原理和布置与水闸相应内容基本相同。

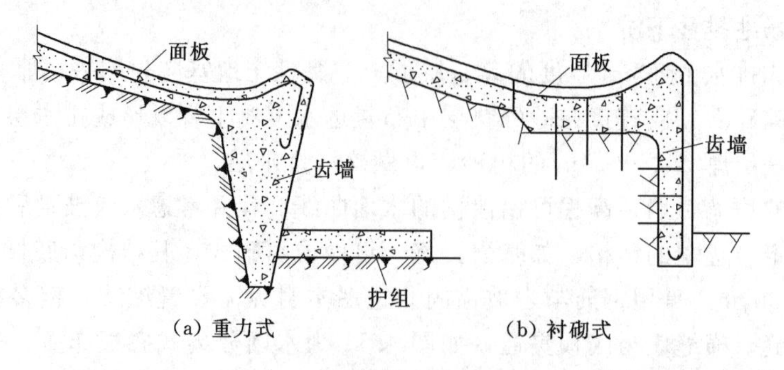

图 4.12　挑流坎的结构型式

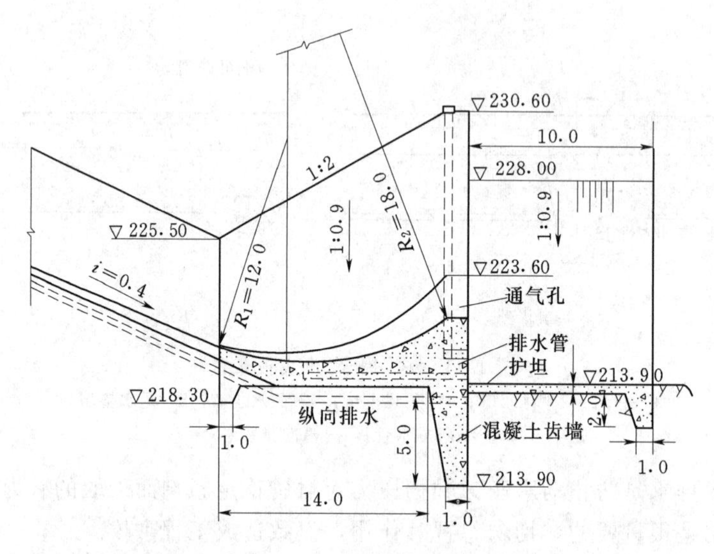

图 4.13　溢洪道挑流坎构造图（单位：m）

(5) 出水渠。出水渠的作用是使溢洪道下泄的洪水顺畅地流入下游河床。当消能防冲设施直接与河床连接时，可不另设出水渠。此时，必须通过水文计算和洪水调查等方法确定下游河床水位，同时还应考虑建库后可能发生的水位变化。

出水渠的布置优先考虑利用天然沟谷，并采用必要的工程措施，如明挖或布置成小型跌水，以较小的投资，保证沟谷受到冲刷或坍塌时不影响泄洪和危及当地民房及其他建筑物的安全，使出流平顺归入原河道。

4.2　设计实例

4.2.1　基本资料

本设计对象为西南某山区水库，水库控制径流面积 31.7km²，总库容 1237.9 万 m³，

兴利库容 878.9 万 m^3。主要开发目标为灌溉、供水及防洪，对该地区的生产环境和经济发展有很大的促进作用。

4.2.1.1 水文条件基本资料

水库主要水文数据表见表 4.2。

表 4.2 水库水位、库容特征值

项目	库水位/m	相应库容/万 m^3	最大下泄流量/(m^3/s)
校核洪水（$P=0.1\%$）	2162.49	1237.90	108.30
设计洪水（$P=2\%$）	2160.90		71.50
拦洪度汛水位（$P=5\%$）	2131.25	186.00	37.20
防洪限制水位	2158.98		
正常水位	2158.98	1037.63	
死水位	2129.68	158.73	
枯期洪水（$P=10\%$）	2122.00	72.99	5.26

4.2.1.2 气候、气象条件

1. 气候条件

工程所在地属亚热带和温带，为半湿润、半干旱气候过渡带，主要气候特征：干湿分明。5—10 月降水量占年降水量的 80%，多年平均降水量 903.8mm，多年平均蒸发量 2123.2mm，多年平均气温 16.3℃，实测最高 35.6℃，最低－6.0℃。

2. 风速与吹程

多年平均最大风速 20m/s（库面 10m 高），风向垂直坝轴线，吹程 1.5km。

4.2.1.3 地震烈度

工程设计烈度为 7 度。

4.2.1.4 坝址地形、地质与河床覆盖条件

1. 地形地貌

坝址为基本对称的 U 形谷，左岸地形坡度约为 35°的陡坡，地表残坡积层覆盖；河床宽约 146m，为冲洪积覆盖，右岸地形坡度约为 38°的陡岸，地表为残坡积覆盖，其下伏峨眉山组玄武岩。

2. 地质岩性

（1）大坝工程地质条件。左岸主要分布二叠统峨眉山玄武岩，其岩性上部为强风化玄武岩，厚度为 20.4～35m，下部为弱风化玄武岩。

右岸岩性与左岸相同，残坡积层厚 3m，强风化层厚 43m，下部为弱风化，该岸 19～36m 为断层。

河床由上而下分布有：①粉质黏土、粉土，含少量砾石，厚度 0.9～1.3m，分布在河床表层，为高液限粉土砾；②由玄武岩和少量石英砂岩砾石组成的砂砾石层，厚度 11.7～15.0m；③含砾石粉质黏土、粉质土砾，厚度 1.4～2.8m，不存在砂土液化问题；④强风化玄武岩。

（2）溢洪道工程地质条件。溢洪道位于枢纽区右岸，地表主要为残坡积层及全风化玄武岩覆盖。地基持力层为强风化玄武岩，裂隙发育，下部为弱风化玄武岩，溢洪道边坡为岩土混合边坡。

建议开挖坡比为1∶0.75～1∶1。

4.2.2　设计任务

试根据基本资料进行溢洪道的选型及设计。

4.2.3　任务解析

4.2.3.1　溢洪道路线选择和平面位置的确定

根据本工程地形地质条件，利用枢纽右岸的天然垭口，采用正槽式溢洪道，进水渠末端设置圆形渐变段，泄槽不设收缩、弯曲段和扩散段。

4.2.3.2　溢洪道基本数据

由于没有做调洪演算，初步拟定溢洪道水力计算成果见表4.3。

表4.3　　溢洪道水力计算成果

计算情况	上游水位/m	下泄最大流量/(m^3/s)	相应的下游水位/m
校核	2162.49	108.30	2109.70

4.2.3.3　工程布置

1. 引渠段

由于地形、地质条件限制，溢流堰往往不能紧靠库区，需在溢流堰前开挖进水渠，将库水平顺地引向溢流堰。流速应大于悬移质不淤流速，小于渠道的不冲流速，设计流速宜采用3～5m/s，本设计采用设计流速v为3m/s。进水渠的横断面在岩基上接近矩形，边坡根据岩层条件确定，新鲜岩石一般为1∶0.1～1∶0.3，风化岩石为1∶0.5～1∶1.0，本设计采用边坡坡率m为1∶0.5。从地形图可知进水渠水深3.98m。

根据计算公式

$$Q=vA$$

$$A=(B+mH)H$$

可以初步拟定进水渠断面尺寸，具体计算结果见表4.4。

表4.4　　进水渠断面尺寸计算结果

计算情况	上游水位/m	下泄最大流量Q/(m^3/s)	水深H/m	边坡坡率m	底宽B/m
校核情况	2162.49	108.30	3.98	0.50	7.08

由计算可以拟定进水渠底宽B为12m（安全设计）。在进水渠与控制段之间设渐变段，采用圆弧连接，圆弧半径R=15m；进水渠前段采用梯形断面，边坡采用1∶0.5，进水渠总长L=55.62m。

2. 控制段

宽顶堰泄流能力按以下公式计算：

$$Q=\varepsilon\sigma_s mB\sqrt{2g}H_0^{\frac{3}{2}}$$

式中 Q——流量，m^3/s；

σ_s——淹没系数，取为1；

B——溢流堰总净宽，m；

H_0——计入行进流速水头的堰上总水头，m；

m——流量系数；

ε——闸墩侧收缩系数。

堰顶高程和堰宽的设计计算如下：

校核情况下 $Q=108.3m^3/s$

假定堰宽6m，$m=0.36$，侧收缩系数ε取0.92。经试算，堰顶高程取2156.8m。堰上最大水头H_{max}为5.69m，定型设计水头$H_d=(0.75\sim0.95)H_{max}=4.28\sim5.41m$，取$H_d=4.5m$。

$$V=Q/A=108.3/(6\times5.69)=3.17(m/s)$$

$$P=0.5m$$

堰底高程 $2156.8-0.5=2156.3(m)$

堰下收缩断面的水深计算公式为

$$h_1=\frac{q}{\varphi\sqrt{2g(H_0-h_1\cos\theta)}}$$

式中 q——起始计算断面单宽流量，$m^3/(s\cdot m)$；

H_0——起始计算断面渠底以上总水头，m；

θ——泄槽底坡坡角；

φ——起始计算断面流速系数，取0.95。

经试算，$h_1=1.98m$。

3. 泄槽

正槽式溢洪道在溢流堰后多用泄水陡槽与出口消能段相连接，以便将过堰洪水安全得泄向下游河道。泄槽一般位于挖方地段，设计时要根据地形、地质、水流条件及经济等因素合理确定其形式和尺寸。

（1）泄槽的平面布置及纵、横剖面。泄槽在平面上宜尽可能采用直线、等宽布置，不设置收缩段、扩散段和弯曲段，这样使水流平顺、结构简单、施工方便。泄槽纵剖面设计主要决定纵坡。泄槽纵坡必须保证泄流时，溢流堰下为自由流和槽中不发生水跃，使水流始终处于急流状态。因此泄槽纵坡必须大于临界坡度，由地形地质平面图上可知，为适应地形，本工程的泄槽至少要设置两段，泄槽第一段的高差为44.08m，水平距离为102.2m，长111.3m，坡降i为0.43；泄槽第二段的高差为4.2m，水平距离为38.8m，长39.0m，坡降i为0.107。因泄槽纵坡i须大于临界坡度i_k，须对泄槽的初定纵坡进行验算。

对于矩形断面泄槽临界坡度计算公式，由$Q=AC\sqrt{Ri}$推得i_k的计算公式为

$$i_k=\frac{q^2}{h_k^2C_k^2R_k}$$

临界水深 h_k 和谢才系数 C_k 按下式计算：

$$h_k=\sqrt[3]{\frac{\alpha q^2}{g}}$$

$$C_k=\frac{1}{n}R_k^{\frac{1}{6}}$$

式中 q——泄槽的单宽流量，$m^3/(s\cdot m)$；

α——动能修正系数，可近似取1；

g——重力加速度，m/s^2；

R_k——相应临界水深的水力半径，m；

n——糙率，喷混凝土护面，所以取0.021。

将已知数据代入公式计算得 $i_k=0.005$。

因此应地势而建的纵坡 $i_1=0.43$，$i_2=0.107$ 的泄槽符合要求。

(2) 泄槽的水力计算。泄槽水面线应根据能量方程，用分段求和法计算，计算公式如下：

$$\Delta l_{1-2}=\frac{\left(h_2\cos\theta+\dfrac{\alpha_2 v_2^2}{2g}\right)-\left(h_1\cos\theta+\dfrac{\alpha_1 v_1^2}{2g}\right)}{i-\overline{J}}$$

$$\overline{J}=\frac{n^2\ \overline{v}^2}{\overline{R}^{\frac{4}{3}}}$$

$$\overline{v}=(v_1+v_2)/2$$

$$\overline{R}=(R_1+R_2)/2$$

式中 Δl_{1-2}——分段长度，m；

h_1、h_2——分段始末断面水深，m；

v_1、v_2——分段始末断面平均流速，m/s；

α_1、α_2——流速分布不均匀系数，取1.05；

θ——泄槽底坡角度；

i——泄槽底坡，$i=\tan\theta$；

$\overline{J}$——分段内平均摩阻坡降；

n——泄槽槽身糙率系数，0.02；

$\overline{v}$——分段平均流速，m/s；

$\overline{R}$——分段平均水力半径，m。

堰下收缩断面处起始计算水深 $h_1=\dfrac{q}{\varphi\sqrt{2g(H_0-h_1\cos\theta)}}$

起始断面流速公式 $v=\dfrac{q}{h}$

水力半径 $R=\dfrac{L_0 h}{L_0+2h}$

式中 φ——起始计算断面流速系数，取0.95；

q——起始计算断面单宽流量，$m^3/(s\cdot m)$；

θ——泄槽底坡坡角；

H_0——起始计算断面渠底以上总水头，m。

$H_w=5.01\text{m}$，$p_2=0.5\text{m}$，$\cos\theta=0.918$，$H_0=H_{max}+P_2=5.51$，$q=18.05\text{m}^3/(\text{s}\cdot\text{m})$

取几组 h_1 值代入公式右边得到的结果与 h_1 比较，若不相等，则继续取 h_1 值代入公式进行计算，直到等式两边的值相等。经试算得 $h_1=1.98\text{m}$。

泄槽水面线见表 4.5 和表 4.6。

表 4.5　　泄槽一段水面线计算参数表

h /m	v /(m/s)	$\overline{v}$ /(m/s)	R /m	$\overline{R}$ /m	$\frac{\alpha v^2}{2g}$/m	$\overline{J}$	Δl/m	$\Sigma\Delta l$/m
1.980	9.116		1.912		4.452			
		9.572		1.828		0.018	1.862	1.862
1.800	10.028		1.744		5.387			
		10.655		1.649		0.026	3.074	4.936
1.600	11.281		1.555		6.818			
		12.087		1.460		0.039	4.849	9.784
1.400	12.893		1.366		8.905			
		13.967		1.270		0.063	8.219	18.003
1.200	15.042		1.175		12.121			
		16.546		1.079		0.109	15.977	33.980
1.000	18.050		0.982		17.454			
		20.306		0.885		0.214	44.271	78.251
0.800	22.563		0.789		27.271			
		23.235				0.339	35.848	112.237
0.755	23.907		0.745	0.767	30.619			

表 4.6　　泄槽二段水面线计算参数表

h /m	v /(m/s)	$\overline{v}$ /(m/s)	R /m	$\overline{R}$ /m	$\frac{\alpha v^2}{2g}$/m	$\overline{J}$	Δl/m	$\Sigma\Delta l$/m
2.000	9.025		1.900		4.363			
		9.526		1.809		0.018	9.216	9.216
1.800	10.028		1.719		5.387			
		10.897		1.597		0.028	22.192	31.408
1.534	11.767		1.475		7.417			

两段泄槽用反弧段连接。反弧半径公式如下：

$$R=2Fr^{\frac{3}{2}}h/3$$

$$Fr=v/(gh)^{\frac{1}{2}}$$

式中　Fr——弗劳德数；

v——泄槽一段的段末流速，m/s；

h——泄槽一段的段末水深，m。

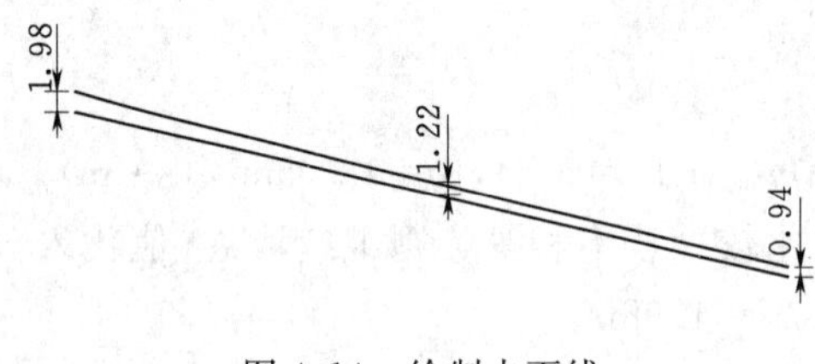

图4.14 绘制水面线

反弧最低点处的水深 h 分别为0.755m、1.534m，因此相应的 R 分别为13.12m、5.41m。根据表中数据，绘制水面线如图4.14所示。

(3) 掺气减蚀。SL 253—2000《溢洪道设计规范》规定，掺气水深可按下式计算：

$$h_a=\left(1+\frac{\xi v}{100}\right)h$$

式中 h——不计波动和掺气的水深，m；

v——不计波动和掺气的计算断面平均流速，m/s；

ξ——修正系数，一般为1.0～1.4，本设计取1.0。

边墙的超高一般为0.5～1.5m，取1m。各段掺气后的水深及边墙高见表4.7和表4.8。

表4.7 泄槽一段边墙高度

h/m	$v_{平均}$/(m/s)	$h_{平均}$/m	掺气水深 h_a/m	边墙高度/m
1.980				
1.800	9.572	1.890	2.071	3.1
1.600	10.655	1.700	1.881	2.9
1.400	12.087	1.500	1.681	2.7
1.200	13.967	1.300	1.482	2.5
1.000	16.546	1.100	1.282	2.3
0.800	20.306	0.900	1.083	2.1
0.755	23.235	0.778	0.958	2.0

表4.8 泄槽二段边墙高度

h/m	$v_{平均}$/(m/s)	$h_{平均}$/m	掺气水深 h_a/m	边墙高度/m
2.000				
1.800	9.526	1.900	2.081	3.1
1.534	10.897	1.667	1.849	2.8

由于泄槽段各分段边墙相差大，为节省材料，泄槽采用梯形的形式。

(4) 泄槽衬砌。为保护槽底不受冲刷和岩石不受风化，防止高速水流钻入岩石缝隙，将岩石掀起，泄槽都需要进行衬砌。对泄槽衬砌的要求是衬砌材料能抵抗水流冲刷；在各种荷载作用下能够保持稳定；表面光滑平整，不致引起不利的负压和空蚀；做好底板下排水，以减小作用在底板上的扬压力；做好接缝止水，隔绝高速水流侵入底板底面，避免因

脉动压力引起的破坏等。

本设计泄槽处于岩基上，下泄水流速度大，故采用混凝土衬砌，衬砌厚度为0.5m。为防止产生温度裂缝，设置纵横缝。纵、横向分缝距离分别取10m、20m，缝下设纵、横向排水沟，并设有铜片止水装置，在排水沟顶面铺沥青麻片，以防止施工时水泥浆或运用时泥沙堵塞排水沟，各横向排水沟的水流应通过泄槽两侧的纵向排水沟排往下游。

4. 出口消能段

(1) 消能工的设计原则及形式。消能工消能是通过局部水力现象，把水流中的一部分动能转化成热能，随水流散。实现这种能量转换的途径有水流内部的紊动、掺混、剪切和漩滚，水股的扩散及水股之间的碰撞；水流和固体边界的剧烈摩擦和撞击；水流与周围气体的摩擦与掺混。常用的消能工形式有底流消能、挑流消能和消力戽效能等。本出口消能段采用底流消能。

(2) 底流消能。底流消能是通过水跃，将泄水建筑物泄出的急流转变为缓流，以消除多余动能的消能方式。消能主要靠水跃产生的表面漩滚与底部主流间的强烈紊动、剪切和掺混作用。底流消能具有流态稳定、消能效果好、对地质条件和尾水变幅适应性强以及水流雾化小等优点，可适应高、中、低水头。但护坦较长，土石方开挖量和混凝土方量较大，工程造价较高，一般适用于地质条件较差的坝基。

SL 253—2000《溢洪道设计规范》规定，溢洪道消能防冲建筑物的设计洪水标准，3级建筑物按30年一遇洪水设计。根据资料，由于下泄流量都较小，故按最大下泄流量设计，即按千年一遇的洪水设计。

水力学研究表明，水跃前收缩断面的水深 h_1 与跃后水深 h_2 的共轭关系满足

$$h_2=\frac{h_1}{2}\left(\sqrt{1+8\frac{v_1^2}{gh_1}}-1\right)$$

式中　v_1——跃前流速，m/s。

将 $h_1=1.534$m，$v_1=11.767$m/s 代入得

$$h_2=5.86\text{m}$$

$Fr_1=v_1/(gh_1)^{\frac{1}{2}}=3.03$，水跃跃长为

$$L_j=10.8h_1(Fr_1-1)^{0.93}=32\text{m}$$

消能池长度为

$$L_k=(0.7\sim0.8)L_j=(22.4\sim25.6)\text{m}$$

取消能池长度为25m。

当河床不易开挖或开挖太深造价不经济时，可在护坦末端修建消能坎，壅高坎前水位形成消能池，以保证在建筑物下游产生淹没程度不大的水跃。

坎高　$$c=\sigma_j h_2-h_t=1.05\times5.86-3=3.15(\text{m})$$

4.2.3.4 衬砌及构造设计

衬砌及构造设计包括衬砌、排水、止水和分缝。

本设计泄槽处于岩基上，下泄水流速度大，故采用混凝土衬砌，衬砌厚度为0.5m。为防止产生温度裂缝，设置横缝。横向分缝距离取10m，缝下设纵横向排水沟，并设有铜片止水装置，在排水沟顶面铺沥青麻片，以防止施工时水泥浆或运用时泥沙堵塞排水沟。

4.2.3.5　地基处理及防渗

溢流堰堰顶处来自水重和底板的重量较大，泄槽段高速水流的冲击作用也较大，再加上溢流堰所处的地质条件在岩石破碎带，故需进行地基处理，根据实际情况调整，初步拟定采用局部水泥灌浆，泄槽至挑流鼻坎底部均采用钢筋进行锚固。

4.3　拓展知识——侧槽溢洪道及非常泄洪设施

4.3.1　侧槽溢洪道

如果没有合适的马鞍形垭口地形，要采用正槽溢洪道则需进行山体大开挖，工程量大或开挖难度大，可采用侧槽溢洪道，则需部分开挖山坡，大大减少开挖工程量。

1. 侧槽溢洪道的特点

侧槽溢洪道一般由溢流堰、侧槽、泄水道和出口消能段等部分组成。溢流堰一般沿河岸等高线布置，水流经溢流堰进入与堰大致平行的泄槽后，在槽内转向约90°，经泄槽或泄水隧洞流入下游，如图4.2所示。

当坝址处山头较好高，岸坡陡峭时，可优先选用侧槽溢洪道。与正槽溢洪道相比，侧槽溢洪道具有以下优点：①可减少开挖方量；②能在开挖方量增加不多的情况下，适当加大溢流堰的长度，从而提高堰顶高程，增加兴利库容；③使堰顶水头减少，以减少淹没损失，非溢流坝的高度也可适当降低。

侧槽溢洪道水流条件较复杂，过堰水流入槽后，形成横向旋滚，同时侧槽内沿程流量不断增加，旋滚强度不断变化，水流脉动和撞击比较强烈，水面极不平稳。而侧槽又距坝体较近，其运行情况直接关系到大坝的安全。因此，侧槽应多建在完整坚实的岩基上，且要有质量较好的衬砌。除泄量较小者外，不宜在土基上修建侧槽溢洪道。

侧槽溢洪道的溢流堰多采用实用堰，堰顶可设闸门，也可不设。泄水道可以是泄水槽，也可是无压隧洞，具体的选用视地形、地质条件而定。

2. 侧槽的设计

根据侧槽侧向进水和沿程流量不断增加等水流特点，侧槽设计应满足以下条件：①泄流量沿侧槽均匀增加；②侧槽底应有一定的坡度；③为使槽中水流稳定，侧槽中的水流应处于缓流状态；④侧槽中的水面高程要保证溢流堰为自由出流，因淹没出流不但影响泄流能力，且由试验得知，当淹没到一定程度后，侧槽出口流量分布不均，容易在泄水道内造成折冲水流。

根据工程实践，侧槽溢洪道多将侧槽做成窄深式的梯形断面。靠岸一侧的边坡在满足水流和边坡稳定的条件下，较陡为好，一般采用1∶0.3～1∶0.5；对于靠堰一侧的边坡，一般采用1∶0.5。根据模型试验，过水后侧槽水面较高，一般不会出现负压。

为适应流量沿程不断增加的特点，侧槽断面自上游向下应逐渐变宽。起始断面底宽 b_0 与末端断面底宽 b_l 的比值对侧槽的工程量影响较大。一般 b_0/b_1 比值越小，侧槽的开挖量越省，但槽要挖得较深，调整段的工程量也相应要增加。因此，经济的 b_0/b_1 值应根据地形、地质条件比较确定，一般采用0.5～1.0，其中 b_0 的最小值应当满足开挖设备和施

工队要求，b_1 一般选用与泄槽底宽相同的数值。

由于侧槽中水流呈缓流状态，因而侧槽的纵坡比较平缓，一般小于 10%，实用中可选用 1%～5%，具体数值可根据地形和泄量大小选定。

为减少侧槽的开挖量，应使侧槽末端水深 h_1 尽量接近经济的槽末端水深。当侧槽与泄水槽直接相连时，h_1 一般可选用该断面的临界水深 h_k；若侧槽与泄水槽间有调整段，建议采用 $h_1=(1.2\sim1.5)h_k$。当 b_0/b_1 值小时，采用大值；反之，采用小值。

侧槽底部高程需按满足溢流堰为非淹没出流和减少开挖量的要求来确定。由于侧槽内水面线为一降落曲线，因此确定侧槽底部高程的关键在于定出起始断面的水面高程。根据国内外一些试验资料分析结果：当起始断面附近虽有一定程度的淹没，但尚不致对整个溢流堰的泄量有较大影响时，仍认为是非淹没的。因此，为节省开挖工程量，侧槽起始断面的槽底高程可适当提高。而允许该处堰顶有一定淹没度。一般侧槽起始断面堰顶的临界淹没度 σ_k（$\sigma_k=h_s/H$，其中 H 为堰顶水头，h_s 为临界淹没时，从堰顶算起的下游水深）可取小于 0.5。

为调整侧槽内的水流，改善泄水槽内的水流流态，水流控制断面一般选在侧槽末端，有调整段时则应选在调整段末端。调整段的作用是使尚未分布均匀的水流，在此段得到调整后能够较平顺的流入泄水槽。调整段一般采用平底梯形断面，其长度按地形条件决定，可采用（2～3）h_k（h_k 为侧槽末端的临界水深）。由缩窄槽宽的收缩段或用调整段末端底坎适当壅高水位，底坎高度 d 一般取（0.1～0.2）h_k，使水流在控制断面形成临界流，而后流入泄水槽或斜井或隧洞。

根据以上要求，在初步拟定侧槽断面和布置后，即可进行侧槽的水力计算。水力计算的目的在于根据溢流堰、侧槽（包括调整段）和泄水道三者之间的水面衔接关系，计算出侧槽的水面曲线和相应的槽底高程。利用动量方程原理，侧槽沿程水面线可按下列公式逐段推出，计算简图如图 4.15 所示。

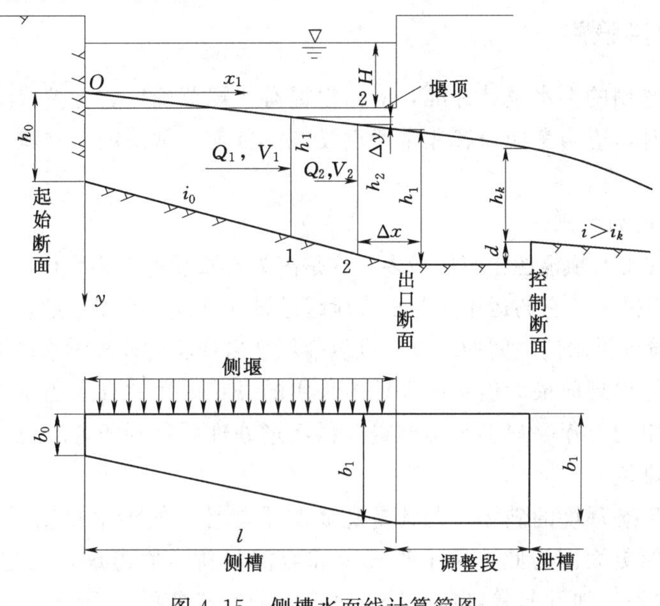

图 4.15 侧槽水面线计算简图

$$\Delta y=\frac{u_1+u_2}{2g}\left[(u_1-u_2)+\frac{Q_1-Q_2}{Q_1+Q_2}(u_1+u_2)\right]+\overline{J}\Delta x \tag{4.6}$$

$$Q_2=Q_1+q\Delta x$$

$$\overline{J}=\frac{n^2\ \overline{v}^2}{\overline{R}^{\frac{4}{3}}}$$

$$\overline{v}=(v_1+v_2)/2$$

$$\overline{R}=(R_1+R_2)/2$$

式中　Δx——计算段长度，即断面1和断面2之间的距离，m；

Δy——Δx段内的水面差，m；

Q_1、Q_2——通过断面1和断面2的流量，m^3/s；

q——侧槽溢流堰单宽流量，m^3/s；

v_1、v_2——断面1和断面2的水流平均流速，m/s；

$\overline{J}$——分段区内的平均水力坡降；

n——泄槽槽身的糙率系数；

$\overline{v}$——分段平均流速，m/s；

$\overline{R}$——分段平均水力半径，m。

在水力计算中，给定和选定的数据有：设计流量Q、堰顶高程、临界淹没水深h_s、侧槽边坡坡率m、底宽变率b_0/b_1值、槽底坡率i_0和槽末水深h_1。计算步骤：①由给定的Q和堰上水头H，算出侧堰长度l；②列出侧槽断面与调整段末端断面（控制断面）之间的能量方程，计算控制断面处底板的抬高值d；③根据给定的确m、b_0/b_1值、i_0和h_1，以侧槽末端作为起始断面，按式（4.5），用列表法逐段向上游推算水面高差Δy和相应水深；④根据h_s写出侧槽起始水面高程，然后按步骤③计算结果，逐段向下游推算水面高程和槽底高程。

4.3.2　非常泄洪设施

泄水建筑物选用的洪水设计标准，应当根据有关规范确定。当校核洪水与设计洪水的泄流量相差较大时，应当考虑设置非常泄洪设施。目前，常用的非常泄洪设施有非常溢洪道和破副坝泄洪。

1. 非常溢洪道的特点

非常溢洪道在土石坝枢纽中应用最多，这是因为土石坝一般不允许洪水漫过坝顶的特点决定的。作为保坝措施，它的运用任务是宣泄超过设计标准的洪量。超设计标准的洪量既包括校核洪水位与设计洪水位之间的洪量，也包括坝址出现超过校核洪水位的特大洪量。

实践证明可能出现的最大洪水比设计中采用的万年一遇的洪水还要大，其原因如下：

（1）设计采用的万年一遇洪水是调查资料经过处理后得到的，历史上是否出现过比这更大的洪水，很难说。

（2）人类对生态环境的破坏，尤其是乱砍滥伐森林，使洪水径流、汇流的时间更短，洪水更集中，峰值更大。为此，从工程安全和经济利益全面考虑，大中型水库除有正常（主要）溢洪道之外，加设非常（辅助）溢洪道是非常必要的。

非常泄洪道的启用标准是当水库水位达到设计洪水位后即应启用。由于超设计标准的洪水是稀遇的，泄流时间也比较短，故一般情况下非常溢洪道启用机会很少，为此非常溢洪道的结构布置也可以简化些，以节省投资，一般情况泄槽可以不用衬砌，下游不设消能设施，并且允许溢洪道及其附属建筑物出现局部破坏，只要求能保证大坝安全，水库不出现重大事故。

目前常用的非常溢洪设施包括：①加高主副坝，提高水库蓄水能力；②加大原溢洪道的泄量；③增设非常（泄洪）溢洪道；④破副坝，保主坝。

2. 非常溢洪道的类型

非常溢洪道的位置应与大坝保持一定的距离，以便于泄洪时不影响其他建筑物的安全。为了防止泄洪造成下游的严重破坏，当非常泄洪道启用时，水库最大总下泄流量不应超过坝址相同频率的天然洪水量。非常溢洪道一般分为漫顶自溃式、引冲自溃式和爆破引溃式。

（1）漫顶自溃式。库水位超过坝顶时即开始漫坝冲溃，直到全部溃决。其溃决速度快，泄洪流量急剧增加，一般使下游防护困难。工程中可将溃坝用隔墙分隔成几段，各段坝顶高程逐渐放低，间隔一定的时间逐段溃决，以减小泄洪流量的骤增。

（2）引冲自溃式。一般在溃坝顶预先留一引冲作用的水槽，洪水先由引水槽中下泄以协助副坝的冲溃，直至全部溃决。也可采用分段的方法减小泄洪流量的增大速度。引冲水槽一般不衬砌，如想延长引溃时间也可作砖、石、混凝土等衬砌，且有利于下游防护。其适应的坝高范围较大，故采用较广泛。

（3）爆破引溃式。用爆破的方法将副坝顶一定尺寸范围内的坝体炸开，并使坝顶出现缺口，以起到引水槽引冲、溃坝的作用。爆破设计的任务主要是选择存放炸药的导洞和药室的合理位置及合理的炸药量。导洞和药室位置应不影响自溃坝的正常挡水运用，启用时进行爆破能形成要求的爆破口断面尺寸。爆破引溃式的优点在于保坝准备工作在平时进行，可安全从容地准备，当突然发生特大洪水时可迅速破坝泄洪，溃坝保证率高。但比其他形式的溃坝造价高，大、中型土坝枢纽宜采用此种形式。

非常溢洪道的堰顶高程，应不低于正常溢洪道的堰顶高程或汛前限制水位，以利于洪水过后的修复工作，以使水库能较快的恢复正常运用。

（4）破副坝泄洪。当水库没有开挖非常溢洪道的适宜条件，而又适于破开的副坝时，可考虑破副坝的应急措施，其启用条件与非常溢洪道相同。

副坝位置应综合考虑地形、地质、副坝高度、对下游影响、损失情况和汛后副坝恢复工作量等因素综合选用。最好选在山坳里，与主坝间有山头隔开，使副坝溃决时不危及主坝。

破副坝时，应控制决口下泄流量，使下泄量的总和不超过入库流量。若副坝较长，除用裹头控制决口宽度外，也可预做中墩，将副坝分成数段，遇到不同频率的洪水可分段泄洪。

应当指出，由于非常泄洪设施的运用概率很小，至今经过实际运用考验的还不多，尚缺乏实践经验。因此，在设计中对如何确定合理的非常洪水标准、非常泄洪设施的启用条件、各种设施的可靠性及建立健全指挥系统等，尚需要进一步研究解决。

复习思考与技能训练题

1. 河岸溢洪道有哪几种主要型式？其运用特点如何？
2. 简述正槽溢洪道各组成部分的作用。
3. 简述溢流堰的堰型选择和泄槽的布置特点。
4. 如何确保溢洪道控制段水闸为自由出流？
5. 溢洪道水面线如何计算？
6. 查阅有关资料，了解泄槽由缓设陡的连接方式。
7. 泄槽底板排水的作用及措施是什么？
8. 溢洪道的出口消能方式有哪些？如何选用？
9. 简述非常溢洪道的类型和作用。

项目5　水工隧洞与坝下涵管

5.1　基　本　知　识

5.1.1　水工隧洞的特点及类型

隧洞为穿越山体或地下的通道，它在交通、国防、水利工程等地下工程中得到广泛运用。水利工程中用来满足导流、泄洪、排沙、发电或灌溉、放空水库等需要的隧洞，称为水工隧洞。

5.1.1.1　隧洞的特点

（1）水工隧洞是一种地下结构，隧洞开挖后改变了岩体原来的平衡状态，引起孔洞附近应力重分布，岩体发生变形，严重的甚至发生崩塌。因此，隧洞中常需设置支护和永久性衬砌，以确保隧洞施工期和运用期的安全。

（2）与地面建筑物比较，隧洞的断面尺寸小，施工场地狭窄，施工干扰较大。

（3）外水压力是水工隧洞设计的主要荷载之一。

在当地材料的枢纽中，一般都需要修建泄水隧洞或坝下涵管，以利于从水库引水或在低水位时泄洪排沙。在混凝土坝枢纽中，如果泄洪流量大，又要求在低高程泄洪排沙，而坝身泄水口不能满足要求时，也需要做泄水隧洞。

泄水隧洞在枢纽中的作用是：①配合溢洪道泄放水，使水库调度灵活；②泄放下游兴利用水；③在多沙的河道上泄洪排沙；④为人防或检修建筑物的要求放空水库；⑤施工导流，往往与永久泄水建筑物结合。

5.1.1.2　隧洞的类型

隧洞按照用途分为泄洪、引水、排沙、导流等隧洞，根据工作条件的不同分为有压隧洞和无压隧洞。发电引水隧洞一般为有压的，而通航或过木等特殊需要的隧洞，就必须做成无压的。为工农业给水和泄洪等而设置的隧洞，根据水库运用和其他条件，可做成有压的，也可做成无压的。

为保证水流稳定，避免用明满流的过渡状态，同一条隧洞必须保证或者是有压的或者是无压的。同一条隧洞可以用控制设备分开，但施工导流隧洞一般都是洪水期为有压，枯水期为无压的。由于导流洞的流速较小，所以流态变化所产生的不利影响较小，但应注意防止真空，气蚀和震动等问题。

水工隧洞的设计应贯彻综合利用的原则，做到“一洞多用”。枢纽中的泄水隧洞、排沙隧洞和放空隧洞常常是结合的。导流洞高程的高低，应争取与永久隧洞结合。发电引水尽可能与工农业给水结合，做到“一水多用”。在一定条件下，为了节省工程发电，简化枢纽布置，有时也将发电洞与泄洪洞结合，采用主洞泄洪、支洞发电；或主洞发电、支洞泄洪（对泄洪概率很小的情况）。但这样做隧洞的工作条件比较复杂，在泄洪时，洞内水流既是高速流，又要保证一定的稳定压力。根据实际观测，泄洪时电站的工作往往很不稳定，出力降低很多，为了保证电站有一定的工作水头，泄洪量就要受到限制。因此，是否采用发电洞与泄洪洞结合的方式，必须经过充分的论证。一般来说，对于大中型水利枢纽，当洞线较短、泄洪量较大、泄洪比较频繁时，不宜采用结合的方案。而对于小型水库，由于电站不加入电力系统工作，主要是农业用电，泄洪对发电虽有影响，但后果不严重，因此应该采取发电洞与泄洪洞结合方式。

5.1.1.3 采用隧洞的条件

隧洞不是泄水建筑物的唯一形式，一般在下列情况下考虑设置隧洞：

（1）山岭起伏地区的引水式电站。

（2）过水建筑物设计高程在地面以下，采用明渠挖方不经济时。

（3）修建明渠可能受到滑坡、塌方、泥石流、雪崩和冰冻威胁时。

（4）深山峡谷中修建当地材料坝无条件采用其他导流及泄洪建筑物时。

（5）水电站厂房采用地下结构时。

5.1.2 隧洞的线路选择与工程布置

5.1.2.1 隧洞的线路选择

隧洞一般由进口段、洞身段和出口段（包括消能设备）组成。为了控制水流，需要设置闸门及控制设备。

隧洞的选线是设计中非常重要的一环，关系到隧洞的造价和运用，因此必须在勘测研究的基础上，综合考虑地质、地形、水力学、施工、运行、枢纽布置及对周围环境影响等因素，通过技术经济比较拟定不同方案决定，选线时应注意以下几个问题：

（1）从地质条件考虑，隧洞选线应避开有断层、破碎带和可能发生滑坡的不稳定地段，同时应尽量避开山岩压力大、地下水头和渗水量较大的岩层，在可能的条件下，还应尽量缩短洞长，以减少工程量。

（2）布置泄水隧洞的进口应注意使水流平顺，出口的位置要便于水流与下游河道的连接。同时注意出口应与土坝有一定距离，避免回流冲刷坝脚。无论进口或出口都应选择岩层坚硬，坡度较陡的地段，以利于施工。

（3）泄水隧洞一般流速较高，应尽可能布置成直线，如必须转弯时，对于有压隧洞和低流速的无压隧洞，转弯半径不宜小于5倍洞径或宽度，转角不大于60°，曲线段两端应有一定的直线段，一般不小于5倍洞径。高速水流的无压隧洞应力求避免转弯，如必须转弯时，应通过水工模型试验，选择合适的曲线形式和转弯半径。

（4）隧洞沿线应有一定的埋置深度，以便充分利用围岩的自承载能力，并保证岩体的稳定和施工安全。围岩厚度一般不小于2倍洞径，如果围岩的厚度小于2倍开挖洞径时，则由于围岩太薄，不宜再考虑围岩的承载能力。对于压力隧洞，当围岩厚度大于3倍洞径，但小于内水压力的0.4倍时，应对围岩的承载能力和稳定性进行校核。隧洞的进口岩层厚度不宜小于0.5倍洞径，出口洞顶岩层厚度不小于1倍洞径，以便施工时及早进洞。

(5) 从施工方面考虑，隧洞的线路应尽量平直，并与其他建筑物有一段距离。对于长隧洞，为了加快施工速度，可在适当地点增设竖井或平洞（图 5.1）。为了使平洞不太长，竖井不太深，有时也将洞线做一些改动。

(6) 从运行管理方面考虑，应满足枢纽总体布置和运行的要求，尽量避免隧洞在施工和运行中与枢纽中其他建筑物的相互干扰。如土石坝结合泄洪洞时，隧洞进出口应尽可能离坝体一定距离，以免影响大坝正常工作。

图 5.1 竖井、平洞及斜井位置

5.1.2.2 隧洞的布置

隧洞的布置主要内容包括进出口的布置、纵断面的布置以及闸门的布置。隧洞布置的总体要求是必须满足过水、水流状态和运行的要求，并尽可能降低工程造价。在修建水工隧洞时，应根据实际情况，尽可能地考虑“一洞多用”，以降低工程造价。如采用灌溉与发电相结合的布置方式。导流与引水泄洪相结合的隧洞，由于两者进口高程不同，导流洞进口较低，引水泄洪洞进口较高，工程竣工后，先将导流隧洞的进口封堵，用斜管将引水隧洞的进口与主洞连接起来，工程上称之为“龙抬头”型式，如图 5.2 所示。

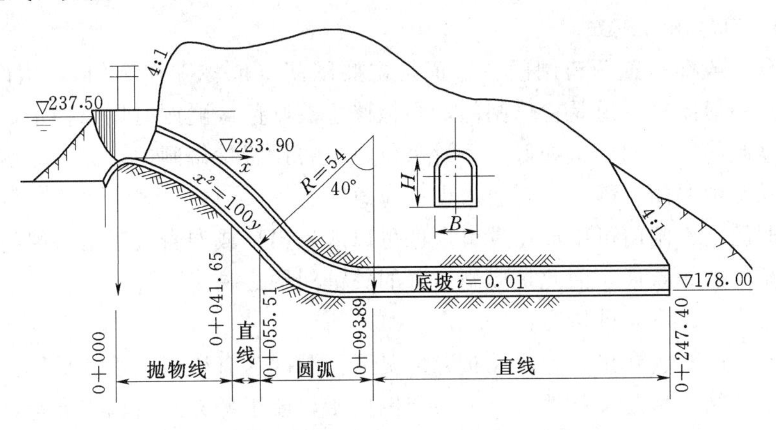

图 5.2 溪流河水电站泄流洞布置图（单位：m）

1. 隧洞纵断面布置

泄水隧洞的进口高程根据运用条件决定。泄水隧洞在纵断面上也应尽可能布置成直线，纵坡一般大于 1‰，以便施工期排水，当洞身较短时也可做成平底。对于无压隧洞，多采用陡坡。确定无压泄水洞的出口高程和纵坡时，若下游水位较高，应注意使洞内不产生水跃。有压隧洞的底坡主要由进出口高程决定。

对于导流洞和永久隧洞结合的情况，导流洞高程较低但由于运用要求或闸门条件的限制，永久泄洪或引水洞的进口高程往往较高，因此需要一种将永久洞的进口高程抬高，用一段斜洞与主洞相连的布置方式，一般称为“龙抬头”布置，如图5.2所示。这种布置方式对于导流洞与发电洞结合的情况，将增加洞身水压力，如果导流流量较大，还将增加永久洞的断面。因此，如果洞线较短，导流洞洞径较大，两洞结合不一定经济。反之，如果洞线较长，两洞洞径相当，洞内水压力不很大，则可能是经济的。而且两洞结合可以优化布置，减少施工项目。因此应根据具体条件，研究导流洞与发电洞结合的可能性与合理性。对于导流洞与泄洪洞相结合的情况，如果水头不是很大，泄洪洞又兼有冲沙任务时，应尽量使泄洪洞与导流洞共用一个进口。如果泄洪洞进口较高，而必须采用“龙抬头”的布置方式时，应充分研究两洞结合的经济性和合理性。一般来说，如果洞线不长，枢纽布置有可能而水头又较高时，不一定采用两洞结合的方案。

采用“龙抬头”布置时，在隧洞的纵断面上必须用一段斜洞。斜洞的线路要通过比较坚硬的岩层。斜洞与两头的平洞之间，应采用平顺的竖曲线连接。对于高速水流的泄水洞，要特别注意竖曲线的设计和施工。斜洞上部应采用射流曲线与平洞相连。斜洞下部用圆弧曲线与平洞相连。为了减少水流的离心力，避免产生负压，圆弧半径不得小于7.5～10倍洞径。对于流速超过30～40m/s的泄水洞，从国内外工程实践来看，在反弧段很容易发生汽蚀破坏，因此，如采用这种布置方式应经过专门的研究，并注意提高工程质量，采用抗气蚀的衬砌材料。对于有压隧洞，为了避免出现负压，洞顶应保持一定的压力余幅，一般在最不利情况下（包括水道系统产生非恒定流的情况下），隧洞全线洞顶的压力余幅不小于2m。为了保证有压泄水洞全线有压，除了注意线路布置外，还须将泄水洞末端洞径缩小，缩小的程度决定于隧洞的布置、洞内流速和水头损失等，由计算决定，一般比主洞断面缩小15%～30%。

2. 泄水隧洞的闸门布置

泄水隧洞一般都布置两道闸门：一道是主要闸门（或称工作闸门），用以控制流量，要求能在动水中启闭；一道是检修闸门，当检修主要闸门或隧洞时用以挡水，在隧洞进口都要设置检修闸门。隧洞出口如低于下游水位，也要设置检修闸门。深水隧洞的检修闸门一般需要在动水中关闭，静水中开启，也称应急门。

泄水隧洞的工作闸门可以放在进口，也可以放在出口或洞身段某处，闸门在相当程度上决定着隧洞的工作条件，因此是隧洞布置的关键问题之一。

闸门的布置有以下几种情况：

（1）工作闸门布置在出口。这种布置情况下，洞内为有压流，水流平稳，闸门控制建筑物比较简单，闸门后通气条件好，不易产生负压，便于部分开启调节流量，闸门的操作和检修也比较方便。但是洞内经常承受高水压，如衬砌漏水，将在山岩中形成渗透水压力，影响山坡稳定；洞内通气条件不好，因此流速不宜超过25～30m/s；由于工作闸门和检修闸门分设两端，需有两套启门设备。这种布置方式常用于水头不太高，岩石较好或泄水与发电相结合的隧洞。

（2）工作闸门布置在进口。这时隧洞一般做成无压的，洞顶高出水面一定高度，保持稳定的无压状态。这种布置的优点是：主闸门和检修闸门都在首部，虽然首部建筑物比较复杂，但可用一套启闭设备；洞内明流，水流情况明确，适用于高速水流隧洞。闸门关闭时，洞内无水，不承受水压力，有利于山坡稳定。一般泄水隧洞常采用这种布置。

(3) 工作闸门布置在隧洞中间某处。主闸门前隧洞为压力流，主闸门后隧洞为无压流。这种布置常常在下面一些情况中采用：隧洞中间某处的地形地质条件比首部有利；由于安全的需要将闸门井布置在山岩中；由于地形地质条件比较复杂，隧洞线路需要转弯，因而采用一段有压段；或由于与灌溉或发电引水结合，而在前面用一段有压洞。

5.1.3 隧洞的进出口建筑物

5.1.3.1 隧洞的进口建筑物

1. 进口建筑物型式

进口建筑物位于隧洞的最前端，按其结构型式和布置方式可分为竖井式、塔式、岸塔式和斜坡式几种。

(1) 竖井式。竖井式是在隧洞进口附近的山体中开挖竖井，井壁用混凝土或钢筋混凝土衬砌，井下设置闸门，启闭设备及操作室布置于井顶，如图5.3所示，由闸前渐变段，竖井，闸后渐变段组成。

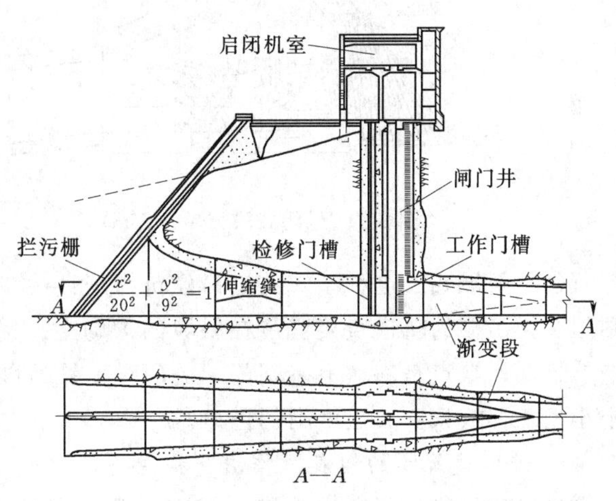

图5.3 竖井式进口建筑物

竖井式进口的优点是结构简单，节省工作桥，不受风浪和冰的影响，抗震及稳定性好；缺点是竖井开挖困难，竖井前的隧洞段常处于水下，检修不便。这种进水口形式主要适用于河岸岩石坚固，开凿竖井无塌方危险的情况。

(2) 塔式。塔式进口是独立于隧洞进口处的钢筋混凝土塔，闸门布置于塔底，启闭设备及操作室布置于塔（内）顶。塔式进口建筑物根据其结构型式的不同，可分为框架式塔（图5.4）和封闭式塔（图5.5）两种。由闸前渐变段、塔身、闸后渐变段组成。

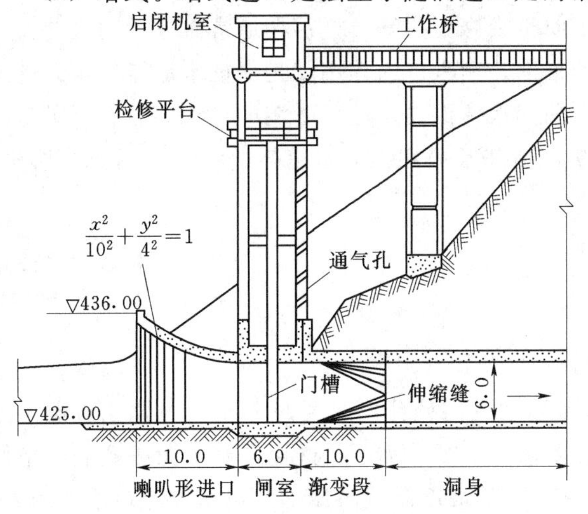

图5.4 框架式塔（单位：m）

塔式进口的优点是为独立悬臂结构，布置紧凑，闸门检修相对来说方便；缺点是需另设工作桥，可能增加投资，需进行稳定验算。这种进水口形式主要适用于进口处岸坡低缓，覆盖层较厚，山岩破碎，不宜开凿竖井的情况。

(3) 岸塔式。岸塔式是靠在开挖

后洞脸岩坡上直立或倾斜的进水塔，其下部紧靠岸坡，塔身稳定性较好（图5.6）。优点是稳定性比塔式好，造价比塔式省，施工方便，地形、地质条件许可时优先选用；缺点是若倾斜，闸门也斜，启门力增加，不易靠自重关闭闸门。这种进水口形式适用于进口处岩石坚固，岸坡较陡，可开挖成近于直立的陡壁时。

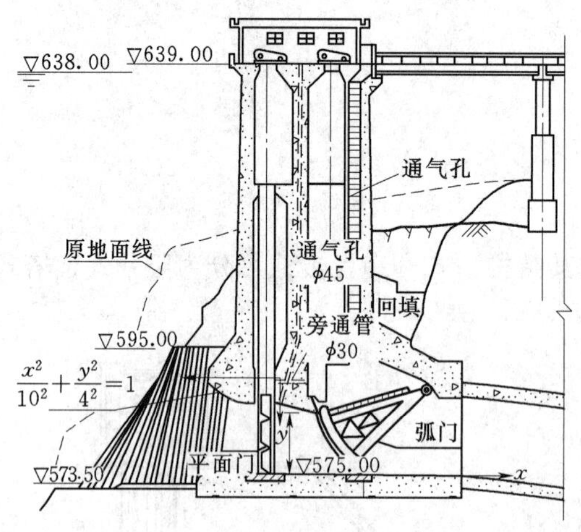

图5.5　封闭式塔（单位：m）

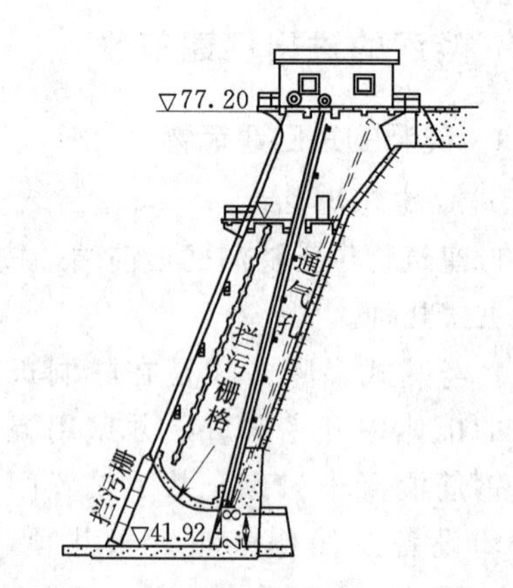

图5.6　岸塔式进水口（单位：m）

（4）斜坡式。这种型式的进口建筑物是直接在岸坡上进行平整开挖并加以衬砌而成，闸门及拦污栅的轨道直接安装在斜坡的护砌上。优点是结构简单，施工方便，稳定性好，造价最低；缺点是斜坡上装闸门，关门时不易靠自重下降，需另加关门力。一般只适用于中小型工程或只安装检修闸的进口。

2. 进口建筑物的组成、作用及构造

进口建筑物主要由进水口、闸室段及渐变段所组成，它主要包括拦污栅、进水喇叭口、门槽、平压管、通气孔和渐变段等。

（1）拦污栅。拦污栅是由纵、横向金属栅条组成的网状结构。拦污栅布置在隧洞的进口，其作用是防止漂浮物进入隧洞。为了便于维修更换等，拦污栅通常做成活动式的。

（2）进水喇叭口。喇叭口段是隧洞的首部。喇叭口的作用就是保证水流能平顺地进入隧洞，避免不利的负压和空蚀破坏，减少局部水头损失，提高隧洞的过水能力。喇叭口的横断面一般为矩形，顺水流方向呈收缩状，顶部常采用1/4的椭圆曲线，如图5.7所示，椭圆曲线方程为

$$\frac{x^2}{a^2}+\frac{y^2}{b^2}=1 \tag{5.1}$$

式中　a——椭圆长半轴；

b——椭圆短半轴。

边墙曲线 a 可取闸门处孔口的宽度，b 可取闸门处孔口宽度的1/3～1/5。当隧洞流速不大时，顶部也可采用圆弧曲面，其半径要求 $R\geqslant 2D$（D 为洞径）。对于无压隧洞，检修闸门与工作闸门之间的洞顶多采用1∶4～1∶6的坡度向下游压缩，以增加进口段的压力，防止发生空蚀。

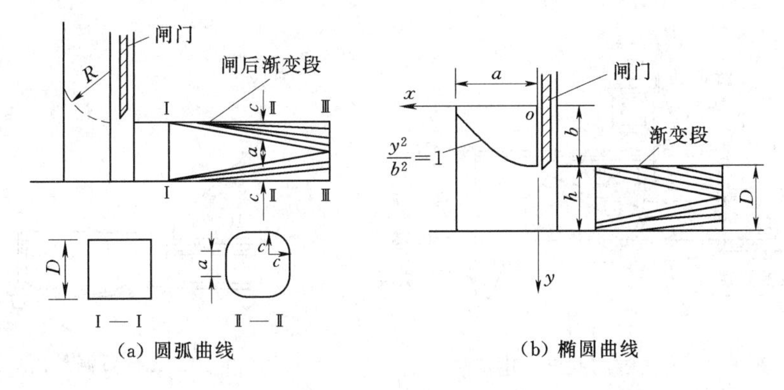

图 5.7 喇叭口形状

(3) 平压管。为了减小检修闸门的启门力，通常在检修闸门与工作闸门之间设置平压管与水库相通，如图 5.8 所示，检修完毕后，首先在两道闸门中间充水，使检修闸门前后的水压相同，保证检修闸门在静水中开启。平压管直径主要根据充水时间，充水体积等确定。当充水量不大时，也可以采用布置在检修门上的短管，充水时先提起门上的充水阀，待充满后再继续提升闸门。

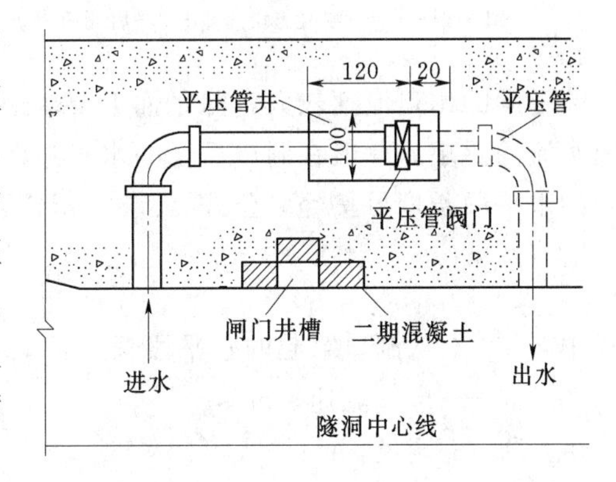

图 5.8 平压管布置（单位：cm）

(4) 通气孔。通气孔是向闸门后通气的一种孔道。其主要作用是补充被高速水流带走的空气，防止气蚀破坏和闸门的振动，同时在工作闸门和检修闸门之间充水时，通气孔又兼作排气孔。因此，通气孔通常担负着补气、排气的双重任务。通气孔的面积计算按下列经验公式计算：

$$A_a = 0.09A\frac{v_w}{v_a} \tag{5.2}$$

式中 A_a、A——通气孔和明流段的断面面积；

v_w、v_a——通气孔的允许风速和闸门孔处的水流流速，一般 $v_a = 30 \sim 40\text{m/s}$。

5.1.3.2 隧洞的出口建筑物

隧洞出口建筑物的型式与布置，主要取决于隧洞的功用及出口附近的地形、地质条件。隧洞出口建筑物主要包括渐变段、闸室段及消能设施。有压隧洞出口常设有工作闸门和启闭设施，如图 5.9 所示，闸门前设渐变段，出口之后为消能设施；无压隧洞的出口仅设门框而不设闸门，以防止洞脸及上部岩石崩塌，洞身直接与下游消能设施相连接，如图 5.10 所示。

隧洞出口的消能方式与岸边溢洪道相似，常采用挑流消能和底流消能两种型式。由于隧洞的出口断面尺寸较小，单宽流量大，能量较集中，通常采用平面扩散的措施，以减小挑流鼻坎处或消力池的单宽流量。

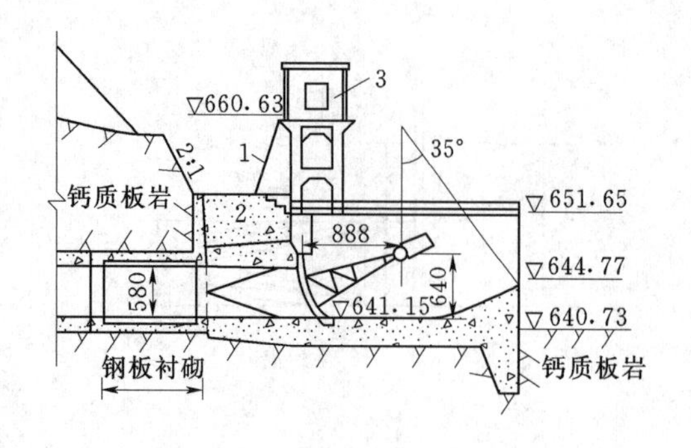

图5.9　有压隧洞的出口建筑物
（高程单位：m；尺寸单位：cm）
1—钢梯；2—混凝土块压重；3—启闭机操纵室

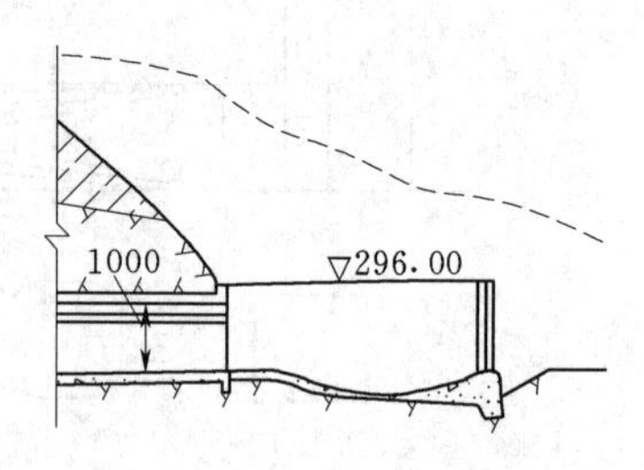

图5.10　无压隧洞的出口结构
（单位：m）

隧洞的出口流速较大，除平面上要求适当扩散外，底部边界布置平顺光滑，以适应高速水流的要求。一般在洞口后设一水平过渡段，然后再接不陡于1∶4的斜坡，从洞口算起的水平段长度可按经验公式（5.3）拟定：

$$L=0.4\frac{v^2}{g}+0.35D \tag{5.3}$$

式中　L——从洞口算起的水平段长度，m；

v——出口流速，m/s；

D——洞径，m；

g——重力加速度，m/s^2。

5.1.4　隧洞的洞身型式及构造

5.1.4.1　洞身的断面型式及尺寸

隧洞断面尺寸由水力计算得到。水力计算包括泄流能力、水头损失、压坡线（有压流）、水面线（无压流）。断面型式与水流条件、工程地质条件和施工条件等有关。

1. 有压隧洞断面型式及尺寸

（1）有压隧洞断面型式。有压隧洞由于内水压力较大，一般采用水流条件及受力条件都较好的圆形断面（圆形断面在面积一定的条件下，过流能力最大）。在围岩较好，内水压力不大时，为了施工方便，也可采用无压隧洞常用的断面型式。

（2）有压隧洞断面尺寸。核算泄流能力及沿程压坡线（$z+\frac{p}{\gamma}$，测压管水头线），泄水能力按管流计算：

$$A_{出}=\frac{Q}{\mu\sqrt{2gH}} \tag{5.4}$$

$$A_{洞}=\frac{A_{出}}{80\%\sim90\%} \tag{5.5}$$

式中　μ——考虑沿程和局部阻力的系数；

A——隧洞出口断面面积（约为洞身面积的80%～90%）；

H——上下游水位差（作用水头）。

为了保证洞内水流处于有压状态，一般要求洞顶应有2m以上的压力余幅，流速大压力余幅也大。采用缩小出口断面面积增大压力，减免负压和空蚀。有压引水隧洞洞内水流流速低，以减小水头损失，保证发电所需的能量；有压泄洪隧洞洞内水流流速高，以便让洪水尽快下泄。

2. 无压隧洞断面型式及尺寸

（1）无压隧洞断面型式。

1）圆拱直墙式断面［图5.11（d）、（e）、（i）、（j）］。由于其顶部为圆形，适宜于承受垂直山岩压力，且便于开挖和衬砌。圆拱中心角一般在90°～180°之间。一般情况下较大跨度泄洪隧洞的中心角常采用120°左右。为了减小或消除作用在侧墙上的侧向山岩压力，也可以把直墙改做倾斜的，如图5.11（e）所示。圆拱直墙式断面的缺点是拱圈受力情况不好，拱圈截面将出现弯矩。

2）马蹄形断面［图5.11（f）、（h）］。当岩石比较软弱破碎，洞壁坍塌严重，铅直山岩压力及侧向山岩压力较大，且底部也存在山岩压力时，可采用马蹄形断面型式。这种断面的最大特点是受力条件好，但施工复杂。

3）圆形断面［图5.11（a）、（b）、（c）、（g）］。当地质条件差，同时又有较大的外水压力时，可考虑采用圆形断面。当采用掘进机开挖施工时，也可采用圆形断面。

（2）无压隧洞断面尺寸。

无压隧洞的断面尺寸应根据隧洞通过的流量、作用水头及纵断面布置，通过水力计算确定，其断面尺寸同时还应满足施工和维修的要求。

对于表孔溢流式进口，泄流能力按堰流计算；对于深式短管式进口，泄水能力决定于进口压力段，仍用有压管流计算，但系数μ随进口段局部水头损失而定（一般在0.9左右，不考虑沿程损失，因为距离短），A为工作闸门处的孔口面积；对于渠系上的输水隧洞，洞身的过流能力按明渠均匀流计算。

洞内水面线用能量方程分段求出，为了保障洞内为无压流（稳定的）状态，水面线上应有一定净空。当洞内流速低，通气良好时，净空面积不小于隧洞断面面积的15%，高度不小于40cm。当洞内流速高时$v>15m/s$，要考虑掺气和冲击波的影响，在掺气水面以上的净空为洞身面积的15%～25%。对于圆拱直墙型断面，冲击波峰还应限制在直墙范围内。

确定隧洞断面尺寸时，同时还应考虑到施工和检查维修等要求的最小断面尺寸，非圆形断面内经不小于1.5m×1.8m（宽×高），圆形断面内径不小于1.8m。有特殊运用要求（如通航）时应满足使用要求。

5.1.4.2 隧洞衬砌

衬砌是指在开挖后对洞壁做一层人工护壁。衬砌的作用如下：

（1）承受山岩压力、内外水压力和其他荷载，保证围岩稳定。

（2）防止隧洞渗漏。

（3）防止水流、泥沙、空气和温度变化、干湿变化等对岩石的冲蚀和破坏作用。

（4）减少隧洞表面糙率。对于高速隧洞还可使隧洞表面保持一定的平整度。

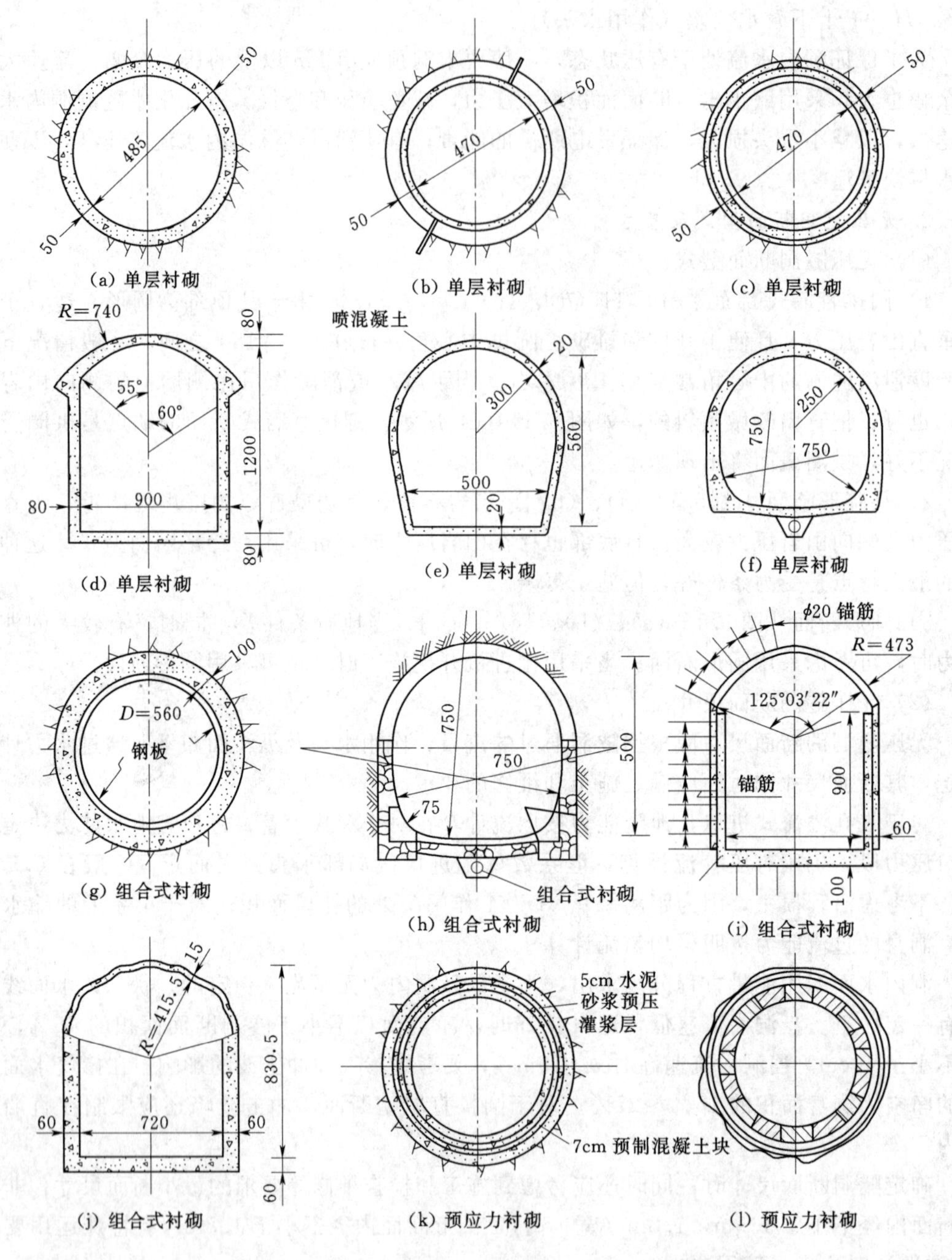

图 5.11 断面型式及衬砌类型（单位：cm）

1. 衬砌的型式

衬砌型式和材料选择取决于水流条件、地质条件、施工条件和断面尺寸，同时应在保证安全的前提下充分利用围岩的自承能力。当条件许可时也可以不做衬砌。

(1) 无衬砌隧洞。当岩石坚硬稳定、裂隙少，水头和流量也小时，可以不做衬砌，而只将隧洞周边岩石修平。对施工导流如水头损失影响不大，而工期又紧张，在保证安全的

前提下，可以考虑不做衬砌。有的隧洞根据地质条件可以只在进出口或个别地段做衬砌。无衬砌的隧洞虽然节省了衬砌的工程量，但由于糙率大、水头损失大，要泄放同样的流量就要增加开挖断面，或减少发电出力。因此究竟要不要做衬砌，除考虑地质条件外，还须进行技术经济比较决定。

(2) 平整衬砌。平整衬砌的作用在于减少隧洞表面的粗糙度、防止渗漏和保护岩石不受风化。它适用于围岩坚硬、裂隙少、洞顶岩石能自行稳定，而隧洞的水头、流速和流量又比较小的情况。如果衬砌只是为了减少粗糙度和防止渗漏，对无压洞可以只在过水部分做平整衬砌，如果要防止岩石风化或是有压洞，则需在全部洞壁做衬砌。衬砌材料可采用浆砌石、条石、混凝土或喷浆混凝土等。衬砌厚度由构造决定，对混凝土或喷浆混凝土一般可采用5～15cm，浆砌条石厚25～30cm，如图5.12所示。

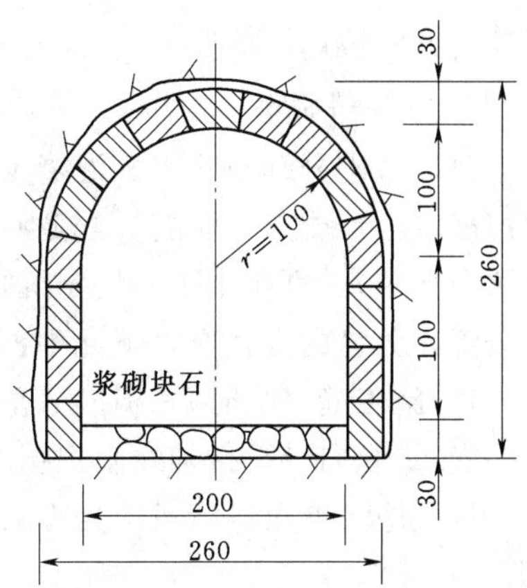

图5.12 砌石衬砌（单位：cm）

(3) 受力衬砌。受力衬砌按其结构又可分为单层衬砌、组合衬砌、预应力衬砌和喷锚衬砌四种。

1) 单层衬砌。单层衬砌是指由混凝土、钢筋混凝土、喷混凝土及浆砌石等做成的衬砌。如图5.11 (a) ～ (f) 所示，适用于中等地质条件、高水头、高流速、大跨度的情况。衬砌的厚度应根据受力、抗渗、结构和施工要求分析确定。一般为洞径和跨度的1/8～1/12。单层整体混凝土衬砌，其厚度不宜小于20cm；单层钢筋混凝土衬砌不宜小于25cm；双层钢筋不宜小于30cm。

2) 组合式衬砌。它是由两种或两种以上的衬砌型式组合而成，如图5.11 (g)、(h)、(i)、(j) 所示。如内层为钢板、外层为混凝土或钢筋混凝土；顶拱为砂浆或混凝土，边墙为混凝土或浆砌石；顶拱为喷锚衬砌，边墙和底板为混凝土或钢筋混凝土衬砌。

3) 预应力衬砌。多用于高水头的圆形有压隧洞。由于衬砌预加了压应力，可以抵消运行时产生的拉应力，可使隧洞衬砌厚度减薄，节省材料和开挖量。加压方式以压浆式最常用，压浆是用高压将水泥浆或水泥浆灌注到衬砌外层的预留孔隙中，使衬砌承受预加的压力，如图5.11 (k)、(l) 所示。

4) 锚杆衬砌和喷混凝土衬砌。是一种新的支撑和衬砌技术，可以分开使用，也可以合起来使用。我国某工程隧洞施工时曾成功地用锚杆代替支撑，对高速的泄水洞用作无压洞的顶拱衬砌。采用锚杆和喷混凝土一般可以减少1/3的工程费用，工期也可缩短。锚杆是在隧洞开挖后，在岩石中钻孔，埋入钢杆或钢丝锁，并灌浆锚定。锚杆可以是加预应力的，也可以不加预应力。但用得较多的是加预应力的锚杆。锚杆的长度和布置视地质条件和洞径而定，锚杆直径一般为19～25mm，长3～4m（要大于洞径的1/4，大于一次爆破的进尺），间距一般为1.2～2m。为了防止施工时岩块掉落伤人，可在锚杆上拉一层钢丝网。锚杆方向应尽可能垂直于岩层层面或主要裂隙面的方向，使岩层形成整体。

喷混凝土衬砌是在洞室开挖后，及时喷混凝土使其与围岩紧密贴结，可以有效地限制围岩的变形与发展，发挥围岩的自承能力，改善支护的受力条件。混凝土在喷射压力下，部分砂浆渗入围岩的节理、裂隙，可以重新胶结松动岩块，起到加固围岩、堵塞渗水通道、填补缺陷的作用。喷混凝土的强度可比一般混凝土高1.5～2倍，不透水性也很强，因此厚度较薄，一般厚7.5～15cm，比较经济。

2. 衬砌的构造

(1) 衬砌分缝与止水。混凝土或钢筋混凝土衬砌在施工和运用期，由于混凝土的干缩和温度应力可能产生裂缝。当隧洞穿过地质条件变化显著地区时（通过断层、破碎带及其他软弱地带），可能由于不均匀沉降而产生裂缝。施工只能是分块分段浇筑，洞身衬砌需要分缝，分缝的类型有以下几种：

1) 施工缝（临时）。横向（垂直轴线）间距由浇筑能力定（一般与伸缩缝、沉降缝合在一起）；纵向（平行轴线）根据浇筑能力，缝设在顶拱，边墙及底板分界处或是内力较小部位；施工缝需进行凿毛处理或设插筋以加强其整体性。

2) 沉降缝（永久），如图5.13所示。设置部位：通过断层破碎带或软弱带，衬砌加厚，厚度突变处；洞身与进口渐变段等接头处；可能产生较大位移的地段。缝中设止水，填沥青油毡或其他填料。

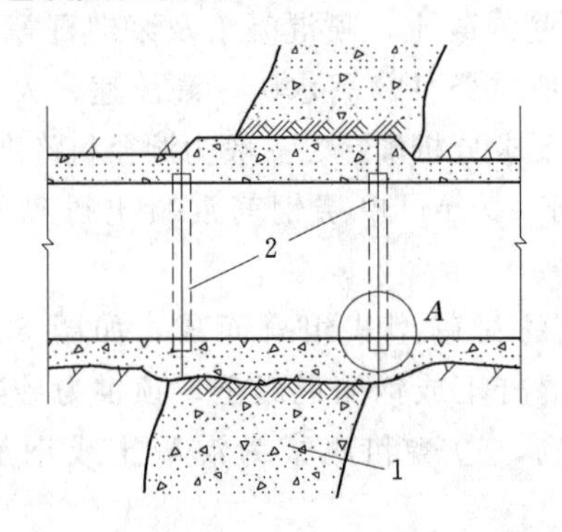

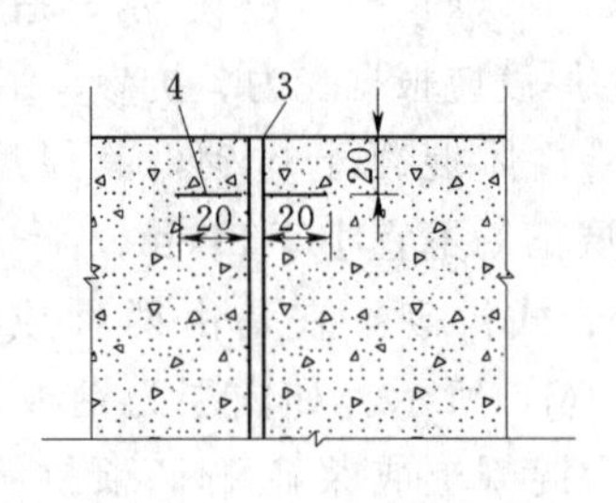

图5.13　伸缩变形缝（单位：cm）

1—断层破碎带；2—变形缝；3—沥青油毡1～2m；4—止水片

3) 伸缩缝（永久）。防止混凝土干缩和温度应力而产生的裂缝；缝的间距为6～12m，缝中设止水。实际施工中横向施工缝、沉降缝、伸缩缝，尽量结合在一起。

(2) 灌浆。

1) 回填灌浆。回填灌浆的目的在于填充衬砌与围岩之间的空隙，使之紧密结合，共同工作，改善传力条件和减少渗漏。回填灌浆多在顶拱部位预留灌浆管，在衬砌完成后，通过预埋管进行灌浆。一般在顶拱中心角90°～120°范围内灌浆。灌浆压力常采用0.2～0.3MPa，孔距、排距一般为2～6m，孔深应伸入围岩5cm以上。

2) 固结灌浆。固结灌浆的目的在于加固围岩，提高围岩的整体性，减小山岩压力，保证岩石的弹性抗力，减小地下水对衬砌的压力。固结灌浆的参数，应根据围岩的地质条件、衬砌结构型式、围岩的防渗和加固要求等确定。一般整个断面进行灌浆，灌浆压力为

1.5～2 倍内水压力，伸入围岩 2～5m，对于围岩条件差的地段或直径较大的隧洞达 6～10m。排距 2～4m，每排不宜少于 6 孔，作对称布置。灌浆时应加强观测，防止洞壁产生变形或破坏。当地质条件良好，围岩的单位吸水率 $\omega<0.01L/(min \cdot m)$，可不进行灌浆。回填灌浆孔、固结灌浆孔通常分排间隔排列，如图 5.14 所示。

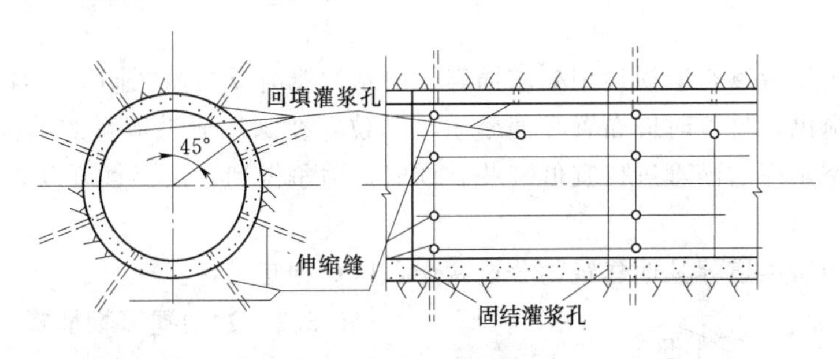

图 5.14 灌浆孔布置图

(3) 排水。排水的目的是降低作用在衬砌外壁上的外水压力，对于无压隧洞，如外水压力较大时，一般在洞底衬砌下埋纵向排水管。先在岩石内挖排水沟，中间埋疏松混凝土管或缸瓦管，四周填砾石，排水管通向下游。当外水压力较大时，也可在洞内水面线以上设置通过衬砌的径向排水管。

对于有压隧洞，除在洞底衬砌外埋设纵向排水管外，还需设置环向排水槽，间距 4 ～10m，布置在回填灌浆孔的中间。环向排水槽先在岩石内挖 0.3m×0.3m 的沟槽，槽中填以卵石，外面用木板盖好。环向排水应与纵向排水相通。一般来说，有压洞的外水压力能抵消掉一部分内水压力，除外水压力起控制作用的特殊情况外，不需设排水。若有压层覆盖层较厚，地质条件较差，或围岩内存在易溶填充物，也不宜设排水，而是加强固结灌浆。

凡设置排水的地方，即不再做固结灌浆，即使回填灌浆也要特别小心，排水孔与灌浆孔应相间布置，灌浆压力也不能太大，以免堵塞排水系统。隧洞的出口或侧向岩层较薄时，除在洞周做排水以外，还可在洞外打排水孔或排水平洞进行排水。

5.1.5 坝下涵管

在蓄水枢纽中，为了城市供水、灌溉、放空水库、施工导流以及排沙等目的，通常在土坝或土石坝下面埋设洞型或管型建筑物，这类建筑物称为坝下涵管。

与隧洞相比，坝下涵管施工方便，构造简单，通常工期短，造价也低，但施工时与土石坝相互干扰大。因此，在我国中小型土坝或堆石坝枢纽工程中使用比较普遍。与水工隧洞类似，坝下涵管也属深式泄水或放水建筑物，其进口通常在水下较深处，工作特点、工程布置、进出口建筑物的型式、构造等许多方面与水工隧洞有相同之处。

坝下涵管也属于深埋式地下建筑物，管道上作用有较大的填土压力和外水压力，而且维修、扩建都十分困难。因此，在设计中必须认真考虑各种可能的运用情况，合理确定结构型式和断面尺寸。

5.1.5.1　坝下涵管的线路选择及工程布置

（1）涵管必须放在坚实可靠的地基上，最好是岩基。对低坝可考虑放在密实、均质而稳定的土基上，不能放置在填土地基和坝身填土上。

（2）涵管线路要短直、水流要顺畅。需转弯时，弯道半径应不小于5倍管径，偏转角不能超过60°。

（3）涵管进口位置，应视运用要求而定。引水灌溉时要与灌区同侧而且要满足灌溉所需要的高程；泄洪、排沙时应布置在河槽主流部位，在满足泄洪流量的前提下宜高一些；用作导流和放空水库的涵管进口宜低一些。同时，力争做到一条涵管可以完成几种功能的要求。

（4）争取与溢洪道等其他建筑物分设两岸，以免相互干扰。

5.1.5.2　进口建筑物型式

（1）竖井式和塔式。竖井式和塔式进口的特点和构造与隧洞基本相同，适用于水头较高、流量较大，水量控制较严格的水库工程，如图5.15所示。

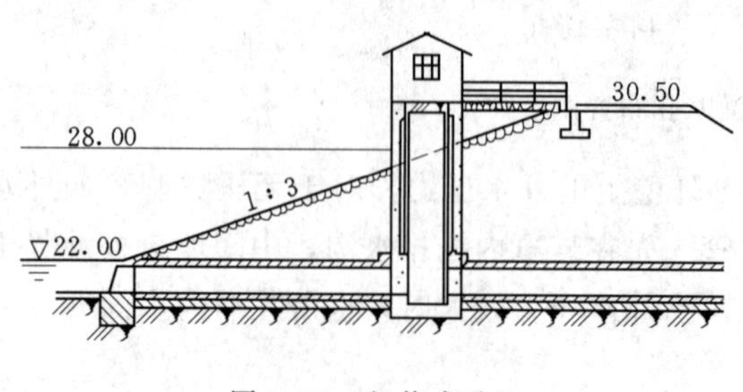

图5.15　竖井式进口

（2）分级卧管。它实际是一条斜放在山坡上的管道，如图5.16所示。其特点是能取水库温度较高的表层水，有利于作物的灌溉。适用于流量较小、水头在30m以下的情况。

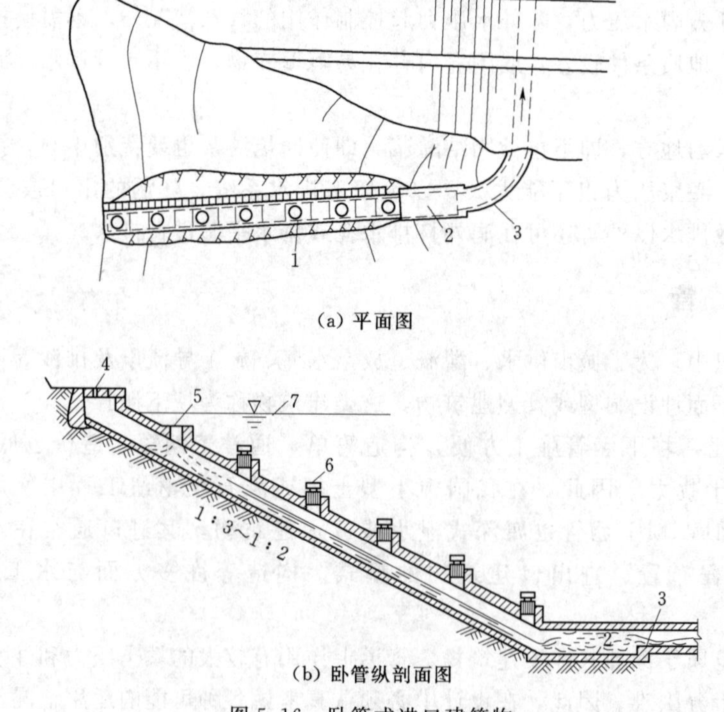

图5.16　卧管式进口建筑物

1—卧管；2—消力池；3—坝下涵管；4—通气孔；5—进水孔；6—启闭塞；7—最高水位

卧管一般是顺着岸坡（开挖成1∶2～1∶3的坡度为宜）铺筑在坚实的土质或岩基地基上。卧管顶部应高出最高水位，并设置通气孔，往下按铅直高度0.3～0.6m为一台阶段，设置进水孔。为增加卧管的稳定性，其底板上每隔8～10m设一道齿墙。

(3) 深孔式进水口。如图5.17所示，它的孔口设在上游坝面坡脚处，其上设有转动门或斜拉门，用钢丝绳与坝顶启闭机相连。深孔式进水口构造简单、操作方便、造价低、启闭力小，对于多泥沙河流以及水头较高的情况不利。

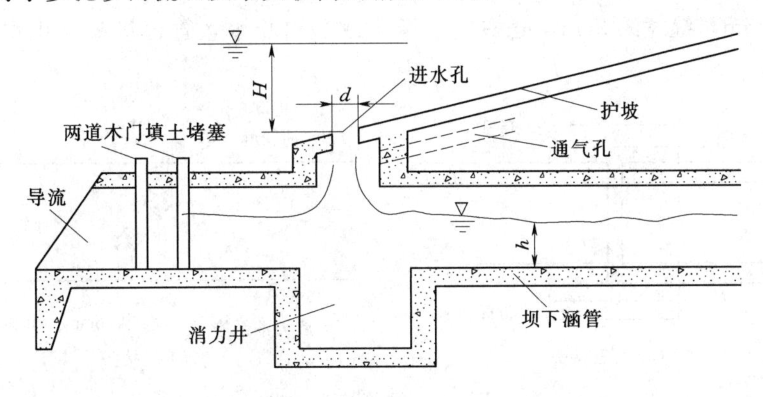

图5.17 深孔式进水口示意图

(4) 闸阀式进水口。如图5.18所示，它的阀门既可安置在上游塔身或竖井中，也可设置在下游坝脚闸阀室内。

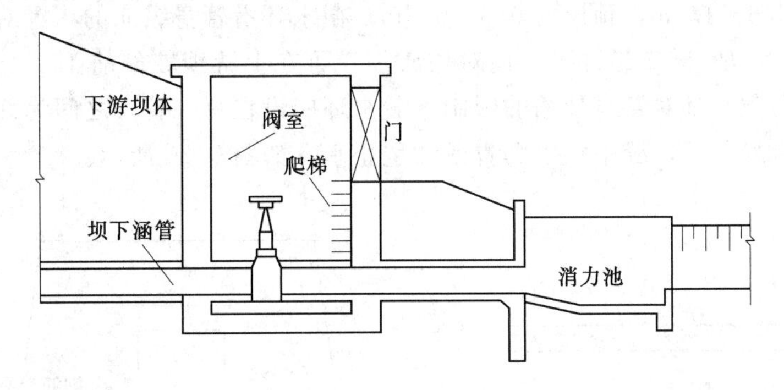

图5.18 闸阀式进水口示意图

5.1.5.3 涵管管身的断面形状和构造

1. 管身的断面形状和尺寸

有压涵管一般常采用钢筋混凝土圆形断面，因它的受力、水流条件均较好。无压涵管对一般工程可采用浆砌石矩形涵洞，它由盖板、侧墙和底板组成，适用于跨度小，填土不高的情况。

2. 管身构造

为了使涵管正常工作，不致出现超过允许范围的沉陷、温度应力和集中渗流，必须从结构构造上采取一系列措施加以限制或预防。这些措施包括设置管座、伸缩缝、截水环、涵衣和反滤层等。

(1) 管座。管座可以增加管身的纵向刚度，改善管身的受力条件，使其地基受力均匀，是防止管身断裂的主要结构措施之一。土基上的管座（就是常说的刚性坐垫）由浆砌石或低强度混凝土做成，管座厚度一般为30～50cm，包角90°～180°。为减小管座对管道变形的约束，在接触面上可涂抹沥青或铺油毛毡。

（2）伸缩缝。为适应地基变形和温度伸缩，涵管亦应设置沉陷缝和温度伸缩缝。对坚固的岩基不均匀沉陷可忽略，只需设温度缝，对土基可将两者合一设置兼起两种作用。缝的间距视结构特点、地基性质、温度变幅而定，对现浇钢筋混凝土管应不大于15m，砌石涵管不大于25m，缝宽约2cm，缝中应设橡皮或塑料止水。管道接头及止水，如图5.19所示。

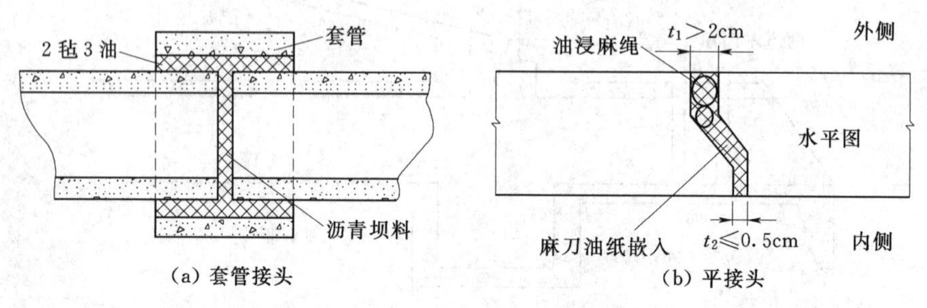

图5.19 涵管接头止水

（3）截水环。为增加渗径，减小渗压和渗透坡降，防止沿管道外壁发生接触冲刷和集中渗流，常沿涵管四周建造一凸起的环状腰带，这就叫截水环。其材料可用浆砌石或混凝土，凸出高度0.6～1.5m，顶厚为0.3～0.6m。截水环沿管身纵向的布置对分区坝应设在心、斜墙部分，一般2～3道即可。而对均质坝，可在上游坝坡偏前1/3处及坝轴线上各设一道。为减弱截水环对管身伸缩的限制，截水环应设在每一管段之间为好，必要时甚至可将环与管身以缝分开，缝中填以沥青或油毡止水，如图5.20所示。

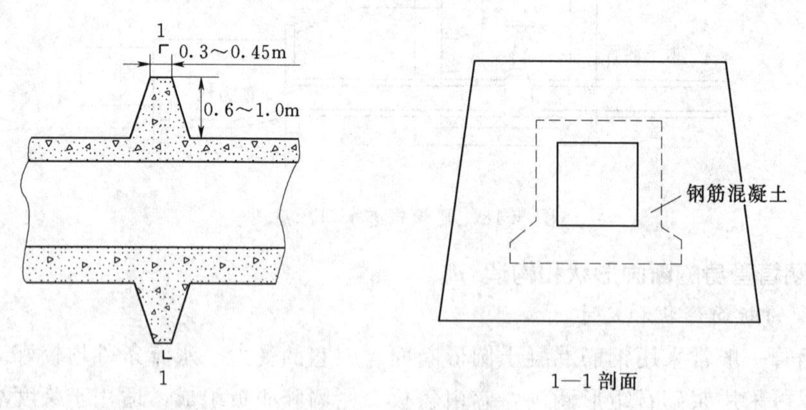

图5.20 方涵截水环

（4）涵衣。为了更有效地防止集中渗流，加强管身和填土的结合，可在涵管四周铺一层1～2m厚的黏土用作防渗，这就称作涵衣。对浆砌石涵管尤为重要，因它还可阻止沿管身的横向渗透。

5.1.5.4 涵管出口布置

为便于与下游渠道连接，使水流顺畅通过，不至于引起对下游的冲刷，涵洞的出口经

常需要设置渐变段和消能设施。

5.2 设 计 实 例

1. 基本资料

一水利工程枢纽由一座 49.5m 高的浆砌石双曲拱坝、一条长 3.5km 的有压引水隧洞、发电厂房和升压站等建筑物组成。洞线两处穿越山沟，考虑明管连接。该枢纽坝址河谷狭窄，两岸岩石裸露，地面坡角 45°～50°。两岸岩体为中细粒花岗岩，新鲜、致密、坚硬，坝肩有宽为 0.3～0.5m 和 1.8～2m 的断层破碎带，如图 5.21 所示。

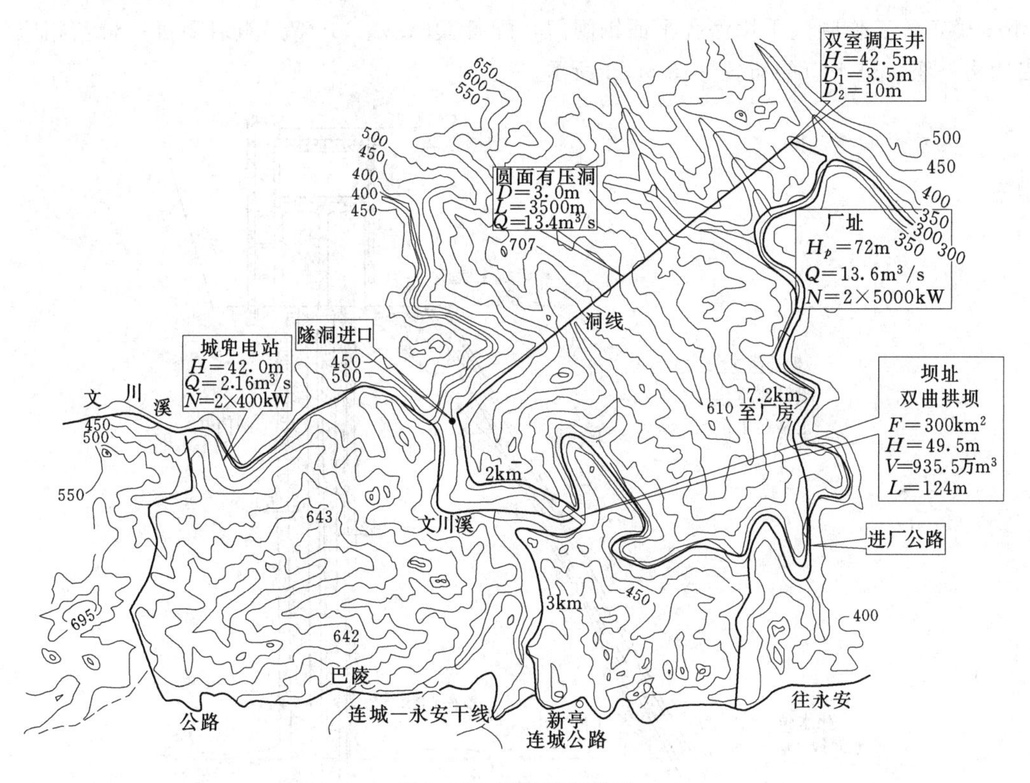

图 5.21 枢纽等高线图

2. 设计要求

选择该隧洞线路，确定引水隧洞的洞径尺寸，要求满足开挖和水头损失要求。(该工程电站的设计水头为 70m)。

3. 任务解析

(1) 隧洞选线。该工程隧洞选线时注意了以下几点：

1) 洞线布置在完整坚固的岩层之中，避开不利的地质构造带。围岩的厚度大于 3 倍洞径，且大于 0.4 倍的内水压力水头。局部接近于地表(山沟)的洞段，考虑采用明管连接。

2) 洞线尽量取直，必要的转弯处，转弯半径大于 5 倍洞径，转角不大于 60°。

3) 压力隧洞的顶部低于最低压力线(考虑负水锤影响) 2m 以上。

（2）布置。

1）该工程的有压引水隧洞全长约 3.5km，发电引水有压洞的纵坡一般可取 0.2%～0.5%，该工程取 $i=0.4\%$，以便出渣及排水。

2）进水口洞顶高程一般应低于死水位 1～2m。该工程死水位为 372.0m，取进口洞顶高程为 370.5m，低于死水位 1.5m；发电引水洞进口底缘高程一般应高于水库淤积高程 1m 以上。该工程淤积高程 365.99m，取进口洞底高程为 367.0m。

3）进水口可设在库区合适的地形处，由坝址开 2km 施工公路至进水口。该工程进水口处地质条件较好，拟设计成竖井式进口。进水口由喇叭段、闸门井和渐变段组成，设拦污栅一道，底部高程为 367.0m，拦污栅面积根据最大流量 $14m^3/s$ 时过栅流速 v 不大于 1m/s 确定。工作闸门采用潜孔平面钢闸门，配备 QPQz×63t 双吊点启闭机一台及相应的启闭房一座。进水口的布置如图 5.22 所示。

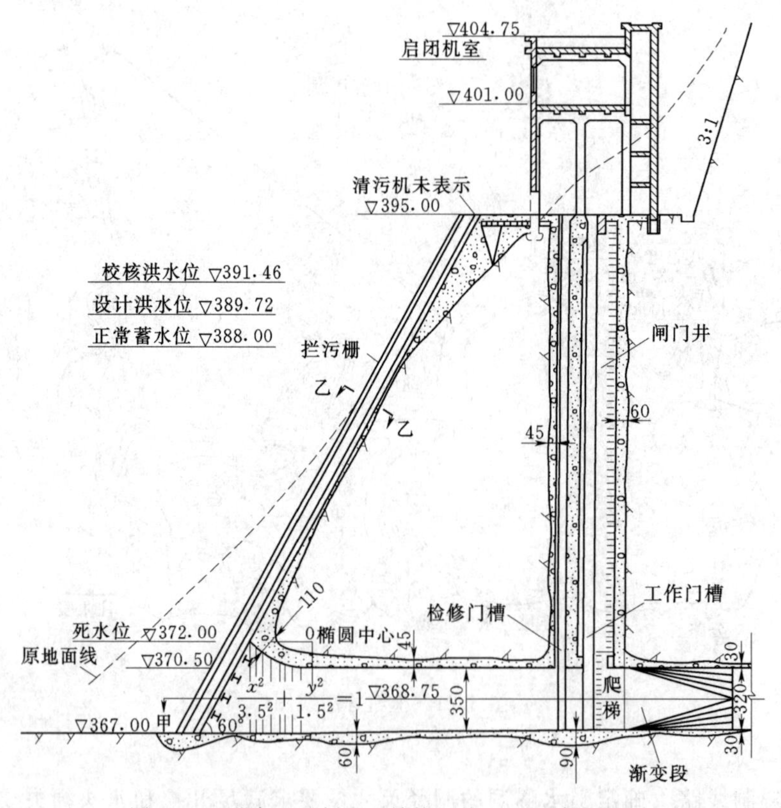

图 5.22　进水口总剖面（结构尺寸：cm；高程：m）

（3）洞径的确定。洞径的确定考虑以下几个方面：

1）经验公式：

$$D=\sqrt[7]{\frac{5.2Q_{max}^3}{H}}$$

式中　Q_{max}——最大引用流量，该工程为 $14m^3/s$；

　　H——隧洞设计水头。

由于洞线有一定纵坡，调压之前隧洞各断面处的工作水头为 20～40m，代入上式计算

合适的洞径为2.56～2.32m，暂取2.5m。

2）钢筋混凝土衬砌的有压发电引水隧洞的经济流速为2～4m/s；若取$v=3$m/s，则按过流$Q=14\text{m}^3/\text{s}$，求得洞径$D=2.44$m。但一般洞线越长，水头损失越大，其经济流速应选的小些。

3）发电引水隧洞洞径的选择应使总水头损失不宜过大。

（4）隧洞水头损失计算。隧洞的总水头损失为

$$h_w=\Delta h_f+\Delta h_j$$

$$\Delta h_f=\sum_{i=1}^{m}\left(\lambda_i\frac{l_i}{D_i}\frac{{v_i}^2}{2g}\right)=\sum_{i=1}^{m}\frac{{n_i}^2 l_i}{R_i^{\frac{4}{3}}}v_i^2$$

$$\Delta h_j=\sum_{i=1}^{n}\left(\zeta_i\frac{{v_i}^2}{2g}\right)$$

$$\lambda=\frac{8g}{c^2},c=\frac{1}{n}R^{\frac{1}{6}}$$

式中 Δh_f——沿程水头损失之和（可分段计算再求和）；

Δh_j——局部水头损失的总和；

ζ_i——第i处的局部水头损失系数（该工程应考虑的局部水头损失有：拦污栅0.57，进口0.1，闸门槽0.1，渐变段0.32，调压井0.5，弯道0.6，叉管0.1，蝶阀0.13，$\sum\zeta=0.42$）；

v_i——相应于第i处的断面平均流速；

λ_i——第i段的沿程水头损失系数；

n——糙率（钢管$n=0.012$，钢筋混凝土衬砌$n=0.013$，喷混凝土$n=0.02$，不衬砌$n=0.025\sim0.03$）；

R——水力半径，$R=\dfrac{A}{\chi}$；

l_i——第i段隧洞的长度。

该工程隧洞长3.5km，由于地质条件不同，对于地质条件较好的洞段（约1.5km）采用喷混凝土衬砌，厚10cm；其余部分用钢筋混凝土衬砌。根据水头损失公式分别计算出每公里长隧洞的沿程水头损失Δh_f及总的局部水头损失Δh_j，列于表5.1，再求出总的水头损失值。从表5.1可以看出，当洞径增大（流速减小）时，水头损失迅速减小。

表5.1　有压洞的沿程水头损失及局部水头损失

洞径/m	糙率/(m/km)					断面平均流速 v/(m/s)	局部水头损失总和 Δh_j/m	总水头损失 h_w/m
	钢管 0.012	钢筋混凝土 0.013	喷混凝土 0.02	不衬砌段 0.025	不衬砌段 0.030			
2.5	2.189	2.569	6.080	9.500	13.680	2.85	1.033	12.221
3.0	0.828	0.972	2.300	3.310	4.768	1.98	0.484	5.878
3.5	0.367	0.430	1.019	1.450	2.290	1.46	0.263	2.652

根据表5.1中的计算结果，最后确定取洞径 $D=3$m（内径），断面平均流速为1.9m/s，总水头损失为5.878m。总水头损失约占总水头的8.4%（该工程电站的设计水头为70m）。发电隧洞洞径的选择应使总水头损失不宜过大，一般总水头损失不宜超过设计水头的5%～10%，所以满足要求。

5.3 拓展知识

5.3.1 新奥法与喷锚支护

新奥法即新奥地利隧道施工方法（New Austrian tunneling method，NATM）。新奥法概念是奥地利学者拉布西维兹（L. V. Rabcewicz）教授于20世纪50年代提出的，它是以隧道工程经验和岩体力学的理论为基础，将锚杆和喷射混凝土组合在一起，作为主要支护手段的一种施工方法，经过一些国家的许多实践和理论研究，于60年代取得专利权并正式命名。之后这个方法在70年代末80年代初于西欧、北欧、美国和日本等国家和地区得到迅速发展。至今，可以说在所有重点难点的地下工程中都离不开NATM。新奥法几乎成为在软弱破碎围岩地段修筑隧道的一种基本方法。

1. 新奥法的施工特点

（1）及时性。新奥法施工采用喷锚支护为主要手段，可以最大限度地紧跟开挖作业面施工，因此可以利用开挖施工面的时空效应，以限制支护前的变形发展，阻止围岩进入松动的状态，在必要的情况下可以进行超前支护，喷射混凝土的早强和全面黏结性保证了支护的及时性和有效性。

（2）封闭性。由于喷锚支护能及时施工，而且是全面密黏的支护，因此能及时有效地防止因水和风化作用造成围岩的破坏和剥落，制止膨胀岩体的潮解和膨胀，保护原有岩体强度。

（3）黏结性。喷锚支护同围岩能全面黏结，这种黏结作用可以产生三种作用：

1）联锁作用，即将被裂隙分割的岩块黏结在一起。若围岩的某块危岩活石发生滑移坠落，则引起临近岩块的连锁反应，相继丧失稳定，从而造成较大范围的冒顶或穿帮。开巷后如能及时进行喷锚支护，喷锚支护的黏结力和抗剪强度是可以抵抗围岩的局部破坏，防止个别危岩活石滑移和坠落，从而保持围岩的稳定性。

2）复合作用，即围岩与支护构成一个复合体（受力体系）共同支护围岩。喷锚支护可以提高围岩的稳定性和自身的支撑能力，同时与围岩形成了一个共同工作的力学系统，具有把岩石荷载转化为岩石承载结构的作用，从根本上改变了支架消极承担的弱点。

3）增加作用。开挖后及时进行喷锚支护，一方面将围岩表面的凹凸不平处填平，消除因岩面不平引起的应力集中现象，避免过大的应力集中所造成的围岩破坏；另一方面，提高了围岩的黏结力和内摩擦角，也就是提高了围岩的强度。

4）柔性。喷锚支护属于柔性薄性支护，能够和围岩紧粘在一起共同作用，可以和围岩共同产生变形，在围岩中形成一定范围的非弹性变形区，并能有效控制允许围岩塑性区有适度的发展，使围岩的自承能力得以充分发挥。另一方面，喷锚支护在与围岩共同变形中受到压缩，对围岩产生越来越大的支护反力，能够抑制围岩产生过大变形，防止围岩发生松动破坏。

2. 新奥法的施工顺序

新奥法是以喷射混凝土、锚杆支护为主要支护手段，因锚杆喷射混凝土支护能够形成柔性薄层，与围岩紧密黏结的可缩性支护结构，允许围岩有一定的协调变形，而不使支护结构承受过大的压力。

施工顺序可以概括为开挖→第一次支护→第二次支护。

(1) 开挖。开挖作业的内容依次包括钻孔、装药、爆破、通风、出渣等。开挖作业与一次支护作业同时交叉进行，为保护围岩的自身支撑能力，第一次支护工作应尽快进行。为了充分利用围岩的自身支撑能力，开挖应采用光面爆破（控制爆破）或机械开挖，并尽量采用全断面开挖，地质条件较差时可以采用分块多次开挖。一次开挖长度应根据岩质条件和开挖方式确定。岩质条件好时，长度可大一些，岩质条件差时长度可小一些，在同等岩质条件下，分块多次开挖长度可大一些，全断面开挖长度就要小一些。一般在中硬岩中长度为2～2.5m，在膨胀性地层中为0.8～1.0m。

(2) 第一次支护作业包括一次喷射混凝土、打锚杆、联网、立钢拱架、复喷混凝土。

在隧洞开挖后，应尽快地喷一层薄层混凝土（3～5mm），为争取时间在较松散的围岩掘进中第一次支护作业是在开挖的渣堆上进行的，待把未被渣堆覆盖的开挖面的一次喷射混凝土完成后再出渣。

按一定系统布置锚杆，加固深度围岩，在围岩内形成承载拱，由喷层、锚杆及岩面承载拱构成外拱，起临时支护作用，同时又是永久支护的一部分。复喷后应达到设计厚度（一般为10～15mm)，并要求将锚杆、金属网、钢拱架等覆裹在喷射混凝土内。

完成第一次支护的时间非常重要，一般情况应在开挖后围岩自稳时间的1/2时间内完成。目前的施工经验是松散围岩应在爆破后3h内完成，主要由施工条件决定。

(3) 第二次支护。第一次支护后，在围岩变形趋于稳定时，进行第二次支护和封底，即永久性的支护（或是补喷射混凝土，或是浇筑混凝土内拱)，起到提高安全度和整个支护承载能力增强的作用，而此支护时机可以由监测结果得到。

3. 新奥法的施工基本原则

(1) 少扰动。开挖时要尽量减少对围岩的扰动次数、扰动强度、扰动范围和扰动持续时间。

(2) 早支护。开挖后及时施作初期锚喷支护，使围岩的变形进入受控制状态。

(3) 勤量测。指以直观、可靠的量测方法和量测数据来准确评价围岩（或围岩加支护）的稳定状态，或判断其动态发展趋势，以便及时调整支护形式、开挖方法。

(4) 紧封闭。一方面指采取喷射混凝土等防护措施，避免围岩因长时间暴露而致强度和稳定性的衰减。另一方面指要适时对围岩施作封闭形支护。

5.3.2 TBM掘进机施工技术

隧洞掘进机（Tunnel boring machine，TBM)。它是利用回转刀具开挖，同时破碎洞内围岩及掘进，形成整个隧道断面的一种新型、先进的隧道施工机械，具有快速、安全、高效的显著特点。

隧道掘进机是一种高智能化，集机、电、液、光、计算机技术为一体的隧道施工重大技术装备。在发达国家，使用隧道掘进机施工已占隧道总量的90%以上。随着中国国民经济的快速发展，国内城市化进程不断加快，中国城市地铁隧道、水工隧洞、越江隧道、铁路隧道、公路隧道、市政管道等隧道工程将需要大量的隧道掘进机。

1. TBM掘进机施工环节

(1) 地质勘察。地质条件是影响掘进机隧洞施工质量的重要因素，也是掘进机选型的重要依据。地质勘察成果资料要求全面、真实、准确。

(2) 掘进机选型。根据支护形式分为三种机型，分别适用于不同的地质条件：①敞开式，常用于纯质岩；②双护盾，常用于混合地层；③单护盾，常用于劣质地层及地下水位较高的地层。根据刀盘直径大小分为13种机械：2m、3m、4m、5m、6m、7m、8m、9m、10m、11m、12m、13m、14m。

2. TBM掘进机施工经验

(1) 国外。国际上近年来成功地使用掘进机开挖隧道的实例是英吉利海峡工程(English channel project)和日本东京湾高速公路工程。

英吉利海峡工程由三条平行排列的隧道组成，每条长约50.4km，海底掘进37.88km，地层为白垩纪泥灰岩。使用了11台掘进机，在三年内完成了任务，其中1台Robbins公司生产的ϕ8.36m的掘进机，创造了当时最佳月成洞1719.1m的世界纪录。

日本东京湾高速公路工程，跨越东京湾，把东京都与千页县连在一起。该工程包括两条长约10km的海底隧道，一座5km长的桥梁和两个人工岛，全长15.1km。海底隧道直径为13.9m。断面积约152m^2，建于海面以下约20m深的软岩中，采用8台泥浆掘进机开挖，直径为14.14m。该工程已于1997年底完工。

(2) 国内。20世纪90年代以来，在甘肃省引大入秦水利工程，由国外承包商使用国外掘进机的成功实例，给我国带来巨大冲击。该工程隧洞全长11.65km，开挖直径5.54m。由意大利CMC公司使用Robbins双护盾掘进机开挖，仅用一年多时间就顺利完工。平均月进尺达1000m，最高月进尺1500m。此后，在引黄入晋水利工程，由意大利CMC、SELI等公司中标承建的总干线引水隧洞，采用国外掘进机开挖，取得了显著的效益。目前陕西省的引红济石工程也在使用。

3. TBM掘进机的缺点

掘进机的不足之处，在于对地质条件的适应程度不如钻爆法。其体积、重量太大，不够灵活机动。此外，对操作人员的素质要求较高，在短期内投资较大，也常常限制了它的推广应用。因此，目前不少国家采用因地制宜的办法，对隧道主体采用掘进机开挖，其余部分采用常规钻爆法；或先用掘进机挖导洞，然后再进行扩挖。

复习思考与技能训练题

1. 水工隧洞的类型有哪些？

2. 水工隧洞的特点是什么？

3. 在进行水工隧洞洞线选择时应考虑哪些因素？

4. 水工隧洞的进口建筑物有哪几种型式？各有什么特点？适用什么条件？

5. 无压隧洞的洞身断面型式有哪几种？其断面尺寸如何确定？

6. 隧洞衬砌的目的是什么？

7. 水工隧洞衬砌有哪几种型式？

8. 什么是回填灌浆？什么是固结灌浆？

9. 坝下涵管与水工隧洞相比，有何特点？

10. 坝下涵管的进口建筑物型式有哪几种？

11. 什么是截水环？什么是涵衣？

12. 什么是新奥法？什么是 TBM 施工技术？

13. 有一砌石方涵断面尺寸为 60cm×100cm，纵坡 1/100，糙率 0.025，确定其输水能力。

项目6 小 型 水 闸

6.1 基 本 知 识

6.1.1 水闸概述

6.1.1.1 水闸的定义

水闸是一种能调节水位、控制流量的低水头水工建筑物，具有挡水和泄水（引水）的双重功能。它通过闸门的启闭来控制闸前水位和调节过闸流量，常与堤坝、船闸、鱼道、水电站、抽水站等水工建筑物组成水利枢纽，共同发挥作用，以满足防洪、排洪、航运、灌溉以及发电等水利工程的需要，在水利工程中占有重要地位，尤其在平原、滨海地区的水利建设中应用更为广泛。

6.1.1.2 水闸的类型

1. 按水闸的作用分类

水闸按作用来分类型较多，但实际上几乎所有的水闸都是一闸多用，因此其分类没有严格界限，通常按其主要承担任务分为以下几类，如图 6.1 所示。

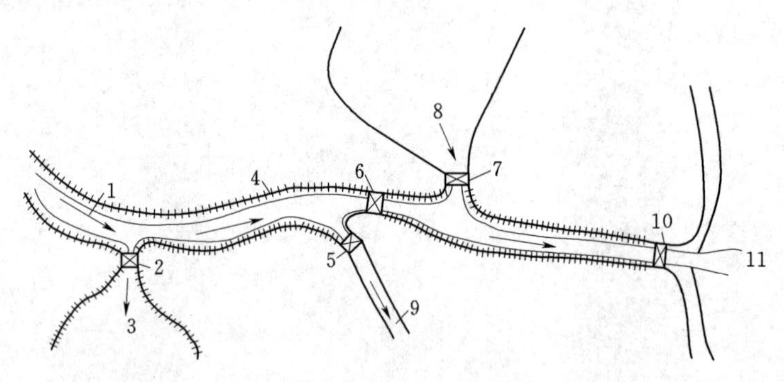

图 6.1 水闸分类示意

1—河流；2—分洪闸；3—滞洪区；4—堤防；5—进水闸；6—拦河闸；7—排水闸；8—滞水区；9—引水渠；10—挡潮闸；11—海

（1）进水闸。在河、湖、水库的岸边兴建，用来控制引水流量，以满足灌溉、供水、发电或其他水利工程的需水量，常位于引水渠道首部，又称渠首闸。

（2）拦河闸。拦河兴建，闸轴线垂直或近似垂直河渠的布置，其主要任务是截断河渠、抬高上游水位，同时控制下泄流量，以保证下游河道的安全，又称节制闸。

（3）排水闸。在江河沿岸兴建，作用是将河岸一侧的生活废水或降雨形成的渍水排入江河或湖泊。通常建于排水渠末端的江河堤防处。当外河水位较高时，可以将排水闸关

闭，防止外水倒灌；当江河水位较低时，可以开闸排涝，其特点是既可双向挡水，又可双向过流。

(4) 分洪闸。在河道一侧分洪道首部兴建，洪峰到来时，将超过下游河道安全泄量的洪水泄入预订的蓄洪洼地或湖泊等分洪区，以削减洪峰，确保下游河道的安全。

(5) 泄水闸。用于宣泄库区、湖泊或其他蓄水建筑物中无法存放的多余水量。

(6) 挡潮闸。建于河流入海河口上游地段，涨潮时关闭闸门，防止海水倒灌，落潮时开闸泄水。挡潮闸与排水闸类似，也具有双向挡水的特点。

(7) 冲沙闸。冲沙闸是用来排除进水闸、节制闸前淤积的泥沙。当闸前有泥沙淤积时，可以通过开闸泄水，利用水流冲走泥沙。

此外，还有为排除河道冰凌及漂浮物等而修建的排冰闸和排污闸。

2. 按闸室的结构型式分类

按闸室的结构型式，水闸可以分为开敞式和封闭式两种。

(1) 开敞式水闸。开敞式水闸的闸室是露天的，这类水闸的应用最广泛。它又分为无胸墙和有胸墙两种形式，如图 6.2 (a)、(b) 所示。前者的过闸水流不受任何阻挡，泄流能力大，大量的漂浮物可随下泄水流排走，不会导致闸孔堵塞，多用于拦河闸、排冰闸等。后者多用于上游水位变幅较大，而下泄水流又受限制时，为避免闸门过高，常设置胸墙。在低水位时过流与无胸墙一样，而在高水位过流时为孔口出流，自由水面受到闸室上部胸墙的阻挡。

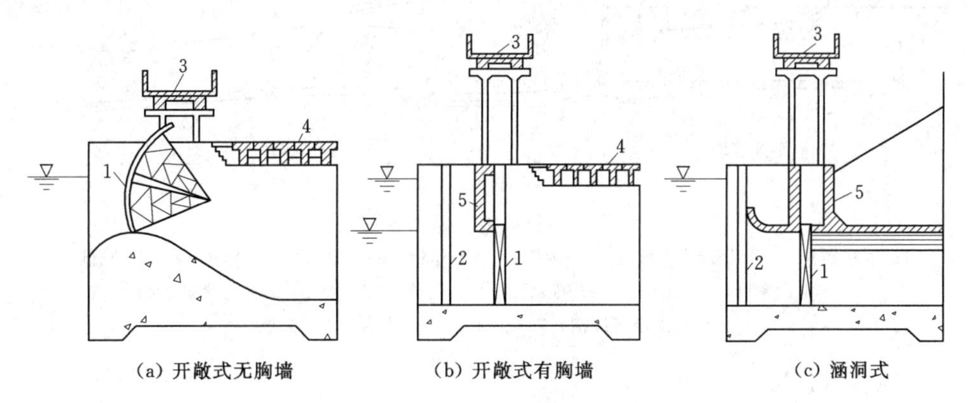

(a) 开敞式无胸墙　　(b) 开敞式有胸墙　　(c) 涵洞式

图 6.2　水闸的结构型式

1—闸门；2—检修门槽；3—工作桥；4—交通桥；5—胸墙

(2) 封闭式水闸。闸室后连有洞身段，洞顶有填土覆盖，以利于洞身稳定，也便于交通，又称涵洞式水闸。此类水闸常修建在挖方较深的渠道中及填土较高的河堤下，如图 6.2 (c) 所示。

6.1.1.3　水闸的组成

水闸由闸室段、上游连接段和下游连接段三部分组成，如图 6.3 所示。

1. 闸室段

闸室是水闸的主体工程，起挡水、泄水、调节水流作用。通常包括底板、闸墩、闸门、(胸墙)、工作桥、交通桥等。

底板是闸室的基础，承受闸室全部荷载及较均匀地传给地基，具有防冲和防渗的作用，并且利用底板和地基面的摩擦力维持闸室稳定。闸墩是用来分隔闸孔并支承闸门、工作桥及交通桥等上部结构，其中位于边孔靠岸一侧的闸墩又称边墩，一般情况下还起到挡墙和侧向防渗作用。闸门的作用是挡水和控制下泄流量。工作桥用于安装启闭设备，便于工作人员操作。交通桥则是为了连接两岸的交通。

2. 上游连接段

上游连接段的主要作用是使水流平顺地进入闸孔，同时保护两岸及河床免受冲刷并具有防渗作用。上游连接段一般包括上游翼墙、铺盖、护底、上游防冲槽、上游护坡等部分。

上游翼墙的主要作用是使闸室和上游岸坡平顺连接，以保证水流平顺地进入闸孔，还有侧向防渗作用。铺盖的位置紧靠闸室底板的上游，其主要作用是防渗和防冲。在铺盖的上游设置护底，用以保护河床。根据水流的流态及河床土质的抗冲能力，必要时宜在上游护底首端增设防冲槽。另外，为了保护河床两岸不受冲刷，还需在上游两岸设置护坡。

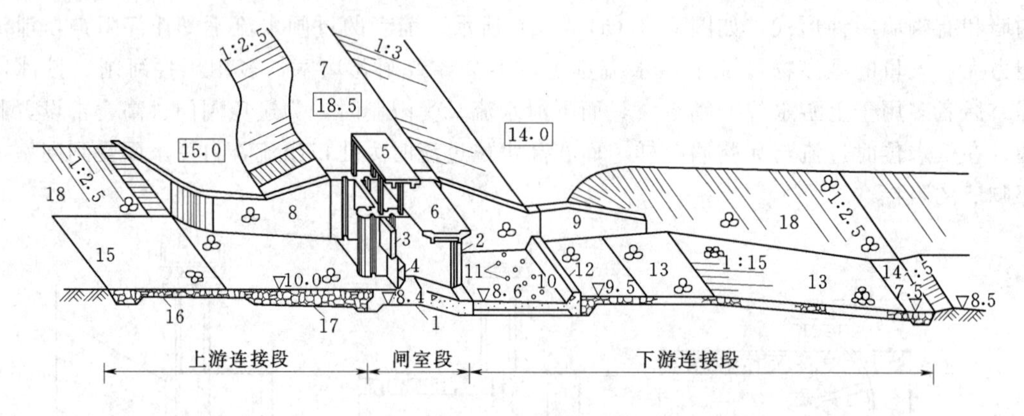

图 6.3 水闸组成示意图

1—闸室底板；2—闸墩；3—胸墙；4—闸门；5—工作桥；6—交通桥；7—堤顶；8—上游翼墙；9—下游翼墙；10—护坦；11—排水孔；12—尾坎；13—海漫；14—下游防冲槽；15—上游防冲槽；16—护底；17—铺盖；18—护坡

3. 下游连接段

下游连接段包括下游翼墙、护坦（消力池）、海漫、下游防冲槽、下游护坡。

下游翼墙能引导出闸水流均匀扩散，并具有防冲和侧向防渗的作用。护坦是削减过闸水流能量的主要设施，并具有防冲等作用。海漫则是用来进一步消除下泄水流的剩余动能，并调整流速分布，并保护河床不受冲刷。为了防止下游河床的冲刷坑向上游发展，应在海漫的末端设置防冲槽。而下游护坡的作用与上游护坡相同，是用来保护岸坡免遭冲刷。

6.1.1.4 水闸的工作特点

水闸为低水头水工建筑物，但我国绝大多数水闸修建在平原地区的软土地基上，其在抗滑稳定、消能防冲、防渗排水及沉降变形等方面有其自身的工作特点，具体如下：

(1) 当水闸关闭挡水时，由于上、下游形成一定的水位差将产生较大的水平水压力，

使闸室有可能向下游滑动。因此，为了保证水闸的自身稳定性，闸室应具有足够的水平抗滑力。另外，在水位差的作用下，水将从上游通过地基及两岸向下游渗流，渗流将对水闸底部施加竖直向上的渗透压力，减小水闸的有效重量，从而降低水闸抗滑稳定性，而且渗流还有可能将地基及两岸的土壤细小颗粒带走，形成管涌或流土等渗透变形破坏，严重时可能导致闸基和两岸的土体被掏空，危及水闸安全。因此，在进行水闸设计时，需要重视其抗滑稳定性及渗流问题。

（2）当水闸开闸泄水时，在上、下游水位差的作用下，过闸水流通常具有较大的流速与动能，可能对下游河床及两岸产生较大冲刷。当冲刷范围扩大到闸室地基时，则有可能引起水闸的失事。另外，当闸门全开时，由于上、下游水位差较小，易形成波状水跃，如图 6.4 所示，如果闸门的开启顺序不合理，还会产生折冲水流，如图 6.5 所示，此时将会进一步加剧对河床及两岸的淘刷。因此，在设计水闸时，应采取有效的消能防冲措施。

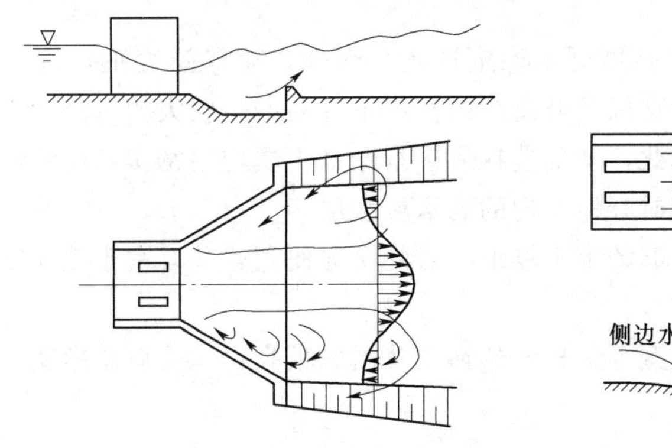

图 6.4　波状水跃

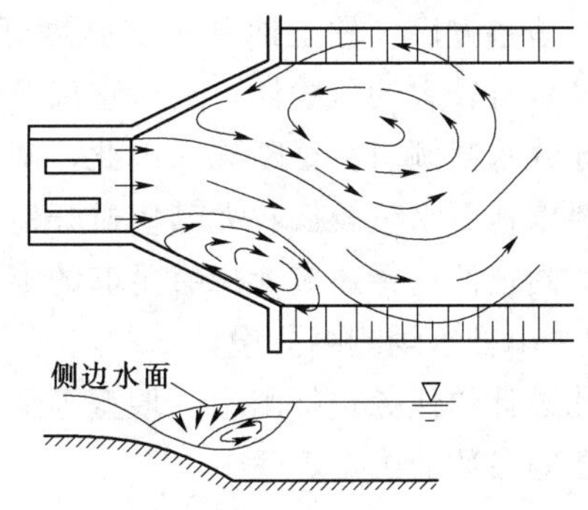

图 6.5　折冲水流

（3）地基方面，软土地基抗剪强度低，稳定性差；容易产生渗透变形，抗冲刷能力差，并且具有较大的压缩性，在自重以及外荷载的作用下，容易产生较大的沉降和不均匀沉降会导致水闸倾斜，甚至断裂从而影响其正常使用。

水闸除上述的几个主要工作特点外，在某些特定条件下还存在一些特殊问题，需要妥善解决。例如，在有涌潮河口上建闸，必须注意到潮浪的冲击；在有泥沙的河道上取水，必须注意到泥沙的淤积问题等。

6.1.1.5　水闸设计的基本资料和主要内容

水闸设计所需的基本资料有流域规划、运用要求、地形、地质、水文、泥沙、气象、地震烈度、建筑材料、施工及交通运输条件等。

水闸设计的主要内容包括以下几个方面：

（1）根据水闸的任务和地质、地形、水文、施工、管理等因素进行闸址选择和枢纽布置。

（2）确定孔口型式和尺寸，选择两岸连接建筑物的形式和尺寸，进行结构设计、防渗排水设计、消能防冲设计和地基处理设计。

（3）进行应力计算、稳定计算和沉降计算。通过上述设计工作确保水闸安全可靠、经济合理、技术先进、运用方便。

6.1.2 闸址选择与闸孔设计

6.1.2.1 闸址选择

闸址选择是水闸规划设计中一项重要工作，闸址选择合适与否，不仅涉及水闸建设的成败，并且关系到整个地区的经济发展，因此需十分重视此项工作。

根据建闸的目的与性质，闸址选择的要求一般可归纳为以下几点：

（1）大型拦河闸的闸址，应尽量选择在河道相对稳定的直段上，这样不仅闸址处河段稳定，且对进闸、出闸水流均有利。

（2）建造在入海河段上的挡潮闸、排水闸，水闸应尽可能建在河口附近，或使闸下尾渠与河道流向的交角成小于60°的锐角，以尽量减小闸下尾渠的淤积。

（3）对于傍江修建的引水闸、分洪闸，应尽量将闸址选在河岸稳定的一侧，并应考虑建闸以后的影响。

（4）地基方面，软土地基抗剪强度低，稳定性差，容易产生渗透变形，抗冲刷能力差，并且具有较大的压缩性，在自重以及外荷载的作用下容易产生较大的沉降和不均匀沉降，而导致水闸倾斜甚至断裂。因此，闸址选择应尽量选择土质均匀密实，压缩性小的地基，并要求地下水位较低，尤其应避开地基内的高承压水层。

（5）闸址的选择还应考虑有足够的施工场地，对外交通便利，并有利于就地取材。

6.1.2.2 小型水闸的闸孔设计

闸孔设计的任务包括闸室、堰型等形式的选择以及闸底板高程、孔口总净宽、单孔尺寸和孔数等参数的确定。

1. 闸孔型式

闸孔型式一般有宽顶堰型（平地板孔口型）、低实用堰型（梯形堰、曲线形堰、驼峰堰）以及胸墙孔口三种，如图6.6所示。

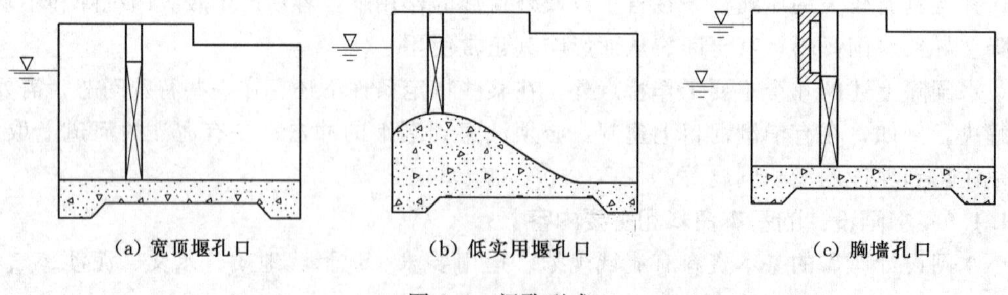

(a) 宽顶堰孔口　　(b) 低实用堰孔口　　(c) 胸墙孔口

图6.6 闸孔型式

（1）宽顶堰。宽顶堰是水闸中最常采用的一种型式，其结构简单、施工方便，泄流能力比较稳定，尽管自由泄流时流量系数较小、易产生波状水跃，但是它有利于泄洪、冲沙、排冰、排污、通航等，多适用于平原地区。

（2）低实用堰。水闸底板采用的实用堰，一般多为低堰。适用于上游水位允许有较大壅高的山区河道，自由泄流时流量系数较宽顶堰大，水流条件较好，因堰具有一定的高度故可使闸门高度减少，并可拦截泥沙流向下游。选用适宜的堰面曲线可以消除波状水跃，但其泄流能力受下游水位影响较大，不能通航且施工较为复杂。目前常用的实用堰有

WES 堰、驼峰堰和梯形堰三种。

(3) 胸墙式孔口。属于宽顶堰类型，适用于上游水位变幅较大的水闸，高水位时可用胸墙挡水，因此可以减小闸门及工作桥的高度，增加闸室刚度，但此种结构型式不利于排污、排冰和通航。

2. 闸底板高程

闸底板高程的选定将关系到闸孔型式和尺寸的确定，将直接影响整个水闸的工程量和造价。确定底板高程的条件是应满足水闸泄流能力的要求；过闸单宽流量应满足闸址地质地形条件；考虑施工开挖的可能性和造价的经济性。一般根据河（渠）底高程、水流、泥沙、过闸的单宽流量、地形地质条件、下游河床的抗冲能力以及工程总投资等因素来确定。

底板高程采用较低将增加闸前水深和过闸单宽流量，从而使得闸孔总宽度缩小，减少了闸室段的工程投资。但闸底板定得过低，将增加基础开挖和下游消能防冲的工程量，以及闸身和两岸连接建筑物的高度，可能反而增加工程总投资。相反，如果采用较高底板高程，将增大闸室宽度，但闸室和两岸连接建筑物的高度相对较低。而对于小型水闸，由于两岸连接建筑物在整个工程量中所占比重较大，选择稍高的底板高程，即使将增加闸室宽度，但总的工程造价可能会更加经济。

另外，根据水闸承担主要任务不同，其闸底板高程的选择原则也有所不同。一般情况下，拦河闸和冲沙闸的底板高程可与河底高程齐平，以利于减轻闸前泥沙淤积；分洪闸或进水闸在满足分洪或引用设计流量的条件下，其底板高程可比河底高程略高些，以防止泥沙进入分洪区或渠道；排水闸的底板高程则应尽可能定的略低些，以满足排涝要求。

3. 闸孔总宽度及孔数

(1) 计算闸孔总净宽 B。水闸闸孔的总净宽度可以根据闸孔的形式、闸底板的高程以及泄流状态等条件确定。水闸的过闸水流流态一般可分为两种：①泄流时水流不受任何阻挡，呈堰流状态；②泄流时水流受到闸门或胸墙的阻挡，呈孔流状态。

1) 堰流孔口。当过闸水流具有自由水面，其流态为堰流，闸孔总净宽 B 按下式计算：

$$B=\frac{Q}{\sigma\varepsilon m\sqrt{2g}H_0^{\frac{3}{2}}} \tag{6.1}$$

式中 B——闸孔总净宽，m；

Q——过闸流量，m^3/s；

σ——堰流淹没系数，水闸由于下游水位变幅大，淹没系数常小于1.0，对于自由出流 $\sigma=1.0$；

ε——堰流侧收缩系数；

m——流量系数；

H_0——计入行近流速水头的堰上水头，m。

2) 孔流孔口。

$$B=\frac{Q}{\sigma'\mu h\sqrt{2gH_0}} \tag{6.2}$$

式中 σ'——孔流淹没系数；

μ——孔流流量系数；

h——孔口高度，m。

式（6.1）与式（6.2）中σ、ε、m、σ'、μ的取值可由SL 265—2001《水闸设计规范》的附表查得。

另外，闸孔总净宽B的选择还需考虑适宜的最大过闸单宽流量。根据我国的经验，对粉砂、细砂地基，可选取$5\sim10m^3/(s\cdot m)$；沙壤土地基，取$10\sim15m^3/(s\cdot m)$；壤土地基，取$15\sim20m^3/(s\cdot m)$；坚硬黏土地基，可取$20\sim25m^3/(s\cdot m)$。

过闸水位差的选用，关系到上游淹没和工程造价，比如过分壅高上游水位，将会增加上游河岸堤防的负担，加大下游消能防冲的工程量。设计中，应结合工程具体情况来选择，一般设计过闸水位差选用0.1～0.3m。

（2）计算单孔净宽b与孔数n。当闸孔总净宽B确定后，即可进行分孔。单孔净宽b应根据闸门的型式、启闭设备、闸孔的运用要求（如泄洪、排冰或漂浮物、过船等）和工程造价等条件，并参照闸门系列综合比较选定。对于小型水闸，其每孔净宽一般为2～4m；大、中型水闸的单孔宽度一般采用8～12m。

当选定闸孔净宽b后，则所需闸孔孔数$n=B/b$，设计中应取略大于计算值的整数，但总净宽不宜超过计算值的3%～5%。当闸孔数目较少（$n<6$）时一般取奇数孔，以便对称开启闸门，使下泄水流匀称，有利于消能防冲。当孔数较多，如多于6孔时，采用单数孔或双数孔差别不是很大。

（3）计算闸室总宽度L。闸室总宽度$L=nb+\sum d$，其中，d为闸墩厚度。闸室总宽度拟定后，尚需考虑闸墩等影响进一步校核水闸的过水能力。一般实际过流量与设计过流量的差值不得超过5%，否则须调整闸孔尺寸，直到满足要求为止。

另外，从过水能力和消能防冲两方面考虑，闸室总宽度应与河（渠）道宽度相适应。根据治理海河工程的经验，一般闸室总宽度应不小于河（渠）道宽度的0.6～0.85，河（渠）道宽度较大时，取较大值。

6.1.3 消能防冲设计

水流经过水闸流向下游时，具有较大的上下游水位差，另外上下游的河宽通常大于闸宽，使得过闸水流比较集中，因此过闸水流往往具有较大的动能，将对下游河床产生不同程度的冲刷。所以，闸下冲刷是一个普遍的现象，必须采取相应的消能防冲措施加以防护。

为了合理地设计水闸的消能防冲设施，首先应了解过闸水流的特点。

6.1.3.1 过闸水流的特点

与高水头泄水建筑物相比，经水闸下泄的水流具有以下一些特点：

（1）在各种不同泄量和下游水位情况下，很难保证都能发生完全水跃，因此水流具有未消耗能量，即闸下水流具有剩余能量。

（2）当水闸的上下游水位差较小时，水流的弗劳德数较小，容易形成波状水跃（图6.4），消能效果差，具有较大的冲刷能力。

（3）进口水流流态不对称时，主流方向常常左右摆动，形成折冲水流（图6.5），应采取相应措施消耗能量，防止淘刷下游河床。

另外，由于平原地区的河渠往往宽而浅，河宽常大于闸宽，水流过闸时先收缩，出闸后再扩散，如果工程布置或运行操作不当，就容易使主流集中；同时，水流保持急流流态，不易向两侧扩散，致使两侧产生回流，缩小了河槽的有效过流宽度，使局部单宽流量增大，加剧水流对下游河道的冲刷。

6.1.3.2 水闸的消能防冲设施

为了减轻过闸水流对下游河床的冲刷，一方面要尽可能消除下泄水流的动能，另一方面还需加强对河床及河岸的保护，防止水流的剩余动能对其冲刷。为达到以上目的而修建的工程措施称为消能防冲，它首先是消能，其次是防冲，因此在消能防冲设计时，消能是主要环节。

平原地区的水闸，由于水头较低，下游水位变幅较大，一般采用底流式消能。对于小型水闸，还可结合当地的自然条件（地质、河道含沙量等）、经济条件和运行状况，选用更为简易的消能方式，如利用设在闸底板末端的格栅和梳齿板消能，在底板末端修建足够深的齿墙，并在其下游侧河床铺石加糙，以消除水流中的余能等。

以下主要介绍底流消能方式，这种消能形式由消力池、海漫和防冲槽三个部分组成。

1. 消力池

（1）消力池的型式。底流式消能主要是利用水流形成水跃，旋滚消除水流能量，以保护地基免受冲刷。但如果下泄水流形成水跃的淹没度过小，水跃不稳定，表面旋滚将前后摆动；反之，淹没度过大将使较高流速的水舌潜入底层，表面旋滚的消能效果反而减小。底流消能淹没度一般取1.05～1.10较为适宜。因此，当下游尾水深度不能满足要求时，可通过在护坦末端设置消力坎、降低护坦高程以及既降低护坦高程又设置消力坎等措施形成消力池，则对应消力池的型式分别为消力坎式、挖深式和综合式，如图6.7所示，从而促使水流在池内产生一定淹没度的淹没水跃，有时还可在护坦上设消力墩等辅助消能工以加强消能效果。

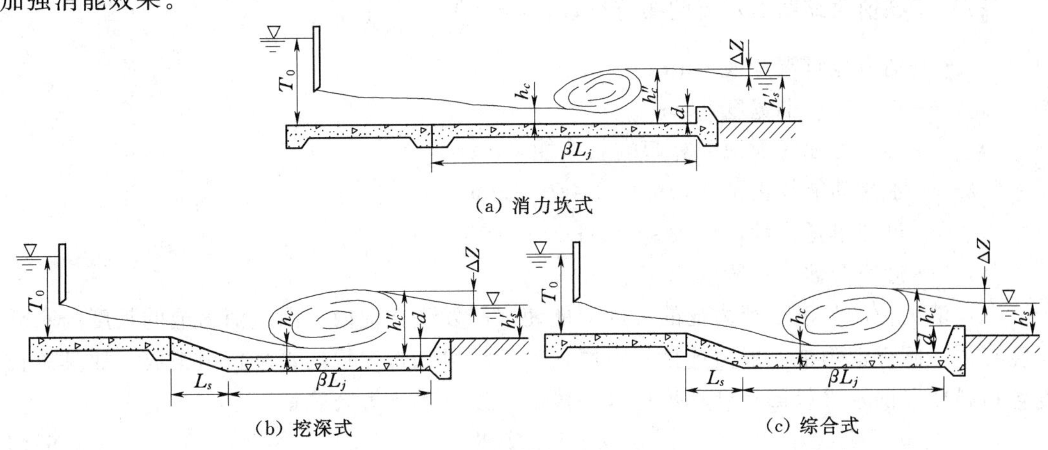

图6.7 消力池的型式

消力池的型式主要考虑实际下游水深与跃后水深的相对关系：一般当尾水深约等于跃后水深时宜采用辅助消能工或消力坎式；当尾水水深小于跃后水深1.5m时，宜采用挖深式消力池；当尾水水深小于跃后水深1.5～3.0m时，宜采用综合式消力池；当尾水深小于跃后水深3.0m以上时，应做一级消能和多级消能的方案比较，从中选择技术经济合理的方案。

消力池的计算主要包括消力池的深度、长度和消力池底板即护坦的厚度。消力池的深度和长度是在某一给定的流量和相应的下游水深条件下确定的，因此应当选择几个泄流量分别计算其跃后水深，将其与实际下游水深比较，选择最不利情况的泄量条件进行计算、对比并最终确定消力池的深度和长度，并且要求水跃的起点位于消力池的上游端或斜坡段的坡脚附近。消力池底板的厚度主要由抗冲和抗浮要求确定，并取两者计算值的最大值。

(2) 消力池的深度。消力池的深度应保证池内水深对水跃产生一定的淹没度，从而保证在下游水位发生变动等情况下，不会形成远驱式水跃。

消力池深度按下式计算：

$$d=\sigma_0 h_c''-h_s'-\Delta Z \tag{6.3}$$

$$h_c''=\frac{h_c}{2}\left(\sqrt{1+8Fr^2}-1\right)\left(\frac{b_1}{b_2}\right)^{0.25} \tag{6.4}$$

$$h_c^3-T_0 h_c^2+\frac{\alpha q^2}{2g\phi^2}=0 \tag{6.5}$$

$$\Delta Z=\frac{\alpha q^2}{2g\phi^2 h_s'^2}-\frac{\alpha q^2}{2gh_c''^2} \tag{6.6}$$

式中 d——消力池深度，m；

σ_0——水跃淹没系数，一般取1.05～1.10；

h_c''——跃后水深，m；

h_s'——下游水深，m；

ΔZ——涌浪高度，m；

h_c——跃前收缩断面水深，m；

Fr——跃前收缩断面水流的弗劳德数，$Fr=\frac{q}{h_c}\sqrt{\frac{\alpha}{gh_c}}$；

b_1——消力池首端宽度，m；

b_2——消力池末端宽度，m；

T_0——由消力池底板顶面算起的总势能，m；

α——水流动能校正系数，可取1.00～1.05；

q——过闸单宽流量，$m^3/(s\cdot m)$；

ϕ——流速系数，一般取0.95。

(3) 消力池的长度。消力池的长度应能使水跃发生在池内，因此消力池的长度与水跃长度有关。闸下消力池一般由连接闸室底板的斜坡段和带尾坎的水平护坦组成，故其总长度包括斜坡段的水平投影长度和护坦水平段的长度，其计算公式如下：

$$L_{sj}=L_s+\beta L_j \tag{6.7}$$

式中 L_{sj}——消力池的总长度，m；

L_s——斜坡段长度，m，与斜坡段的坡度有关，坡度一般常用1∶3～1∶4；

β——水跃长度校正系数，可取0.7～0.8；

L_j——自由水跃长度，m。

自由水跃的长度采用SL 265—2001《水闸设计规范》中推荐的公式计算：

$$L_j=6.9(h_c''-h_c) \tag{6.8}$$

（4）消力池的底板厚度。水闸过水时消力池内水流十分紊乱，底板不仅承受自重、水重、扬压力、脉动压力，还有高速水流的冲击力等作用，受力条件非常复杂，一旦破坏将会影响到整个水闸的安全，因此要求消力池护坦必须具有足够的抗冲性、整体性和稳定性。为了满足以上要求，消力池护坦的厚度应根据抗冲和抗浮要求分别计算，取其最大值，且不小于0.5m。

满足抗冲要求，可用下式计算：

$$t=k_1\sqrt{q\sqrt{\Delta H'}} \tag{6.9}$$

式中　t——消力池底板始端的厚度，m；

k_1——消力池底板的计算系数，可取0.15～0.20；

q——消力池进口处的单宽流量，$m^3/(s\cdot m)$；

$\Delta H'$——闸孔泄流时的上、下游水位差，m。

满足抗浮要求，可用下式计算：

$$t=k_2\frac{U-W\pm P_m}{\gamma_b} \tag{6.10}$$

式中　k_2——消力池底板的安全系数，可取1.1～1.3；

U——作用在消力池底板底面的扬压力，kPa；

W——作用在消力池底板顶面的水重，kPa；

P_m——作用在消力池底板上的脉动压力，kPa，其值可取跃前收缩断面流速水头值的5%；通常计算消力池底板前半部的脉动压力时取“+”号，计算消力池底板后半部的脉动压力时取“-”号；

γ_b——消力池底板的饱和容重，kN/m^3。

消力池护坦末端厚度可取$t/2$，但不宜小于0.5m，大中型水闸一般为0.5～1.0m。

消力池底板的材料应具有一定的抗冲耐磨性，一般采用混凝土或钢筋混凝土，在小型水闸中还可以采用浆砌块石。为了降低护坦底部的渗透压力，一般在护坦的后半段设置排水孔，孔径一般为5～25cm，间距为1.5～3.0m，梅花形排列，孔内需充填碎石或无砂混凝土，既可使渗水通过，也可避免水流中泥沙堵塞排水孔。另外，排水孔底部必须设置反滤层。

2. 海漫

尽管下泄水流在消力池内已消除大部分能量，但仍有较大剩余能量，紊动的现象仍很剧烈，特别是水流流速分布不均，底部流速较大，对河床有较大的冲刷能力。海漫的作用是进一步消除余能，保护消力池后面的一段河床免受冲刷，保证消力池的安全。

（1）海漫的长度。海漫的长度取决于消力池末端的单宽流量、上下游水位差、河床土质抗冲能力、闸孔与河道宽度的比值等，应根据可能出现的最不利的水位和流量的组合情况进行计算。SL 265—2001《水闸设计规范》中建议，当$\sqrt{q_s\sqrt{\Delta H'}}=1\sim9$，且消能扩散良好的情况时，可用下面的经验公式计算：

$$L_p=k_s\sqrt{q_s\sqrt{\Delta H'}} \tag{6.11}$$

式中 L_p——海漫长度，m；

k_s——海漫长度计算系数，当河床为粉砂、细砂时取14～13；中砂、粗砂及粉质壤土时取12～11；粉质黏土时取10～9；坚硬黏土时取8～7；

q_s——消力池末端的单宽流量，$m^3/(s\cdot m)$；

$\Delta H'$——上、下游水位差，m。

(2) 海漫的布置和构造。当下游河床局部冲刷不大时，可采用水平海漫；反之，可在全长范围内采用倾斜向下游的海漫，或者在海漫起始段做5～10m长的水平段，其顶面高程可与护坦齐平或在消力池尾坎顶以下0.5m左右，水平段后做成不陡于1∶10的斜坡段以便水流均匀扩散，保护河床不受冲刷，如图6.8所示。

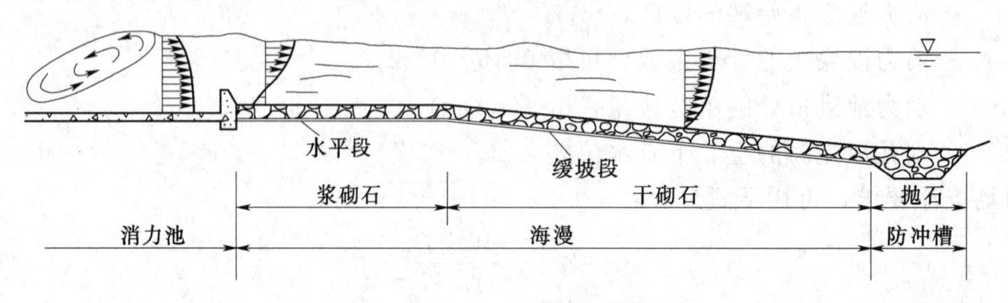

图6.8 海漫布置及其流速分布示意图

海漫在构造上应要求：具有一定的透水性，以便渗水能自由排出，降低底部承受的渗透压力；表面应有一定的粗糙性，加大与水流的摩擦，进一步消除剩余能量；具有一定的柔性，以适应地基的不均匀沉降和下游河床可能的冲刷变形。

常见的海漫结构型式有以下几种：

1) 干砌石海漫。通常由粒径大于30cm的块石砌筑而成，厚度为0.4～0.6m，常布置在海漫中、后段，约为海漫全长2/3的范围。在砌石下面一般铺设碎石、粗砂垫层。干砌石海漫的抗冲流速为2.5～4.0m/s，为了提高其抗冲能力，每隔6～10m可设置一道浆砌石石埂。

2) 浆砌石海漫。一般由粒径大于30cm的块石用水泥砂浆砌成，砌筑厚度与干砌块石相同，内部设有排水孔，下部铺设反滤层或垫层。其抗冲能力可达3～6m/s，但透水性和柔性较差，一般布置在海漫紧接消力池的前1/3的范围内。

3) 混凝土海漫。整个海漫用混凝土板块拼铺形成。混凝土板通常为边长2～5m的正方形，厚度为0.1～0.3m。板中设有排水孔，下部铺设反滤层或碎石垫层，其抗冲流速可达6～10m/s，但是造价较高。

4) 其他形式的海漫。如钢筋混凝土海漫，当出池水流的剩余能量仍然较大时，可在尾槛下游5～10m范围内铺设钢筋混凝土板海漫，板中设有排水孔，底部铺设反滤层或垫层。另外，铅丝石笼海漫不仅施工方便，而且能够较好地发挥其抗冲、透水和柔性等

性能。

3. 防冲槽

水流经过海漫后，尽管多余能量得到进一步消除，但在海漫末端仍会出现冲刷现象。为保证海漫安全和节省工程量，常在海漫末端设置防冲槽，或其他加固措施，如图6.9（a）所示。防冲槽一般是在海漫末端开挖的梯形槽中抛填块石而成，其作用是当海漫末端发生河床冲刷形成冲坑时，防冲槽内的抛石将随冲坑的发展沿斜坡陆续滚下，盖护在冲刷坑的上游坡上从而阻止冲刷进一步向上游发展，以确保海漫的安全。

防冲槽的尺寸应根据海漫末端河床可能的冲刷深度确定，可按下式计算：

$$d_m = 1.1\frac{q_m}{[v_0]} - h_m \tag{6.12}$$

式中　d_m——海漫末端河床冲坑深度，m；

q_m——海漫末端的单宽流量，$m^3/(s \cdot m)$；

$[v_0]$——河床土质允许不冲流速，m/s；

h_m——海漫末端的河床水深，m。

按以上公式计算得到的冲坑深度往往较大，特别是砂性土地基，若由此确定防冲槽的深度，不仅不经济且施工开挖难度较大。参照已建水闸工程的实践经验，防冲槽的深度一般可取1.5～2.5m，底部宽度可取其深度的2～3倍，上下游边坡系数可分别取2～3和3。

对于冲坑深度较小的水闸，可采用防冲墙形式以代替防冲槽。防冲墙有齿墙、板桩、沉井等形式。防冲齿墙的深度一般为1～2m，适用于冲坑深度较小的工程，如图6.9（b）所示。如果深度较大，河床为粉、细砂时，可以采用板桩、井柱或沉井等形式，此时应尽量缩短海漫长度，减小工程量。

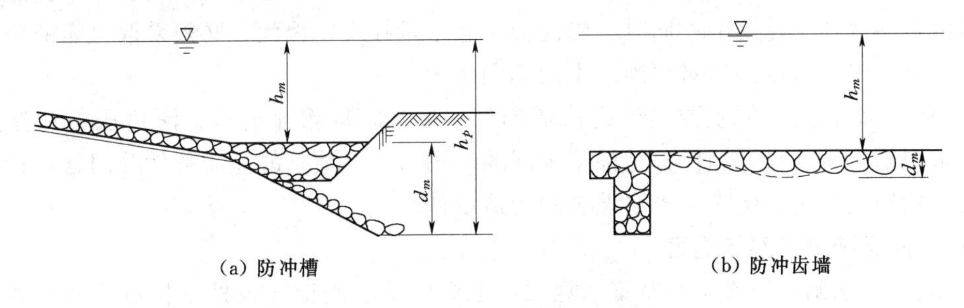

图6.9　防冲槽（齿墙）示意图

4. 上游河床与上下游岸坡的防护

为了保护上游河床与上下游岸坡免受水流的冲刷，需要对其进行防护。一般上游河床在靠近上游铺盖的一段需要设置护底进行防护，其长度一般取上游水深的3～5倍。上游岸坡在对应护底和铺盖的范围内要设置护坡进行防护。靠近上游铺盖和闸室的一段距离内由于水流流速较大，对应的护底护坡材料一般采用浆砌块石，其他部分可用干砌块石。下游护坡的长度应大于对应河底防护长度，材料同上游岸坡选取。

上下游护坡的顶部应在最高水位以上。砌石护坡、护底的厚度通常取0.3～0.5m，下面铺设卵石及砂垫层，厚度均为10cm。护坡每隔8～10m可设置混凝土埂或浆砌石埂一道，在坡脚处应做混凝土齿墙嵌入地基中，以增强其稳定性。若护坡采用现浇混凝土，其厚度一般可取0.2～0.3 m。若为预制混凝土板砌护，其厚度可取0.1～0.2m。

6.1.3.3 消能防冲的设计条件

在进行水闸消能防冲设计时，应考虑不同的运用情况，从中选择最不利的流量和水位组合作为消能防冲的设计条件。一般选择过闸水流单宽能量 $E=\gamma\Delta Hq$ 最大的情况作为计算的控制条件（式中，γ 为水的容重；ΔH 为上下游水位差；q 为单宽流量）。当闸门全开时，下泄流量最大，上下游水位差较小，此时的单宽能量并不一定最大；而上游水位较高、闸门部分开启时，在某一下泄流量条件，其单宽能量可能达到最大值，此时应选择该工况为控制条件。由此可见，水闸的消能防冲设计与水闸的形式、闸门的操作管理等因素有密切关系。

合理的闸门操作管理可以减轻下泄水流对下游河床的冲刷。一般要求闸门应尽可能对称、均匀、逐级开启。每次开启时必须待下游水位升高后再逐步开启，严禁一次开到顶。一般规定闸门分2～3次开启。如果由于启闭设备或其他条件限制不能均匀开启时，应分阶段开启，每次开启0.5～1.0m，依次对称地增加每个闸门的开启度。如先将中孔开启0.5m，待下游水位升高后再开启两侧闸孔，依次类推，直至闸门全部开启。另外需要注意的是，闸门的关闭次序与闸门的开启次序相反。

6.1.4 防渗排水设计

水闸建成挡水后，在上下游水位差的作用下，将会在闸基及两岸连接建筑物的背水一侧岸坡产生渗流，其中闸基渗流为有压渗流，岸坡绕渗则为无压渗流。闸基渗流将在闸底板上产生扬压力而不利于闸室稳定；岸坡绕渗亦对两岸连接建筑物的侧向稳定不利；闸基渗流和岸坡绕渗还可能引起渗透变形破坏，严重时甚至会导致整个水闸失事；渗流也会导致地基内可溶物质加速溶解；同时，渗漏会引起水量损失。因此，必须采取可靠的防渗排水措施，以消除和减小渗流对水闸产生的不利影响。

水闸渗流分析的目的主要是确定渗流的三个要素，即渗流流量、渗透压力和渗透坡降。而水闸防渗排水设计的任务是根据水闸的作用水头、地基的地质条件等因素，拟定水闸的地下轮廓线和进行防渗、排水设施的构造设计。

6.1.4.1 闸基防渗长度的确定

图6.10为水闸的防渗排水布置示意图，上游铺盖、底板和板桩是相对不透水的，护坦上因设置排水孔，所以不阻水，因此水流在上下游水位差的作用下，经闸基向下游渗流，最终从护坦上的排水孔处逸出。而从上游防渗铺盖的始端开始，沿铺盖、板桩、闸室底板及护坦，到下游排水孔的前端为止，是闸基渗流的第一根流线，称为地下轮廓线，其长度即为闸基的防渗长度，又称渗径长度。

依据SL 265—2001《水闸设计规范》，在工程规划和可行性研究阶段，初步拟定闸基防渗长度时应满足下式的要求：

$$L\geqslant C\Delta H \tag{6.13}$$

式中 L——闸基防渗长度，即闸基轮廓不透水部分（包含水平段、垂直段及倾斜段）长度的总和，m；

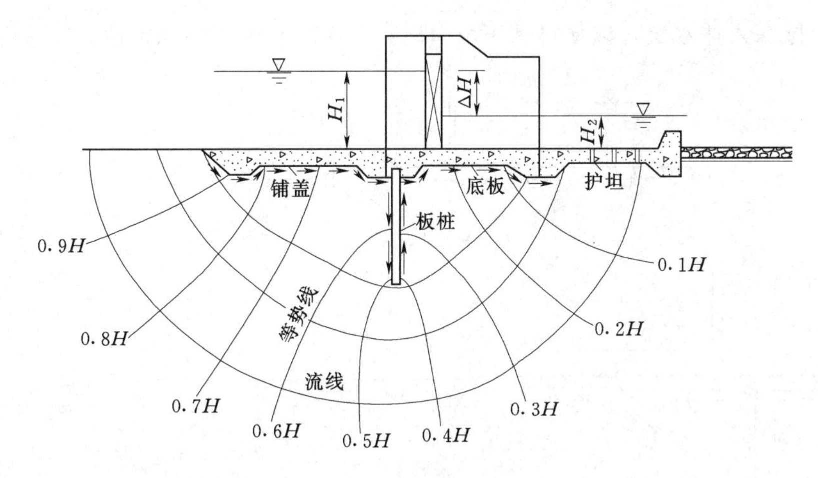

图 6.10 地下轮廓及流网

ΔH——上下游水位差，m；

C——允许渗径系数，根据我国水闸建设实践经验，取值见表 6.1。当闸基设板桩时，可采用表 6.1 中所列规定值的小值。

表 6.1 允许渗径系数值

排水条件 \ 地基类别	粉砂	细砂	中砂	粗砂	中砾、细砾	粗砾夹卵石	轻粉质砂壤土	轻砂壤土	壤土	黏土
有滤层	13～9	9～7	7～5	5～4	4～3	3～2.5	11～7	9～5	5～3	3～2
无滤层	—	—	—	—	—	—	—	—	7～4	4～3

6.1.4.2 地下轮廓的布置

当水闸的防渗长度初步确定后，可以根据设计要求及地基特性，并参考已建工程的实践经验来进行水闸地下轮廓的布置。

地下轮廓的布置原则是“上防下排”，防渗与导渗相结合，即在闸室底板的上游侧布置铺盖、板桩、齿墙等防渗设施，用以延长渗径，降低底板下的渗透压力及渗透比降；而在下游侧布置排水孔、减压井等排水设施，以便渗水尽快排出，减小底板下的渗透压力，防止发生渗透变形。

地下轮廓的布置方案与地基土质条件密切相关，对于不同性质的地基具有不同的布置特点。

1. 黏性土地基

由于黏性土颗粒间具有凝聚力，故不易产生管涌，但其与闸底板间的摩擦系数较小，对闸室稳定不利。因此在黏性土地基上进行地下轮廓布置时，应主要考虑降低闸底渗透压力，从而提高闸室的抗滑稳定性。防渗措施一般采用水平铺盖，而不宜设置板桩，如图 6.11 (a) 所示。因为设置板桩反而破坏黏土颗粒的天然结构，可能导致在板桩与地基间形成集中渗流的通道。排水设施一般可延伸到闸底板下，以降低底板上作用的渗透压力，同时还有利于加速黏性土的固结。当黏性土地基内有承压透水层时，应在消力池底部设置垂直排水设施深入透水层，以便将承压水引出，从而提高闸室的稳定性。

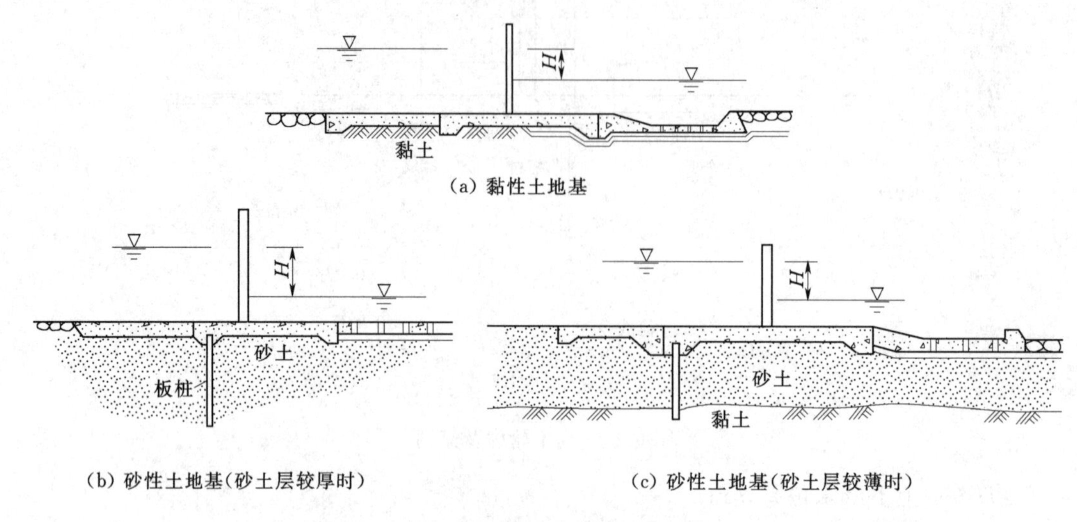

图 6.11 地下轮廓线的布置

2. 砂性土地基

砂性土地基的特点是土壤与底板之间的摩擦系数大，这有利于闸室的抗滑稳定性。然而，砂性土颗粒间无凝聚力，容易产生管涌。因此，防渗设计应主要考虑如何延长渗径以降低渗透坡降，防止渗透变形的发生。当砂土层很厚时，一般采用铺盖与悬挂式板桩相结合的方式，排水设施一般布置在护坦下面，如图 6.11（b）所示。如果为细砂，可在铺盖上游端增设一道短板桩，以延长渗径，减小渗透坡降，但相邻两道板桩的间距应大于两道板桩长度之和的 0.7，否则渗流可能跃过板桩，导致水平段的有效长度减小。当砂土层较薄时，可用板桩将薄砂层切断，并深入不透水层，如图 6.11（c）所示。对于粉砂地基，为了防止地基液化，一般采用将闸基四周用板桩包围起来的封闭式方式排水设施。

6.1.4.3 渗流计算

渗流计算的目的是计算闸下渗流场内的渗透压力，渗透坡降及渗透流速等，并验证初步拟定的地下轮廓布置是否满足规范要求。

闸基渗流计算常用的方法有流网法、改进阻力系数法和直线比例法。

1. 流网法

对于边界条件复杂的渗流场，很难求出精确的渗流理论解，工程上常常利用流网法解决这一类问题，如图 6.10 所示。流网的绘制可以通过手绘或试验来完成。前者适用于均质地基上的水闸，尽管需要经过反复多次修改，但仍属于简单易行的方法，并且具有较高的精度。

2. 改进阻力系数法

（1）基本原理。该方法是一种以流体力学解为基础的近似方法，是 SL 265—2001《水闸设计规范》推荐采用的计算方法。其基本原理是将整个渗流区域分成若干典型段，求解每个典型段相应的渗流阻力系数，然后根据渗流连续性条件，计算出总的水头损失，最后求解每段的水头损失和其他渗流要素。

根据达西定律，某一渗流段的单宽流量为

$$q=kJ_iT=k\frac{h_i}{l_i}T \tag{6.14}$$

令$\frac{l_i}{T}=\xi_i$，可得

$$q=k\frac{h_i}{\xi_i} \tag{6.15}$$

式中 k——地基土的渗流系数，m/s；

J_i——渗流段的渗透坡降；

T——地基透水层的深度，m；

h_i——渗流段的水头差，m；

l_i——渗流段的长度，m；

ξ_i——渗流段的阻力系数，只与渗流段的几何形状有关。

由式（6.15）可得，渗流段的渗透水头损失$h_i=\xi_i\frac{q}{k}$，而各段的渗透水头损失之和就等于上下游的水位差，即

$$H=\sum_{i=1}^{n}h_i=\frac{q}{k}\sum_{i=1}^{n}\xi_i \tag{6.16}$$

由此可得，各渗流段的水头损失，即

$$h_i=\xi_i\frac{H}{\sum_{i=1}^{n}\xi_i} \tag{6.17}$$

根据式（6.17）可以看出，当求出各渗流段的阻力系数及上下游水头差后，便可以通过该式计算各段的水头损失。

当各分段的水头损失求出后，从渗流出口段逐渐向上游累加其水头损失，即可求出相邻各计算角点的渗透压力水头。各分段内的水头损失近似按直线规律变化，最后可以绘出渗透压力分布图。

（2）典型渗流段的阻力系数。根据 SL 265—2001《水闸设计规范》，从地下轮廓线上的角点和板桩的尖端画等势线，可将整个渗流区域归纳为三种典型流段，分别是进、出口段（图 6.12 中的①、⑦段），内部垂直段（图 6.12 中的③、④、⑥段）和水平段（图 6.12 中的②、⑤段）。

1）进、出口段的阻力系数［图 6.13（a）］。

$$\xi_0=1.5\left(\frac{S}{T}\right)^{\frac{3}{2}}+0.441 \tag{6.18}$$

式中 ξ_0——进出口段的阻力系数；

S——板桩或齿墙的入土深度，m；

T——地基透水层的深度，m。

2）内部垂直段［图 6.13（b）］。

$$\xi_y=\frac{2}{\pi}\ln\cot\left[\frac{\pi}{4}\left(1-\frac{S}{T}\right)\right] \tag{6.19}$$

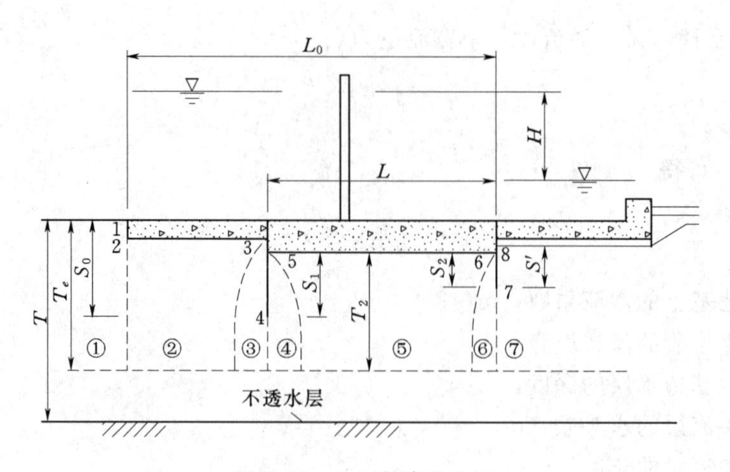

图 6.12 地下轮廓分段图

式中 ξ_y——内部垂直段的阻力系数。

3）水平段［图 6.13（c）］。

$$\xi_x=\frac{L_x-0.7(S_1+S_2)}{T} \tag{6.20}$$

式中 ξ_x——水平段的阻力系数；

L_x——水平段长度，m；

S_1、S_2——进、出口段板桩或齿墙的入土深度，m。

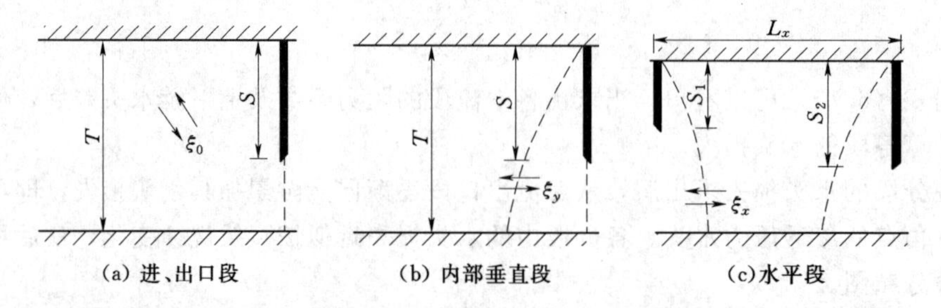

图 6.13 典型渗流段计算图

（3）确定地基有效深度。上述计算各典型流段阻力系数时，当地基透水层的深度较小，则可直接用实际深度作为 T；当地基透水层的深度较深时，需计算其有效深度 T_e 代替实际深度。

地基的有效深度 T_e 可用下式计算：

当 $L_0/S_0\geqslant5$ 时：

$$T_e=0.5L_0 \tag{6.21}$$

当 $L_0/S_0<5$ 时：

$$T_e=\frac{5L_0}{1.6\dfrac{L_0}{S_0}+2} \tag{6.22}$$

式中 L_0——地下轮廓线的水平投影长度，m；

S_0——地下轮廓线的垂直投影长度，m。

当计算的 T_e 值大于地基实际深度时，T_e 值应按地基实际深度取值。

(4) 进、出口段水头损失的局部修正。进、出口水力坡降为急变曲线分布，与前面的线性假定不符，因此，需对进出口段的水头损失进行必要的修正：

$$h_0' = \beta' h_0 \tag{6.23}$$

$$\beta' = 1.21 - \frac{1}{\left[12\left(\frac{T'}{T}\right)^2 + 2\right]\left(\frac{S'}{T} + 0.059\right)} \tag{6.24}$$

式中 h_0'——进、出口段修正后的水头损失值，m；

h_0——按式（6.17）计算出的水头损失，m；

β'——阻力修正系数，当计算的 $\beta' \geq 1.0$ 时，采用 $\beta' = 1.0$；

T'——板桩另一侧地基透水层深度，m。

修正后进、出口段水头损失将减小 Δh：

$$\Delta h = h_0 - h_0' = (1-\beta')h_0 \tag{6.25}$$

水力坡降呈急变形式的长度可按下式计算：

$$a = \frac{\Delta h}{H} T \sum_{i=1}^{n} \xi_i \tag{6.26}$$

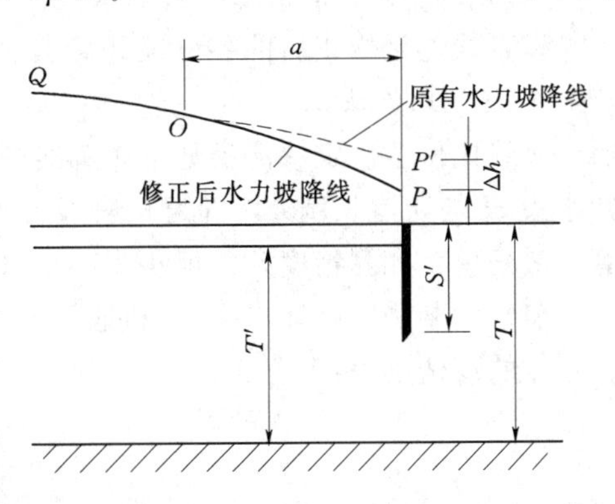

图 6.14 出口段水头损失的修正

图 6.14 中的 QP' 为原水力坡降线，根据修正长度 a 和水头损失减小值 Δh，可分别定出 O 点和 P 点，QOP 的连线即为修正后的水力坡降线。

(5) 进、出口段齿墙不规则部位修正。由于各段的水头损失之和必须等于总水头，因此，在进行了上述进、出口段水头损失修正后，进、出口段水头损失的减小值 Δh 会使附近渗流段内的水头损失相应增加，具体可按下列方法进行修正：

1) 当 $h_x \geq \Delta h$ 时［图 6.15 (a)］，可按下式进行修正：

$$h_x' = h_x + \Delta h \tag{6.27}$$

式中 h_x——水平段的水头损失值，m；

h_x'——修正后的水平段的水头损失值，m。

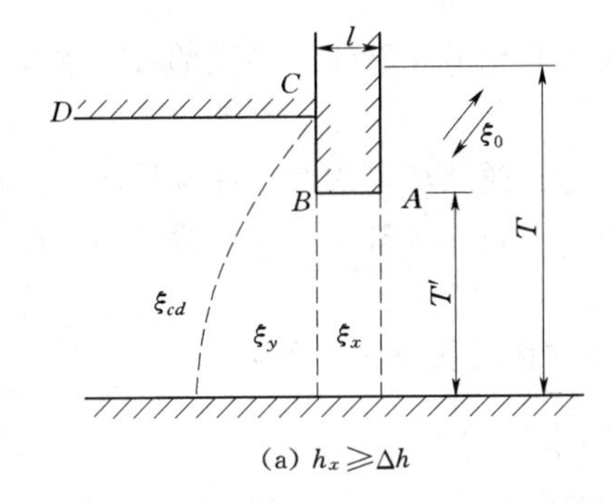

(a) $h_x \geq \Delta h$

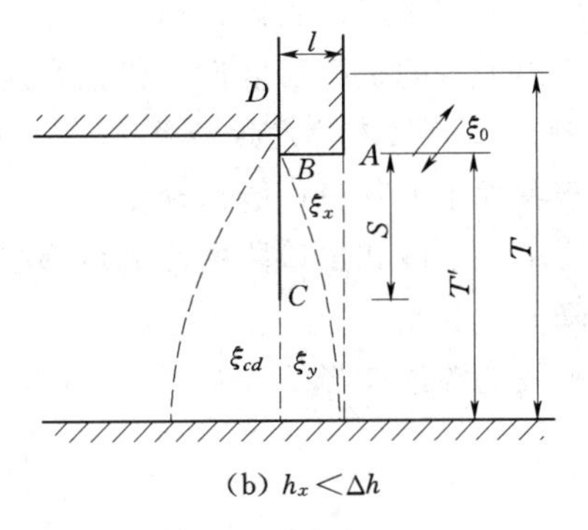

(b) $h_x < \Delta h$

图 6.15 齿墙不规则部位修正图

2）当 $h_x<\Delta h$ 时［图 6.15（b）］，可按下列两种情况分别进行修正：

a）若 $h_x+h_y\geqslant\Delta h$，可按下列公式进行修正：

$$h_x'=2h_x \tag{6.28}$$

$$h_y'=h_y+\Delta h-h_x \tag{6.29}$$

式中 h_y——内部垂直段的水头损失值，m；

h_y'——修正后的内部垂直段的水头损失值，m。

b）若 $h_x+h_y<\Delta h$，可按下列公式进行修正：

$$h_x'=2h_x \tag{6.30}$$

$$h_y'=2h_y \tag{6.31}$$

$$h_{CD}'=h_{CD}+\Delta h-(h_x+h_y) \tag{6.32}$$

式中 h_{CD}——CD 段的水头损失值，m，如图 6.15 所示；

h_{CD}'——修正后的 CD 段的水头损失值，m。

以直线连接修正后的各分段计算点的水头值，即得修正后的渗透压力分布图形。

3. 直线比例法

直线比例法假定渗流沿地下轮廓线的水头损失均匀消减，即按直线规律减小。只要已知水头 H 与防渗长度 L，即可按直线比例关系计算得到地形轮廓各点的渗透压强。其计算方法简单，计算精度差，但仍为小型水闸所采用。直线比例法有勃莱法和莱因法两种：

（1）勃莱法。已知水头 H 和地下轮廓线的长度 L，按直线比例关系求出地下轮廓线任一点的渗透压力：

$$h_x=\frac{H}{L}x \tag{6.33}$$

式中 x——计算点与逸出点之间的渗径，m。

（2）莱因法。莱因根据更多的实际工程资料认为，单位长度渗径上，水平渗径的消能效果仅为垂直渗径的 1/3。计算时，将水平渗径（包括倾角小于和等于 45°的渗径）除以 3，再与垂直渗径（包括倾角大于 45°的渗径）相加，即为渗径的折算长度 L'：

$$L'=L_1+\frac{L_2}{3} \tag{6.34}$$

式中 L_1——垂直渗径长度，m；

L_2——水平渗径长度，m。

计算出渗径的折算长度后，仍按直线比例法计算地下轮廓线上各点的渗透水头。

4. 地基土的抗渗稳定性验算

对于黏性土地基只可能出现流土，而不会发生管涌破坏，因此，在验算闸基抗渗稳定性时，要求水平段和出口段的渗流坡降必须分别小于表 6.2 规定的水平段和出口段的允许渗流坡降值。

水平段的渗透坡降 $J_i=h_i/L_i$，而出口段的渗透坡降按下式计算：

$$J=\frac{h_0'}{S'}<[J] \tag{6.35}$$

式中 $[J]$——出口段的允许坡降值，其取值见表 6.2。

对于非黏性土既可能出现管涌，也可能出现流土破坏。因此，在验算砂砾石闸基出口段抗渗稳定性时，应首先判别可能发生的渗流破坏形式（流土或管涌）。当 $4P_f(1-n)>1.0$ 时，为流土破坏，按表 6.2 控制其允许渗透坡降；当 $4P_f(1-n)<1.0$ 时，为管涌破坏，防止管涌破坏的允许渗透坡降按下式计算：

$$[J]=\frac{7d_5}{Kd_f}[4P_f(1-n)]^2 \tag{6.36}$$

$$d_f=1.3\sqrt{d_{15}d_{85}} \tag{6.37}$$

式中 $[J]$——防止管涌破坏的允许渗流坡降值；

d_f——闸基土的粗细颗粒分界粒径，mm；

P_f——小于 d_f 的土粒百分数含量，%；

n——闸基土的孔隙率；

d_5、d_{15}、d_{85}——闸基土颗粒级配曲线上小于含量 5%、15%、85%的粒径，mm；

K——防止管涌破坏的安全系数，可采用 1.5～2.0。

表 6.2　　水平段和出口段允许坡降值

地基土质类别		粉砂	细砂	中砂	粗砂	中砾细砾	粗砾夹卵石	砂壤土	壤土	软黏土	坚硬黏土	极坚硬黏土
允许坡降	水平段	0.05～0.07	0.07～0.10	0.10～0.13	0.13～0.17	0.17～0.22	0.22～0.28	0.15～0.25	0.25～0.35	0.30～0.40	0.40～0.50	0.50～0.60
	出口段	0.25～0.30	0.30～0.35	0.35～0.40	0.40～0.45	0.45～0.50	0.50～0.55	0.40～0.50	0.50～0.60	0.60～0.70	0.70～0.80	0.80～0.90

6.1.4.4 防渗及排水设施

1. 防渗设施

防渗设施是指构成地下轮廓的铺盖、板桩和齿墙，它可以分为水平防渗和垂直防渗两类。

（1）水平防渗。水平防渗的型式为铺盖，设在闸底板的上游侧，主要用来延长渗径，以降低渗透压力和渗透坡降，同时还具有防冲作用。铺盖的长度应根据闸基防渗需要确定，一般采用上、下游最大水位差的 3～5 倍。铺盖的材料有黏土、壤土、混凝土板、钢筋混凝土板及土工膜等。

1）黏土及壤土铺盖。黏土及壤土铺盖通常采用渗透系数 $K=10^{-5}\sim10^{-7}$cm/s 的黏性土做成，同时要求其渗透系数小于地基土的渗透系数的 1/100，以保证其具有足够的防渗能力。

铺盖的厚度 δ 应根据铺盖土料的允许水力坡降值按下式计算：

$$\delta=\frac{\Delta H}{[J]} \tag{6.38}$$

式中 ΔH——计算断面处铺盖顶面和底面的水头差，m；

$[J]$——允许水力坡降，黏土铺盖为 4～6，壤土铺盖为 3～5。

为了保证铺盖碾压施工质量，黏土或壤土铺盖的最小厚度不宜小于 0.6m。由于铺盖各截面的 ΔH 值向下游方向逐渐增大，因此由上式计算的铺盖厚度也随之加大。根据经验，铺盖在靠近闸室处的厚度不小于 1.5m。

为了防止铺盖发生干裂、冻胀及在施工期间被破坏，应在铺盖上面设0.3～0.5m的保护层。常用的保护层有干砌块石、浆砌块石或混凝土。在保护层和铺盖之间需设置1～2层由砂砾石铺筑的垫层，如图6.16所示。

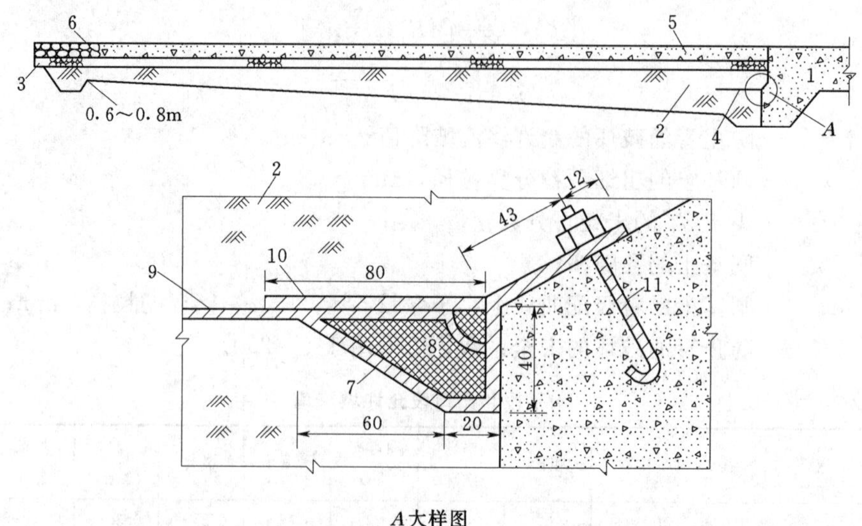

图6.16　黏土铺盖构造（尺寸单位：cm）

1—闸底板；2—黏土；3—垫层；4—沥青油毡；5—混凝土板保护；6—砌石保护；7—两层沥青油毡，每层0.5m；8—沥青填料；9—六层沥青油毡，每层0.5m；10—木盖板；11—钢筋

2）混凝土及钢筋混凝土铺盖。如果当地缺少作铺盖的土料，则可以采用混凝土或钢筋混凝土铺盖，如图6.17所示，其厚度一般根据构造要求确定。为了保证铺盖的防渗效

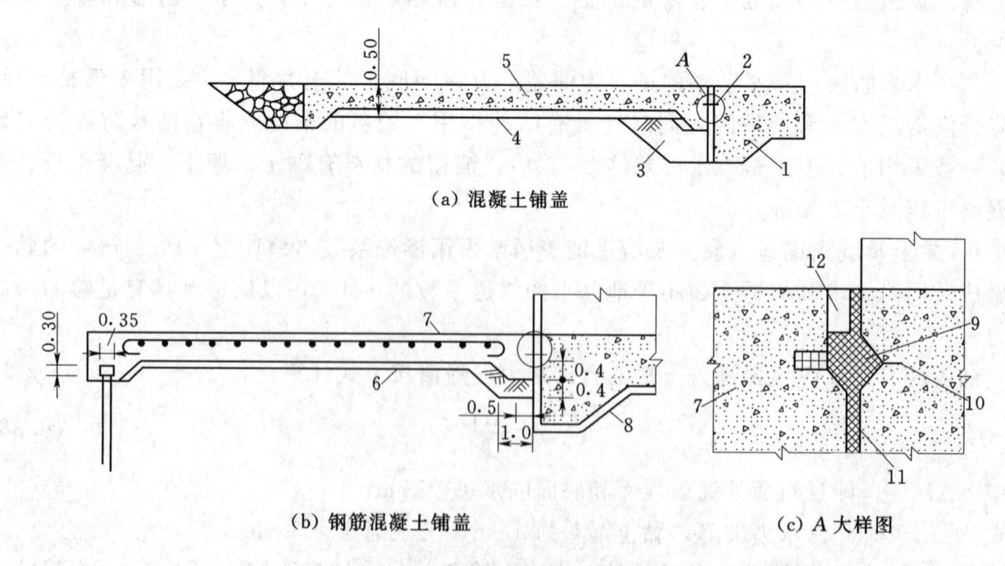

图6.17　混凝土和钢筋混凝土铺盖构造（单位：cm）

1—闸底板；2—止水；3—黏土；4—混凝土垫层；5—混凝土铺盖；6—黏性土垫层；7—钢筋混凝土铺盖；8—垫层；9—沥青；10—金属止水；11—油毛毡；12—水泥砂浆

果和施工方便，最小厚度不宜小于0.4m。在混凝土或钢筋混凝土铺盖与闸室底板连接处用沉降缝分开，铺盖本身在顺水流方向也需设沉降缝，间距一般为8～20m，并且在上述沉降缝中应设置橡皮、塑料或紫铜片止水。

3）防渗土工膜。防渗土工膜是近年来水闸工程中使用的一种新型材料。选用防渗土工膜代替传统的弱透水土料作为上游铺盖时，土工膜的厚度应根据作用水头、膜下土体可能产生的裂缝宽度、膜的应变和强度等因素确定。根据水闸工程的实践经验，采用的土工膜厚度不宜小于0.5mm。土工膜铺盖的合理长度应使渗透坡降和渗流量限制在允许的范围内，一般长度为作用水头的5～6倍。为了防止树枝、石子等硬物将土工膜刺破，需在土工膜上部采用水泥砂浆、砌石或预制混凝土块进行保护，而在下部铺设垫层。

（2）垂直防渗。常用的垂直防渗设施的型式有板桩、齿墙及地下连续墙等。

1）板桩。板桩一般设在闸底板的高水位一侧或铺盖的起始端，用以延长渗径，减小闸底板下作用的渗透压力，而设在闸底板下游端的短板桩则是用以减小逸出点的渗透坡降。板桩的入土深度视地基透水层的厚度而定。当透水层较薄时，可以将板桩插入不透水层内；当不透水层埋深较深时，则板桩的深度一般为上下游最大水头的0.6～1.0倍。

板桩按材料分有木板桩、钢筋混凝土板桩、钢板桩等。

木板桩目前已很少采用了，这是由于木板桩易劈裂，因而施工质量难以保证。在一般的工程中，采用较广泛的是钢筋混凝土板桩，其入土深度是根据地下轮廓布置、防渗长度计算和施工条件来确定的。根据水闸工程的实践经验，钢筋混凝土板桩的最小厚度不宜小于20cm，宽度不宜小于40cm。为了方便钢筋混凝土板桩的施打，将板桩的端部做成楔形。板桩两侧设有榫槽，以增加接缝处的不透水性。而钢板桩由于其成本较高，一般用于一些大型工程中。

板桩与闸室底板的连接方式有两种，如图6.18所示，一种是使板桩紧靠底板前缘，顶部嵌入黏土铺盖一定深度；另一种是将板桩顶部嵌在底板上游齿墙专门设置的凹槽内，为了适应闸室的沉降，并保证其不透水性，槽内用可塑性较大的不透水材料（如沥青）填充。在实际工程中，应根据具体情况选用上述的两种连接方式。前者适用于闸室沉降量较大，而板桩尖已插入坚实土层的情况；后者则适用于闸室沉降量较小，而板桩尖未插入坚实土层的情况。

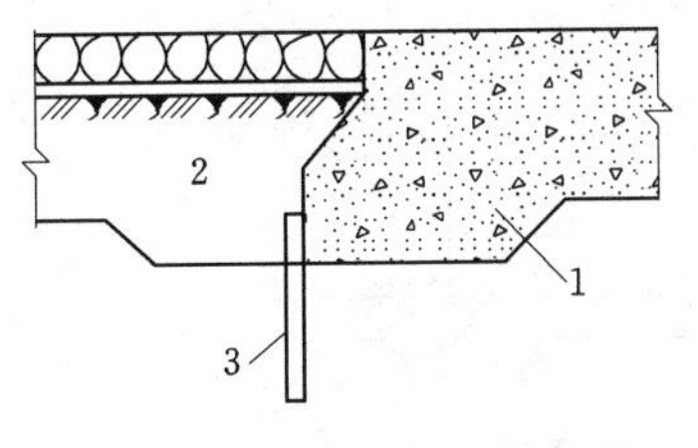

(a) 板桩紧靠底板前缘

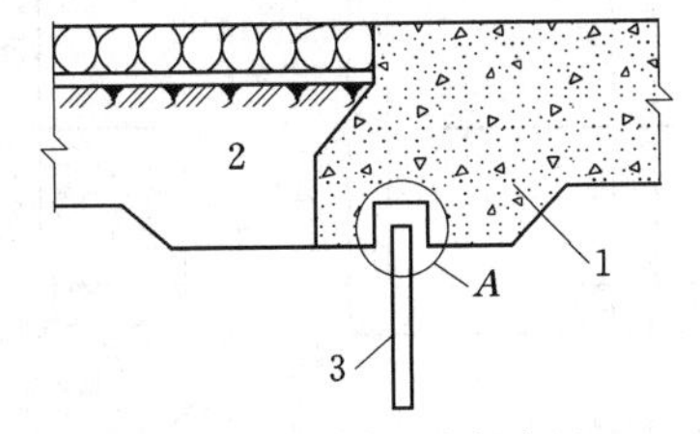

(b) 板桩顶部嵌入底板底面

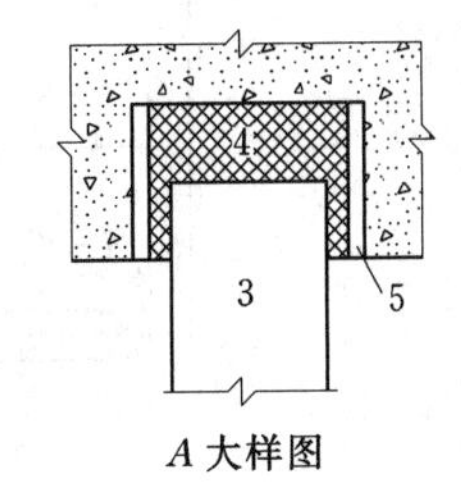

A大样图

图6.18 板桩与底板的连接

1—闸底板；2—铺盖；3—板桩；4—沥青；5—预制挡板

2）齿墙。闸底板上下游端一般都设有齿墙，它既能防渗又能增加闸室的抗滑稳定性。齿墙的深度一般为0.5～1.5m。

3）地下连续墙。地下连续墙是一种不用模板在地下建造连续墙的方法，由于其具有截水、防渗、承重及挡土的作用，近年来被广泛应用与各类工程中。

地下连续墙的施工方法是采用专门的挖槽机械，沿着拟定的垂直防渗体轴线，开挖一条狭长的深槽，在槽内吊放预制的钢筋笼，然后用导管法向槽内灌注水下混凝土替换槽内泥浆，从而筑成一个单元槽段。依此逐段施工，并以适当的接头方式将各单元槽段连接起来，最终形成一道连续的地下混凝土墙体。

2. 排水设施

水闸排水设施的主要作用将渗流安全地导向下游，以减小闸底板上作用的渗透压力，增加闸室的稳定性。

排水的形式有两种，分别是平铺式排水和铅直排水。

（1）平铺式排水。平铺式排水是一种常用的排水形式，一般采用透水性强的卵石、砾石或碎石等材料平铺在设计位置。排水石的粒径为1～2cm，在其下部与地基面间要设置反滤层，防止地基土产生渗透变形。反滤层常由2～3层不同粒径的石料组成，层面大致与渗流方向正交，其具体要求和构造参见项目3土石坝部分。

（2）铅直排水。铅直排水指排水井，它常用于地基下有承压透水层处。将排水井伸入承压透水层内0.3～0.5m，可引出承压水，达到降压的目的，从而提高闸室的稳定性。

6.1.5 闸室的布置与构造

水闸的闸室由底板、闸墩、闸门、胸墙、工作桥和交通桥等组成。

6.1.5.1 底板

底板是闸室的基础，将水闸上部结构的重量及荷载传给地基，同时作为地下轮廓线的组成部分，降低通过地基的渗透水流的渗透坡降，防止地基受渗透水流作用可能产生的渗透变形，并保护地基免受水流的冲刷。

闸底板的结构型式常用的是平底板。当上游水位较高，而过闸水流的单宽流量受到限制时，可以采用低堰底板。

平底板按其与闸墩的连接方式，可以分为整体式和分离式两种，如图6.19所示。

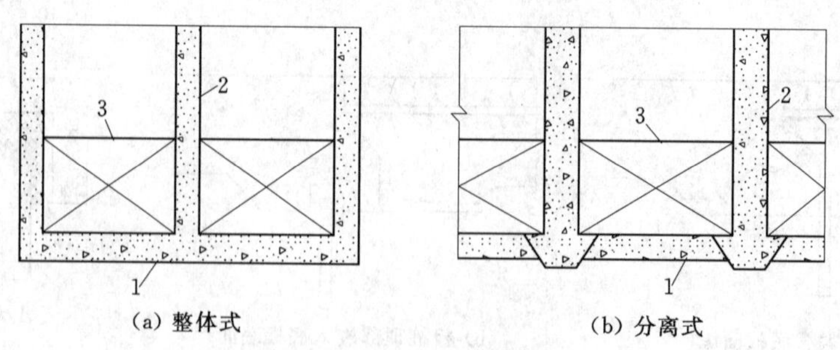

图6.19 平底板与闸墩的连接方式

1—闸底板；2—闸墩；3—闸门

1. 整体式底板

横缝设在闸墩中间，闸墩和底板浇筑成整体的称为整体式底板，如图6.19（a）所

示。它是闸室的基础部分，能够将上部结构的重量及荷载传递给地基，使地基应力趋于均匀。整体式平底板一般用于地基条件较差的情况。

整体式底板顺水流方向的长度应根据上部结构布置、闸室抗滑稳定和基底应力分布较均匀等要求而定。当上下游水位差 ΔH 越大，地基条件越差，则底板越长。初步拟定底板长度 L 时，对砂砾石地基可取（1.5～2.0）ΔH；砂土和砂壤土地基可取（2.0～2.5）ΔH；黏壤土地基可取（2.0～3.0）ΔH；黏土地基可取（2.5～3.5）ΔH。

闸底板的厚度必须满足强度和刚度的要求。对于大、中型水闸，闸室底板的厚度可取闸孔净宽的 1/5～1/8，一般为 1.0～2.0m，不宜小于 0.6m，但是对于小型水闸可薄至 0.3m。

整体式底板常采用实体结构，当地基的承载力较差时，可以采用刚度大、重量轻的箱式底板。

2. 分离式底板

分离式底板［图 6.19（b）］是用缝将底板与闸墩分开，底板与闸墩在结构上互不传力。底板只起防渗和防冲的作用，而闸室上部结构的重量及外荷载直接由闸墩传给地基。因此，底板的厚度只需满足在扬压力的作用下，自身的重力能保证其稳定性，厚度较整体式底板薄。

底板材料可用混凝土，对于小型水闸也可采用浆砌块石。若用浆砌块石时，需在块石表面上浇筑一层厚度约为 15cm 的混凝土，主要起平整表面、防冲和防渗作用。分离式底板一般适用于地质条件较好的坚实地基。

6.1.5.2 闸墩

闸墩的作用主要是分隔闸室，同时支承闸门、胸墙、工作桥及交通桥等上部结构。

闸墩的长度应满足上部结构的布置要求，一般等于底板的长度，有时也可小于底板的长度。闸墩的上游墩头常采用半圆形，半圆形墩头的水流条件好，施工方便；下游墩头多采用流线型，有利于水流扩散，而小型水闸的下游墩头也有做成矩形的，如图 6.20 所示。

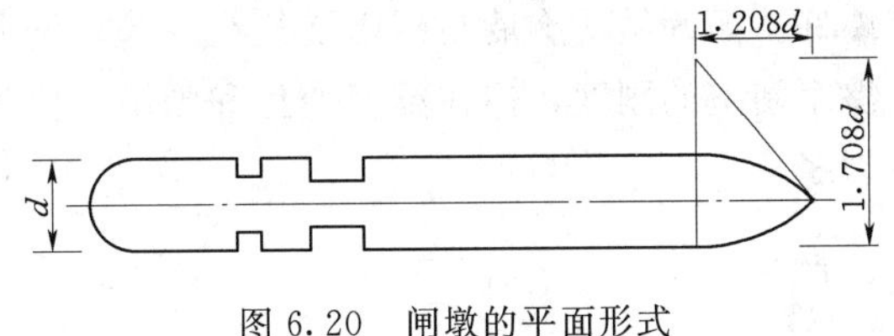

图 6.20 闸墩的平面形式

闸墩的厚度应根据闸孔宽度、受力情况、闸门型式、结构构造要求等条件确定，使闸墩必须满足稳定和强度的要求。平面工作闸门的闸墩门槽处不宜小于 0.4m，对于小型水闸可取 0.2m，墩中分缝的缝墩厚度一般大于中墩。而弧形工作闸门没有门槽，因此闸墩可以采用较小的厚度。

平面闸门的门槽尺寸应根据闸门尺寸确定。一般工作门槽的深度为 0.2～0.3m，门槽宽度为 0.5～1.0m；检修门槽的深度为 0.15～0.20m，宽度为 0.15～0.30m。检修门槽距工作门槽的净距为 1.5～2.0m，以便于检修人员操作。

闸墩的顶部高程应保证最高水位以上有足够的超高，同时还应考虑闸室沉降、闸前河渠淤积等影响，位于防洪堤上的水闸，其闸顶高程不得低于防洪堤的堤顶高程。下游部分的闸顶高程可适当降低，但应保证下游的交通桥梁底比下游的最高水位高出 0.5m，同时要保证桥面能与水闸两岸的道路衔接。

6.1.5.3 闸门

闸门是水闸中不可缺少的组成部分，其作用是调节流量和上、下游水位，宣泄洪水及排放泥沙等。闸门的型式很多，按其结构型式通常分为平面闸门、弧形闸门以及自动翻板闸门等；按其工作性质主要可以分为工作闸门、事故闸门和检修闸门等。

闸门在闸室中的位置与闸室稳定、闸墩和地基应力以及上部结构的布置有关。平面闸门一般设在靠上游侧，有时为了利用水重来提高闸室的稳定性，也可将闸门向低水位侧移动。为了避免闸墩过长，弧形闸门需要靠上游侧布置。闸门顶应高出上游的最高蓄水位，对于胸墙式水闸，根据构造要求闸门顶稍高与孔口顶部即可。

6.1.5.4 胸墙

胸墙的主要作用是挡水，从而减小闸门的高度及重量，同时，胸墙与闸墩相连，可以提高闸室在垂直水流方向上的刚度。胸墙的顶部高程与闸顶高程齐平，胸墙底缘迎水面做成圆弧形或椭圆形，有利于过闸水流平顺通过。

胸墙按结构型式可以分为板式和板梁式，如图6.21所示。对于跨度小于5m的水闸，胸墙一般采用板式结构，做成上薄下厚的楔形板，最小板厚不宜小于20cm，但为了施工方便也可做成等厚的。当胸墙的跨度大于5m时，多采用板梁式结构，从而减小胸墙的自重。板梁式胸墙由板、顶梁和底梁三部分组成，多用于大型水闸。板的上下缘支承于顶梁和底梁上，两侧支承在闸墩上。

胸墙与闸墩的连接形式由简支和固结两种，如图6.22所示。简支式胸墙与闸墩分开浇筑，缝间涂沥青，并设置油毛毡。简支胸墙的断面尺寸较大，但是可以随温度的变化而自由伸缩，不致产生很大的温度应力而裂缝，并且其对闸墩不均匀沉降的适应性也比固结胸墙好。而固结式胸墙与闸墩浇筑在一起，胸墙钢筋伸入闸墩内，形成刚性连接，可以增加整个闸室的刚度，但在温度变化和闸墩变位的影响下，胸墙容易在迎水面靠近闸墩处产生裂缝。

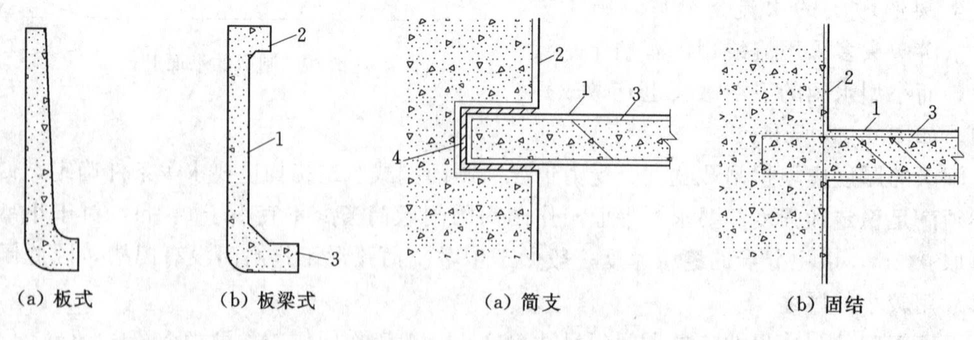

(a) 板式　(b) 板梁式

图6.21 胸墙结构型式

1—墙板；2—顶梁；3—底梁

(a) 简支　(b) 固结

图6.22 胸墙与闸墩的连接形式

1—胸墙；2—闸墩；3—钢筋；4—油毛毡

6.1.5.5 工作桥

工作桥是为了启闭闸门而设置的，常设置在闸墩上。当工作桥较高时，也可在闸墩上修建支墩或排架，用以支承工作桥。

工作桥的高程应根据闸门、启闭设备的型式及闸门的高度而定，通常应保证闸门开启后不阻碍过闸水流，并留有一定的安全超高。在初步确定桥高时，平面闸门可取门高的两倍再加 1.0～1.5m 的安全超高。如果采用活动启闭设备，桥的高度可以降低一些，但仍需大于 1.7 倍的闸门高度；如果采用升卧式平面闸门，当闸门全开后接近平卧，因此升卧式平面闸门一般比平面直升门的工作桥低很多。

工作桥的宽度不仅要满足启闭机所需的宽度，而且还应在其两侧各留 0.6～1.2m 以上的通道宽度，以便工作人员操作及设置栏杆。当采用卷扬式启闭机时，桥面总宽度采用 3～5m；当采用螺杆式启闭机时，桥面总宽度一般取 1.5～2.5m。

工作桥的结构型式应根据水闸的规模而定，对于小型水闸而言一般采用板式结构。

6.1.5.6 交通桥

当修建水闸时，常在其顶部修建桥梁以沟通两岸交通。交通桥的位置应根据闸室稳定及两岸交通连接等条件确定，一般布置在闸室靠低水位一侧，可以降低桥面高程，从而使得闸门下游的闸墩高度可以降低。桥面的宽度应按交通要求确定，一般公路桥单车道的净宽为 4.5m，双车道的净宽为 7.0m。

6.1.5.7 分缝和止水

1. 分缝

闸室在垂直于水流方向上，每隔一定距离必须设缝，以免闸室因地基不均匀沉降及温度变化而产生裂缝。为了使闸室在温度发生变化时，能自由伸缩而设置的缝称为温度缝或伸缩缝；为了使闸室能够适应地基的不均匀沉降而设置的缝称为沉降缝。在岩基上，缝的间距不宜超过 20m，土基上不宜超过 35m，缝宽一般为 2 ～3cm。

整体式底板的沉降缝一般设在闸墩中间，从而保证当闸室发生不均匀沉降时，闸室能够正常运行。为了减轻岸墙及墙后填土对闸室的不利影响，在岸墙处宜采用一孔一联或两孔一联，对于中孔而言，则可以采用三孔一联，如图 6.23 所示。如果地基条件比较好，可以将缝设在底板中间，这样不仅可以减少缝墩的工程量，而且还可以减少底板的跨中弯矩。

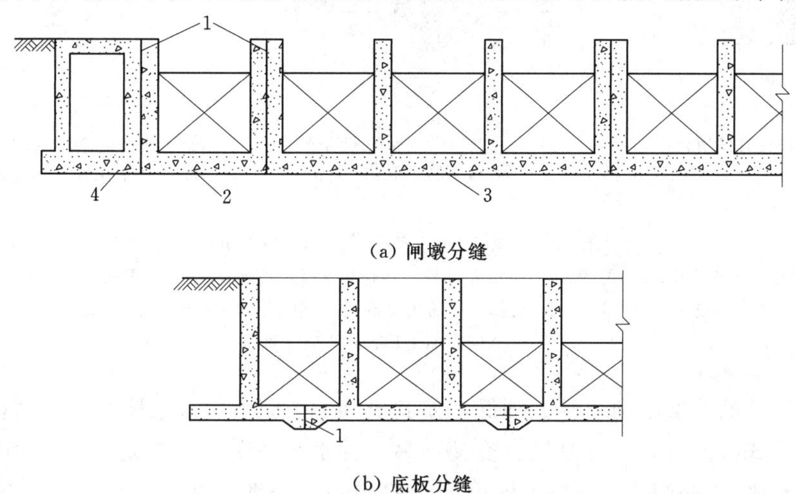

图 6.23 闸室沉降缝布置图

1—沉降缝；2—单闸孔；3—三联闸孔；4—岸墙

另外，对于荷载大小相差悬殊的相邻结构或结构较长、面积较大的部位也需设缝。例如，在铺盖与闸室底板、消力池与闸室底板的连接处都需要设缝，当混凝土铺盖和消力池的面积较大时，其自身也需要设缝，如图6.24所示。

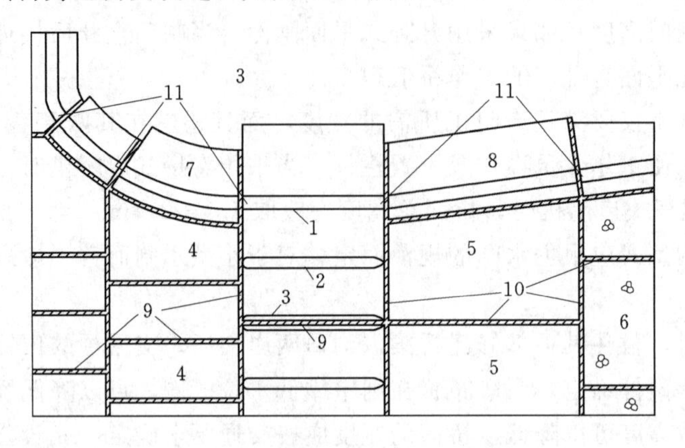

图6.24　水闸的分缝与止水布置

1—边墩；2—中墩；3—缝墩；4—混凝土铺盖；5—消力池；6—浆砌石海漫；7—上游翼墙；8—下游翼墙；9—柏油油毛毡嵌紫铜止水片；10—柏油油毛毡止水片；11—铅直止水片

2. 止水

所有具有防渗要求的缝，均需设置止水。止水按其方向可以分为铅直止水和水平止水两种。前者设在缝墩中以及边墩与翼墙之间的铅直缝，如图6.25所示；后者设在铺盖、消力池底板与闸室底板、翼墙之间，如图6.26所示。

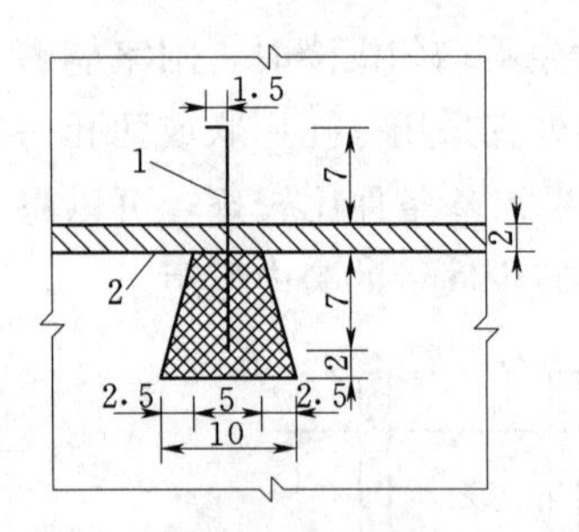

(a) 止水施工简便且使用较广

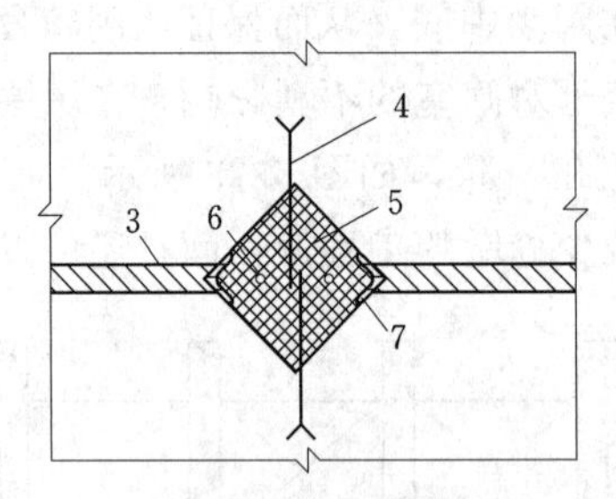

(b) 止水能适应较大的不均匀沉降，但施工麻烦

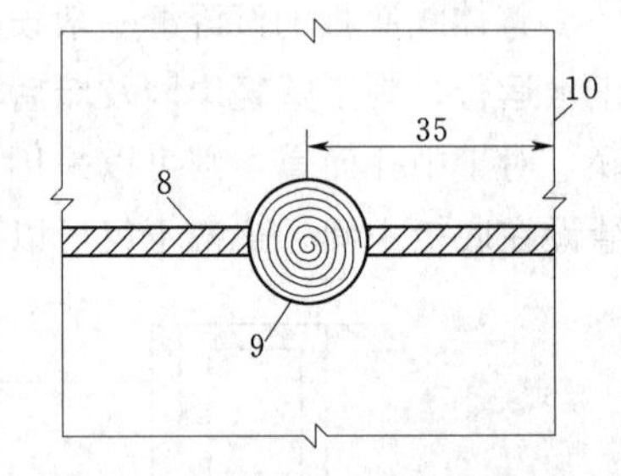

(c) 止水构造简单，适用不均匀沉降较小或防渗要求较低的接缝处

图6.25　铅直止水构造图（单位：cm）

1—紫铜片或镀锌铁片；2—两侧各2.5mm柏油油毛毡伸缩缝及柏油沥青；3—沥青油毛毡及沥青杉板；4—金属止水片；5—沥青填料；6—加热设备；7—角铁；8—沥青油毛毡伸缩缝；9—ϕ10沥青油毛毡；10—临水面

止水交叉处的构造必须妥善处理好，使其成为一个完整的止水体系，否则将会导致漏水。交叉的形式有两种：一种是铅直交叉；另一种是水平交叉。交叉处止水片的连接方式有柔性连接和刚性连接两种。前者将止水片的接头部分埋在沥青块体中，常用于铅直交叉。后者将止水片剪裁后焊接成整体，多用于水平交叉。

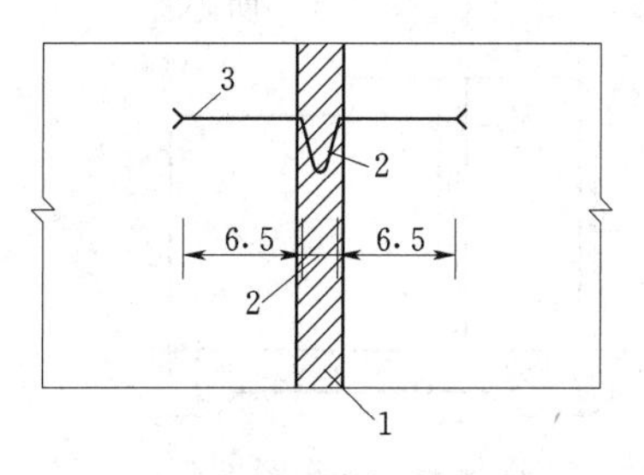

(a) 适用于地基沉降较大防渗要求较高的接缝处

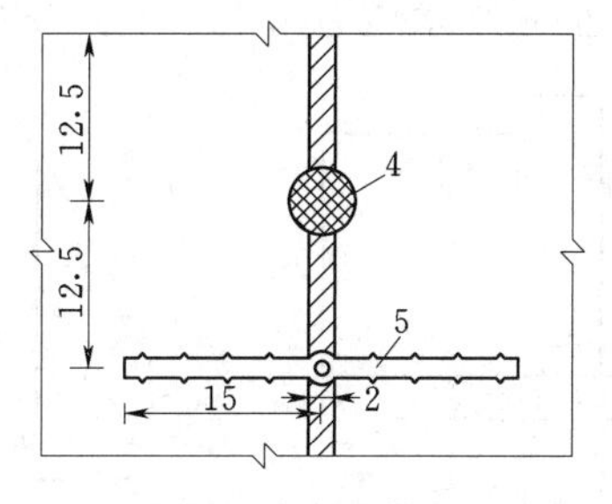

(b) 适用于地基沉降较大防渗要求较高的接缝处

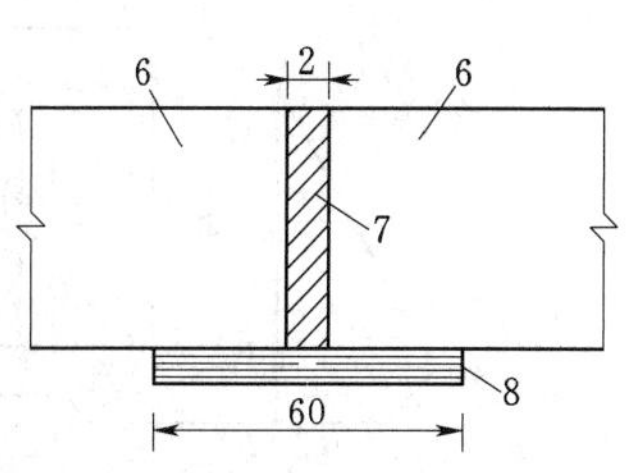

(c) 止水构造简单，不设止水片或止水带，因而只适用于不均匀沉降较小或防渗要求较低的接缝处

图 6.26 水平止水构造图（单位：cm）

1—柏油油毛毡伸缩缝；2—灌 3 号松香柏油；3—紫铜片；4—柏油麻绳；5—塑料止水片；6—护坦；7—柏油油毛毡；8—三层麻袋两层油毡浸沥青

6.1.6 稳定计算及地基处理

闸室在施工、运行或检修等各个时期都应该是稳定的，都不能产生过大的沉降或沉降差。在运行期，闸室在水平推力等荷载的作用下，有可能产生沿地基面的浅层滑动，也有可能连同一部分土体产生深层滑动。闸室竣工后，地基所承受的压应力最大，可能产生较大的沉降和不均匀沉降，这不但会使闸室的顶高程达不到设计要求，而且不均匀沉降将使闸室倾斜，不能正常工作，甚至出现断裂。当闸基压应力超过地基允许压应力后，地基也有可能失去稳定性。由此可见，必须验算闸室在各种情况下的稳定性、沉降量及不均匀沉降量，以确保水闸能够安全可靠地运行。

闸室的稳定计算宜取相邻顺水流向永久缝之间的闸室单元作为计算单元，对于孔数较少而未分缝的小型水闸，可取整个闸室作为计算单元。

6.1.6.1 荷载及其组合

1. 荷载计算

水闸承受的主要荷载包括自重、水重、水平水压力、扬压力、波浪压力、泥沙压力、土压力及地震力等。

（1）自重。闸室的自重包括底板、闸墩、胸墙、工作桥、交通桥、闸门及启闭设备等的重力。

（2）水重。水重指闸室范围内作用在底板上面的水体重力。

（3）水平水压力。水平水压力指作用在胸墙、闸门、闸墩及底板上的水平水压力。

当上游铺盖为黏土时，铺盖以上闸室所受到的水平水压力为静水压力，铺盖底部的压力强度为该点的扬压力强度，而底板与铺盖连接处的水平水压力按上大下小的直线分布，如图 6.27（a）所示。

当采用混凝土铺盖时，止水片以上部分的闸室，其上游水平水压力为静水压力；止水片以下的缝内水流状态可以认为是静止的，因此缝内的渗透压强处处相等，但是由于浮托力上小下大，于是缝内所承受的水平水压力呈上小下大分布，如图 6.27（b）所示。

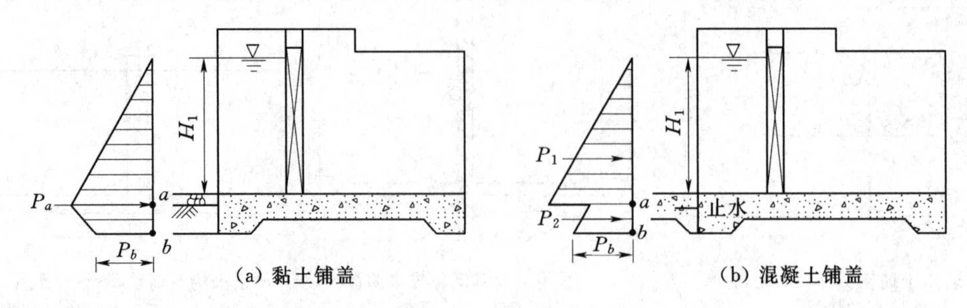

图 6.27　水闸的上游水平水压力分布图

（4）扬压力。扬压力指作用在底板底面上的渗透压力及浮托力之和。

（5）波浪压力。作用于水闸铅直或近似铅直迎水面上的浪压力，应根据闸前水深和实际波态，分别按 SL 265—2001《水闸设计规范》进行计算。

（6）泥沙压力。水闸前有泥沙淤积时，计算时应考虑泥沙压力。

（7）地震力。在地震区修建水闸，当设计烈度为 7 度或大于 7 度时，需考虑地震影响。

2. 荷载组合

荷载组合分为基本组合和特殊组合两种。基本组合包括正常蓄水位情况、设计洪水位情况和完建情况等。特殊组合包括校核洪水位情况、地震情况、施工情况和检修情况。计算闸室稳定和应力时，其荷载组合可按 SL 265—2001《水闸设计规范》表 7.2.11 的规定采用。

水闸正常运行时所受的荷载，如图 6.28 所示。

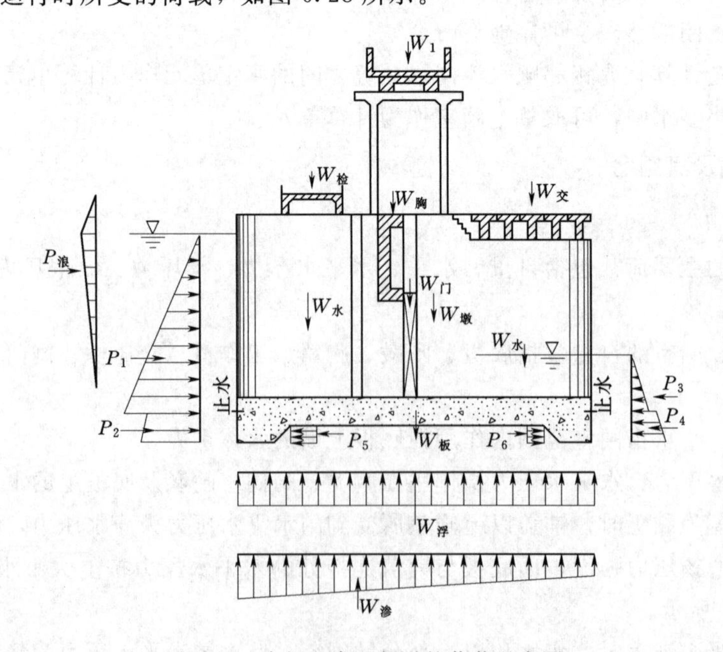

图 6.28　水闸正常运行时的荷载示意图

6.1.6.2 闸室的抗滑稳定计算

水闸在运行期内，如果闸室作用于地基的铅直力较小，那么当其所受到的水平力达到某一限值时，将会导致闸室沿地基表层滑动。

1. 计算公式

(1) 砂性土地基。砂性土地基上闸室沿基础底面的抗滑稳定，用下式验算：

$$K_c=\frac{f\sum W}{\sum P}\geqslant[K_c] \tag{6.39}$$

式中 $\sum W$——作用在闸室的全部铅直力的总和，kN；

$\sum P$——作用在闸室的全部水平力的总和，kN；

f——闸室底面与地基土间的摩擦系数，初步计算时，黏性土地基的 f 值取 0.20～0.45，壤土地基取 0.25～0.40，砂壤土地基取 0.35～0.40，砂土地基取 0.40～0.50，砾石、卵石地基取 0.50～0.55，上述各类地基中，较密实、较硬的取较大值；

$[K_c]$——设计规范允许的抗滑稳定安全系数，见表 6.3。

表 6.3　沿闸室基底面抗滑稳定安全系数的允许值 $[K_c]$

荷载组合	水闸级别			
	1	2	3	4、5
基本组合	1.35	1.30	1.25	1.20
特殊组合Ⅰ	1.20	1.15	1.10	1.05
特殊组合Ⅱ	1.10	1.05	1.05	1.00

注 1. 特殊组合Ⅰ适用于施工情况、检修情况或校核洪水位情况。
2. 特殊组合Ⅱ适用于地震情况。

(2) 黏性土地基。黏性土地基上闸室沿基础底面的抗滑稳定，用下式验算：

$$K_c=\frac{\tan\varphi_0\sum W+c_0A}{\sum P}\geqslant[K_c] \tag{6.40}$$

式中 φ_0——闸底板底面与地基土之间的摩擦角，(°)；

c_0——闸底板底面与地基土之间的凝聚力，kN/m²；

A——闸室底板的底面积，m²；

其余符号意义同前。

2. 提高闸室抗滑稳定的工程措施

当闸室沿基底面的抗滑稳定安全系数小于规范的允许值时，可以采取以下措施提高安全系数：

(1) 调整闸门位置，将闸门向低水位侧移动，或将底板向上游端适当加长，以充分利用闸室水重。

(2) 改变闸室的结构尺寸，从而增加自身重量。

(3) 适当加深底板上下游端的齿墙深度，更多地利用底板以下地基土的重量。

(4) 增加铺盖和板桩的长度，或在不影响防渗安全的条件下，将排水设施向闸室靠近，以减小闸底板上的渗透压力。

（5）设置钢筋混凝土铺盖作为阻滑板，增加闸室的抗滑稳性。

（6）增设钢筋混凝土抗滑桩或预应力锚固结构。

6.1.6.3　闸室基底压力计算

作用在闸室上的各种荷载通过闸底板传给地基，地基上所承载的应力即为闸底板上的应力，称为基底应力。

对于结构布置和受力情况对称的闸孔，认为闸室顺水流方向的基底应力呈线性分布，按偏心受压公式计算基底的最大和最小压应力：

$$\sigma_{\min}^{\max}=\frac{\sum W}{BL}\pm\frac{6\sum M}{BL^2} \tag{6.41}$$

式中　$\sum W$——作用在闸室的全部铅直力的总和，kN；

B——计算闸室段的宽度，m；

L——闸底板的长度，m；

$\sum M$——作用在闸室上的全部荷载对基底面垂直水流方向的形心轴的力矩，kN·m。

对于结构布置或荷载不对称的情况，应按双向偏心受压公式计算闸室基底压应力的最大和最小值。

$$\sigma_{\min}^{\max}=\frac{\sum W}{BL}\pm\frac{\sum M_x}{W_x}\pm\frac{\sum M_y}{W_y} \tag{6.42}$$

式中　$\sum M_x$、$\sum M_y$——作用在闸室上的全部荷载分别对基底面垂直水流方向形心轴 x、顺水流方向形心轴 y 的力矩，kN·m；

W_x、W_y——闸室基底面对垂直水流方向形心轴 x、顺水流方向形心轴 y 的截面模量，m^3；

其余符号意义同前。

为了保证闸室安全运行，按上述计算公式得到的基底应力应该满足规范要求。SL 265—2001《水闸设计规范》规定：

（1）在各种计算情况下，闸室平均基底应力 $\bar{\sigma}=\frac{\sum W}{BL}$ 不大于地基允许承载力 $[\sigma]$，最大基底应力 $\sigma_{\max}$ 不大于地基允许承载力 $[\sigma]$ 的1.2倍。

（2）闸室基底应力的最大值与最小值之比 η 称为闸室基底应力不均匀系数，该值不大于规范的允许值 $[\eta]$，其取值见表6.4。

表6.4　土基上允许不均匀系数 $[\eta]$

地基土质	荷载组合	
	基本组合	特殊组合
松软	1.50	2.00
中等坚实	2.00	2.50
坚实	2.50	3.00

6.1.6.4 闸室沉降计算

由于土基压缩变形大，容易引起较大的沉降，而过大的沉降量或沉降差将会影响水闸的正常运行，因此，土基上的水闸在研究地基稳定的同时，还必须考虑地基沉降。而对于卵砾石和中、粗砂地基可不进行地基沉降计算。

水闸土质地基沉降可只计算最终沉降量，并应选择有代表性的计算点进行计算，各点间最终沉降量的差值即为沉降差。

土质地基的最终沉降量可按下式计算：

$$S_{\infty}=m\sum_{i=1}^{n}\frac{e_{1i}-e_{2i}}{1+e_{1i}}h_i \tag{6.43}$$

式中 S_{∞}——土质地基最终沉降量，m；

n——土质地基压缩层计算深度范围内的土层数；

e_{1i}——基础底面以下第 i 层土在平均自重应力作用下，由压缩曲线查得的相应孔隙比；

e_{2i}——基础底面以下第 i 层土在平均自重应力加平均附加应力作用下，由压缩曲线查得的相应孔隙比；

h_i——基础底面以下第 i 层土的厚度，m；

m——地基沉降量修正系数，可采用 1.0～1.6（坚实地基取较小值，软土地基取较大值）。

土质地基允许最大沉降量和最大沉降差，应以保证水闸安全和正常使用为原则，根据具体情况研究确定。天然土质地基上水闸地基最大沉降量不宜超过 15cm，相邻部位的最大沉降差不宜超过 5cm。

对于软土地基上的水闸，当计算地基最大沉降量或相邻部位的最大沉降差超过允许值时，宜采用下列一种或几种措施：

(1) 变更结构型式（采用轻型结构或静定结构等）或加强结构刚度。

(2) 采用沉降缝隔开。

(3) 调整闸室布置，尽量使基底压力均匀分布。

(4) 调整基础尺寸，加大底板长度，以减小基底压力。

(5) 必要时对地基进行人工加固，以提高地基承载力。

(6) 选择合适的施工程序，将重量大的建筑物安排在前期施工，使它提前沉降。

6.1.6.5 地基处理设计

在设计水闸时，应尽可利用天然地基，当天然地基不能满足抗滑稳定、承载力以及沉降量等要求时，需对地基进行适当处理，使其达到运用要求。常用的地基处理方法有以下几种。

1. 换土垫层法

换土垫层法将水闸基础下的软土层挖除一定的深度，换以强度较高的砂性土或其他土，并经过分层夯实或振密而形成换土垫层，如图 6.29 所示。该方法可以改善地基应力分布，减少沉降量，适当提高地基稳定性和抗渗稳定性，适用于厚度不大的软土地基。

垫层的设计主要是确定垫层的厚度、宽度及所用材料。垫层的厚度应根据地基土质情

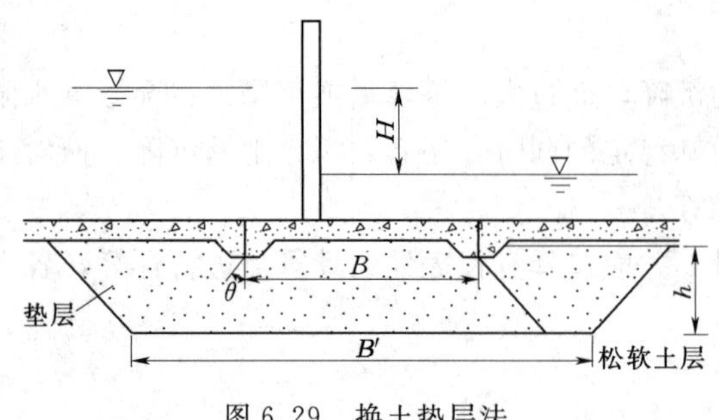

图 6.29　换土垫层法

况、结构型式、荷载大小等因素，以不超过下卧土层允许承载力为原则确定，一般为1.5～3.0m。垫层厚度过小，作用不明显；过大，基坑开挖困难。垫层的宽度，一般选用建筑物基底压力扩散至垫层底面的宽度再加2～3m。换土垫层的材料以中壤土、含砾黏土等较为适宜。级配良好的中砂、粗砂和砂砾，易于振动密实，用作垫层材料也是适宜的。但由于粉砂、细砂、轻砂壤土或轻粉质砂壤土容易液化，故不宜采用。另外，垫层材料中不应含树皮、草根及其他杂质。

2. 预压加固法

在修建水闸之前，先在建闸范围内的软土地基表面加荷（如堆土、堆石等），对地基进行预压，等沉降基本稳定后，再将荷载挖去，开始修建水闸。预压堆土（石）的高度应使预压荷重约为1.5～2.0倍的水闸荷载，但不能超过地基的承载力。

采用预压加固法时，堆土（石）预压的施工进度不能过快，以免地基发生滑动或将基土挤出地面。根据施工经验，堆土（石）施工需分层堆筑，每层的高度为1～2m，填筑后间歇10～15d，待地基沉降稳定后，再进行下一次堆筑。

对于含水率较大的黏性土地基，为了缩短预压施工的时间，可在地基中设置砂井，以改善软土地基的排水条件，加快固结过程。

3. 桩基础法

当软土层的厚度较大且地基的承载力又不够时，可以考虑采用桩基础法。

水闸的桩基础一般采用钢筋混凝土桩，按其施工方法可以分为钻孔灌注桩和预制桩两类。钻孔灌注桩在选用桩径和桩长时比较灵活，因而运用的较多，其桩径一般在60cm以上，中心距不小于2.5倍桩径，桩长根据需要确定；对于桩径和桩长较小的桩基础，可以采用钢筋混凝土预制桩，其桩径一般为20～30cm，桩长不超过12m，中心距为桩径的3倍。

桩基按其受力型式可以分为摩擦桩和承重桩，如图6.30所示。水闸多采用摩擦桩，它是利用桩与周围土壤的摩擦阻力来支承上部荷载。

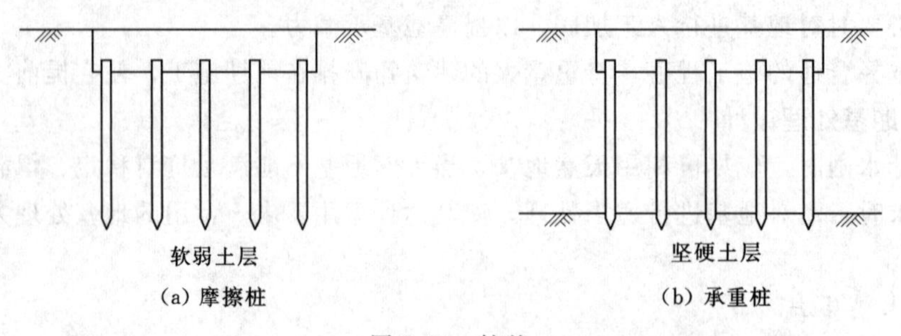

图 6.30　桩基

4. 沉井基础法

沉井基础法是预先浇筑井圈（过去沉井都用钢筋混凝土，近年也有采用少筋混凝土或浆砌石的），然后再挖除井圈内的软土，使井圈逐渐下沉到地基中，最终支撑在硬土

层或岩石基础上。沉井基础法可以增加地基承载力，减少沉降量，提高水闸的抗滑稳定性，对防止地基渗透变形有利，适用于上部为软土层或粉细砂层，下部为硬土层或岩层的地基。

沉井基础在平面上多呈矩形，这样简单对称，便于施工浇筑和均匀下沉。沉井的长边不宜大于30m，长宽比不宜超过3，以便控制下沉。较长的矩形沉井中间应设隔墙，如图6.31所示，从而增加长边的刚度。沉井的边长也不宜过小，否则接缝多，设置止水较麻烦。

沉井在下沉过程中分节浇筑，分节的高度应根据地基条件、控制下沉速度及沉井的强度要求等因素确定。为了保证沉井顺利下沉到设计标高，需要验算自重是否满足下沉要求，下沉系数（沉井自重与井壁摩擦阻力之比）可取1.15～1.25。沉井切入硬土层的深度一般不小于0.3m。沉井落位后是否需要封底，取决于沉井下卧土层的承载力。如果承载力足够，尽量不要封底，因为地下水的影响将使封底施工比较困难。沉井完成后，要进行回填。沉井内的回填土，应选用与井底土层渗透系数相同或相近的土料，并且必须分层夯实，以防止渗透变形和过大的沉降。

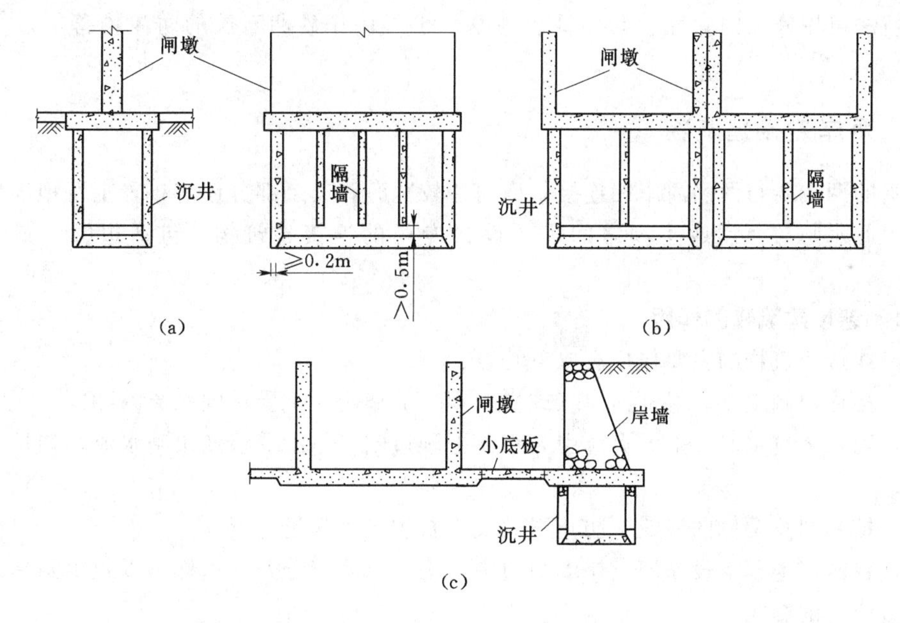

图6.31　沉井布置

5. 强力夯实法

强力夯实法是用100～250kN的重锤从10～20m高处自由下落，对土基产生巨大的冲击力，使土体被压实。夯点可按方格形或梅花形布置，间距可采用锤底面直径或边长的1.5～2.5倍。该方法可以增加地基承载力，减少沉降量，提高抗振动液化的能力，适用于透水性较好的松软地基，尤其适用于稍密的碎石土或松砂地基。

6. 振冲砂石桩法

振冲砂石桩法是近期发展起来的一种较好的地基处理方法。该方法是用一个直径为0.3～0.8m、长约2m、下端设有喷水口的振冲器，在振动和高压水流的联合作用下，使周围土体密实，形成一个直孔，然后在孔内回填砂石料，最后在振冲器的作用下使之压实，形成砂石桩。振冲砂石桩法适用于松砂、软弱的砂壤土或砂卵石地基。

振冲砂石桩法的桩径一般为0.6～0.8m，桩距为1.5～2.5m，按梅花形或方格形布置，孔深应根据设计要求和施工条件确定，当松软土层不厚时，振冲孔宜打穿松软土层。振冲砂石桩的填料宜采用有良好级配的砂、碎石等。碎石最大粒径不宜大于5cm，含泥量不宜大于5%。

7. *爆炸振密法*

在松砂层厚度较大的地基上建闸，可采用爆炸振密法。该方法先在地基内钻孔，孔距约为5～6m，沿孔深每隔一定距离放置适量的炸药，利用爆炸力使松砂密实，适用于粗砂、中砂地基。爆炸振密的深度一般不超过10m。

8. *高压旋喷法*

旋喷法是用钻机以射水法钻进设计高程，然后由安装在钻杆下端的特殊喷嘴把高压水、压缩空气以及水泥浆或其他化学浆液高速喷出，搅动土体，同时钻杆边旋转边提升，使土体与浆液混合，形成桩柱，以达到加固地基的目的。

旋喷法可用来加固黏性土和砂性土地基，也可用作砂卵石层的防渗帷幕，适用范围较广。

6.1.7 两岸连接建筑物

水闸的两端要与两侧河岸相连接，当河道较宽时，其余部分还需布置土石坝等挡水建筑物，因此水闸与河岸或土坝之间需要设置专门的连接建筑物，包括边墩、翼墙、岸墙等。

6.1.7.1 连接建筑物的作用

两岸连接建筑物的主要作用有以下几点：

(1) 挡住两侧填土，保证河岸（或堤、坝）的稳定，免受过闸水流的冲刷。

(2) 当水闸过水时，上游翼墙引导水流平顺过闸，下游翼墙使出闸水流均匀扩散，减少冲刷。

(3) 控制闸身两侧的渗流，防止岸坡或土石坝产生渗透变形。

(4) 在软弱地基上设岸墙，岸墙与边墩之间用沉降缝分开，这样可以减少两岸地基沉降对闸室应力的影响。

6.1.7.2 连接建筑物的型式和布置

1. *上、下游翼墙*

翼墙通常用于边墩的上、下游与河岸护坡相接。上游翼墙的作用是引导水流平顺地进入闸室，挡住两侧回填土；防止水流从两侧形成绕渗；保护回填土免受水流的冲刷。因此，上游翼墙的平面布置要与上游的进水条件和防渗设施相协调，其顺水流方向的投影长度应满足水流条件的要求，应不小于铺盖长度。上游端插入岸坡，墙顶要超出最高水位至少0.5～1.0m。下游翼墙的作用除挡住两侧回填土外，主要是引导出闸水流沿翼墙均匀扩散，避免在墙前出现回流漩涡等不利流态。下游翼墙的平均扩散角每侧宜采用7°～12°，其顺水流向的投影长度应不小于消力池长度，墙顶一般要高出下游最高水位。

翼墙的平面布置通常有以下几种型式：

（1）反翼墙。翼墙由两段墙体组成。顺水流方向翼墙长度，上游为水闸水头的3～5倍，或与铺盖等长，下游伸至消力池末端，然后分别垂直插入堤岸内，插入深度为0.3～0.5m。两段墙体相连的转角处，常用半径R=2～3m的圆弧段连接，如图6.32（a）所示。

反翼墙的布置可以保证墙后有足够的侧向渗径长度，防渗效果好，但工程量大，一般用于大中型水闸。对于渠系小型水闸，为了节省工程量可采用一字形布置，如图6.32（b）所示，即翼墙自闸室边墩上、下游端垂直插入河岸，这种布置型式虽节省了工程量，但进出口水流条件较差。为改善其水流条件，在进口角墙处截30°小切角，如图6.32（c）所示。

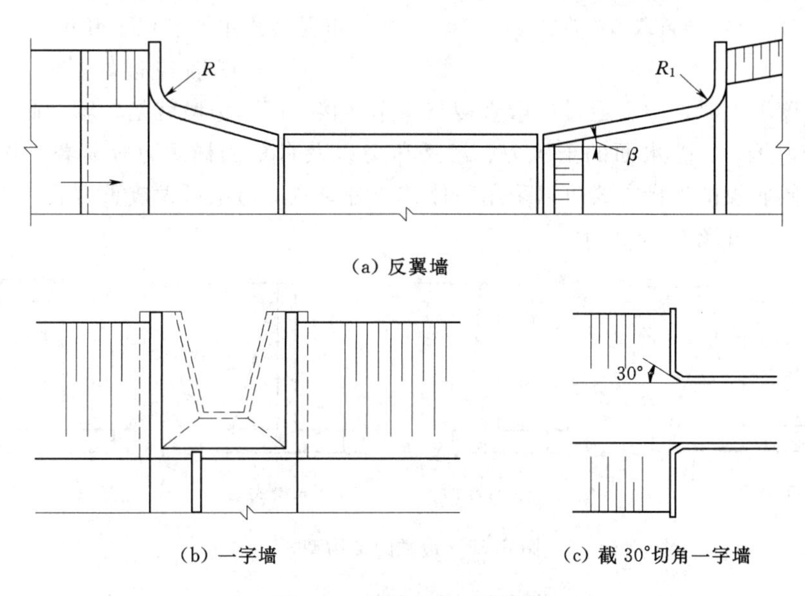

图6.32 反翼墙布置型式

（2）扭曲面翼墙。扭曲面翼墙的迎水面为双曲面，与闸室连接端为铅直面，向上、下游延伸逐渐变为与河岸（或渠道）坡度相同的斜坡面，如图6.33所示。虽然这种型式的翼墙施工较复杂，但其水流条件较好，工程量较省，因此在渠系工程中广泛采用。

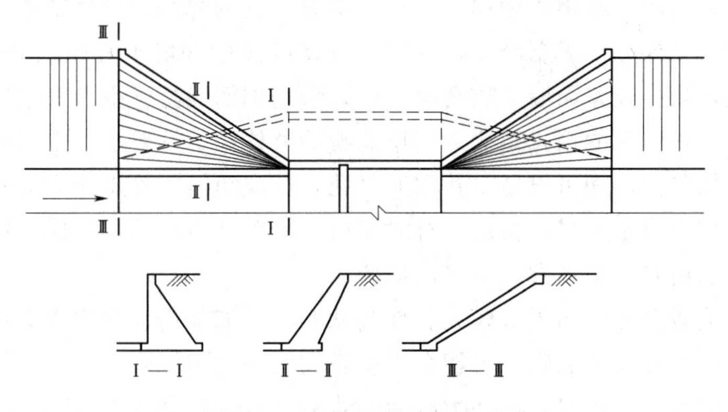

图6.33 扭曲面翼墙布置型式

（3）斜降翼墙。斜降翼墙在平面上呈八字形，墙顶随其向上、下游延伸而逐渐下降至

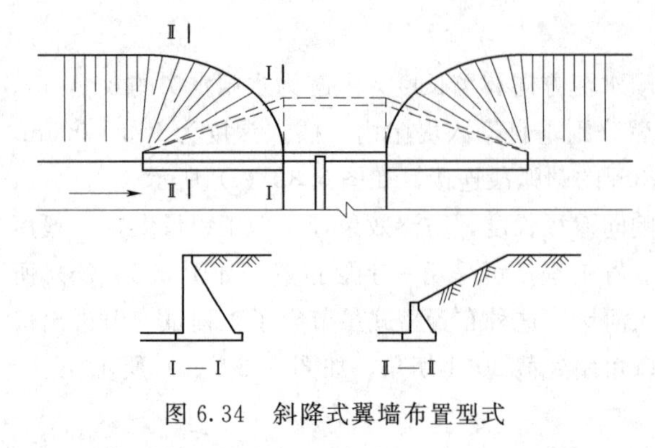

图 6.34　斜降式翼墙布置型式

两端与河底相平，如图 6.34 所示。这种型式的翼墙施工方便，工程量省，但水流在闸孔附近易产生立轴漩涡，冲刷岸坡，而且岸墙后渗径较短，有时需另设刺墙，一般适用于小型水闸。

2. 边墩和岸墙

闸室与两岸（或堤、坝）的连接型式与地基条件及闸身高度有关，岸墙的布置型式主要有以下几种。

（1）岸墙与边墩结合。当地基较好，闸身高度不大时，闸室通过边墩直接与两岸连接，因而边墩就是岸墙。此时，边墩承受迎水面的水压力、背水面的土压力、渗透压力以及自重和扬压力等荷载。根据地基条件，边墩与闸底板的连接方式可以采用整体式或分离式。边墩可做成重力式、悬臂式、扶壁式和空箱式，如图 6.35 所示。

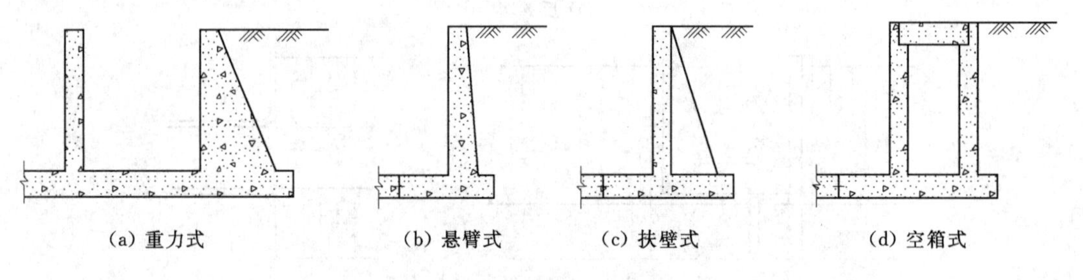

图 6.35　边墩的结构型式

重力式岸墙一般用浆砌石或混凝土材料建造，这种型式的岸墙结构简单、施工方便。但是，由于其结构断面大、用材多、重量大，限制了它在松软地基上的建筑高度，一般墙高不宜超过 6m。当墙身过高时，地基的承载力可能不够，另外也不经济。悬臂式和扶壁式岸墙通常用钢筋混凝土结构。悬臂式岸墙是由直立悬臂墙和水平底板组成，扶壁式则在悬臂式直立墙后，每隔一段距离增加一道扶壁支撑，它们都属于轻型结构，墙体的稳定主要依靠墙后的填土来保证。根据经验，悬臂式岸墙的高度一般不宜超过 8m，扶壁式不宜超过 10m。当地基条件较差而墙又较高时，可以采用钢筋混凝土空箱式岸墙，它是由纵横交错的直立墙和顶板组成的箱式结构。根据墙身的整体稳定性要求，空箱内可以回填部分土或不填土。空箱的挡水面可设通水孔和通气孔，使空箱内、外水压力随水位的变化得到平衡。它主要是依靠自重来保持稳定，有时底板和隔墙伸出后墙，形成空箱扶壁式，借以利用部分土重增加稳定安全系数，调整底部应力。

（2）岸墙与边墩分开。当闸身较高、地基软弱时，如果仍采用边墩直接挡土，则由于边墩与闸身地基的荷载相差悬殊，可能会产生较大的不均匀沉降，影响闸门启闭，并且在底板内产生较大的内力。此时，可在边墩后面设置岸墙，边墩和岸墙之间用沉降缝分开，边墩只起支承闸门及上部结构的作用，而土压力全部由岸墙承担。这种连接型式不仅可以减小边墩和底板的内力，还可以使作用在闸室上的荷载比较均匀，以减少不均匀沉降。岸

墙可做成悬臂式、扶壁式、空箱式或连拱式，如图 6.36 所示。

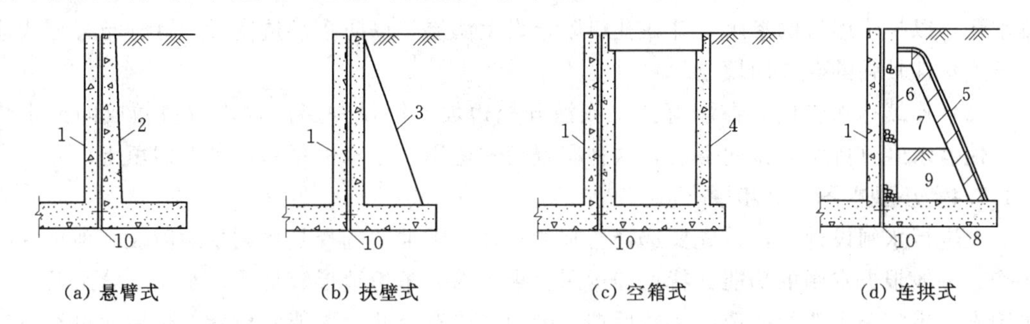

图 6.36 岸墙的结构型式

1—边墩；2—悬臂式岸墙；3—扶壁式岸墙；4—空箱式岸墙；5—预制混凝土拱圈；6—前墙；7—隔墙；8—底板；9—填土；10—沉降缝

连拱式岸墙是空箱式岸墙的一种型式，它由底板、前墙、隔墙和拱圈组成，如图 6.36（d）所示。通常前墙和隔墙用浆砌块石砌筑，拱形后墙用预制混凝土拱片斜向铺设，并支承在隔墙上，用以挡土，底板多采用混凝土浇筑。采用连拱式岸墙的优点是保持了空箱重量轻、地基压力分布比较均匀的特点，且拱片预制施工方便迅速。其缺点是预制拼装的拱圈整体性差，对抗震不利。

当地基承载力过低时，岸墙或边墩不挡土，填土从闸室底板高程处以一定的坡比填筑至岸（或堤）顶。采用这种布置型式时，上、下游翼墙后也不填土，翼墙只起导水作用。墙身一般留有过水孔，从而使得墙内、外水位齐平，保证岸墙与翼墙承受的内、外水压力平衡。

6.1.7.3 侧向绕渗及防渗、排水设施

1. 侧向绕渗

水闸挡水后，除闸基有渗流外，水流同时还从上游经水闸两岸渗向下游，这种型式的渗流称为侧向绕渗。绕渗不仅会增加渗漏损失，而且对岸墙、翼墙产生渗透压力，有可能使两岸填土产生危害性的渗透变形和破坏；另外，绕渗加大了墙底扬压力和墙身的水平水压力，因而会影响其结构强度和稳定性。

闸基渗流没有自由水面，属于有压渗流。而侧向绕渗具有自由水面，属于无压渗流，并且是典型的三维问题。当河岸土质均一且地基有水平不透水层时，则可以近似地认为同一铅直线上各点的渗流速度相等，于是，可以将三维问题简化为二维问题。

2. 防渗、排水设施

两岸建筑物的防渗布置必须与闸基的防渗布置相协调。上游翼墙与铺盖的连接，不仅其连接部位要确保防渗，而且要注意翼墙嵌入河岸的防渗深度与闸基一致，从而保证在空间上形成防渗的整体。两岸各个可能的渗径长度都不得小于闸基的防渗长度。若铺盖长于翼墙，在岸坡上也应设置铺盖，或在伸出翼墙范围的铺盖侧面增设垂直防渗设施，以保证铺盖的有效防渗长度，防止在空间上形成防渗漏洞。

连接建筑物的排水设施一般设在下游翼墙上，可以有效地降低边墩及翼墙后的渗透压力。排水设施的型式有很多，在实际工程中，应根据墙后回填土的性质选用适当的型式。

(1) 排水孔。在下游翼墙稍高于地面的部位，每隔 2～4m 留一个直径为 5～10cm 的排水孔，以排除墙后的渗水，并在孔口附近设反滤层，以防止渗透变形。这种布置型式适用于透水性较强的砂性回填土。

(2) 连续排水垫层。在墙背上（或沿开挖边坡）铺设一层用透水材料做成的排水垫层，使渗水经过排水孔排向下游。这种布置型式适用于透水性很差的黏性回填土。

6.1.7.4 小型水闸设计步骤

在进行水闸设计前，首先要选择适宜的闸址。闸址的选择是水利规划阶段一项重要的工作。一般根据水闸的功能、特点和运用要求，综合考虑地形、地质、水文、施工及管理等因素，确定一个建闸的范围，然后在范围内初步选择几个可能的位置，最后通过经济技术比较选出一个较为优越的闸址。

在闸址选择时，对于不同类型的水闸，有其各自特殊的要求，节制闸或泄洪闸宜选在河岸基本稳定的河段；进水闸、分水闸或分洪闸宜选在河岸基本稳定的顺直河段或弯道凹岸顶点稍偏下游处；排水闸或退水闸宜选在地势低洼、出水通畅处；挡潮闸宜选在岸线和岸坡稳定的潮汐河口附近，且闸址泓滩冲淤变化较小，上游河道有足够的蓄水容积的地点。

在选定了闸址后，水闸的设计步骤如下：

(1) 闸孔的初步设计，包括选择堰型、确定底板高程、闸孔尺寸及闸室的总宽度。

(2) 闸室布置，包括底板、闸墩、闸门、胸墙、工作桥和交通桥等结构型式及尺寸的确定，以及分缝和止水的布置。

(3) 两岸连接建筑物的布置，包括翼墙、岸墙（或边墩）的型式和布置。

(4) 消能防冲设计，包括消力池型式的选择，消力池、海漫以及防冲槽等尺寸的计算。

(5) 防渗排水设计，包括合理地拟定水闸地下轮廓线的型式和尺寸，采取必要和可靠的防渗排水措施（包括侧向绕渗的防渗、排水设施的布置），并通过渗流计算，验算地基土的抗渗稳定性。

(6) 闸室的稳定分析和沉降分析。

(7) 闸室结构计算，包括底板、闸墩、胸墙、工作桥和交通桥等构件的结构计算。

完成上述设计后，如果初步拟定的水闸尺寸和结构型式均满足规范要求，那么证明该设计方案是可行的。否则，需进一步修改设计，直至满足要求为止。如下，为一小型水闸设计实例。

6.2 设计实例

6.2.1 基本资料

某平底板水闸担负汛期某河道部分排洪的任务。汛期当邻闸泄洪流量达 5000m^3/s 时，本闸开始泄洪。

根据工程规划，进行水力计算的有关资料如下：

（1）闸孔设计。

1）设计洪水流量为1680m^3/s，相应的上游水位为7.18m，下游水位为6.98m。

2）校核洪水流量为1828m^3/s，相应的上游水位为7.58m，下游水位为7.28m。

（2）消能设计。因水闸通过设计洪水流量时，上下游水位差很小，过闸水流呈淹没出流状态，故不以设计洪水流量作为消能设计标准。现考虑汛期邻闸泄洪流量为5000m^3/s时，本闸开始泄洪，此时上下游水位差最大，可作为消能设计标准，其相应的上游水位为5.50m，下游水位为2.50m，并规定闸门第一次开启高度$e=1.2$m。

（3）闸身稳定计算（考虑闸门关闭，上下游水位差最大的情况）。

1）设计情况：上游水位为6.50m，下游水位为−1.20m。

2）校核情况：上游水位为7.00m，下游水位为−1.20m。

（4）水闸底板采用倒拱型式，底板前段闸坎用浆砌块石填平。为了与河底高程相适应，闸坎高程定为−1.00m，倒拱底板高程为−1.50m。

（5）闸门、闸墩及翼墙型式：闸门为平面闸门，分上下两扇。闸墩墩头为尖圆形，墩厚$d_0=1$m。翼墙为圆弧形，圆弧半径$r=12$m。

（6）闸址处河道断面近似为矩形，河宽$B_0=160$m。

（7）闸基土壤为中等密实黏土。

（8）水闸纵剖面图及各部分尺寸如图6.37所示。

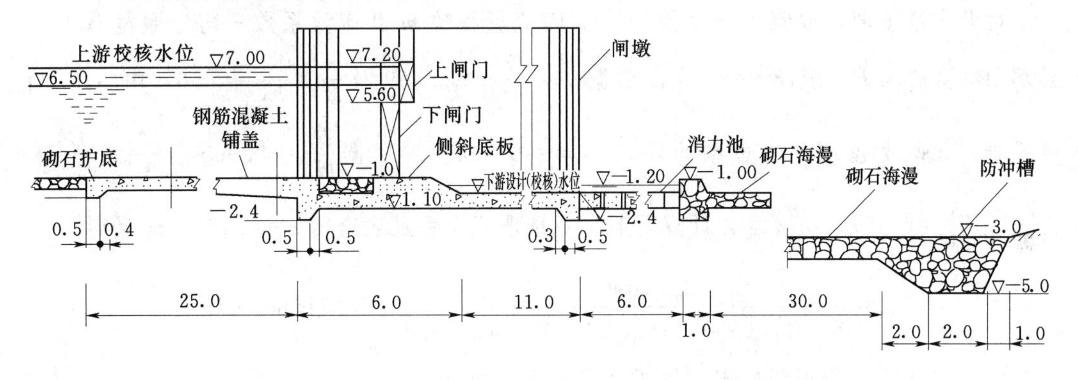

图6.37 水闸纵剖面图（单位：m）

6.2.2 设计任务

（1）确定水闸溢流宽度及闸孔数。

（2）闸下消能计算。

（3）闸基渗流计算。

6.2.3 设计计算过程

1. 确定水闸溢流宽度及闸孔数

平底板水闸属无坎宽顶堰。先判别堰的出流情况。

已知设计洪水流量$Q=1680$m/s，相应的上游水位为7.18m。闸坎高程为−1.00m，则宽顶堰堰上水头为

$$H=7.18-(-1.00)=8.18(\text{m})$$

又知河宽 $B_0=160\text{m}$，则

$$v_0=\frac{Q}{B_0H}=\frac{1680}{160\times8.18}=1.28(\text{m/s})$$

$$\frac{av_0^2}{2g}=\frac{1.0\times1.28^2}{2\times9.8}=0.084(\text{m})$$

$$H_0=H+\frac{av_0^2}{2g}=8.18+0.084=8.264(\text{m})$$

下游水位为6.89m，则下游水面超过堰顶的高度为

$$h_s=6.98-(1.00)=7.98(\text{m})$$

$$\frac{h_s}{H_0}=\frac{7.98}{8.264}=0.965>0.86$$

由《水力计算手册》宽顶堰淹没系数表查得，该出流为宽顶堰淹没出流。

由堰流基本方程 $Q=\sigma\varepsilon mB\sqrt{2g}H_0^{\frac{3}{2}}$ 可得水闸溢流宽度为

$$B=\frac{Q}{\sigma\varepsilon m\sqrt{2g}H_0^{\frac{3}{2}}}$$

对无坎宽顶堰，取侧收缩系数 $\varepsilon=1$。因流量系数 m 和淹没系数 σ 均与堰宽 B 有关，必须用试算法求 B。现设 $B=75\text{m}$，根据 $\frac{B}{B_0}=\frac{75}{160}=0.469$ 及 $\frac{r}{B}=\frac{12}{75}=0.16$，由《水力计算手册》无坎宽顶堰的流量系数表查得 $m=0.354$。现根据 $\frac{h_s}{H_0}=0.965$ 及 $\frac{A}{A_0}=\frac{Bh_s}{B_0H}=\frac{75\times7.98}{160\times8.18}=0.457$，由《水力计算手册》宽顶堰淹没系数表查得 $\sigma=0.604$。于是得

$$B=\frac{1680}{0.604\times1\times0.354\times8.264^{\frac{3}{2}}\times\sqrt{2\times9.8}}=74.71(\text{m})\approx75\text{m}$$

假设与计算 B 值近似相等，故 $B=75\text{m}$ 即为所求。

取每孔闸宽 $b=6\text{m}$，则闸孔数 $n=\frac{B}{b}=\frac{75}{6}=12.5$，现取 $n=13$，则水闸实际溢流宽度为

$$B=nb=13\times6=78(\text{m})$$

根据 $\frac{B}{B_0}=\frac{78}{160}=0.488$ 及 $\frac{r}{B}=\frac{12}{78}=0.154$，由《水力计算手册》无坎宽顶堰的流量系数表查得 $m=0.355$。再根据 $\frac{h_s}{H_0}=0.965$ 及 $\frac{A}{A_0}=\frac{Bh_s}{B_0H}=\frac{78\times7.98}{160\times8.18}=0.476$，由《水力计算手册》宽顶堰淹没系数表查得 $\sigma=0.602$。则实际流量为

$$Q=\sigma\varepsilon mB\sqrt{2g}H_0^{\frac{3}{2}}=0.602\times1\times0.355\times78\times\sqrt{2\times9.8}\times8.264^{\frac{3}{2}}=1753.1(\text{m}^3/\text{s})$$

实际流量大于设计流量，所取 B 值满足要求。下一步再核算所取 B 值能否满足通过

校核流量 1828m³/s 的要求。

已知相应于校核流量的上游水位为 7.58m，则堰上水头为

$$H=7.58-(-1.00)=8.58(\mathrm{m})$$

$$v_0=\frac{Q}{B_0 H}=\frac{1828}{160\times 8.58}=1.33(\mathrm{m/s})$$

$$\frac{av_0^2}{2g}=\frac{1.0\times 1.33^2}{2\times 9.8}=0.09(\mathrm{m})$$

$$H_0=H+\frac{av_0^2}{2g}=8.58+0.09=8.67(\mathrm{m})$$

$$h_s=7.28-(-1.00)=8.28(\mathrm{m})$$

$$\frac{h_s}{H_0}=\frac{8.28}{8.67}=0.954>0.86$$

该出流为宽顶堰淹没出流。按$\frac{h_s}{H_0}=0.954$及$\frac{A}{A_0}=\frac{Bh_s}{B_0 H}=\frac{78\times 8.28}{160\times 8.58}=0.47$，由《水力计算手册》宽顶堰淹没系数表查得 $\sigma=0.676$，则通过水闸的流量为

$$Q=\sigma\varepsilon mB\sqrt{2g}H_0^{\frac{3}{2}}=0.676\times 1\times 0.355\times 78\times\sqrt{2\times 9.8}\times 8.6^{\frac{3}{2}}=2115(\mathrm{m^3/s})>1828\mathrm{m^3/s}$$

所取 B 值满足要求。决定采用水闸溢流宽度 $B=78$m，闸孔数 $n=13$，每孔宽度 $b=6$m。

2. 闸下消能计算

根据本闸设计要求，闸下消能按上游水位为 5.50m，下游水位为 2.50m，闸门开启高度 $e=1.2$m 的情况计算。

(1) 判别属于堰流或孔流。

闸上水头 $H=5.50-(-1.00)=6.50(\mathrm{m})$

$\frac{e}{H}=\frac{1.2}{6.5}=0.15<0.65$，为孔流。

(2) 判别属于自由孔流或淹没孔流。因闸孔流量为未知，尚无法判别闸孔出流情况，先假设为自由孔流，算出流量后再行校核。

宽顶堰上平面闸门自由孔流的流量按下式计算：

$$Q=\mu_1 eB\sqrt{2gH_0}$$

已知闸孔宽度 $B=78$m，$e=1.2$m；先不计$\frac{a{v_0}^2}{2g}$，即 $H_0\approx H=6.5$m。对底部为锐缘的平面闸门，闸孔流量系数 μ_1 按下式计算：

$$\mu_1=0.352+\frac{0.264}{2.178^{\frac{e}{H}}}=0.352+\frac{0.264}{2.718^{0.185}}=0.571$$

以上各值代入流量公式中得

$$Q=0.571\times 78\times 1.2\times\sqrt{2\times 9.8\times 6.5}=603.2(\mathrm{m^3/s})$$

按所得的流量近似值求 H_0，再计算流量的较精确值：

$$v_0=\frac{Q}{B_0H}=\frac{603.2}{160\times6.5}=0.58(\text{m/s})$$

$$\frac{av_0^2}{2g}=\frac{1.0\times0.58^2}{2\times9.8}=0.017(\text{m})$$

$$H_0=H+\frac{av_0^2}{2g}=6.5+0.017=6.517(\text{m})$$

故得 $Q=0.571\times78\times1.2\times\sqrt{2\times9.8\times6.517}=604$ （m^3/s），所求流量与每一次近似值甚为接近，不必计算。下面校核是否属于自由孔流。

按 $\frac{e}{H}=0.185$，由《水力计算手册》锐缘平面闸门的垂向收缩系数表查得锐缘平面闸门的垂向收缩系数 $\varepsilon'=0.618$。由下式可得临界水跃跃后水深：

$$h_c''=\frac{\varepsilon'e}{2}\left(\sqrt{1+\frac{16\mu_1^2H_0}{\varepsilon'^3e}}-1\right)=\frac{0.618\times1.2}{2}\left(\sqrt{1+\frac{16\times0.571^2\times6.517}{0.618^3\times1.2}}-1\right)=3.703(\text{m})$$

下游水深　　　　$t=2.50-(-1.00)=3.50(\text{m})$

因 $h_c''>t$，为自由孔流，与原假设的出流情况相符，所求流量是正确的。

因为是自由出流，闸下将发生远离式水跃，需要做消能工，现拟做消力池。

(3) 消力池深度 d。

水闸单宽流量　　　　$q=\frac{Q}{B}=\frac{604}{78}=7.74(\text{m}^3/\text{s})$

临界水深　　　　$h_k=\sqrt[3]{\frac{aq^2}{R}}=\sqrt[3]{\frac{1\times7.74^2}{9.8}}=1.828(\text{m})$

$$T_0=H_0=6.517\text{m}$$

$$\frac{T_0}{h_k}=\frac{6.517}{1.828}=3.565$$

$$\frac{t}{h_k}=\frac{3.5}{1.828}=1.915$$

由《水力计算手册》宽顶堰式闸孔的流速系数 φ 值表查得平底闸平面闸门的流速系数 $\varphi=0.95$。按 $\frac{T_0}{h_k}$、$\frac{t}{h_k}$ 及 φ 值，由矩形断面渠道底流式消能水力计算求解图，则

$$d=\frac{d}{h_k}h_k=0.18\times1.828=0.33(\text{m})$$

因闸底为倒拱，可利用闸坎后一段长 11m 的倒拱底板作为消力池的一部分，故以倒拱底板高程 -1.5m 作为消力池池底高程，即采用池深 $d=-1.0-(-1.5)=0.5(\text{m})$。

(4) 消力池长度 l。消力池长度按公式 $l=l_0+l_k$ 计算。对于本闸，$l_0=0$；因 $l_k=(0.7\sim0.8)l_j$，取 $l_k=0.8l_j$，而水跃长度 l_j 可按下式计算：

$$l_j=6.9(h''-h')=6.9(h_c''-h_c')$$

因

$$\frac{T_0+d}{h_k}=\frac{6.517+0.5}{1.828}=3.84$$

按$\frac{T_0+d}{h_k}$、φ，由矩形断面渠道底流式消能水力计算求解图，查得$\frac{h_c'}{h_k}=0.405$，$\frac{h_c''}{h_k}=2.03$，则

$$h_c'=\frac{h_c'}{h_k}h_k=0.405\times1.828=0.74(\text{m})$$

$$h''=\frac{h_c''}{h_k}h_k=2.03\times1.828=3.71(\text{m})$$

所以水跃长度 $$l_j=6.9\times(3.71-0.74)=20.49(\text{m})$$

则池长 $$l=0+0.8\times20.49=16.39(\text{m})$$

采用池长为17m，包括倒拱底板后段11m及底板外另加的6m，如图6.37所示。

(5) 海漫长度l_p。海漫长度（即跃后保护段长度）按南京水利科学研究所的公式计算：

$$l_p=K\sqrt{q\sqrt{\Delta H}}$$

式中，上下游水位差$\Delta H=5.5-2.5=3.0(\text{m})$；消力池未端单宽流量$q$可按消力池宽度$B_1$求得：

$$B_1=B+(n-1)d_0=78+(13-1)\times1.0=90(\text{m})$$

$$q=\frac{Q}{B_1}=\frac{604}{90}=6.71[\text{m}^3/(\text{s}\cdot\text{m})]$$

对黏性土壤，可取系数$K=8.5$。于是$l_p=8.5\times\sqrt{6.71\sqrt{3.0}}=28.98(\text{m})$。

采用海漫长度为30m。

3. 闸基渗流计算

闸基渗流主要是计算渗径长度和闸底渗流压强。至于渗流量，因闸基为黏性土壤，渗透性小，且本工程对控制渗流量要求不高，故不必计算。

(1) 求渗径长度。渗径长度应能满足水闸上下游水位差最大的防渗要求，故按上下游水位差最大的情况来确定。上下游水位差最大的情况为闸身稳定计算中的校核情况，相应的上游水位为7.0m，下游水位为−1.2m，最大水位差：$H=7.0-(-1.2)=8.2(\text{m})$。

按水闸结构布置要求，初步拟定闸底轮廓线，再核算渗径长度是否满足要求。因本闸水位差较大，由结构布置要求确定的闸底长度较短，仅17m，故于底板上游增设一长25m的钢筋混凝土防渗铺盖，以增加渗径长度。初步拟定的闸底轮廓线如图6.45所示。为了便于计算，将闸底不透水部分轮廓线的转折点按顺序编号，共12点。

按防渗要求，闸底不透水部分轮廓线（包括钢筋混凝土铺盖及钢筋混凝土倒拱底板）长度应满足：

$$L\geqslant C_0H$$

式中，折算渗径长度$L=L_{铅直}+\frac{1}{3}L_{水平}$，其中闸底铅直轮廓线（当轮廓线与水平线夹角不小于45°时，按铅直轮廓计算）长度为

$$L_{铅直}=l_{1-2}+l_{3-4}+l_{5-6}+l_{7-8}+l_{9-10}+l_{11-12}$$

$$=0.8+\sqrt{0.4^2+0.4^2}+0.7+\sqrt{0.3^2+0.3^2}+\sqrt{0.3^2+0.3^2}+0.9=3.81(\mathrm{m})$$

水平轮廓线长度为

$$L_{水平}=l_{2-3}+l_{4-5}+l_{6-7}+l_{8-9}+l_{10-11}$$

$$=0.4+24.2+0.5+15.4+0.5=41.0(\mathrm{m})$$

则

$$L=3.81+\frac{1}{3}\times 41.0=17.48(\mathrm{m})$$

上下游水位差 $H=8.2\mathrm{m}$，由表查得中等密实黏土（无反滤层）的渗径系数 $C_0=2.0$，则 $C_0H=2.0\times 8.2=16.4$（m）。

因 $L>C_0H$，闸底轮廓线长度满足防渗要求。

（2）闸底渗流压强。闸底任一点 n 的渗流压强 p_n 按下式计算：

$$p_n=p_n'+p_n''=\gamma H_n+\gamma Z_n$$

式中 n 点的水头 H_n 可按 n 点的折算渗径长度 l_{1-n} 求得：

$$H_n=H\left(1-\frac{l_{1-n}}{L}\right)$$

n 点的位置高度 Z_n（以下游水面为基准面向下为正）为

$$Z_n=下游水位-n点高程$$

现以点8为例计算该点在校核情况时的渗流压强。点8的折算渗径长度为

$$l_{1-8}=l_{1-2}+l_{3-4}+l_{5-6}+l_{7-8}+\frac{1}{3}(l_{2-3}+l_{4-5}+l_{6-7})$$

$$=0.8+\sqrt{0.4^2+0.4^2}+0.7+\sqrt{0.3+0.3^2}+\frac{1}{3}\times(0.4+24.2+0.5)=10.86(\mathrm{m})$$

则

$$p_8'=\gamma H\left(1-\frac{l_{1-8}}{L}\right)=9.8\times 8.2\times\left(1-\frac{10.86}{17.48}\right)=30.4(\mathrm{kN/m^2})$$

$$p_8'=\gamma(下游水位-点8高程)=9.8\times[-1.2-(-2.1)]=8.82(\mathrm{kN/m^2})$$

点8的渗流压强为

$$p_8=p_8'+p_8''=30.4+8.82=39.22(\mathrm{kN/m^2})$$

按上法求得闸底各点在校核情况时的渗流压强，列于表6.5。对于设计情况，水位差 $H=6.5-(-1.2)=7.7(\mathrm{m})$。按同样方法求得闸底各点在设计情况时的渗流压强，列于表6.6。以上所求闸底渗流压强是进行水闸整体稳定计算和底板强度计算的主要荷载之一。

表6.5　校核情况时的渗流压强　单位：$\mathrm{kN/m^2}$

位置	1	2	3	4	5	6	7	8	9	10	11	12
p'	80.40	76.70	76.00	73.50	36.30	33.10	32.30	30.50	6.86	4.90	4.21	0.00
p''	−1.96	5.88	5.88	1.96	4.90	11.75	11.75	8.82	8.82	11.75	11.75	2.94
p	78.44	82.58	81.88	75.46	41.20	44.85	44.05	39.32	15.68	16.65	15.96	2.94

表 6.6　　设计情况时的渗流压强　　单位：kN/m²

位置	1	2	3	4	5	6	7	8	9	10	11	12
p'	75.40	72.00	71.40	69.00	34.10	31.00	30.40	28.60	6.46	4.60	3.92	0.00
p''	−1.96	5.88	5.88	1.96	4.90	11.75	11.75	8.82	8.82	11.75	11.75	2.94
p	73.44	77.88	77.28	70.96	39.00	42.75	42.15	37.42	15.28	16.35	15.67	2.94

6.3 拓展知识

6.3.1 涵洞式水闸

涵洞式水闸也称封闭式水闸，如图 6.46 所示。与开敞式水闸相比，涵洞式水闸增加了洞身段，洞身顶部的填土可作交通之用，以代替交通桥，其余部分基本相同。它由上游连接段、进口闸室段、洞身段及下游连接段四部分组成。涵洞式水闸在农田水利工程中应用很广，一般修建在河堤较高或开挖较深的地方。

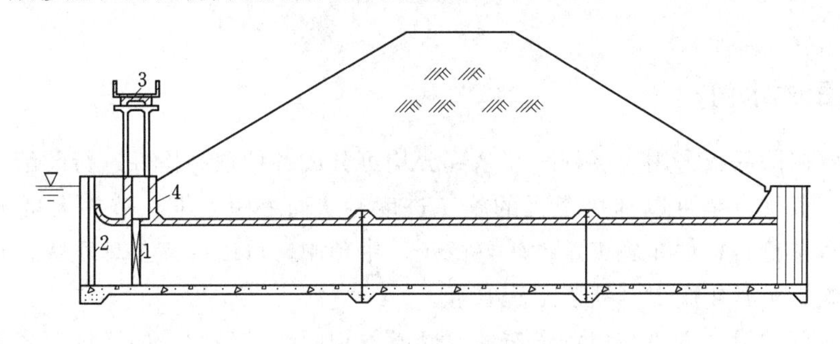

图 6.38　涵洞式水闸

1—工作闸；2—检修门槽；3—工作桥；4—胸墙

1. 进口闸室

涵洞式水闸的闸门常设在进口处，以控制水流，从而形成闸室段。闸室段设有底板、边墙、工作闸门、检修闸门及工作桥等，多孔涵洞式水闸还设有中墩。

涵洞式水闸的胸墙一般设在洞身进口的顶部。当洞身较长、闸门局部开启时，为了防止闸门后面的空气被水流带走而形成负压现象，一般在胸墙后面设通气孔，通气孔与大气相通，以保证水流稳定。然而，胸墙有时也可设在闸室段，支承在工作桥支墩的侧面，此时常采用钢筋混凝土轻型结构。

有些涵洞式水闸将闸门布置在洞身出口处，这种布置方式的优点是操作方便，且闸门后面与大气相通，无须设置通气孔。但是由于洞内长期有水，使得检修不便，而且在高水位情况下，洞身将全部处于有压状态，因此对洞身分段接缝处的防渗要求高。这种布置一般仅用于小型涵洞式水闸。

2. 洞身断面型式

洞身段的作用是引导水流穿过土堤并防止水流破坏堤身，与此同时，还要支承土堤及其上部的车辆、人群等荷载。

常采用的洞身断面型式有拱式、箱式和盖板式等，如图6.39所示。

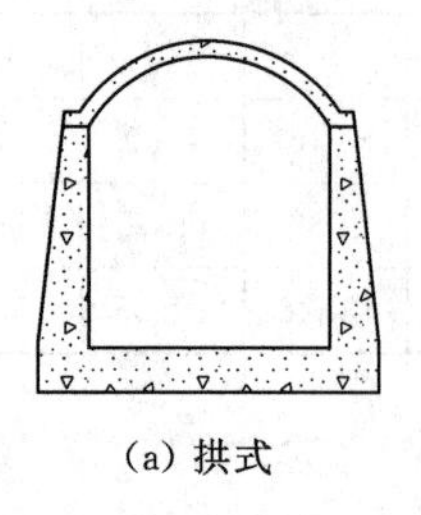
(a) 拱式

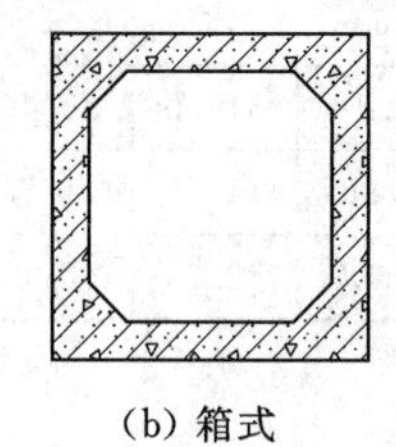
(b) 箱式

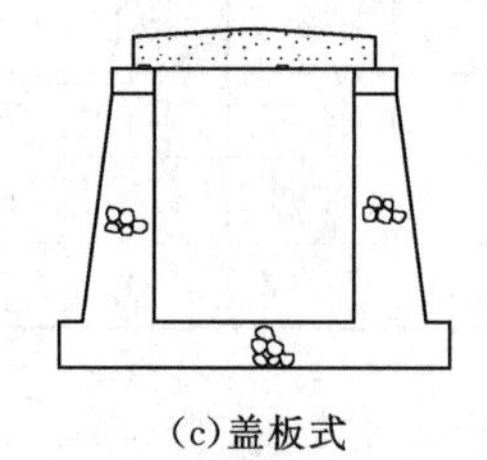
(c)盖板式

图6.39　洞身断面型式

拱式洞身的底板、边墙和顶拱常用砌石和混凝土建成，以充分利用这些材料的抗压特性。拱式洞身能承受较大的外压，故常用在洞顶填土较高的地方。箱式洞身为四边封闭的钢筋混凝土整体结构，不仅刚度大，而且整体性及抗震性能好，能适应较软弱的地基，能承受较大的内水压力。盖板式洞身主要由盖板、侧墙和底板组成。盖板可以采用条石、混凝土或钢筋混凝土等材料。侧墙一般为砖石砌筑的重力式挡土结构，利用盖板和底板作为支撑。底板可以用浆砌石或混凝土做成，根据地基条件，其型式可以采用分离式或整体式。

6.3.2　装配式水闸

装配式水闸除底板采用现浇外，其余部分均可分成各种预制构件进行装配。采用装配式结构建闸，其优点是可以加快工程的施工进度，从而缩短工期；节约大量木材和劳动力，降低工程造价；构件在施工条件较好的工厂中预制，可以提高工程质量，且不受季节和气候的影响；可常年施工，便于工程管理。

装配式水闸的设计方法与现场浇筑的水闸基本相同，只是构件的设计要考虑到装配式结构在构件的运输、吊装、接缝、整体性和防渗等方面的特殊性。设计时应注意以下几点要求：

（1）构件要定型化、规格化和简单化。

（2）根据运输、吊装设备的能力，确定单元构件的尺寸和重量。

（3）构件的加工尺寸要精确，安装时要结合紧密、牢固。

（4）充分利用材料的强度，尽可能减轻自重。

（5）混凝土强度等级，一般构件采用C15，门槽及桥梁等构件采用C20～C25。

6.3.3　水力自动翻板闸

在山区河流灌溉枢纽中，通常在低水位时需要拦蓄来水以便灌溉，而在洪水位时，则需要将闸门全部打开以宣泄洪水。在这种枢纽中，洪水位与挡水位往往相差较大，洪水上涨迅速。此时如果仍采用一般节制闸的结构型式，则工作桥必然过高。于是，在这种情况下可以考虑自动翻板闸门的结构型式。它是一种利用水力和重力的作用实现闸门自动开启和关闭的水闸。

水力自动翻板闸主要由闸门、转动铰、支墩和底板组成，如图6.40所示。闸门一般

为平板门，可以采用钢结构或钢筋混凝土结构，以单铰或多铰与固定的支墩相连接。

自动翻板闸门的工作原理很简单，当上游水位上涨后，水压力合力的作用点高于门铰中心一定距离，所产生的开门力矩大于抵抗开门力矩时，则闸门自动翻倒打开。当上游水位下降，水压力合力的作用点低于门铰中心一定距离，所产生的关门力矩大于抵抗关门力矩时，闸门就自动关闭。

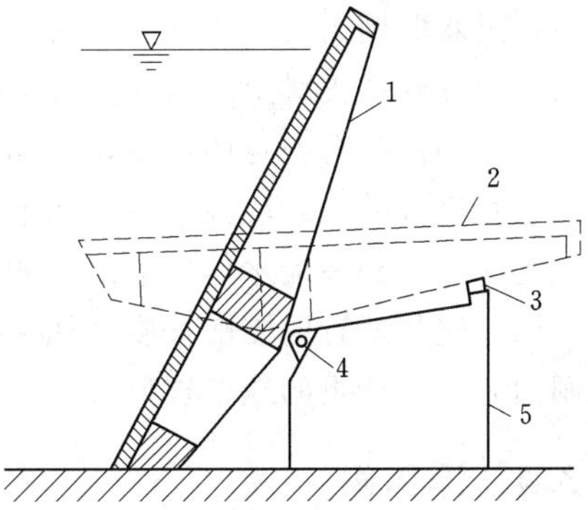

图 6.40 自动翻板闸门的结构型式
1—关门位置；2—开门位置；3—缓冲垫；4—门墩；5—支铰

翻板门适用于高度为 2～4m 的小型水闸，具有以下工作特点：

（1）由于闸门较低，可以采用较大的跨度，从而简化闸室结构，降低造价。

（2）运行中，闸门淹没在水下，不利于排放漂浮物。

（3）没有检修门，不便于检修。

（4）控制水位一经确定便不易改变，运用方式还不够灵活。

（5）在某一开度下，闸门随水流而振动。

自动翻板门现多采用钢筋混凝土框架结构。闸门下部为钢筋混凝土平衡板，重量较大，有利于闸门在蓄水情况下稳定，闸门上部多采用钢丝网水泥面板。这种闸门在使用过程中存在的最大问题是，当上游水位上涨、闸门倾倒时，对闸墩将产生很大的撞击力，常使门墩上的橡皮防冲块被撞坏，甚至有的门墩被撞碎。为了解决这一问题，可在闸门后面设置减震器。减震器由活塞、储油管、缸体和防冲块组成，这样就可以控制闸门的启闭速度，使闸门徐徐开启和关闭，从而较好地防止了闸门震动，有效地解决了撞击问题。

由于钢筋混凝土闸门的自重较大，因此要求的开门力矩也较大。在运行时，为了不致使开门水位与上游设计挡水位相差过高，可以降低门轴的位置。但是，门轴位置降低后，又会影响到闸门的自动关闭，由此可见，闸门的开启与关闭对门轴的设计要求是矛盾的。为了解决这一矛盾，可以采用双铰支座的结构型式，即双支座有高低两个门轴。当闸门处于关闭状态时，下轴起作用，使得开门水位降低；而当闸门开启成平卧状态时，则利用上轴支承，下轴脱空，从而保证了闸门宜于关闭。采用双铰支座不仅可以解决上述的矛盾，而且同时可以减小闸门关闭时的冲击力。根据工程实践，双铰支座已发展成多铰支座的型式。

自动翻板闸门在使用过程中，除了存在上述的问题，还存在由于闸门底部水流流态不稳定及水面受到波浪的影响，导致闸门产生的拍打现象。所谓拍打现象，是指在水力作用下，闸门将失去稳定，作周期性往复拍打支墩或坎的现象。这种拍打往往会与上游波浪发生共振，使拍打不断增大，从而造成闸门与支墩的剧烈撞击并导致闸门破坏。采用油压减震器虽有助于解决这一问题，但是其价格较高。如果不采用减震器，而将闸门采用多铰支座时，为了消除闸门的拍打现象，则可以从门型、门重、铰的位置及支架等方面采取以下措施：

（1）将闸门面板的上段建成框格式，下段建成矩形截面，由于闸门上段背面建成框格式后，过水时闸门背后的气囊不易被破坏，门体前半部受到较大水压力，将闸门紧紧压在铰与闸门顶端的支墩上，从而大大提高了闸门工作的稳定性。

（2）闸门应有一定的重量，以加大闸门的惯性。

（3）底铰的位置应根据闸门挡水的要求确定，而顶铰的位置除了需要考虑关门的条件外，还应考虑到在动水作用下闸门的稳定性。

（4）选择适宜的支腿长度，如果过长会使得开启闸门的水位过高，而过短又会导致关闭闸门时产生严重的撞击现象。

6.3.4 浮体闸

浮体闸是利用水压力的作用来操纵闸门的升降，不需要专门设置启闭设备、工作桥以及闸墩。

1. 结构组成

浮体闸的结构型式有两种。一种是浮体闸由下游主闸板与上游副闸板组成，上游副闸板成可折叠的型式，主、副闸板之间采用水平铰连接，其缝隙用橡皮止水封闭，构成一个可以上下折叠运动的封闭体，如图6.41（a）所示。另一种是浮体闸的上、下游闸门板为两个分开的独立体，闸门开启时，上游闸板的支承滚座在下游闸门板上滚动，闸门开启后，下游闸板依靠锚链拉牢，闸门下降后，水流从门上越过，上、下门间形成一跌坎，如图6.41（b）所示。

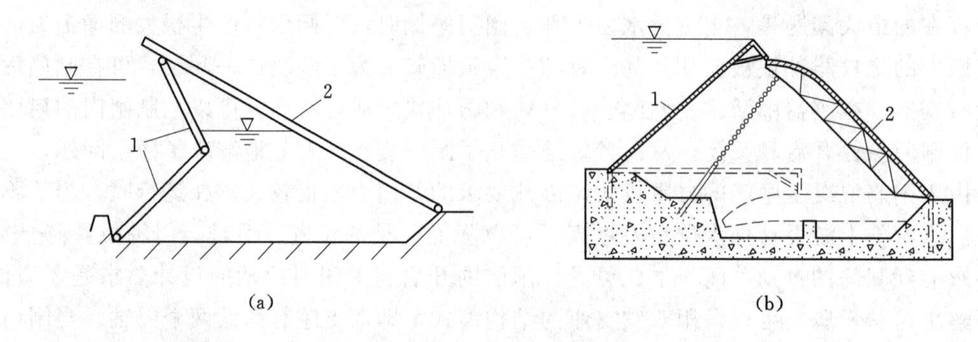

图6.41 浮体闸的结构型式

1—上游副闸门；2—下游主闸门

2. 工作特点、优点及缺点

浮体闸利用向主副闸门共同组成的空腔内充水，从而借助水的浮力使闸门升起挡水，在泄流时降低空腔内的水位，使闸门下降。充水和排水可利用自流，在必要时也可考虑采用动力充排。

与一般的水闸相比，浮体闸具有以下优点：

（1）没有闸墩阻拦，其泄洪能力较大。

（2）不需要设置大型启闭设备。

（3）由于无须设置启闭设备，工作桥以及闸墩，因而造价低，每米造价较一般水闸降低10%～30%。

（4）应用范围较广，既可以建于需要调节水位和流量的河道上、灌溉渠道上、水库的

溢洪道上，也适用于流放竹木等漂浮物的河道上。

然而，浮体闸也存在着一些缺点：

(1) 闸门的止水比较复杂，支铰较多，施工精度要求高。

(2) 在水头差较小的情况下，闸门自动升起困难。

(3) 泥沙淤积，深水检修困难。

(4) 工作条件较复杂，在运行中可能出现自浮、自锁和自降问题。

浮体闸在工作中常会发生所谓的自浮、自锁和自降问题，在设计时需注意这三个问题。自浮现象是指闸门在水下自动漂浮起来。而闸门的浮起往往由于仍淹没在水中，不易被发现，但实际的泄洪能力比原设计的要低，使得上游洪水位与设计相比有所抬高，这对防洪来说相当不利。自锁现象是指闸门降至一定高度后，就自行稳定不动或降落十分缓慢。自降，即所谓失控现象，它表现为在闸门降低过程中，一开始闸顶随闸腔内水位下降而下降，当闸门降至一定高度后，闸腔内水位不降时，闸顶仍继续下降，而且速度很快。

由此可见，尽管浮体闸的工作原理很简单，但是要能确保建筑物的安全运行，还需解决好以上问题。

6.3.5 橡胶坝水闸

橡胶坝水闸是由高强度的合成纤维织物受力骨架与合成橡胶粘合而成，锚固在闸底板上，形成密封袋形，用水或气充胀挡水的水闸。运行时，坝顶可以溢流，也可以根据需要随时调节坝高。当洪水来临时，可以将坝袋内的水或空气排空，从而使得坝袋平铺在闸底板上，水流下泄无阻。橡胶坝水闸是20世纪50年代末随着高分子合成材料的发展而出现的一种新型水工建筑物。图6.42所示为斜坡式橡胶坝水闸布置图。

橡胶坝水闸与传统的闸坝相比具有以下优点：

(1) 造价低。橡胶坝的造价与同规模的常规水闸相比，一般可以减少投资30%～70%。

(2) 节省三材。橡胶坝袋是用合成纤维织物和橡胶制成的薄柔性结构代替钢木及钢筋混凝土结构。另外，由于无需修建中墩、工作桥和安装启闭机等上部结构，并简化水下结构，因此，三材用量显著减少，一般可节约钢材30%～50%，节约水泥50%左右。

(3) 结构简单，施工期短。橡胶坝袋是先在工厂生产，然后到现场安装，施工速度快，整个工程的施工工艺简单，工期一般为3～6个月。

(4) 阻水影响小，止水效果好。坝袋锚固在底板和岸墙上，基本能达到不漏水。坝袋内的水或气排空后，紧贴在底板上，不缩小原有河床断面，于是不阻水。

(5) 抗震性能好。橡胶坝的坝体为柔性薄壳结构，延伸率可达600%，具有以柔克刚的性能，因而能抵抗强大的地震波和特大洪水的波浪冲击。

然而，橡胶坝的缺点是橡胶材料易老化，要经常维修，如果河道常年有水，其检修不便；在有泥沙的河道上，尤其是有底砂、推移质的情况下，橡胶坝易损坏；在双向挡水的河道上，橡胶袋两端与河岸的连接较麻烦且易拉坏；另外，如果设计不好，在泄流时，橡胶坝可能出现拍打现象。

橡胶坝适用于低水头、大跨度的闸坝工程，已建成的橡胶坝水闸的高度一般为0.5～

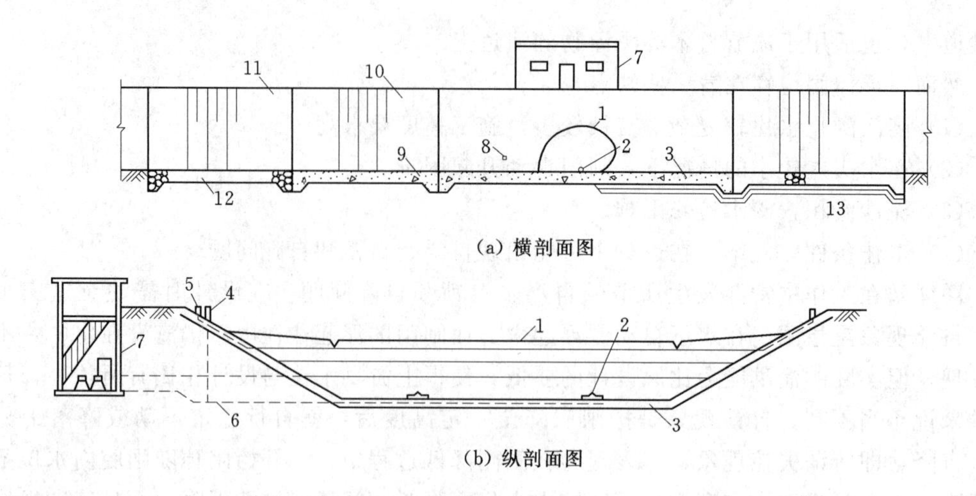

图 6.42 斜坡式橡胶坝水闸布置图

1—橡胶坝袋；2—水帽；3—钢筋混凝土底板；4—溢流管；5—排气管；6—泵吸排水管；7—泵房；8—泵吸排水口；9—钢筋混凝土防渗板；10—混凝土板护坡；11—浆砌石护坡；12—浆砌石护底；13—铅丝石笼护底

3.0m，单跨长度一般为 50～100m，主要用于灌溉、防洪和环境改善等工程中。

复习思考与技能训练题

1. 水闸按其功能考虑有哪些类型？水闸有哪些工作特点？

2. 选择水闸闸址应注意哪些问题？初步设计水闸孔口尺寸一般应考虑哪些因素？

3. 为什么对水闸做渗流分析？如何做好水闸的防渗设计和排水设计？

4. 何为地下轮廓线和防渗长度？

5. 水闸的构造组成有哪些？

6. 闸下底流消能时水跃的淹没度一般选择多少？为什么？

7. 为什么对水闸作稳定分析和沉降校核？分别试述水闸稳定分析和沉降校核的方法。

8. 对水闸地基处理的内容有哪些？

9. 详述闸门的分类方式和类型。

10. 水闸与两岸连接的建筑物有哪些？

11. 其他闸型还有哪些？各适用于什么条件？各有什么特点？

12. 某水闸闸室的结构设计型式如图 6.43 所示，根据该图回答以下问题：

（1）根据所学的水闸相关知识，指出图中 1～5 所指的结构的名称。

（2）以图 6.43 为例，说明水闸承受的主要荷载都有哪些？

（3）何谓水闸承受的水平水压力；当上游分别为黏土铺盖和混凝土铺盖时，水闸的上游水平水压力计算有何不同？画出上述两种铺盖型式下的水闸上游水平水压力分布图。

（4）闸室抗滑稳定计算的基本原理是什么？对砂性土地基和黏性土地基有何不同？

（5）提高闸室抗滑稳定的工程措施有哪些？

13. 某进水闸位于河道的左岸，进水闸轴线与河道水流成45°角布置，取水口处河底高程为80.0m，干渠渠底高程根据渠道定线的要求，定为82.0m，干渠底宽25.0m，边坡1∶1.5，渠道比降1∶10000，糙率0.025，渠道土质较密实。河道水位为84.95m，平均流速为0.8m/s，引水流量为60m³/s，相应的干渠水位为84.872m。试对该进水闸进行闸孔设计？

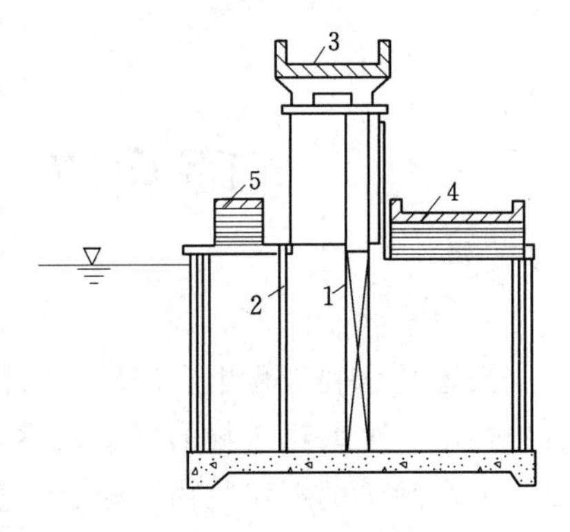

图 6.43　闸室结构图

14. 利用题13中的部分资料，河道洪水期仍需引水灌溉。开闸引水时的河道最高水位为89.38m，超过该水位后，关闸挡水，最大引水流量为12.0m³/s，相应的渠道水深为1.11m，引水时假定两孔发生故障，全部引水流量由其余三孔下泄。试确定该消力池的尺寸。

15. 某拦河闸的地下轮廓布置如图6.44所示，地基土为砂壤土，上游采用混凝土防渗铺盖，在底板上游侧设有板桩，板桩深5.5m。高程12.0m以下为相对不透水层。

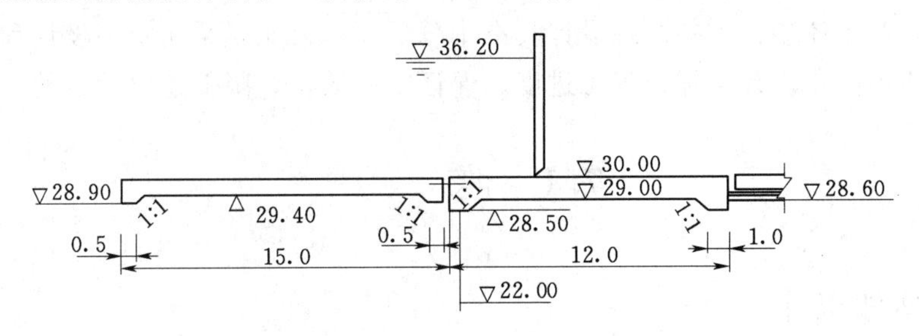

图 6.44　水闸地下轮廓布置图

(1) 何谓地下轮廓线？分别用勃莱法、莱茵法计算地下轮廓线的长度，并验算其防渗长度是否满足闸基防渗要求。

(2) 试用勃莱法计算闸底板下的渗透压力，并绘出渗透压力分布图。

(3) 试用莱茵法计算闸底板下的渗透压力，并绘出渗透压力分布图。

(4) 根据第一步的计算结果，若闸基防渗长度不满足要求，可采取哪些措施来增加渗径？

项目7　渠系建筑物

渠道是水利工程中应用较广的输水建筑物。灌溉渠道系统一般由干、支、斗、农、毛五级构成。渠系建筑物的类型较多，按其功用来分，主要有控制水位和调节流量的节制闸、分水闸等配水建筑物；测定流量的量水设施，如量水堰、量水槽等量水建筑物；渠道与河渠、道路、沟谷相交时所修建的渡槽、倒虹吸管、涵洞等交叉建筑物；渠道通过坡度较陡或有集中落差的地段所需的跌水、陡坡等落差建筑物；保证渠道安全的泄水闸或退水闸，沉积和排除泥沙的沉沙池、排沙闸等防洪冲沙建筑物；穿过山冈而建的输水隧洞；方便群众农业生产以及与原有交通道路衔接，需修建的农桥等便民建筑物。各类渠系建筑物的作用虽然迥异，但具有面广量大、总投资多，同一类型建筑物工作条件较为相近的共同特点。因此，对其体型结构的合理设计具有十分重要的意义，采用定型设计和预制装配式结构，以期达到简化设计、加快施工进度、保证工程质量、降低造价的目的。

7.1　渡　　槽

7.1.1　基本知识

7.1.1.1　渡槽的总体布置

渡槽是输送渠道水流跨越河渠、道路、沟谷等的架空输水建筑物。它一般由进出口连接段、槽身、支承结构及基础组成。

渡槽的类型，一般指输水槽身及其支承结构的类型。槽身及其支承结构的类型较多，且材料有所不同，施工方法各异，因而其分类方式也较多，而一般按支承结构型式分类，其能反映渡槽的结构特点、受力状态、荷载传递方式和结构计算方法的区别。按支承结构型式分，有梁式、拱式、桁架式、组合式及悬吊或斜拉式等。而其中梁式是最基本也是应用最广的渡槽型式，如图7.1所示。本节主要讨论梁式渡槽的相关问题和设计方法。

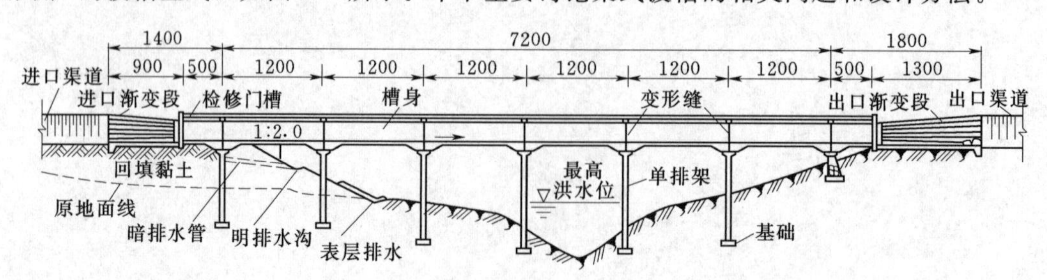

图7.1　梁式渡槽（单位：cm）

1. 槽址位置的选择

选择槽址关键是确定渡槽的轴线及槽身的起止点位置。一般对于地形、地质条件较复杂、长度较大的大中型渡槽，应找2～3个较好的位置通过方案比较，从中选出较优方案。

选择槽址位置的基本原则是力求渠线及渡槽长度较短，地质良好，工程量最少；进、出口水流顺畅，运用管理方便；槽身起、止点落在挖方上，并有利于进、出口及槽跨结构的布置，施工方便。

具体选择时，一般应考虑以下几个方面：

(1) 地质良好。尽量选择具有承载能力的地段，以减少基础工程量。跨河（沟）渡槽，应选在岸坡及河床稳定的位置，以减少削坡及护岸工程量。

(2) 地形有利。尽量选在渡槽长度短，进出口落在挖方上，墩架高度低的位置。跨河渡槽，应选在水流顺直河段，尽量避开河弯处，以免凹岸及基础受冲。

(3) 便于施工。槽址附近尽可能有较宽阔的施工场地，料源近，交通运输方便，并尽量少占耕地，减少移民。

(4) 运用管理方便。交通便利，运用管理方便。

2. 槽型选择

长度不大的中小型渡槽，一般可选用一种类型的单跨或等跨渡槽。对于地形、地质条件复杂且长度大的大中型渡槽，视其情况，可选1～2种类型和2～3种跨度的布置方案。

具体选择时，应主要从以下几个方面考虑：

(1) 地形、地质条件。对于地势平坦、槽高不大的情况，宜选用梁式渡槽，施工较方便；对于窄深沟谷且两岸地质条件较好的情况，宜建单跨拱式渡槽；对于跨河渡槽，当主河槽水深流急，水下施工困难，而滩地部分槽底距地面高度不大，且渡槽较长时，可在河槽部分采用大跨度拱式渡槽，在滩地则采用梁式或中小跨度的拱式渡槽；对于地基承载力较低情况，可考虑采用轻型结构的渡槽。

(2) 建筑材料情况。应贯彻就地取材和因材选型的原则。当槽址附近石料储量丰富且质量符合要求时，应优先考虑采用砌石拱式渡槽，但也应进行综合比较研究，选用经济合理的结构型式。

(3) 施工条件。若具备必要的吊装设备和施工技术，则应尽量采用预制装配式结构，以期加快施工进度，节省劳力。对同一渠系上有几个条件相近的渡槽时，应尽量采用同一种结构型式，便于实现设计、施工定型化。

3. 进出口建筑物

渡槽进出口建筑物一般包括进出口渐变段、槽跨结构与两岸的连接建筑物（槽台、挡土墙等）以及满足运用、交通和泄水要求而设置的节制闸、交通桥及泄水闸等建筑物。

进出口建筑物的主要作用是：①使槽内水流与渠道水流衔接平顺，并可减小水头损失和防止冲刷；②连接槽跨结构与两岸渠道，可以避免产生漏水、岸坡或填方渠道产生过大的沉陷和滑坡现象；③满足运用、交通和泄水等要求。

(1) 渐变段的形式及长度。为了使水流进出槽身时比较平顺，以利于减小水头损失和防止冲刷，渡槽进出口均需设置渐变段，如图7.1所示。渐变段常采用扭曲面型式，其水流条件好，一般用浆砌石建造，迎水面用水泥砂浆勾缝。八字墙式水流条件较差，而施工方便。

渐变段的长度一般采用下列经验公式确定：

$$L=C(B_1-B_2) \tag{7.1}$$

式中 C——系数，进口取1.5～2.0，出口取2.5～3.0；

B_1——渠道水面宽度，m；

B_2——渡槽水面宽度，m。

对于中小型渡槽，通常进口$L\geqslant 4h_1$，出口$L\geqslant 6h_2$。h_1、h_2分别为上、下游渠道水深。

渐变段与槽身之间常因各种需要设置连接段，连接段的长度视具体情况由布置确定。

(2) 槽跨结构与两岸的连接。槽跨结构与两岸渠道的连接方式对于梁式、拱式渡槽基本是相同的。其连接应保证安全可靠，连接段的长度应满足防渗要求，一般槽底渗径（包括渐变段）长度不小于6倍渠道水深；应设置护坡和排水设施，保证岸坡稳定；填方渠道还应防止产生过大的沉陷。

1）槽身与填方渠道的连接。通常采用斜坡式和挡土墙式两种形式。

斜坡式连接是将连接段（或渐变段）伸入填方渠道末端的锥形土坡内，根据连接段的支承方式不同，又可分为刚性连接和柔性连接两种。

刚性连接［图7.2 (a)］是将连接段支承在埋于锥形土坡内的支承墩上，支承墩建于老土或基岩上。对于小型渡槽，也可不设连接段，而将渐变段直接与槽身相连，并按变形缝构造要求设止水。

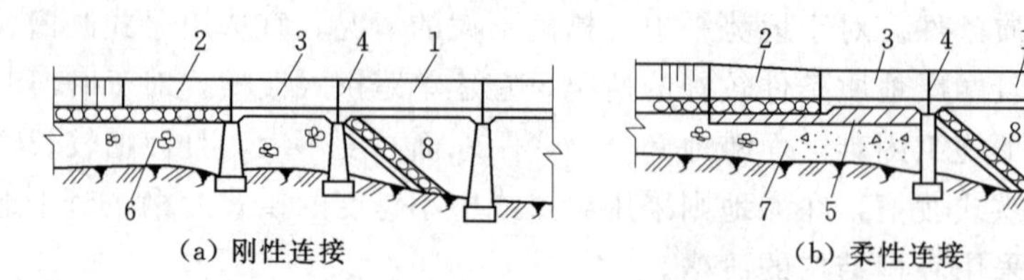

图7.2 斜坡式连接

1—槽身；2—渐变段；3—连接段；4—伸缩缝；5—黏土铺盖；6—黏性土回填；7—砂性土回填；8—砌石护坡

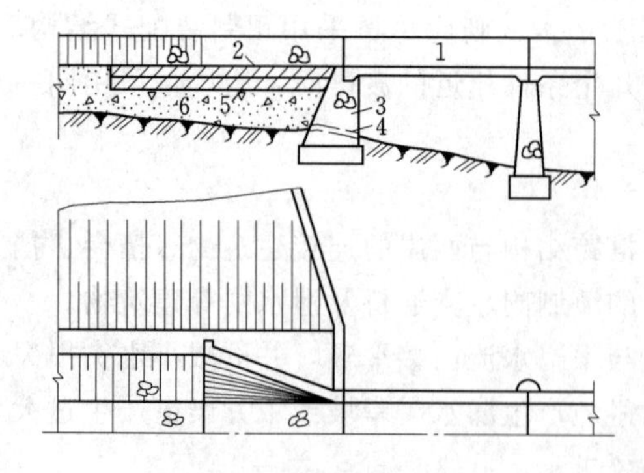

图7.3 挡土墙式连接

1—槽身；2—渐变段或连接段；3—挡土墙；4—排水孔；5—铺盖；6—回填砂性土

柔性连接［图7.2 (b)］是将连接段（或渐变段）直接置于填土上，靠近槽身的一端仍支承在墩架上。要求回填土夯实，并根据估算的沉陷量，对连接段预留沉陷高度，保证进出口建筑物的设计高程。

挡土墙式连接（图7.3）是将边跨槽身的一端支承在重力挡土墙式边墩上，并与渐变段或连接段连接。挡土墙建在老土或基岩上，保证其稳定并减小沉陷量。为了降低挡土墙背后的地下水压力，在墙身和墙背面应设排水。渐变段与连接段之下的回填土，多采用砂性土，并应分层夯实，上部铺0.5～1.0m厚的黏性土

作防渗铺盖。该种形式一般用于填方高度不大的情况。

2）槽身与挖方渠道的连接（图 7.4）。由于连接段直接建造在老土或基岩上，沉陷量小，故其底板和侧墙可采用浆砌石或混凝土建造。有时为缩短槽身长度，可将连接段向槽身方向延长，并建在浆砌石底座上。

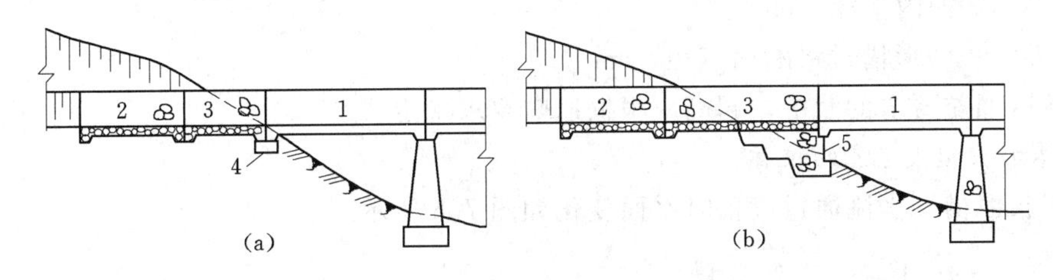

图 7.4 槽身与挖方渠道的连接

1—槽身；2—渐变段；3—连接段；4—地梁；5—浆砌石底座

7.1.1.2 渡槽的水力计算

水力计算的内容主要是确定槽底纵坡、槽身过水断面形状及尺寸、进出口高程，并验算水头损失是否满足渠系规划的要求。

1. 槽底纵坡的确定

合理选定纵坡 i 是渡槽水力设计的关键一步，槽底纵坡 i 对槽身过水断面和槽中流速大小的影响是决定性的因素。当条件许可时，宜选择较陡的纵坡。初拟时，一般取 $i=1/500\sim1/1500$ 或槽内流速 $v=1\sim2\text{m/s}$（最大可达 $3\sim4\text{m/s}$）；对于长渡槽，可按渠系规划允许水头损失 $[\Delta Z]$ 减去 0.2m 后，再除以槽身总长度，作为槽底纵坡 i 的初拟值；对于有通航要求的渡槽，$v\leqslant1.5\text{m/s}$，$i\leqslant1/2000$。

2. 槽身过水断面形状及尺寸的确定

槽身过水断面常采用矩形和 U 形两种，矩形断面可适用于大、中、小流量的渡槽，U 形适用于中小流量的渡槽。

槽身过水断面的尺寸，一般按渠道最大流量来拟定净宽 b 和净深 h，按通过设计流量计算水流通过渡槽的总水头损失值 ΔZ，若 ΔZ 等于或略小于渠系规划允许水头损失值 $[\Delta Z]$，则可确定 i、b 和 h 值，进而确定相关高程。

槽身过水断面按水力学有关公式计算，当槽身长度 $L\geqslant(15\sim20)h$（h 为槽内设计水深）时，则按明渠均匀流公式计算；当 $L<(15\sim20)h$ 时，则按淹没宽顶堰公式计算。

初拟 B、h 时，一般按 h/B 比值来拟定，h/B 不同，槽身的工程量也不同，故应选定适宜的 h/B 值。梁式渡槽的槽身侧墙在纵向起梁的作用，加高侧墙可以提高槽身的纵向承载力，故从水力和受力条件综合考虑，工程上对梁式渡槽的矩形槽身一般取 $h/B=0.6\sim0.8$，U 形槽身 $h/B=0.7\sim0.9$；拱式渡槽一般按水力最优要求确定 h/B。

为了保证渡槽有足够的过水能力，防止因风浪或其他原因造成侧墙顶溢流，故侧墙应有一定的超高。其超高与其断面形状和尺寸有关，对无通航要求的渡槽，一般可按下列经验公式确定：

矩形槽身
$$\Delta h=\frac{h}{12}+5 \tag{7.2}$$

U形槽身
$$\Delta h=\frac{D}{12} \tag{7.3}$$

式中　Δh——超高，即通过最大流量时，水面至槽顶或拉杆底面（有拉杆时）的距离，cm；

h——槽内水深，cm；

D——U形槽过水断面直径，cm。

对于有通航要求的渡槽，超高应根据通航要求来定。

3. 总水头损失 ΔZ 的校核

对于长渡槽，水流通过渡槽时水面变化如图7.5所示。

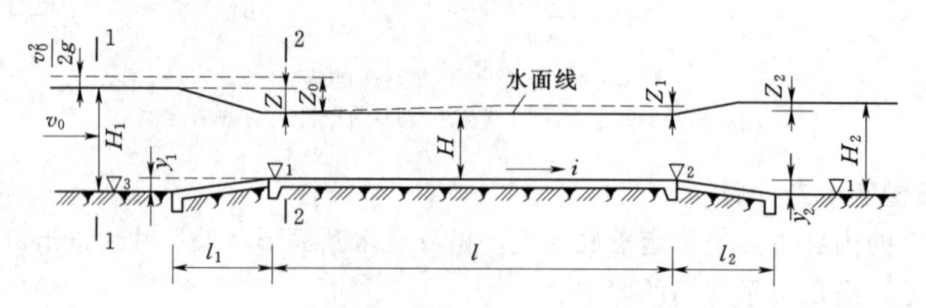

图7.5　水力计算示意图

(1) 通过渡槽总水头损失 ΔZ 为

$$\Delta Z=Z+Z_1-Z_2 \tag{7.4}$$

ΔZ 应等于或略小于规划中允许的水头损失值。

(2) 进口段水面降落值 Z 常采用下列淹没宽顶堰流公式计算：

$$Z=\frac{Q^2}{(\varepsilon\phi A\sqrt{2g})^2}-\frac{v_0^2}{2g} \tag{7.5}$$

式中　Q——渠道设计流量，m^3/s；

ε、ϕ——侧收缩系数和流速系数，可取0.90～0.95；

A——通过设计流量时槽身过水断面积，m^2；

g——重力加速度，$g=9.81m/s^2$；

v_0——上游渠道通过设计流量时断面平均流速，m/s。

(3) 槽身沿程水面降落值 Z_1 为

$$Z_1=iL \tag{7.6}$$

式中　i——槽身纵坡；

L——槽身总长度，m。

(4) 出口段水面回升值 Z_2。根据实际观测和模型试验，当进出口采用相同的布置形式时，Z_2 值与 Z 值有关，一般近似取：

$$Z_2\approx\frac{1}{3}Z \tag{7.7}$$

4. 进出口高程的确定

为确保渠道通过设计流量时为明渠均匀流，进出口底板高程按下列方法确定，符号如

图 7.5 所示。

进口槽底抬高值 $$y_1=h_1-Z-h \tag{7.8}$$

进口槽底高程 $$\nabla_1=\nabla_3+y_1 \tag{7.9}$$

出口槽底高程 $$\nabla_2=\nabla_1-Z_1 \tag{7.10}$$

出口渠底降低值 $$y_2=h_2-Z_2-h \tag{7.11}$$

出口渠底高程 $$\nabla_4=\nabla_2-y_2 \tag{7.12}$$

7.1.1.3 渡槽的结构设计

1. 渡槽结构上的作用（荷载）及其效应组合

（1）作用的分类。

1）永久作用：一般包括结构自重、土压力、预应力。

2）可变作用：一般包括静水压力、动水压力、风荷载、人群荷载、温度作用、槽内水重、车辆荷载。

3）偶然作用：地震作用、漂浮物的撞击力。

（2）作用效应组合。

1）基本组合：按承载力极限状态设计时，对持久状况或短暂状况下，永久作用与可变作用的效应组合。

2）偶然组合：按承载力极限状态设计时，对偶然状况下，永久作用、可变作用与一种偶然作用的组合。

3）短期组合：按正常使用极限状态设计时，可变作用的短期效应与永久作用的效应组合。

4）长期组合：按正常使用极限状态设计时，可变作用的长期效应与永久作用的效应组合。

（3）作用（荷载）的计算。对于中、小型渡槽一般不考虑地震力。自重、水压力、温度作用及土压力的计算方法在前面已讲述，这里仅介绍人群作用。当槽顶设有人行便道时，一般设计值选用 2～3kN/m^2。

2. 梁式渡槽

梁式渡槽的槽身支承于墩台或排架之上，槽身侧墙在纵向起梁的作用。

（1）槽身结构纵向支承型式与跨度。根据支点位置的不同，梁式渡槽可分为简支梁式（图 7.1）、悬臂梁式（图 7.6）及连续梁式三种。悬臂梁式渡槽一般为双悬臂式，也有单悬臂式。

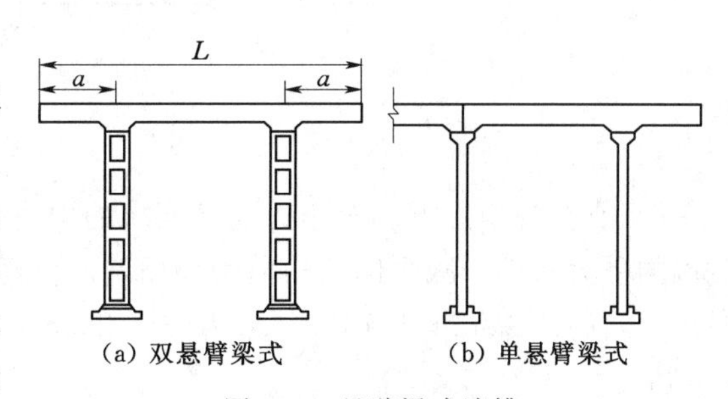

图 7.6 悬臂梁式渡槽

简支梁的优点在于结构简单，吊装施工方便，接缝止水易解决。但其跨中弯矩较大，底板全部受拉，对抗裂防渗不利。其常用跨度为 8～15m，其经济跨度为墩架高度的 0.8～1.2 倍。

双悬臂梁又分为等跨双悬臂和等弯矩双悬臂两种型式。设每节槽身长度为 L，悬臂长

度为 a，则等跨双悬臂 $a=0.25L$；等弯矩双悬臂 $a=0.207L$。在匀布作用（荷载）情况下，等弯矩双悬臂虽然其跨中与支座处弯矩绝对值相等，且比等跨双悬臂支座处负弯矩数值小，但由于纵向上下层均需配置受力筋和一定数量的构造筋，总配筋量可能比等跨双悬臂式多，且由于墩架间距不等，故应用较少；等跨双悬臂的跨中弯矩为零，支座处负弯矩较大，底部全部位于受压区，对抗裂有利。另外，悬臂梁的跨度可达简支梁的2倍左右，故每节槽身长度最大可达30～40m，但其重量大，施工吊装困难，且接缝止水因悬臂端变形大，故容易被拉裂。

单悬臂梁式一般只在双悬臂式向简支梁过渡或与进出口建筑物连接时采用。一般要求悬臂长度不宜过大，以保证槽身在另一支座处有一定的压力。

梁式渡槽的跨度不宜过大，跨度一般在20m以下较经济。

(2) 槽身横断面型式的主要尺寸。最常用的断面型式是矩形和U形。矩形槽身常用钢筋混凝土或预应力钢筋混凝土结构，U形槽身还可采用钢丝网水泥或预应力钢丝网水泥结构。

1）矩形槽身。矩形槽身按其结构形式和受力条件不同，可分为以下几种情况：

a）无拉杆矩形槽（图7.7）。该种型式结构简单，施工方便，主要用于有通航要求的中小型渡槽。侧墙做成变厚的［图7.7（a)］，顶厚按构造要求一般不小于8cm，底厚应按计算确定，而一般不小于15cm。有通航要求的大中型渡槽，为了改善侧墙和底板的受力条件，减小其厚度，沿槽长每隔一定距离加一道肋而成为加肋矩形槽［图7.7（b)］，肋的间距通常取侧墙高度的0.7～1.0倍，肋的宽度一般不小于侧墙的厚度，厚度一般为2.0～2.5倍墙厚。当流量较大或有通航要求槽身宽浅时，为改善底板受力条件，减小其厚度，可采用多纵梁式结构［图7.7（c)］，侧墙仍兼纵梁用，中间纵梁间距1.5～3m。

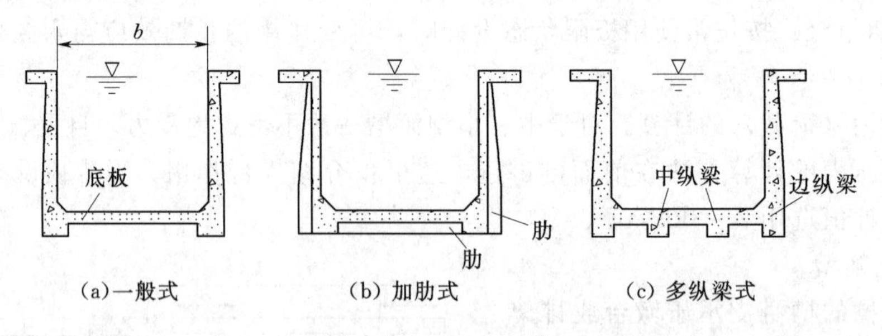

图7.7 无拉杆矩形槽

b）有拉杆矩形槽。对于无通航要求的中小型渡槽，一般在墙顶设置拉杆，可以改善侧墙的受力条件，减少侧墙横向钢筋用量。拉杆间距一般2m左右。侧墙常采用等厚，其厚度为墙高的1/12～1/16，一般为10～20cm。在拉杆上还可铺板，兼作人行便道，如图7.8所示。

c）箱式结构（图7.9）。该种型式既可以满足输水，顶板又可作交通桥，其用于中小流量双悬臂梁式槽身较为经济。箱中按无压流设计，净空高度一般为0.2～0.6m，深宽比常用0.6～0.8或更大些。

矩形槽的底板底面可与侧墙底缘齐平［图7.10（a)］，或底板底面高于侧墙底缘［图7.10（b)］。后者用于简支梁式槽身时，可以减小底板的拉应力，对底板抗裂有利；前者

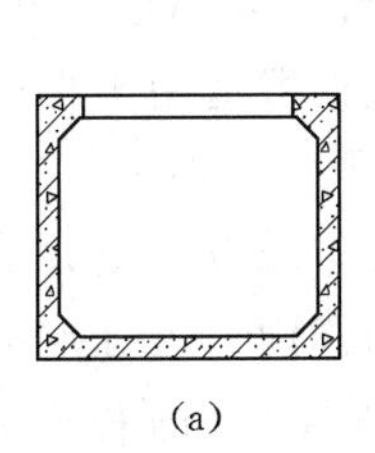

(a)

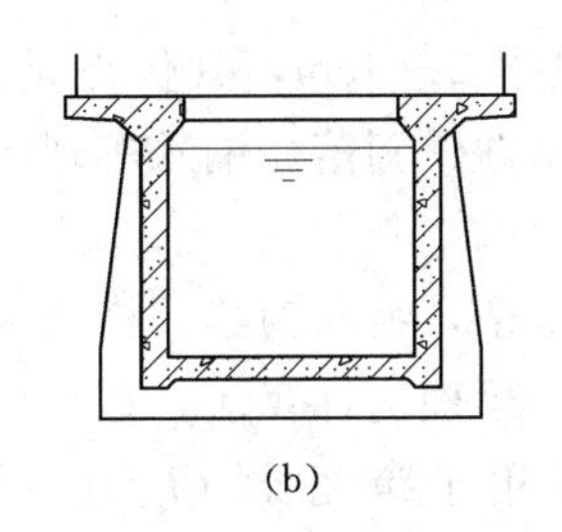

(b)

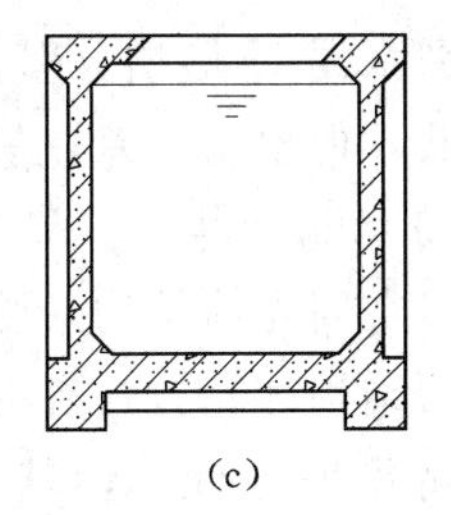

(c)

图 7.8 有拉杆矩形槽

适用于等跨双悬臂梁式槽身，构造简单，施工方便。为了避免转角处的应力集中，通常在侧墙和底板连接处设贴角，角度 $\alpha=30°\sim60°$，边长一般为 15～25cm。

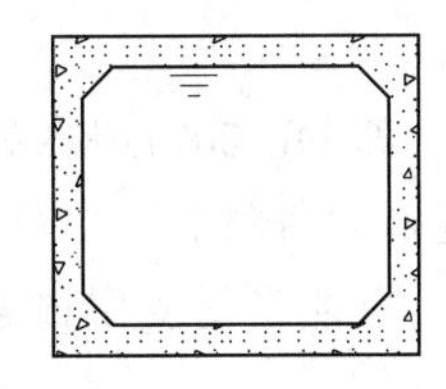

图 7.9 箱式结构

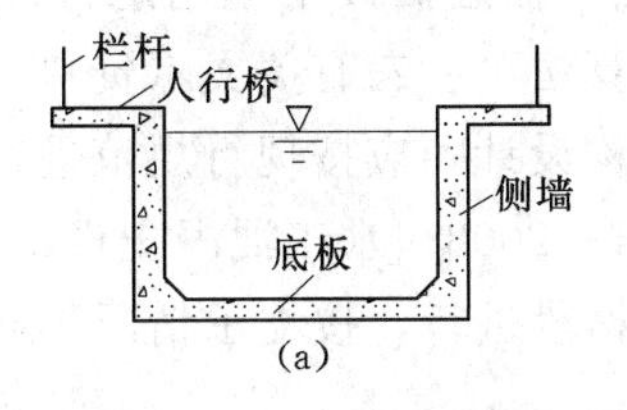

(a)

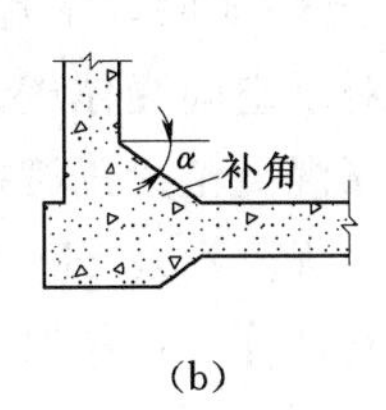

(b)

图 7.10 矩形槽补角大样图

2）U 形槽身。U 形槽身横断面由半圆加直段构成，如图 7.11 所示，槽顶一般设顶梁和拉杆，支座处设端肋。与矩形槽相比，其具有水力条件好、纵向刚度大等优点。

在初拟钢筋混凝土 U 形槽断面尺寸时，可参考以下经验数据。

壁厚：$t=(1/10\sim1/15)R_0$，常用 8～15cm；

直段高：$f=(0.4\sim0.6)R_0$；

顶梁：$a=(1.5\sim2.5)t$，$b=(1\sim2)t$，$c=(1\sim2)t$。

对于跨宽比大于 4 的梁式槽身，为增加槽身纵向刚度，满足横向抗裂要求，通常将槽底弧段加厚：

$$t_0=(1\sim1.5)t$$

$$d_0=(0.5\sim0.6)R_0$$

图 7.11（a）中 S_0 是从 d_0 的两端分别向槽壳外壁所作切线的水平投影长度，可由作图求出，一般 $S_0\approx(0.35\sim0.4)R_0$。

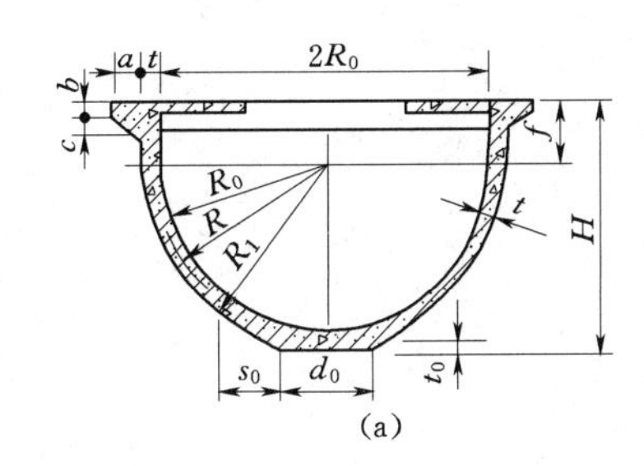

(a)

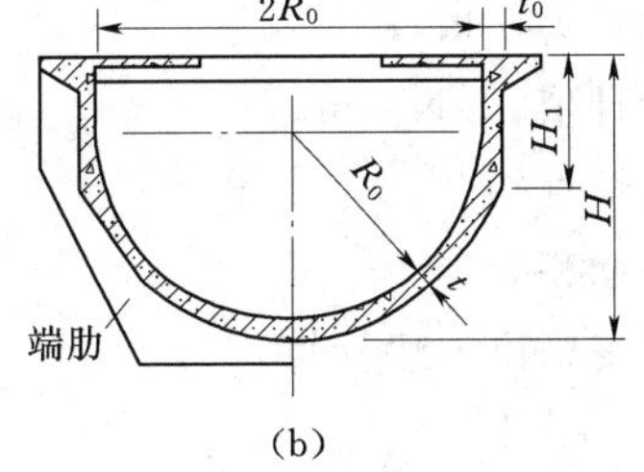

(b)

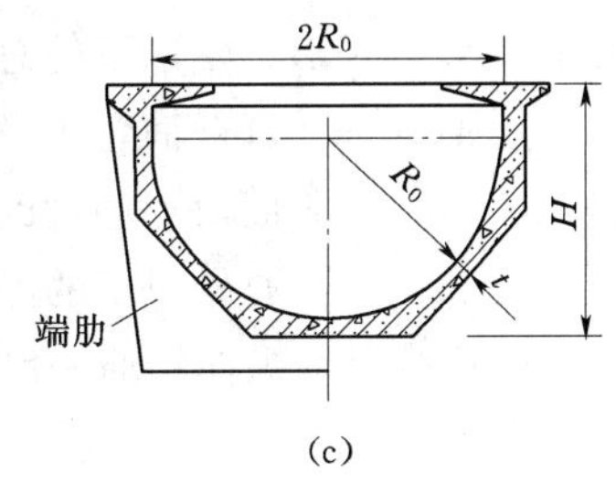

(c)

图 7.11 U 形槽身

端肋的外侧轮廓可做成梯形［图 7.11（b）］或折线形［图 7.11（c）］。

钢丝网水泥U形槽，壁厚一般为2～4cm，其优点是弹性好、自重轻、预制吊装方便、造价低，但耐久性差，易出现锈蚀、剥落、漏水等现象，故一般适用于小型渡槽。

3. 槽身结构计算

槽身属空间壳体结构，受力较复杂，纵向为梁，横向为刚架，属双向受力结构。目前国内采用的结构计算方法有两种：①梁理论计算法，该法认为结构内力可分别按纵向和横向的平面问题进行计算，其主要适用于跨宽比（L/B）大于3～4（即长壳）的情况；②空间壳体理论计算法：该法认为槽身为空间壳体结构，纵向和横向的应力和变形是密切相关的，其适用于跨宽比小于3～4的情况。该法具体又分为有限元法、折板法、有限条法等，但目前仅推出简支U形槽身的壳体理论计算公式，尚处研究阶段。故对矩形槽身，当跨宽比小于3～4时，工程设计中仍近似按梁理论进行计算。因此，本书重点介绍梁理论计算法。对于空间壳体理论计算法可参考有关文献资料。

对于钢筋混凝土梁式渡槽结构设计，应按现行规范进行，即DL 5077—1997《水工建筑物荷载设计规范》及SL/T 191—2008《水工混凝土设计规范》进行。

（1）纵向计算。通常取一个槽段进行，按支承情况不同，可能是简支梁或悬臂梁或连续梁。

纵向计算的荷载（作用）一般简化为作用在整个槽段上，主要包括槽身自重（人行便桥、拉杆等自重也化成匀布的）、槽中水重及人群荷载等，温度荷载及地基变位引起应力（连续梁还需考虑此两种荷载）。

1）矩形槽身。将侧墙看作纵梁，根据不同的设计状况（持久状况、短暂状况、偶然状况），进行必要的承载力极限状态设计及按要求进行正常使用极限状态设计，应考虑不同的作用效组合。首先求出纵向梁内力（即弯矩M，剪力Q），再按受弯构件进行正截面及斜截面承载力计算以及抗裂验算。

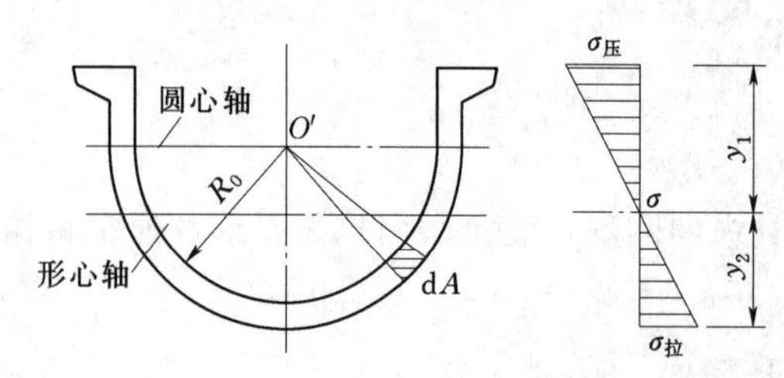

图7.12　形心轴位置示意图

2）U形槽身。其内力计算与矩形槽相同。M和Q求出后，需先求出截面形心轴位置，如图7.12所示，然后按下式求出受拉区的总拉力N_l：

$$N_l=\int\sigma \mathrm{d}A=\frac{M}{I}\int y\mathrm{d}A=\frac{M}{I}S \tag{7.13}$$

式中　N_l——形心轴以下的总拉力，kN；

M——计算截面弯矩设计值，kN·m；

I——截面对形心轴的惯性矩；

S——形心轴以下的静面积矩。

U形槽身的纵向钢筋一般按总拉力法计算：

$$A_s\geqslant\frac{N_l r_d}{f_y} \tag{7.14}$$

式中　A_s——受拉钢筋总截面积，mm；

f_y——钢筋抗拉强度设计值，N/mm²；

r_d——钢筋混凝土结构系数，$r_d=1.2$；

其他符号意义同前。

根据受拉钢筋总面积配置纵向受力钢筋，并进行斜截面承载力计算，然后进行抗裂验算，并配适量的构造筋。

(2) 横向计算。在进行横向计算时，沿槽身纵向取1m按平面问题进行分析，单位长脱离体上的作用（荷载）由两侧的剪力差维持平衡。

1) 无拉杆矩形槽。其计算简图如图7.13 (a)、(b) 所示，图中 P_0 为槽顶上的作用，M_0 为槽顶上的作用对侧墙中心线所产生的力矩，q_2 为槽内水重与底板自重之和。

由图示条件，结合现行规范，可求得内力计算式如下：

$$M_a=M_b=r_0\psi\left(r_Q\frac{1}{6}r_wh^3-M_0\right) \tag{7.15}$$

$$N_a=N_b=r_0\psi\frac{1}{2}r_wh^2 \tag{7.16}$$

$$M_c=r_0\psi\left[\frac{1}{8}(r_Qr_wh+r_Gr_ht)L^2-r_Q\frac{1}{6}r_wh^3+M_0\right] \tag{7.17}$$

式中 r_0——结构重要性系数，对于结构安全级别为Ⅰ、Ⅱ和Ⅲ级的结构或构件，可分别采用1.1、1.0、0.9；

ψ——设计状况系数，对应于持久状况、短暂状况、偶然状况，可分别取1.0、0.95、0.85；

r_G——永久作用（荷载）分项系数；

r_Q——可变作用（荷载）分项分数；

r_w——水的重度，一般采用9.81kN/m³；

r_h——钢筋混凝土的重度，一般取25kN/m³；

L——底板的计算跨度，m；

t——底板厚度，m；

h——槽内水深，m。

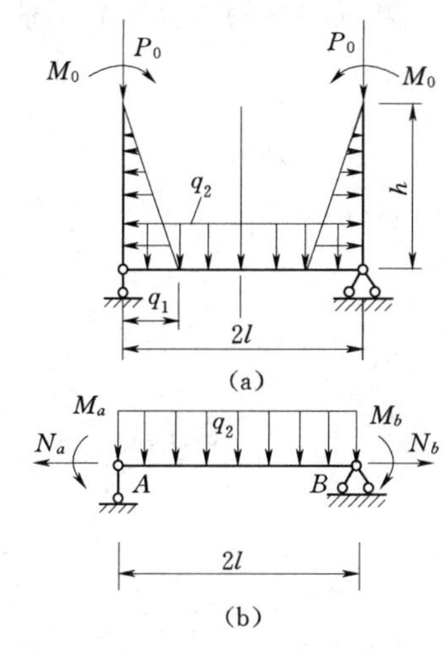

图7.13 无拉杆矩形槽计算简图

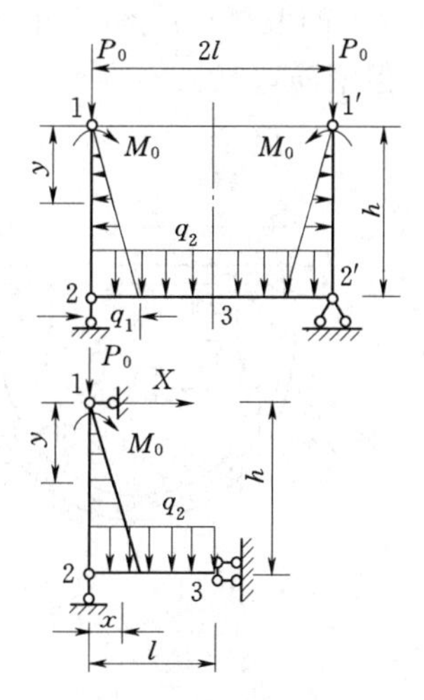

图7.14 有拉杆矩形槽计算简图

由式（7.17）可以看出，底板跨中弯矩 M_c 随槽内水深 h 而变化，故对式（7.17）令 $\frac{dM_c}{dh}=0$，即可求得当 $h=L/2$ 时，M_c 最大，而此时底板的轴向拉力 N_a 较小，故应按水深 $h=L/2$ 及设计水深、加大水深分别计算底板跨中内力，按偏心受拉构件对底板进行配筋计算，取其大者作为底板跨中的配筋依据。显然若槽身高度小于底板宽度的一半，则不必计算 $h=L/2$ 情况。

侧墙可视为固结于底板上的悬臂梁板，竖向轴力很小，可忽略其影响，近似按受弯构件进行计算。

2）有拉杆矩形槽。近似认为设拉杆处槽身的横向内力与不设拉杆处相近，因此可以将拉杆均匀化，然后沿槽长方向取 1m 槽身按平面问题计算。拉杆刚度远比侧墙的小，故杆端视为铰接。其计算简图如图 7.14 所示，其为一次超静定结构。

可按力法先求解出均匀化拉杆的拉力，再求出槽身横向内力，然后进行配筋计算及抗裂验算。

3）U 形槽。对于有拉杆 U 形槽，1m 槽长上的作用（荷载）与有拉杆矩形槽身类似，其断面剪应力呈抛物线分布规律，其方向为沿槽壳厚度中心线的切线方向，如图 7.15（a）所示，该力对槽壳产生的弯矩和轴力与其他作用（荷载）对槽壳产生的弯矩和轴力方向相反，起抵消作用，因此槽壳厚度可以减薄。因槽身横向结构及作用（荷载）均为对称，故可取一半进行计算，如图 7.15（b）所示。图中 P 为作用于槽壁上的静水压强；q 为槽壁单位长度的自重；τ 为剪应力；R 为圆弧半径；h_0 为圆心轴至拉杆中心的距离；M_0 为槽顶作用（荷载）对槽壁顶端中心的力矩；P_0 为槽顶作用（荷载）产生的集中力；X_1 为均匀化拉杆的拉力，按一次超静定结构求解 X_1，再分别计算槽壳直段和圆弧段的弯矩和轴力，绘出槽身横断面的弯矩和轴力图，按偏心受拉或偏心受压构件进行配筋计算和抗裂验算。大量工程表明，U 形槽槽壁的上半部一般为外侧受拉；下半部为内侧受拉。横向钢筋布置，通常采用双层布置（即按内外侧控制截面求得的配筋量分别布置于内外层），也可采用单层布筋（即按弯矩图形将钢筋布置在受拉的一侧）。前者用于流量大，槽壁厚在 10cm 以上的渡槽；后者多用于壁厚在 10cm 以下的渡槽，其节省钢筋，且混凝土易浇捣密实，但钢筋弯扎较困难。

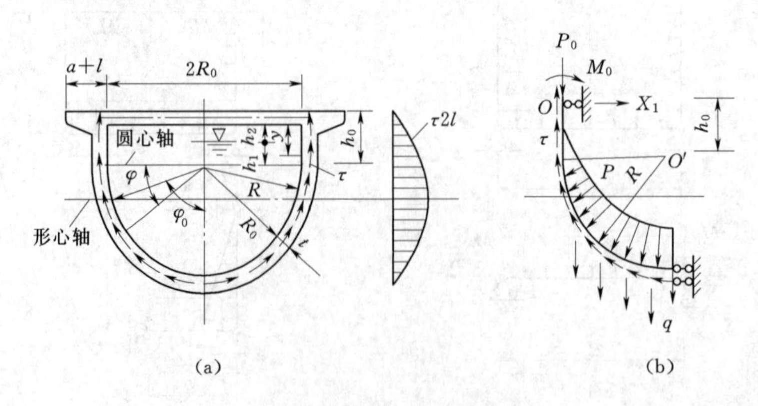

图 7.15　有拉杆 U 形槽计算简图

4. 支承结构

梁式渡槽的支承结构型式有重力墩、排架、组合式墩架和桩柱式槽架等。

(1) 重力墩。重力墩可分为实体墩(图 7.16)和空心墩(图 7.17)两种型式。

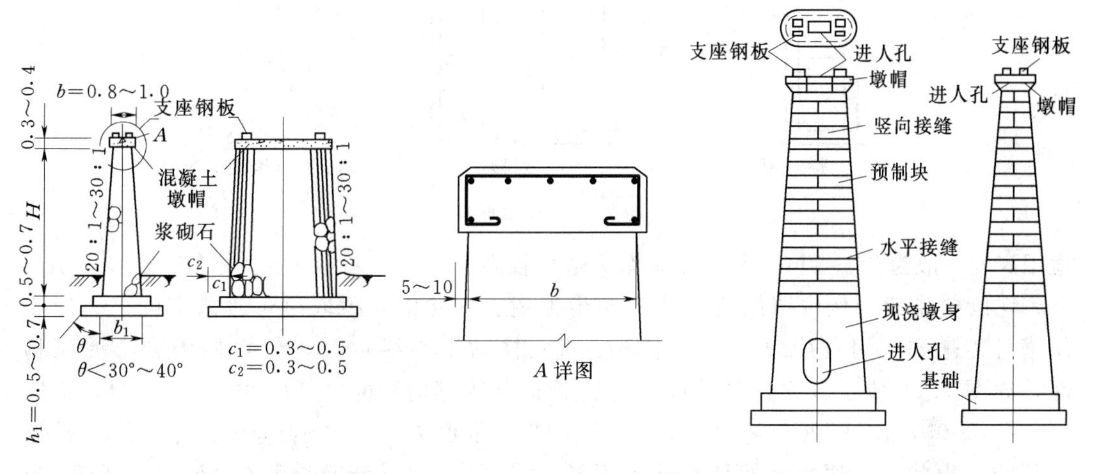

图 7.16 实体重力墩　　图 7.17 空心重力墩

实体墩的墩身通常用砖石、混凝土等材料建造而成,墩体的承载力和稳定易满足要求,但其用料多、自重大,故不宜用于槽高较大和地基承载力较低的情况。一般适宜高度为 8～15m。构造尺寸一般为墩顶长度略大于槽身的宽度,每边外伸约 20cm;墩头一般采用半圆形。墩顶常设混凝土墩帽,厚 30～40cm,四周做成外伸 5～10cm 的挑檐,帽内布设构造钢筋,并根据需要预埋支座部件,墩身四周常以 20:1～40:1 的坡比向下扩大。

空心墩通采用混凝土预制块砌筑,也可采用现浇混凝土,壁厚约 20cm,墩高较大时由强度验算决定。该种形式可以大量节约材料,自重小而刚度大,在较高的渡槽中已被广泛应用。其外形尺寸和墩帽构造与实体墩基本相同,常用的横断面形状有圆矩形、矩形、双工字形及圆形等四种,如图 7.18 所示。墩内沿高每隔 2.5～4m 设置两根横梁,并在墩身下部和墩帽中央设进人孔。

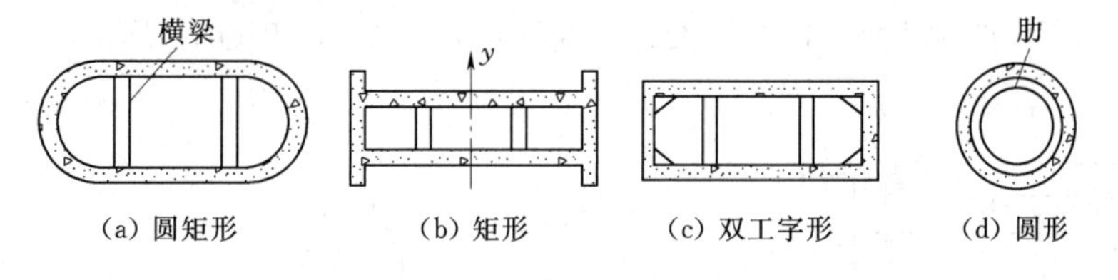

图 7.18 空心墩横断面形状

(2) 排架。一般采用钢筋混凝土建造,可现浇或预制吊装。常用的形式有单排架、双排架及 A 字形排架等几种型式,如图 7.19 所示。

单排架由两根铅直立柱和横梁组成的多层钢架结构,工程中应用广泛,其适用高度一般在 20m 以内。双排架由两个单排架通过水平横梁连接而成,属空间结构。其结构承载力、稳定性及地基承载力均比单排架易满足要求,其适用高度一般为 15～25m。

当排架高度较大时,为满足结构承载力和地基承载力要求,可采用 A 字形排架,其

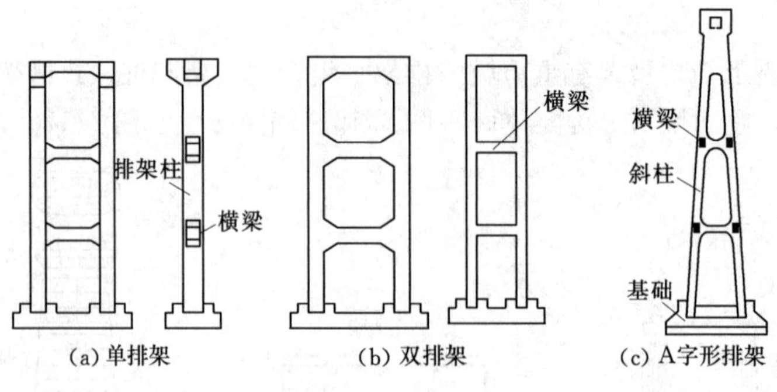

图 7.19　排架形式

适用高度一般为 20～30m，但施工复杂、造价较高。

现以单排架为例说明结构尺寸的初步拟定。立柱中心距取决于渡槽宽度，一般应使槽身传来的作用（荷载）P 的作用线与立柱的中心线重合，使立柱为轴心受压构件，如图 7.20 所示。立柱的截面尺寸：长边（顺槽向）$b_1=(1/20\sim1/30)H$，常取 $b_1=0.4\sim0.7$m；短边 $h_1=(1/1.5\sim1/2)b_1$，常取 $h_1=0.3\sim0.5$m。为了改善排架顶部的受力状况，通常排架顶部伸出短悬臂梁（牛腿），悬臂长度 $C\geqslant b_1/2$，高度 $h\geqslant b_1$，倾角 $\theta=30°\sim45°$。横梁间距 l 一般不大于立柱间距，常采用 2.5～4.0m，梁高 $h_2=(1/6\sim1/8)l$，梁宽 $b_2=(1/1.5\sim1/2)h_2$，横梁一般按等间距布置，但最下一层的间距可以灵活，横梁与立柱连接处常设 20cm×20cm 的贴角，以期改善交角处的应力状况。

双排架和 A 字形排架都是由单排架构成的，其尺寸可参照单排架拟定。

排架与基础（常采用整体板式基础）的连接形式，视情况不同，可采用固接或铰接。现浇排架与基础采用整体结合，排架竖筋直接伸入基础内部，按固结计算。而预制装配式排架，可随接头处理方式而定。对于固结端，立柱与杯形基础连接时，应在基础混凝土终凝前拆除杯口内模板并凿毛，立柱安装前应将杯口清洗干净，并在杯口底浇灌不小于 C_{20} 的细石混凝土，然后将立柱插入杯口内，在其四周再浇灌细石混凝土，如图 7.21（a）所示；对于铰接，只在立柱底部填 5cm 厚的 C_{20} 细石混凝土抹平，将立柱插入后，在其周围再填 5cm 厚的 C_{20} 细石混凝土，再填沥青麻绳即可，如图 7.21（b）所示。

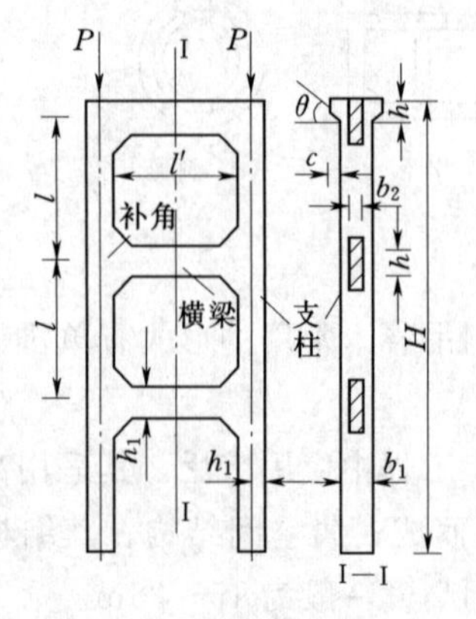

图 7.20　单排架结构尺寸

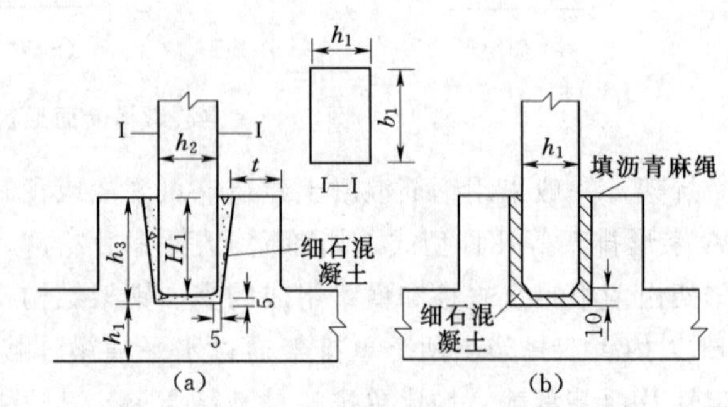

图 7.21　排架与基础连接（单位：cm）

(3) 组合式墩架。当渡槽高度超过 30m 或槽高较大，若采用加大柱截面尺寸以满足稳定要求不经济时，则应考虑采用组合式墩架，其上部是排架，下部是重力墩。位于河道中的槽架，最高洪水位以下常采用重力墩，其以上采用排架，如图 7.22 所示。

(4) 柱桩式槽架，如图 7.23 所示。其支承柱是桩基础向上延伸而成的，当地基条件差而采用桩基础时，采用此种槽架较为经济。双柱式又可分为等截面和变截面两种形式。

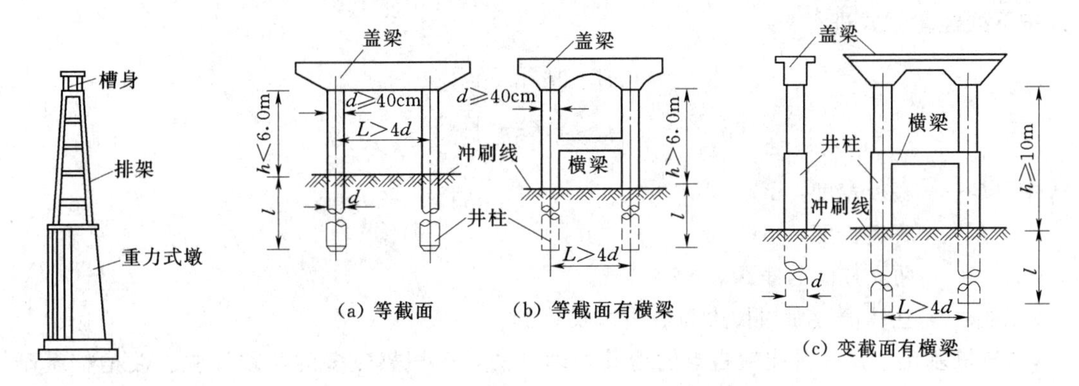

图 7.22 组合式墩架

图 7.23 柱桩式槽架

5. 基础

渡槽的基础类型，按其埋置深度可分为浅基础和深基础两种。埋置深度小于 5m 的为浅基础，大于 5m 的为深基础。

(1) 基础型式的选择。基础型式的选择与上部作用、地质条件、洪水冲刷及施工基坑排水等因素有关，其中地质条件是主要因素。浅基础常采用刚性基础或整体板式基础（柔性基础）；深基础一般采用桩基础或沉井基础。

1) 刚性基础 [图 7.24 (a)]。重力式槽墩的基础一般采用刚性基础，其通常用浆砌石或混凝土建成，这种基础通常以台阶形向下逐步扩大，为了使基础满足弯曲和剪切验算要求，通常用刚性角 θ 来控制，即 $\theta=\arctan(c/h)$。

图 7.24 (a) 中，c 为每级悬臂长度，h 为级高。对浆砌石基础，$\theta\leqslant35°$；混凝土基础，$\theta\leqslant40°$。台阶的阶数，以扩大后的基底面积满足地基承载力的要求而定。

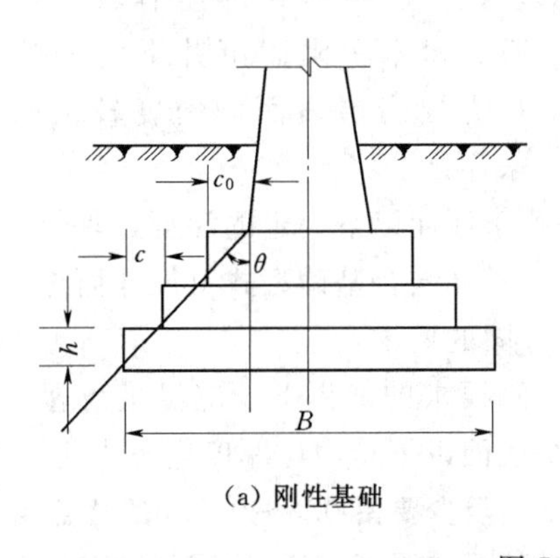

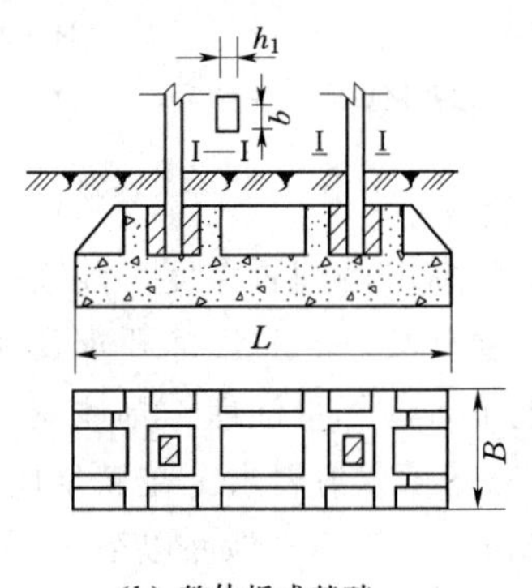

图 7.24 浅基础

2）整体板式基础［图 7.24（b）］。排架结构一般采用此种基础。由于这种基础设计时需考虑弯曲变形，故又称柔性基础。一般采用钢筋混凝土结构。其能在较小的埋深下获得较大的基底面积，故适应不均匀沉陷的能力强，节省工程量，但需用一定数量的钢筋。其主要用于地基承载力较低的情况。

整体板式基础的底面积应满足地基承载力要求，一般可参考类似已建工程初拟尺寸，或按下列经验公式进行：

$$\left.\begin{aligned} &B \geqslant 3b_1 \\ &L \geqslant S + 5h_1 \end{aligned}\right\} \tag{7.18}$$

式中　B——底板宽度，m；

L——底板长度，m；

S——两立柱间的净距，m；

b_1、h_1——立柱横截面的长边与短边边长，m。

3）桩基础。是一种比较古老的地基处理方法，已积累较多的实践经验。渡槽桩基础通常采用钻孔桩基础，其特别适用于不宜断流需作水下施工的河道，地下水位高，明挖基坑有困难，或无法施工以及软土地基沉陷量过大或承载力不足等情况。一般采用钻井工具造孔，再在孔内放置钢筋并浇灌混凝土而成，其具有施工简单、速度快、造价低等优点。

钻孔桩顶部应设承台［图 7.25（a）］，将各桩连成整体，承台上再建槽架、槽墩等结构。

除钻孔桩以外，在工程中还采用打入桩、挖孔桩、管柱等桩基础。

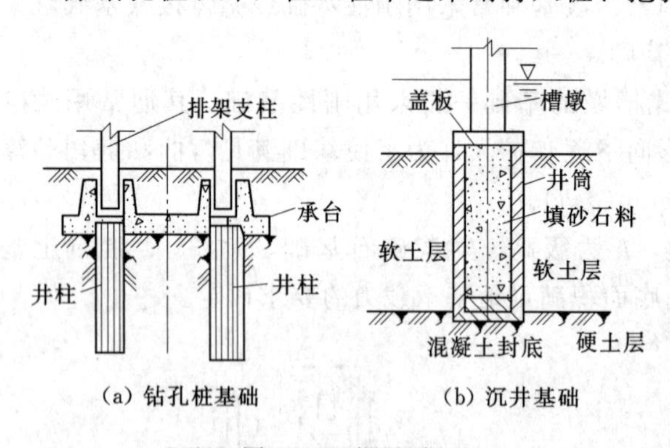

(a) 钻孔桩基础　(b) 沉井基础

图 7.25　深基础

4）沉井基础［图 7.25（b）］。也是一种应用比较广泛的地基处理方法。当软弱土层下有持力好的土基或岩层，且其埋藏深度不大，或河床冲刷严重，基础要有较大埋深，即水深、流速较大，水下施工有困难时，宜采用沉井基础。但当覆盖层内有较大漂石，孤石或树木等阻碍沉井下沉的障碍物或持力层岩层表面倾斜度较大时，不宜采用之。

（2）浅基础的埋置深度。浅基础的底面应埋置于地面以下一定的深度，其值应按地基承载力、耕作要求、抗冰冻要求及河床冲刷等情况，并结合基础型式及尺寸而定。在满足要求情况下，应尽量浅埋。具体应满足以下几个方面的要求：

1）地基承载力要求。在满足地基承载力和沉陷要求的前提下，应尽量浅埋，但不得小于 0.5m，一般埋于地面以下 1.5～2.0m，且基底面以下持力层厚度应不小于 1.0m。

2）耕作要求。耕作地内的基础，基础顶面以上至少要留 0.5～0.8m 的覆盖层。

3）抗冰冻要求。严寒地区基础顶面在冰冻层以下的深度应通过专门计算确定。

4）抗冲刷要求。对于位于河道中受水流冲刷的基础，其底面应埋入最大冲刷线以下，

最大冲刷线是各个槽墩处最大冲刷深度的连线。可参考有关专著计算最大冲刷深度。

6. 渡槽的整体稳定验算

渡槽及其地基的稳定性验算是确定总体布置方案是否可行必不可少的一环。

槽身一般是搁置于支承结构顶上的，当槽中无水时，在侧向风荷载作用下，槽身有可能产生滑动或倾覆，特别是位于大风地区的轻型壳体槽身，此项验算尤为必要。

渡槽整体稳定性验算，主要是验算地基稳定性、承载力和沉陷量是否满足要求。

对于斜坡土基上的大中型槽墩，还应验算深层滑动的可能性。

7. 渡槽的细部构造

(1) 槽身伸缩缝及止水。梁式渡槽每节槽身的接头处以及槽身与进出口建筑物的连接处，均须设伸缩缝，缝宽 3～5cm，伸缩缝中必须用既能适应变形又能防止漏水的材料封堵。

常见的伸缩缝止水型式如图 7.26 所示。

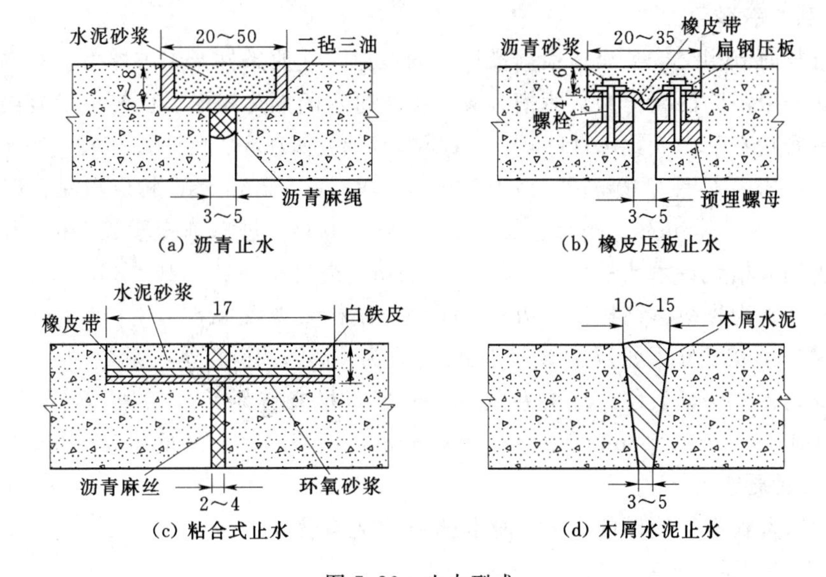

图 7.26 止水型式

(2) 槽身的支座（图 7.27）。

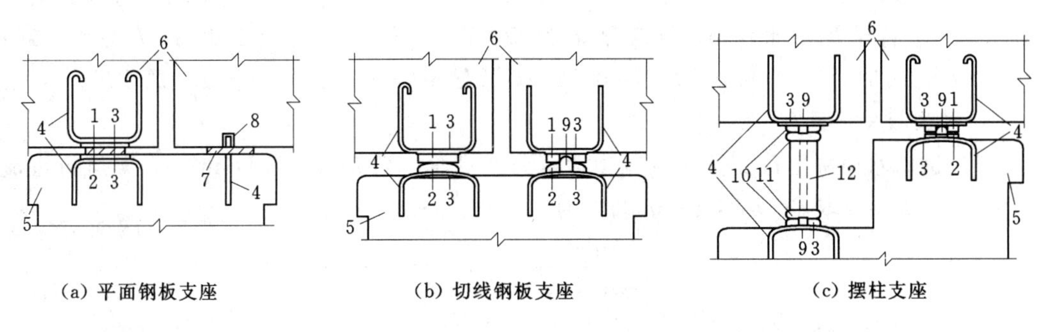

图 7.27 渡槽支座的型式

1—上座板；2—下座板；3—垫板；4—锚栓；5—墩台帽；6—渡槽；7—钢板；8—套管；9—齿板；10—平面钢板；11—弧形钢板；12—摆柱

1）平面钢板支座。支座的上、下座板，采用25～80mm的钢板制作，其活动端上、下座板的接触面，须刨光并涂以石墨粉，以减小摩阻力和除锈。一般用于跨径在20m以下的槽身支座。

2）切线式支座。支座的上座板底面为平面，下座板顶面为弧面，用40～50mm钢板精制加工而成。

3）摆柱式支座。支座的固定端仍采用切线式支座，活动端为摆柱支座。摆柱可用钢筋混凝土或工字钢作柱身，柱顶、底部配以弧形钢板。其适用于大型渡槽，但抗震性能较差。

多跨简支式渡槽，对于各跨的活动支座与固定支座一般按“定”“动”支座相间排列，使槽身所受的水平外力均匀分配给各个排架。但未跨槽身的固定支座宜布置在岸墩上。

7.1.2　设计实例

7.1.2.1　基本资料

某渠道与河流相交，某渡槽根据槽址处的地形、地质条件及施工能力，经方案比较其交叉建筑物采用钢筋混凝土梁式渡槽方案，槽身过水断面为矩形。已知上下游渠道水力要素相同，渠底宽$b=2.4$m，$m=1.5$，$i=1/5000$，$n=0.025$，经计算其$Q_{正常}=7.17\text{m}^3/\text{s}$，相应水深、流速为$h_0=2.10$m，$V_0=0.62$m/s；$Q_{加大}=8.25\text{m}^3/\text{s}$，相应水深、流速为$h_{加大}=2.24$m，$V_{加大}=0.66$m/s。槽身总长150m，跨长10m，进口渐变段长9m，出口渐变段长13m。规划渡槽允许水头损失$[\Delta Z]=0.35$m，进口渠底$\nabla_3=462.36$m。

建筑物级别为Ⅳ级，结构安全级别为Ⅲ级，结构重要性系数$r_0=0.9$，持久状况的设计状况系数为1.0，短暂状况的设计状况系数为0.95，作用分项系数$r_G=1.05$，$r_Q=1.10$，槽身属二类环境条件，结构系数$r_d=1.20$，槽身采用C25混凝土，Ⅱ级钢筋，材料强度设计值$f_c=12.5\text{N/mm}^2$、$f_y=310\text{N/mm}^2$，钢筋混凝土的重度取25kN/m^3。

7.1.2.2　设计要求

根据所给资料进行渡槽的水力计算和槽身的结构设计。

7.1.2.3　水力计算

1. 过水断面计算

选取渡槽纵坡$i=1/1000$，底宽$B=2.40$m，糙率$n=0.014$，按明渠均匀流公式$Q=AC(RI)^{1/2}$进行试算求水深h，计算结果为$Q=7.17\text{m}^3/\text{s}$时，$h=1.68$m，$h/B=0.70$；$Q=8.25\ \text{m}^3/\text{s}$时，$h=1.88$m，$h/B=0.78$。计算结果符合$h/B=0.6\sim0.8$的要求。

2. 水头损失计算

（1）进口水面降落值。按淹没宽顶堰流公式计算，已知$Q=7.17\ \text{m}^3/\text{s}$，渠道行进流速$v_0=0.62$m/s，取$\varepsilon=0.9$，$\phi=0.95$，则

$$Z=\frac{Q^2}{(\varepsilon\phi A\ \sqrt{2g})^2}-\frac{v_0^2}{2g}=0.20\text{m}$$

（2）沿程水面降落值：

$$Z_1=iL=\frac{1}{1000}\times150=0.15(\text{m})$$

(3) 出口水面回升值采用 $Z_2 \approx \frac{1}{3}Z = 0.05\text{m}$。

(4) 渡槽总水头损失：

$$\Delta Z = Z + Z_1 - Z_2 = 0.30\text{m} < [\Delta Z] = 0.35\text{m}$$

故拟定的槽身纵坡和过水断面是合适的。

3. 进出口高程的确定

已知渠内设计水深 $h_1 = h_2 = 2.10\text{m}$，槽内设计水深 $h = 1.68\text{m}$，进口渠底高程 $\nabla_3 = 462.36\text{m}$。

进口抬高值：$y_1 = h_1 - Z - h = 2.10 - 0.20 - 1.68 = 0.22$ (m)

出口降低值：$y_2 = h_2 - Z_2 - h = 2.10 - 0.05 - 1.68 = 0.37$ (m)

进口槽底高程：$\nabla_1 = \nabla_3 + y_1 = 462.36 + 0.22 = 462.58$ (m)

出口槽底高程：$\nabla_2 = \nabla_1 - Z_1 = 462.58 - 0.15 = 462.43$ (m)

出口渠底高程：$\nabla_4 = \nabla_2 - y_2 = 462.43 - 0.37 = 462.06$ (m)

7.1.2.4 槽身的结构设计

1. 槽身的横向结构计算

(1) 横断面结构尺寸，如图 7.28 所示。槽壁内侧高度取为 2.0m。拉杆断面取 10cm×10cm，间距为 100cm。

(2) 设计状况及其作用效应组合。选取加大流量情况，其为短暂状况。按承载力极限状态设计，其作用效应组合为基本组合(永久作用+可变作用)；按正常使用极限状况设计时，其作用效应组合为短期组合和长期组合。

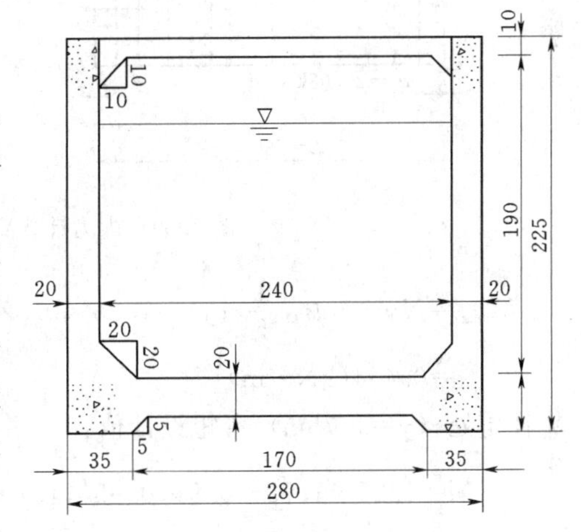

图 7.28 横断面结构尺寸（单位：cm）

(3) 计算简图。沿槽长取 1m 为脱离体进行计算。按满槽水考虑，计算至拉杆的中心线，其为短暂状况。计算简图如图 7.29 所示，图中 $L = 2.40 + 0.2 = 2.6$ (m)，$H = \frac{1}{2} \times 0.2 + 1.90 + \frac{1}{2} \times 0.1 = 2.05$ (m)，$q_1 = r_Q r_w H = 1.1 \times 9.8 \times 2.05 = 21.02$ (kN/m)，$q_2 = q_1 + r_G r_h t = 21.02 + 1.05 \times 25 \times 0.2 = 26.27$ (kN/m)。

(4) 拉杆的轴向拉力设计值：

$$N = r_0 \psi \frac{0.2q_1 H^2 I_{ab} + 0.5q_1 HLI_{ad} - 0.25q_2 L^3 I_{ad}/H}{3LI_{ad} + 2HI_{ab}}$$

因 $I_{ab} = I_{ad}$，则

$$N = 0.9 \times 0.95 \times \frac{0.2 \times 21.02 \times 2.05^2 + 0.5 \times 21.02 \times 2.05 \times 2.6 - 0.25 \times 26.27 \times 2.6^3/2.05}{3 \times 2.6 + 2 \times 2.05}$$

$$= 1.25(\text{kN})$$

(5) 侧墙内力计算。拉杆内力求得后，侧墙可按底端固定的悬臂板计算内力，距墙顶

y 处的弯矩设计值为

$$M_y = Ny - r_0 \psi r_Q \frac{1}{6} r_w y^3$$

最大正弯矩（外侧受拉）位置在 $Q = N - r_0 \psi r_Q \frac{1}{2} r_w y^2 = 0$ 处，即

$$y = \sqrt{\frac{2N}{r_0 \phi_0 r_Q r_w}} = \sqrt{\frac{2 \times 1.25}{0.9 \times 0.95 \times 1.1 \times 9.8}} = 0.521(\text{m})$$

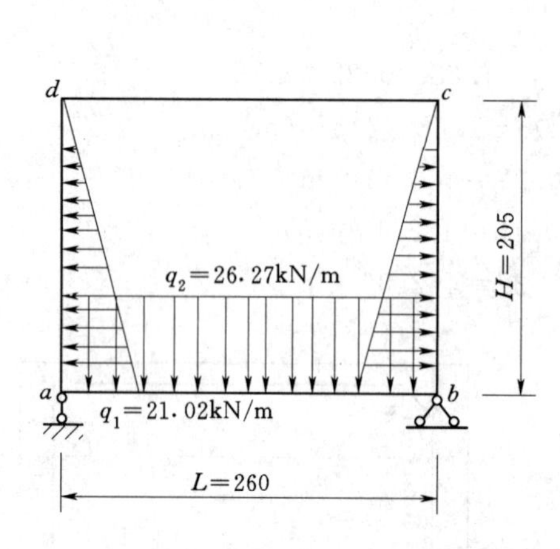

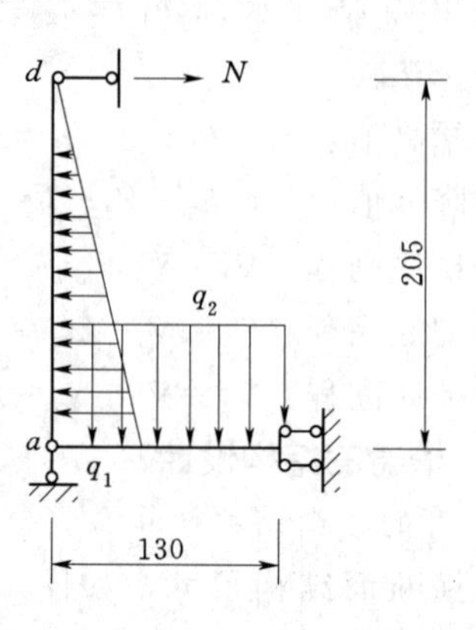

图 7.29　内力计算简图（尺寸单位：cm）

$$M_{\max} = Ny - r_0 \psi r_Q \frac{1}{6} r_w y^3 = 1.25 \times 0.521 - 0.9 \times 0.95 \times 1.1 \times \frac{1}{6} \times 9.8 \times 0.521^3$$
$$= 0.434(\text{kN} \cdot \text{m})$$

补角处（$y=1.75$m）弯矩设计值：

$$M = 1.25 \times 1.75 - 0.9 \times 0.95 \times 1.1 \times \frac{1}{6} \times 9.8 \times 1.75^3 = -6.05(\text{kN} \cdot \text{m})$$

侧墙底端弯矩设计值：

$$M_A = 1.25 \times 1.95 - 0.9 \times 0.95 \times 1.1 \times \frac{1}{6} \times 9.8 \times 1.95^3 = -8.95(\text{kN} \cdot \text{m})$$

（6）侧墙配筋：按承载力极限状态设计。由于侧墙竖向轴力很小，按受弯构件进行配筋计算。外侧受力钢筋按最大正弯矩 $M_{\max}$ 进行计算，内侧钢筋取侧墙底端截面作为计算截面。

经计算内外侧需配筋很少，故按构造要求，内外侧均配筋：

$$A_s = A_s' = \rho_{\min} b h_0 = 0.15\% \times 1000 \times 170 = 255(\text{mm}^2)$$

选用Φ8@200（$A_s' = A_s = 251\text{mm}^2$）。

水平分布筋采用Φ6@250。经验算满足抗裂要求。

（7）底板内力计算。计算简图如图 7.30 所示，图中的轴向拉力等于侧墙底端的剪力设计值，即

$$N_A = N_B = r_0 \psi r_Q \frac{1}{2} r_w H^2 - N = 0.9 \times 0.95 \times 1.1 \times \frac{1}{2} \times 9.8 \times 2.05^2 - 1.25 = 18.12(\text{kN})$$

端弯矩设计值：$M_A=M_B=8.95\text{kN}\cdot\text{m}$，作用方向如图 7.30 所示。

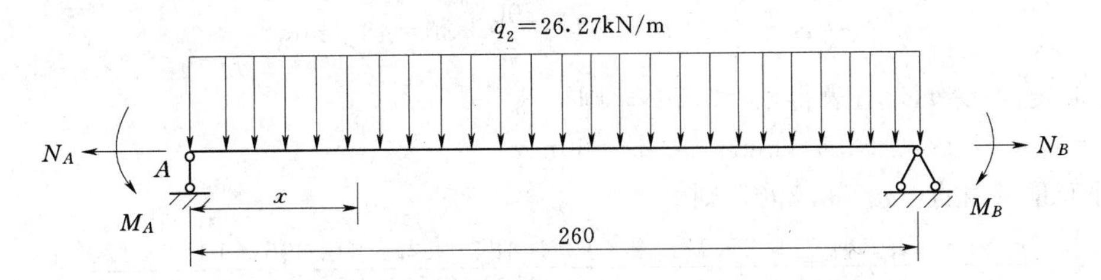

图 7.30 底板内力计算图（尺寸单位：cm）

跨中弯矩设计值：

$$M_{中}=r_0\psi\frac{1}{8}q_2L^2-M_A$$

$$=0.9\times0.95\times\frac{1}{8}\times26.27\times2.6^2-8.95=10.03(\text{kN}\cdot\text{m})$$

补角处（距支座 $x=0.3\text{m}$ 处）弯矩设计值：

$$M_x=r_0\psi\left(R_Ax-\frac{1}{2}q_2x^2\right)-M_A$$

$$=0.9\times0.95\times\left(\frac{1}{2}\times26.27\times2.6\times0.3-\frac{1}{2}\times26.27\times0.3^2\right)-8.95$$

$$=-1.20(\text{kN}\cdot\text{m})(上部受拉)$$

（8）底板配筋。

1）支座处：考虑补角的作用，端弯矩按补角内缘处的弯矩计算，$b\times h=1000\text{mm}\times200\text{mm}$；取 $a_s=a_s'=30\text{mm}$，则 $h_0=170\text{mm}$。

$$e_0=\frac{M}{N}=\frac{1.20\times10^6}{18.12\times10^3}=66(\text{mm})<\left[\frac{h}{2}-a_s=\frac{200}{2}-30=70(\text{mm})\right]$$

属小偏心受拉构件。

$$e'=\frac{h}{2}-a_s'+e_0=\frac{200}{2}-30+66=136(\text{mm})$$

$$e=\frac{h}{2}-a_s-e_0=\frac{200}{2}-30-66=4(\text{mm})$$

$$A_s=\frac{r_dNe'}{f_y(h_0-a_s')}=\frac{1.2\times18.12\times10^3\times136}{310\times(170-30)}=68.14(\text{mm}^2)$$

$$A_s'=\frac{r_dNe}{f_y(h_0-a_s')}=\frac{1.2\times18.12\times10^3\times4}{310\times(170-30)}=2(\text{mm}^2)$$

计算出的 A_s 及 A_s' 均小于最小配筋率需要配筋面积 [$\rho_{\min}bh_0=0.15\%\times1000\times170=255$ (mm^2)]。

故按构造配筋，选用Φ8@200（$A_s=A_s'=251\text{mm}^2$）。

2）跨中截面：已知 $M=10.03\text{kN}\cdot\text{m}$，$N=18.12\text{kN}$，取 $a_s=a_s'=30\text{mm}$，则 $h_0=200-30=170$（mm）。

$$e_0=\frac{M}{N}=\frac{10.03\times10^6}{18.12\times10^3}=554(\text{mm})>\left[\frac{h}{2}-a_s=\frac{200}{2}-30=70(\text{mm})\right]$$

按大偏心受拉构件计算。

$$e=e_0-\frac{h}{2}+a_s=554-\frac{200}{2}+30=484(\text{mm})$$

先假定 $x=\xi_b h_0$，查表得 $\xi_b=0.544$，则

$x=0.544\times170=92.5\ (\text{mm})>2a'=60\text{mm}$

对于Ⅱ级钢筋，$\alpha_{sb}=0.396$，则

$$A_s'=\frac{r_d Ne-f_c\alpha_{sb}bh_0^2}{f_y'(h_0-a_s')}=\frac{1.2\times18.12\times10^3\times484-12.5\times0.396\times1000\times170^2}{310\times(170-30)}<0$$

故按构造配筋，选用Φ8@200（$A_s'=251\text{mm}^2$）。

由式 $Ne=\frac{1}{r_d}\left[f_y'A_s'(h_0-a_s')+f_cbx\left(h_0-\frac{x}{2}\right)\right]$得

$$\frac{f_cbx^2}{2}-f_cbh_0x+r_dNe-f_y'A_s'(h_0-a_s')=0$$

代入数据得

$$12.5\times1000\times\frac{x^2}{2}-12.5\times1000\times170x+1.2\times18120\times484-310\times251\times(170-30)=0$$

即

$$6250x^2-2125000x-369304=0$$

故 $x=\frac{2125000-\sqrt{2125000^2+4\times6250\times369304}}{2\times6250}=\frac{2125000-2127171}{25000}=-0.09\ (\text{mm})$

$x=-0.09\text{mm}<2a_s'=60\text{mm}$，取 $x=2a_s'$并对 A_s'合力点取矩可求得

$$A_s=\frac{r_dNe'}{f_y(h_0-a_s')}=\frac{1.2\times18120\times\left(\frac{200}{2}-30+554\right)}{310\times(170-30)}=313(\text{mm}^2)$$

选用Φ8/10@200（$A_s=322\text{mm}^2>\rho_{\min}bh_0=255\text{mm}^2$）。

经比较取跨中截面配筋量作为底板配筋的依据。

(9) 底板抗裂验算。取跨中截面进行验算，应按短期组合和长期组合分别计算。限于篇幅，本例题只计算短期组合情况。

$$N_s=r_0\frac{1}{2}r_wH^2-N=0.9\times0.5\times9.8\times2.05^2-\frac{0.2\times19.11\times2.05^2+0.5\times19.11\times2.05\times2.6-0.25\times24.11\times2.6^3/2.05}{3\times2.6+2\times2.05}$$

$$=1.585(\text{kN})$$

$$\alpha_E=\frac{E_s}{E_c}=\frac{2.0\times10^5}{2.80\times10^4}=7.14$$

$$A_0=A_c+\alpha_EA_s+\alpha_EA_s'=1000\times200+7.14\times322+7.14\times251=204091(\text{mm}^2)$$

$$Y_0=\frac{A_cy_c'+\alpha_EA_sh_0+\alpha_EA_s'a_s'}{A_c+\alpha_EA_s+\alpha_EA_s'}=\frac{1000\times200\times\frac{200}{2}+7.14\times322\times170+7.14\times251\times30}{1000\times200+7.14\times322+7.14\times251}$$

$$=100(\text{mm})$$

$$I_0=I_c+A_c(y_0-y_c')^2+\alpha_EA_s(h_0-y_0)^2+\alpha_EA_s'(y_0-a_s')^2$$

$$=\frac{1000\times200^3}{6}+1000\times200\times\left(100-\frac{200}{2}\right)^2+7.14\times322\times(170-100)^2+7.14\times251\times(100-30)^2$$

$$=1.35\times10^9(\text{mm}^4)$$

$$W_0=\frac{I_0}{h-y_0}=\frac{1.35\times10^9}{200-100}=1.35\times10^7(\text{mm}^3)$$

取 $f_{tk}=1.75\text{N/mm}^2$，

$$r_m=\left(0.7+\frac{300}{200}\right)\times1.55=3.41$$

$$\frac{r_m\alpha_{ct}f_{tk}A_0W_0}{e_0A_0+r_mw_0}=\frac{3.41\times0.85\times1.75\times204091\times1.35\times10^7}{554\times204091+3.41\times1.35\times10^7}=87841(\text{N})>N_s=1585\text{N}$$

短期效应组合下满足抗裂要求。

2. 槽身纵向结构计算

槽身纵向为一简支梁，按通过加大流量进行计算（设计情况略）。

(1) 内力计算。设槽身每边支座宽度为50cm，故槽身净跨为 $L_0=10-1=9(\text{m})$，计算跨度取 L_0+a 和 $1.05L_0$ 中较小者。

$$L=L_0+a=9+0.5=9.5(\text{m})$$

$$L=1.05L_0=1.05\times9=9.45(\text{取用值})$$

作用（荷载）计算参数如图7.30所示。

拉杆自重（设计值）　$q_1=1.05\times25\times0.1^2\times2.4\times1.0=0.63(\text{kN/m})$

侧墙自重（设计值）　$q_2=1.05\times25\times(0.15\times2.25+\frac{1}{2}\times0.2^2+\frac{1}{2}\times0.1^2+0.05\times0.225)\times2=19.62(\text{kN/m})$

底板自重（设计值）　$q_3=1.05\times25\times0.2\times2.4\times1.0=12.6(\text{kN/m})$

槽内水重设计值　$q_4=1.1\times9.8\times1.88\times2.4=48.64(\text{kN/m})$

则
$$q=q_1+q_2=q_3=q_4=81.49(\text{kN/m})$$

计算简图如图7.31所示。

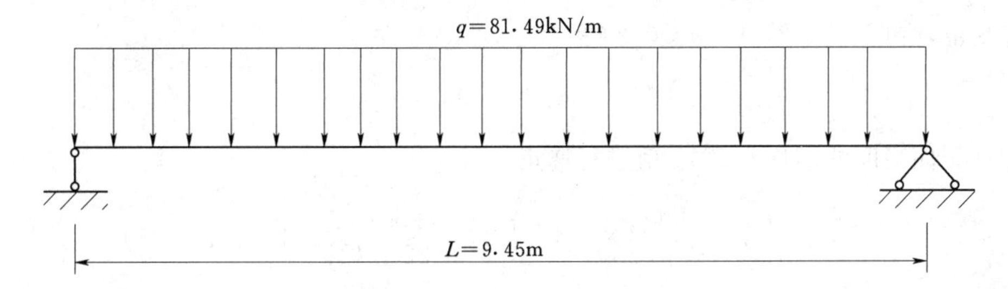

图7.31　槽身纵向计算

跨中最大弯矩设计值：

$$M_{\max}=r_0\psi\frac{1}{8}qL^2=0.9\times0.95\times\frac{1}{8}\times81.49\times9.45^2=777.76\ (\text{kN}\cdot\text{m})$$

最大剪力为

$$V_{\max}=r_0\psi\frac{1}{2}qL_0=0.9\times0.95\times\frac{1}{2}\times81.49\times9.0=313.53(\text{kN})$$

（2）纵向配筋计算。因槽身底板在受拉区，故槽身在纵向按 $h=2250\text{mm}$，$b=400\text{mm}$ 的矩形梁进行配筋计算。估计排两排钢筋，$a_s=70\text{mm}$，则

$$h_0=2250-70=2180(\text{mm})$$

$$\alpha_s=\frac{r_d M}{f_c b h_0^2}=\frac{1.2\times777.76\times10^6}{12.5\times400\times2180^2}=0.0393$$

$$\xi=1-\sqrt{1-2\alpha_s}=1-\sqrt{1-2\times0.0393}=0.0401<\xi_b=0.544$$

$$A_s=\frac{f_c\xi b h_0}{f_y}=\frac{12.5\times0.0401\times400\times2180}{310}=1410(\text{mm}^2)$$

选用 4ϕ16＋8ϕ10（$A_s=1432\text{mm}^2>\rho_{\min}bh_0=131\text{mm}^2$）。

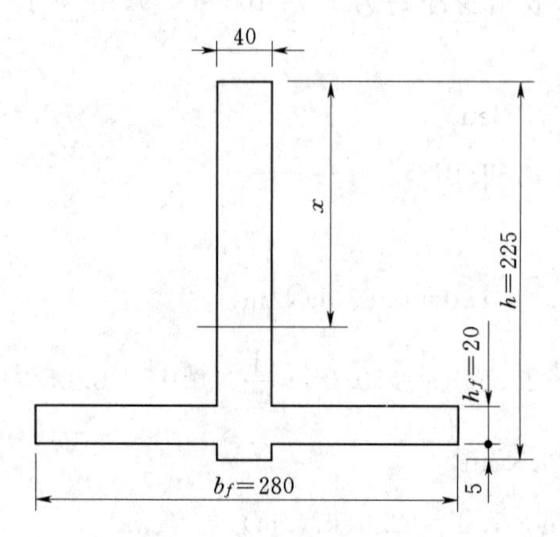

图 7.32 抗裂验算断面简化图（单位：cm）

（3）抗裂验算。忽略贴角的作用，将槽身横断面简化，如图 7.32 所示。

截面面积 $A_0=400\times2250+20\times2400=9.48\times10^5$（$\text{mm}^2$）

$$\rho=\frac{A_s}{bh_0}=\frac{1432}{400\times2180}=0.00164>\rho_{\min}=0.15\%$$

对中性轴的惯性矩为

$$\begin{aligned}I_0&=(0.0833+0.19\alpha_E\rho)bh^3\\&=(0.0833+0.19\times7.14\times0.00164)\times400\times2250^3\\&=3.9\times10^{11}(\text{mm}^4)\end{aligned}$$

$$\begin{aligned}y_0&=(0.5+0.425\alpha_E\rho)h\\&=(0.5+0.425\times7.14\times0.00164)\times2250\\&=1136(\text{mm})\end{aligned}$$

$$W_0=\frac{I_0}{h-y_0}=\frac{3.9\times10^{11}}{2250-1136}=3.5\times10^9(\text{mm}^3)$$

查规范，由 $b_f/b>2$，$h_f/h<0.2$ 得

$$r_m=1.40$$

考虑截面高度的影响，对 r_m 值进行修正，得

$$r_m=\left(0.7+\frac{300}{h}\right)\times1.4=\left(0.7+\frac{300}{2250}\right)\times1.4=1.17$$

对荷载效应短期组合，有 $M_s=0.9\times\frac{1}{8}\times75.5\times9.45^2=758.5$（kN·m），取 $\alpha_{ct}=0.85$。

$$\begin{aligned}r_m\alpha_{ct}f_{tk}w_0&=1.17\times0.85\times1.75\times3.5\times10^9=6.09\times10^9\ (\text{N}\cdot\text{mm})\\&=6090\text{kN}\cdot\text{m}>M_s\end{aligned}$$

短期组合下满足抗裂要求。

（4）斜截面承载力验算。

已知剪力 $V=313.53\text{kN}$，因

$$\frac{1}{r_d}(0.07f_cbh_0)=\frac{1}{1.2}\times(0.07\times12.5\times400\times2180)=635833(\text{N})\approx636\text{kN}>V$$

则不需进行斜截面配筋计算，仅按构造要求配置腹筋即可。

选用双肢箍筋Φ8@250，$S=250\text{mm}<S_{\max}=500\text{mm}$。

7.1.3 拓展知识——拱式渡槽简介

拱式渡槽与梁式渡槽主要区别在于槽身与墩台之间增设了主拱圈和拱上结构，如图7.33所示，主拱圈是主要承重结构，槽身两端支承在槽墩或槽台上，拱上结构将上部作用传递给主拱圈，主拱圈对墩台产生较大的水平推力。拱圈的受力特点是以承受轴向压力为主，因此可采用抗压强度较高而抗拉强度低的石料或混凝土建造，且跨度可达百米以上。对于跨度较大的拱式渡槽应建在较坚固的岩基上。我国广西玉林1976年所建的万龙渡槽为空腹双曲拱，跨度达126m。

按照主拱圈的结构型式可分为板拱、肋拱和双曲拱；按主拱圈设铰数目可分为无铰拱、双铰拱和三铰拱；按使用材料分为砌石、混凝土等拱式渡槽；根据拱上结构型式的不同，拱式渡槽可分为实腹式和空腹式两类，而空腹式拱上结构中，有横墙腹拱式和排架式等型式。不同的拱上结构，不但对槽身的受力条件、型式和构造有一定影响，而且对主拱圈的影响颇深。

7.1.3.1 实腹式拱上结构及槽身

实腹式拱上结构一般用于中小跨度的拱式渡槽，其用材多、自重大，槽身常采用矩形断面，主拱圈大多采用板拱，如图7.33所示，也可采用双曲拱，如图7.34所示。

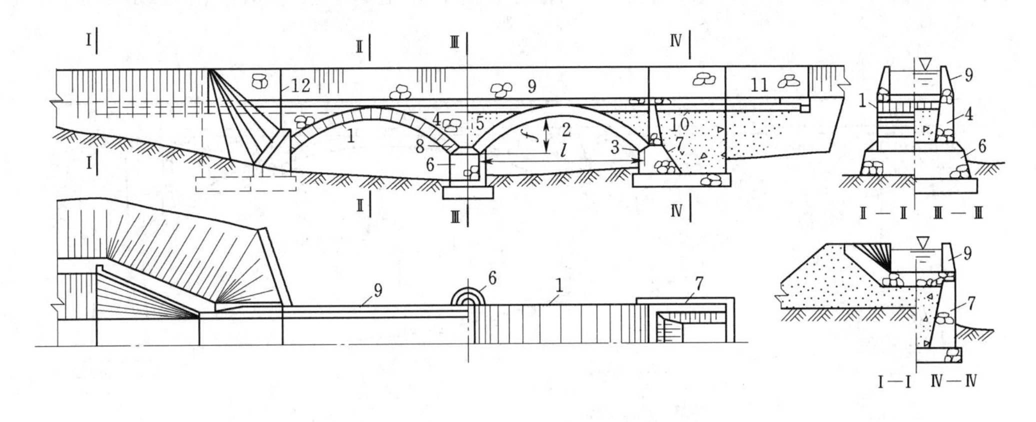

图7.33 板拱式渡槽

1—主拱圈；2—拱顶；3—拱脚；4—边墙；5—拱上填料；6—槽墩；7—槽台；8—排水管；9—槽身；10—垫层；11—渐变段；12—变形缝

实腹拱式渡槽的各个组成部分均可采用砖、石和混凝土等材料建造。实腹拱结构，按构造不同可分为砌背式和填背式两种。砌背式拱上结构是在主拱圈和槽身之间用浆砌石或埋石混凝土等筑成的实体结构，其主要用于槽宽不大的情况。而填背式拱上结构是在拱背两侧砌筑挡土边墙，在墙内填砂石料或土料，其主要用于槽宽较大的情况。

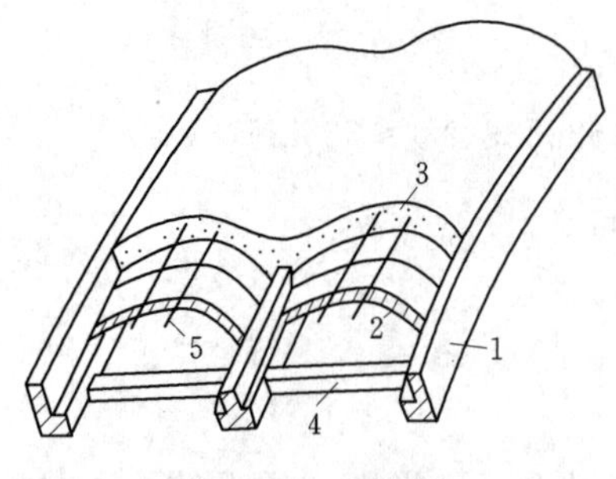

图 7.34 双曲拱

1—拱肋；2—预制拱波；3—现浇拱板；4—横系梁；5—纵向钢筋

拱上结构之上是槽身，对于浆砌石侧墙，一般顶厚不小于 0.3m，向下以1∶0.3～1∶0.4 的坡度放宽，其具体尺寸由计算确定。槽底板最好用沥青混凝土等材料铺筑，一般厚 10cm 左右。必要时，可在底板内布置适量横向受拉钢筋，以满足挡水侧墙和挡土边墙的稳定要求，并减小工程量。挡土边墙的顶厚与挡水侧墙的底厚一般相等，向下也以 1∶0.3～1∶0.4 的坡度放宽。

对于浆砌石槽身，一般在迎水面抹 1～2cm 厚的水泥砂浆或浇 5～10cm 厚的混凝土，其目的是为了减小糙率和防止漏水对主拱圈产生侵蚀作用。对于填背式拱式结构，还应在拱背及边墙的内坡用水泥砂浆或石灰三合土等做好防渗，并将槽身渗水排出。排水管设在靠近拱脚的最低处，其进口设反滤层。另外，一般在槽墩顶部设拱上结构和槽身变形缝。若跨度较大，一般在拱顶处再设一道变形缝，槽身缝内须设置止水，下部边墙缝，对于填背式拱上结构，可在内侧铺设反滤层，将渗水由缝排出或填止水材料将渗漏水集中由排水管排出。

7.1.3.2 空腹式拱上结构及槽身

空腹式拱常用于拱跨较大情况，其与实腹式拱相比，可以有效减小拱上结构重力及其工程量。

(1) 横墙腹拱式拱上结构及槽身。横墙腹拱式拱上结构是将空腹式拱上结构对称地留出若干个城门洞形孔洞而成的，如图 7.35 所示，称这种孔洞为腹孔，其顶部设腹拱，腹拱背上的腹腔常筑成实体的，其槽身多采用矩形断面。主拱圈一般采用板拱或双曲拱。在

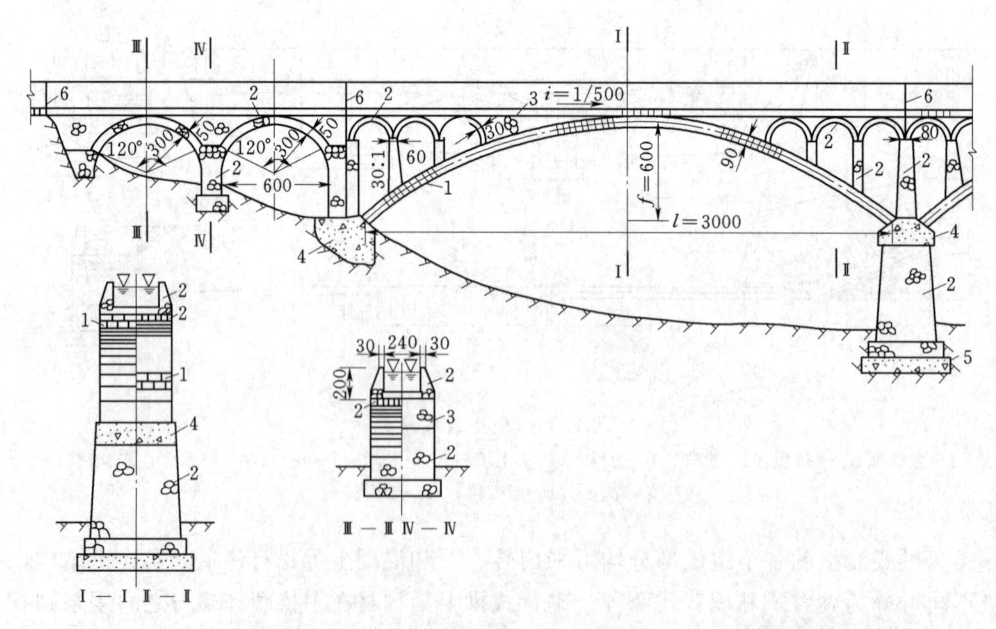

图 7.35 横墙腹拱式拱上结构（单位：cm）

1—水泥砂浆砌条石；2、3—水泥砂浆砌块石；4—C20 混凝土；5—C10 混凝土；6—变形缝

槽跨较大的情况下，可用立柱加顶横梁代替横墙作为腹拱的支承结构。腹孔数目在半个拱跨内常取 3～5 个，从拱脚布置到主拱跨度的 1/3 附近处，其余约 1/3 跨度的拱顶段仍筑成实腹的。腹拱的跨度一般不大于主拱跨度的 1/15～1/8，常用 2～5m。腹拱常做成等厚圆弧板拱或半圆板拱，浆砌石拱厚不小于 30cm，混凝土的不宜小于 15cm。跨径较大的腹拱也可选用双曲拱。一般横墙厚约为腹拱厚度的两倍。

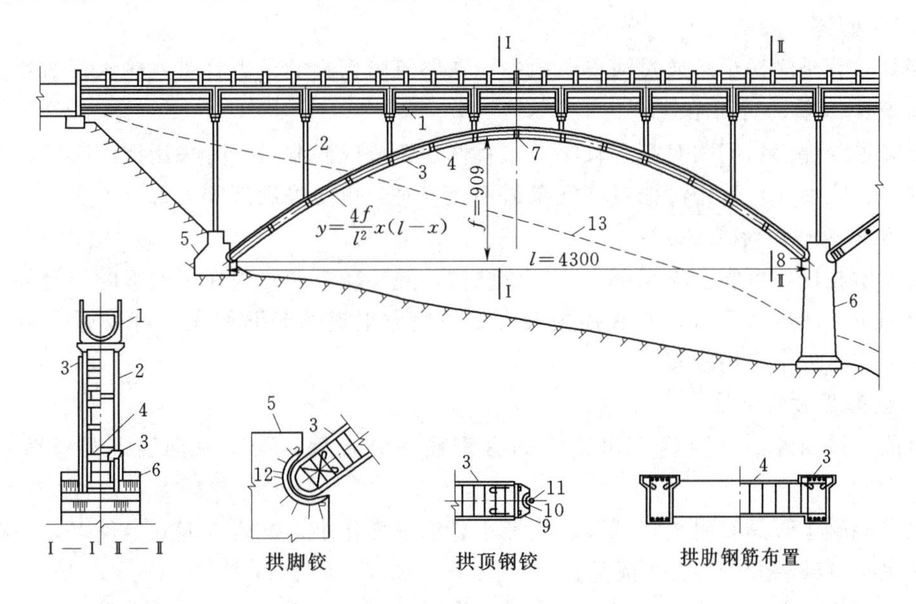

图 7.36 肋拱渡槽（单位：cm）

1—C20 钢筋混凝土 U 形槽；2—C20 钢筋混凝土排架；3—C25 钢筋混凝土肋拱；4—C25 钢筋混凝土横系梁；5—C15 混凝土 15%块石拱座；6—C15 混凝土 15%块石槽墩；7—拱顶钢铰；8—拱脚铰；9—铰座；10—铰套；11—铰轴；12—钢板镶护；13—原地面线

（2）排架式拱上结构及槽身排架式拱上结构，通常槽身搁置于排架之上，排架固接于主拱圈上，主拱圈常采用肋拱。对于中小流量的渡槽多采用双肋，大流量时采用多肋。肋拱之间每隔一定距离设置刚度较大的横系梁，以加强拱圈的整体性和横向稳定性，如图 7.36 所示。排架与肋拱的连接，通常有杯口式连接或预留插筋、型钢及钢板等连接，如图 7.37 所示。排架一般对称布置，间距视主拱跨度大小而定，一般当主拱跨度较小时，间距取 1.5～3.0m，拱跨较大时，取 3～6m 为宜。

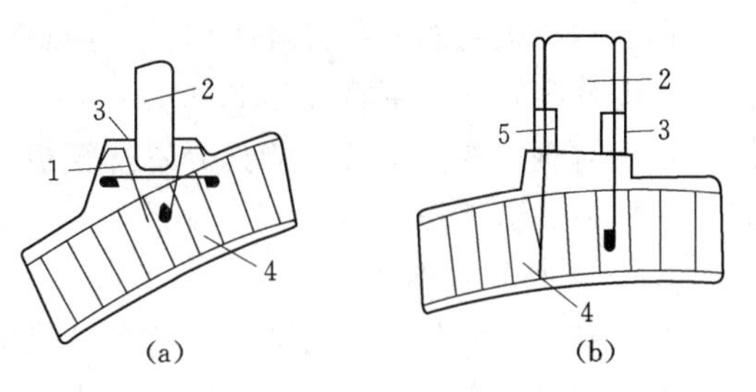

图 7.37 排架与拱圈连接图

1—杯口；2—排架立柱；3—二期混凝土；4—拱肋；5—钢筋焊接焊头

槽身在纵向起梁的作用，而一般用变形缝将一个拱跨上的槽身分成若干段，每槽段支承于两个排架之上。其纵向支承形式常采用简支式或等跨双悬臂式。因其跨度小，故常可采用少筋或无筋混凝土建造，其横断面通常为 U 形或矩形。

7.2 倒 虹 吸 管

7.2.1 基本知识

7.2.1.1 概述

倒虹吸管是输送渠水通过河渠、山谷、道路等障碍物的压力管道式输水建筑物。

1. 倒虹吸管的适用条件

当渠道与障碍物间相对高差较小，不宜修建渡槽或涵洞时，可采用倒虹吸管；当渠道穿越的河谷宽而深，采用渡槽或填方渠道不经济时，也常采用倒虹吸管。

2. 倒虹吸管的特点

与渡槽相比，可省去支承部分，造价低廉，施工较方便；当埋于地下时，受外界温度变化影响小；属压力管流，水头损失较大；与填方渠道的涵洞相比，可以通过更大的山洪。在小型工程中应用较多。

3. 倒虹吸管的材料

目前，国内外倒虹吸管应用较广的有钢筋混凝土管、预应力钢筋混凝土管和钢管三种。

钢筋混凝土管具有耐久、低廉、变形小、糙率变化小、抗震性能好等优点。一般适用于中等水头（50～60m）以下情况。

预应力钢筋混凝土管在抗裂、抗渗和抗纵向弯曲的性能均优于钢筋混凝土管，且节约钢材，又能承受高压水头作用。在同管径、同水头压力条件下，预应力钢筋混凝土管的钢筋用量仅为钢管的20％～40％，比钢筋混凝土管可节约20％～30％的钢筋，且可节省劳力约20％。故一般对于高水头倒虹吸管，优先采用此种。

钢管具有很高的承载力和抗渗性，而造价较高，可用于任何水头和较大的管径。如陕西韦水倒虹吸管，钢管直径达2.9m。

带钢衬钢筋混凝土管，能充分发挥钢板与混凝土两者的优点，主要适用于高水头、大直径的压力管道工程。

4. 倒虹吸管的类型

按管身断面形状可分为圆形、箱形、拱形；按使用材料可分为木质、砌石、陶瓷、素混凝土、钢筋混凝土、预应力钢筋混凝土、铸铁和钢管等。

圆形管具有水流条件好、受力条件好的优点，在工程实际中应用较广，其主要用于高水头、小流量情况。

箱形管分矩形和正方形两种，可做成单孔或多孔。其适用于低水头、大流量情况。

直墙正反拱形管的过流能力比箱形管大，主要用于平原河网地区的低水头、大流量和外水压力大、地基条件差的情况，其缺点是施工较麻烦。

7.2.1.2 倒虹吸管的布置与构造

倒虹吸管一般由进口、管身、出口三部分组成。总体布置应结合地形、地质、施工、水流条件、交通情况及洪水影响等因素综合分析而定。力求做到轴线正交、管路最短、岸

坡稳定、水流平顺、管基密实。按流量大小、运用要求及经济效益等，可采用单管、双管或多管方案。

1. 管路布置

按管路埋设情况及高差大小不同，常采用以下几种布置型式。

(1) 竖井式（图 7.38）。一般常用于压力水头小（小于 5m）及流量较小的过路倒虹吸管，其优点是构造简单、管路短、占地少、施工较易，而水流条件较差、水头损失大。井底一般设 0.5m 深的集沙坑，以便清除泥沙及维修水平段时排水之用。

(2) 斜管式（图 7.39）。中间水平，两端倾斜的倒虹吸管，该种型式水流条件比竖井式好，工程中应用较多。其主要适用于穿越渠道或河流而两者高差较小，且岸坡较缓的情况。

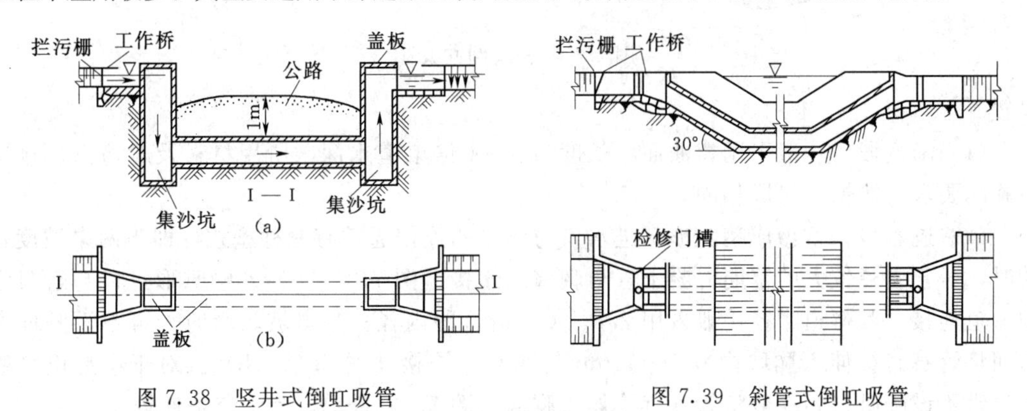

图 7.38 竖井式倒虹吸管　　图 7.39 斜管式倒虹吸管

(3) 折线形（图 7.40）。当管道穿越河沟深谷，若岸坡较缓（土坡 $m \geqslant 1.5$，岩坡 $m \geqslant 1.0$），且起伏较大时，管路常沿坡度起伏铺设，成为折线形倒虹吸管。其常将管身随地形坡度变化浅埋于地表之下。埋设深度应视具体条件而异。该种形式开挖量小，但镇墩数量多，主要适用于地形高差较大的山区或丘陵区。

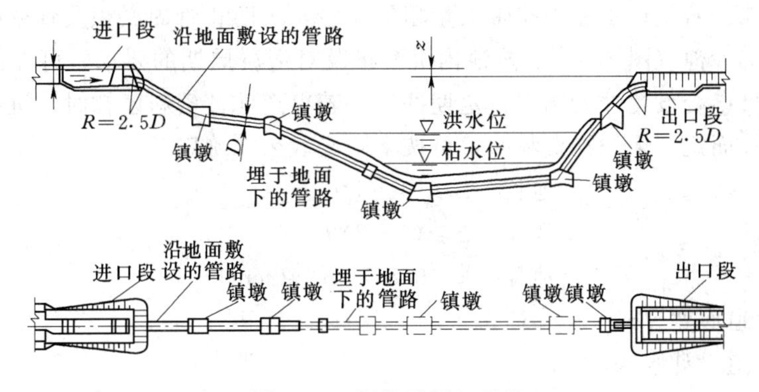

图 7.40 折线形倒虹吸管

(4) 桥式（图 7.41）。当管道穿越深切河谷及山沟时，为减少施工困难，降低管中压力水头，缩短管道长度，降低沿程水头损失，可在折线形铺设的基础上，在深槽部分建桥，在桥上铺设管道过河，称之为桥式倒虹吸管，桥下应留一定的净空高度，以满足泄洪要求。

2. 进口段布置

进口段一般包括渐变段、进水口、拦污栅、闸门及沉沙池等，应视具体情况按需

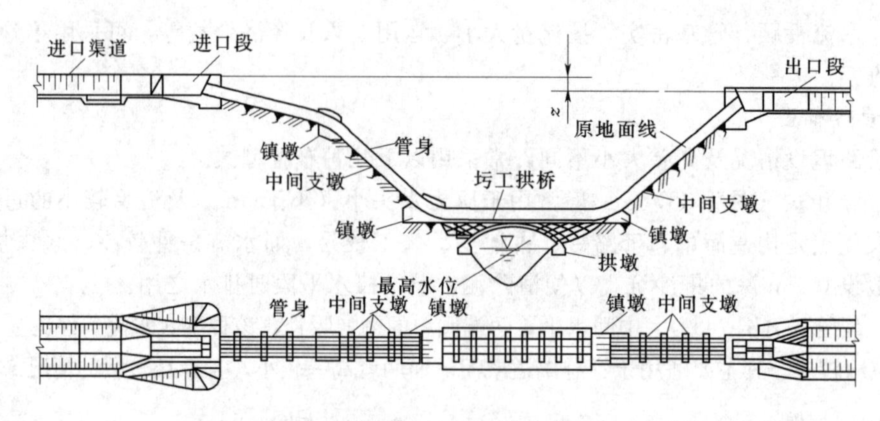

图7.41　桥式倒虹吸管

设置。

(1) 渐变段。一般采用扭曲面，长度为3～4倍渠道水深，所用材料及对防渗、排水设施的要求与渡槽进口段相同。

(2) 进水口。常做成喇叭形，进水口与胸墙的连按通常有三种型式，即当两岸坡度较陡时，对于管径较大的钢筋混凝土管与胸墙的连接［图7.42 (a)］。喇叭形进口与管身常用弯道连接，其弯道半径一般采用2.5～4.0倍管的内径；当岸坡较缓时，可不设竖向弯道而将管身直接伸入胸墙内0.5～1.0m与喇叭口连接［图7.42 (b)］。对于小型倒虹吸管，常不设喇叭口，一般将管身直接伸入胸墙［图7.42 (c)］，其水流条件较差。

(3) 拦污栅。其常布设在闸门之前，以防漂浮物进入管内。栅条与水平面夹角以70°～80°为宜，栅条间距一般为5～15cm。其形式有固定式和活动式两种。

(4) 闸门。单管输水一般不设闸门，常在进口处预留门槽，需要时用迭梁或插板挡水；双管或多管输水，为满足运用和检修要求则进口前须设闸门。

(5) 沉沙池。若渠道水流中挟带大量粗粒泥沙，为防止管内淤积及管壁磨损，可考虑在进水口前设沉沙池（图7.43）。按池内沉沙量及对清淤周期的要求，可在停水期间采用人工清淤，也可结合设置冲沙闸进行定期冲沙。若渠道泥沙资料已知时，沉沙池尺寸按泥沙沉降理论计算而定，无泥沙资料时，可按下列经验公式确定：

$$\left.\begin{aligned}&\text{池长}\quad L\geqslant(4\sim5)h\\&\text{池宽}\quad B\geqslant(1\sim2)b\\&\text{池深}\quad S\geqslant0.5D+\delta+20\text{cm}\end{aligned}\right\}\tag{7.19}$$

式中　b——渠道底宽，m；

h——渠道设计水深，m；

D——管道内径，cm；

δ——管道壁厚，cm。

3. 出口段布置

出口段一般包括出水口、闸门、消力池、渐变段等，其布置型式与进口段类似（图7.44）。为满足运用管理要求，通常在双管或多管倒虹吸管出口设闸门或预留迭梁门槽。

出口设消力池的主要作用是调整流速分布，使水流均匀地流入下游渠道，以避免冲

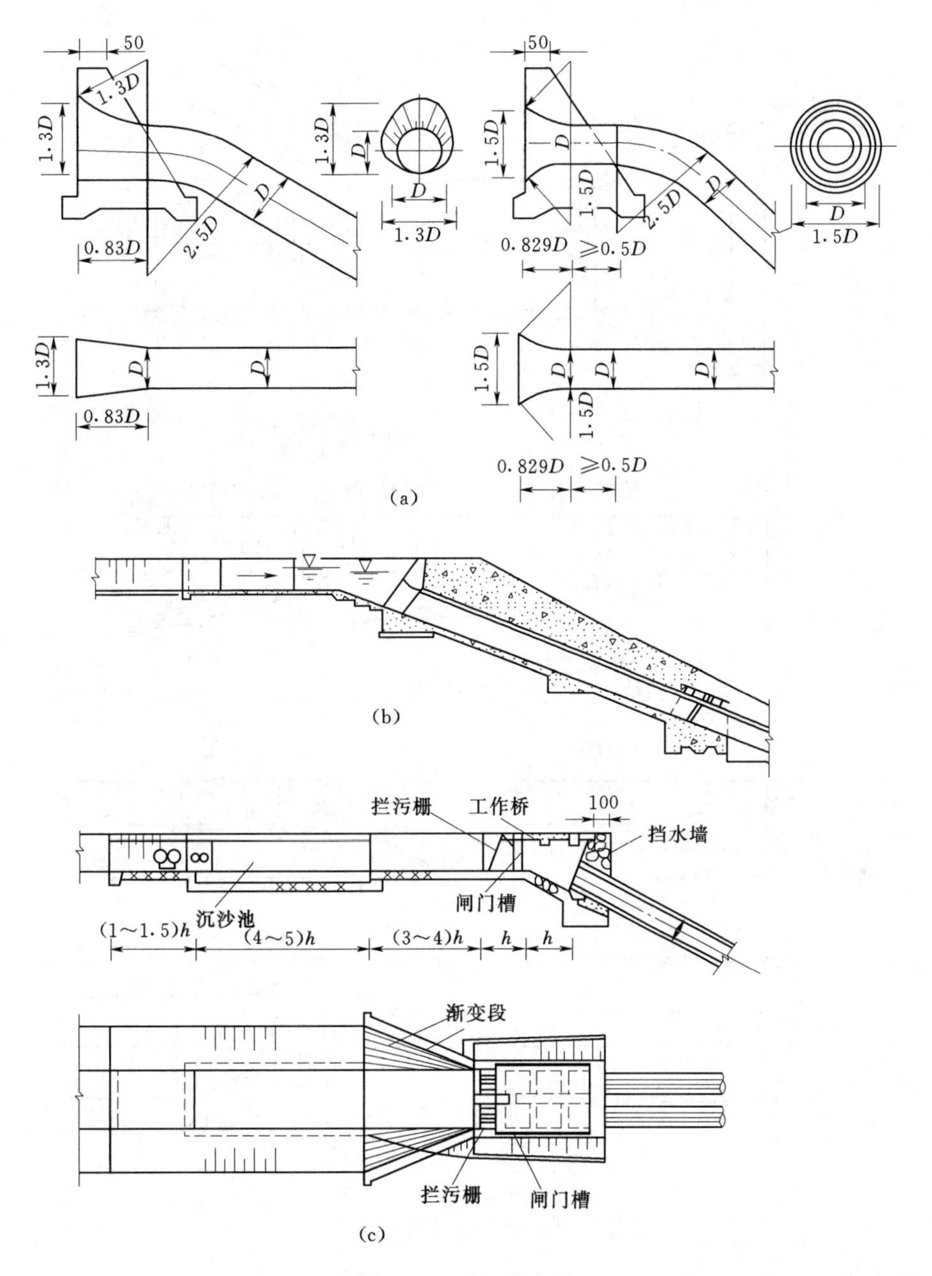

图 7.42 进口段布置

刷。消力池的长度一般取渠道设计水深的 3～4 倍，池深可按下式估算：

$$S \geqslant 0.5D+\delta+30\text{cm} \tag{7.20}$$

式中，D、δ 与沉沙池经验公式中的意义相同。

出口渐变段形式一般与进口段相同，其长度通常取渠道设计水深的 5～6 倍。对于小型倒虹吸管，常用复式断面消力池与下游渠道按同边坡相连［图 7.44 (a)］。

4. 倒虹吸管的构造

(1) 管身构造。为了防止温度变化、耕作等不利因素的影响，防止河水冲刷，管道常

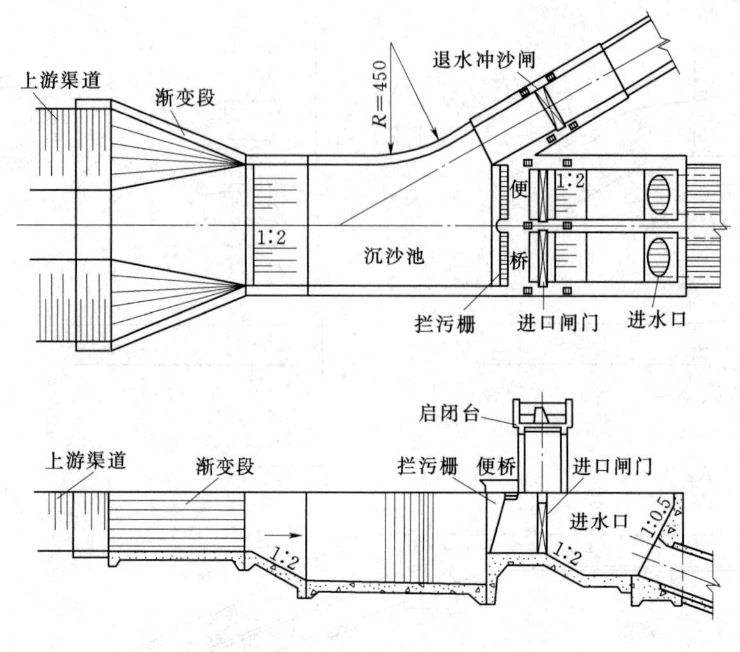

图7.43　进水口前沉沙池

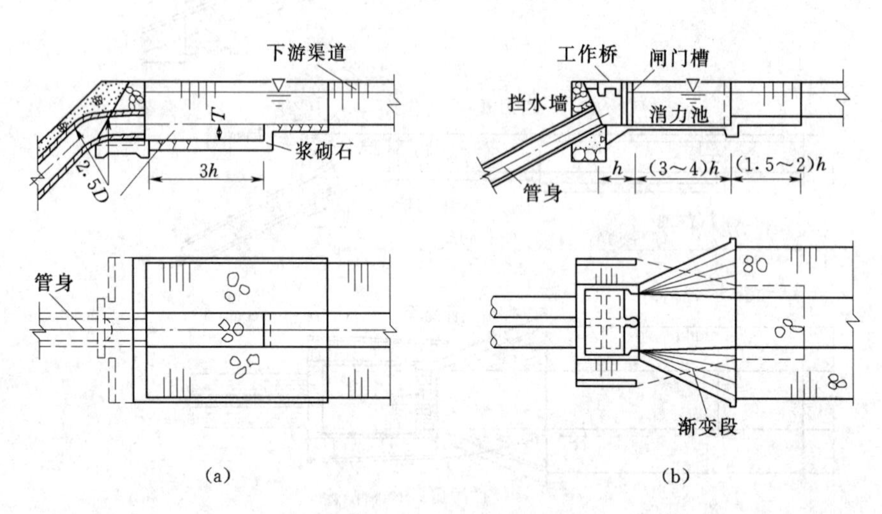

图7.44　出口段布置

埋于地表之下（钢管一般采用露天布置），其埋深视具体情况而定，一般要求：在严寒地区，须将管身埋于冰冻层以下；通过耕地时，应埋于耕作层以下，一般埋深为0.6～1.0m；当穿过公路时，管顶埋土厚度取1.0m左右；穿越河道时，管顶应在冲刷线以下0.5～0.7m。

为了清除管内淤积和泄空管内积水以便进行检修，应在管身设置冲沙泄水孔，孔的底部高程一般与河道枯水位齐平，对桥式倒虹吸管，则应设在管道最低部位。进人孔与泄水孔可单独或结合布置，而最好布设在镇墩内。

倒虹吸管的埋设方式、管身与地基的连接形式、伸缩缝等，与土石坝坝下埋管基本相

同。对于较好土基上修建的小型倒虹吸管，可不设连续坐垫，而采用支墩支承，支墩的间距视地基及管径大小等情况而定，一般常采用2～8m。

为了适应地基的不均匀沉降以及混凝土的收缩变形，管身应设伸缩沉降缝，缝中设止水，缝的间距可根据地质条件、施工方法和气候条件综合确定。现浇钢筋混凝土管缝的间距，在挖方土基上一般为15～20m，在填方土基上为10m左右，岩基上为10～15m。缝宽一般1～2cm，常用接缝的构造，如图7.45所示。其中图7.45（a）～（c）为平接式，图7.45（d）～（f）为套管式，图7.45（g）为企口式，图7.45（h）为承插式。

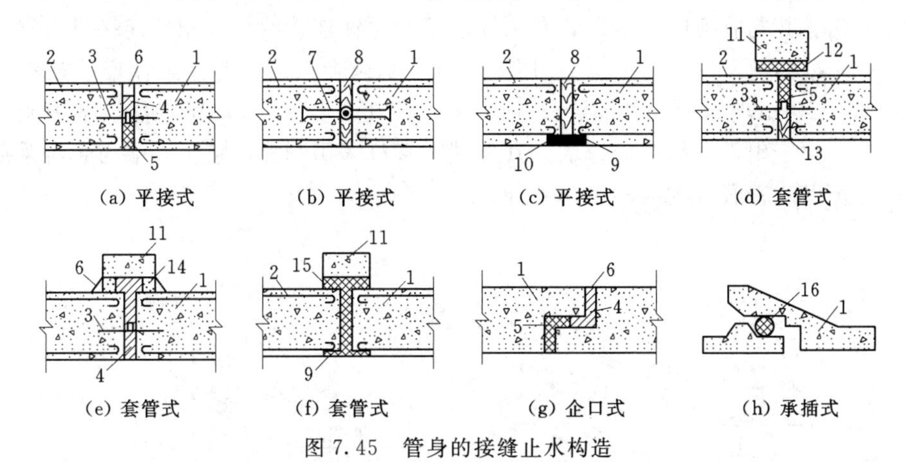

图7.45 管身的接缝止水构造

1—管壁；2—钢筋；3—金属止水片；4—沥青麻绒；5—沥青麻绳；6—水泥砂浆；7—塑料止水带；8—防腐软木圈；9—还氧基液贴橡胶板；10—橡胶板保护层；11—套管；12—沥青油毡；13—柏油杉板；14—石棉水泥；15—沥青玛蹄脂；16—橡胶圈

现浇管多采用平接和套接，缝间止水片现多采用塑料止水接头或环氧基液贴橡胶板，其止水效果好。预制管在低水头时用企口接，高水头时用套接，缝宽多为2cm。各种接缝形式中，应注意塑料（或橡胶）不能直接和沥青类材料接触，否则会加速老化。

预制钢筋混凝土管及预应力钢筋混凝土管，管节接头处即为伸缩沉降缝，其管节长度可达5～8m，接头型式可分为平接式和承插式，承插式接头施工简易，密封性好，具有较好的柔性，目前被广泛采用，如图7.45（h）所示。

（2）支承结构及构造。

1）管座（图7.46）。对于小型钢筋混凝土管或预应力钢筋混凝土管，常采用弧形土基、三合土、碎石垫层。其中碎石垫层多用于箱形管，弧形土基、三合土多用于圆管。对

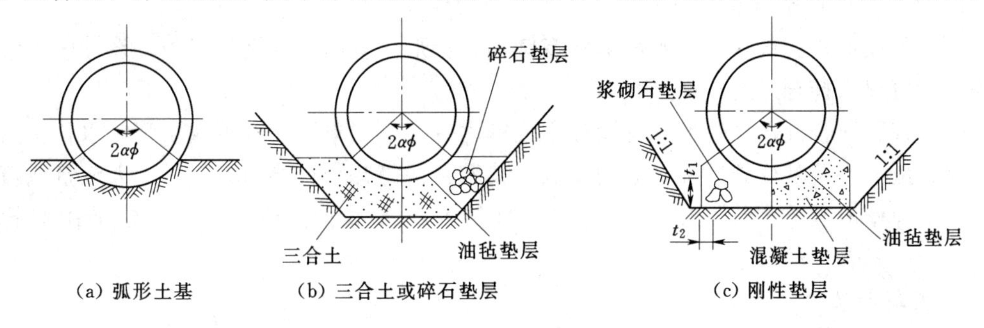

图7.46 管座构造图

于大中型倒虹吸管常采用浆砌石或混凝土刚性坐垫。

2）支墩。在承载能力超过100kPa的地基上修建中小型倒虹吸管时，可不用连续管座而采用混凝土支墩。其常采用滚动式、摆柱式及滑动式。而对于管径小于1m的，也可采用鞍座式支墩，其包角一般为120°，支墩间距取5～8m为宜。预制管支墩一般设于管身接头处，现浇管支墩间距一般为5～18m。

3）镇墩（图7.47）。在倒虹吸管的变坡处、转弯处、管身分缝处、管坡较陡的斜管中部，均应设置镇墩，用以连接和固定管道，承受作用。镇墩一般采用混凝土或钢筋混凝土重力式结构。其与管道的连接形式有刚性连接和柔性连接两种。刚性连接是将管端与镇墩浇筑成一个整体［图7.47（a）］，适用于陡坡且承载力大的地基。柔性连接是将管身插入镇墩内30～50cm与镇墩用伸缩缝分开［图7.47（b）］，缝内设止水片，常用于斜坡较缓的土基上。位于斜坡上的中间镇墩，其上端与管身采用刚性连接，下端与管身采用柔性连接，这样可以改善管身的纵向工作条件。

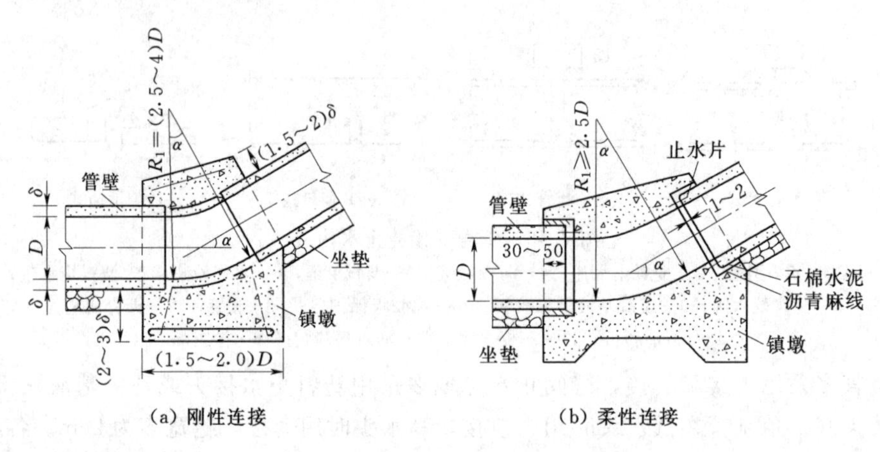

图7.47　镇墩

7.2.1.3　倒虹吸管的水力计算

倒虹吸管为压力流，其流量按有压管流公式进行计算。倒虹吸管水力计算是在渠系规划和总体布置的基础上进行，其上下游渠道的水力要素、上游渠底高程及允许水头损失均为已知。水力计算的主要任务是确定管道的横断面尺寸与管数、水头损失、下游渠底高程及进行进出口的水面衔接计算。

1. 确定横断面形状及管数

（1）断面形状。最常用的断面形状有圆形、箱形、直墙正反拱形三种，设计中应结合工程实际情况选择合适的断面形状。

（2）管数。合理选择管数也是设计中关键之一。选用单管、双管或多管输水，主要考虑设计流量大小及其变幅情况、运用要求、技术经济等几个重要因素，对于大流量或流量变幅大、检修时要求给下游供水、采用单管技术经济不够合理时，宜考虑采用双管或多管。

2. 横断面尺寸

倒虹吸管横断面尺寸主要取决于管内流速的大小，管内流速应根据技术经济比较和管

内不淤条件确定，管内的最大流速由允许水头损失控制，最小流速则按挟沙流速确定。工程实践表明，倒虹吸管通过设计流量时，管内流速一般为1.5～3.0m/s。有压管流的挟沙流速可按下式进行计算：

$$V_{np}=w_0\sqrt[6]{\rho}\cdot\sqrt[4]{\frac{4Q_{np}}{\pi d_{75}^2}} \tag{7.21}$$

式中 V_{np}——挟沙流速，m/s；

w_0——泥沙沉速或动水水力粗度，cm/s；

ρ——挟沙水流含沙率，以质量比计；

Q_{np}——通过管内的相应流量，m^3/s；

d_{75}——挟沙粒径，mm，以质量计小于该粒径的沙占75%。

初选流速后，可按设计流量由公式$A=\frac{Q}{V}$计算所需过水断面积A。

对于圆形管，管径为

$$D=\sqrt{\frac{4A}{\pi}} \tag{7.22}$$

对于箱形管，则

$$h=\frac{A}{b} \tag{7.23}$$

式中 b——管身过水断面的宽度，m；

h——管身过水断面的高度，m。

3. 水头损失计算及过流能力校核

倒虹吸管的水头损失包括沿程水头损失和局部水头损失两种，即总水头损失为

$$Z=h_f+h_j \tag{7.24}$$

式中 Z——总水头损失，m；

h_f——沿程水头损失，m；

h_j——局部水头损失之和，m。

由于一般情况下局部水头损失在总水头损失中所占比例很小，故除大型管道外，为简化计算，也可采用管内平均流速代替不同部位的流速值。

按通过设计流量计算水头损失Z后，与允许的[Z]值进行比较，若Z等于或略小于[Z]时，则说明初拟的V合适，否则，另选V，重新计算，直到$Z\approx$[Z]。

过流能力按有压管流公式进行计算。

4. 下游渠底高程的确定

一般根据规划阶段对该工程水头损失的允许值，并分析运行期间可能出现的各种情况，参照类似工程的运行经验，选定一个合适的水头损失Z，据此确定下游渠底设计高程。确定的下游渠底高程应尽量满足：①通过设计流量时，进口处于淹没状态，且基本不产生壅水或降水现象；②通过加大流量时，进口允许产生一定的壅水，但一般不宜超过50cm；③通过最小流量时（按最小不利情况输水），管内流速满足不淤流速要求，且进口不产生跌落水跃。

5. 进口水面衔接计算

(1) 验算通过加大流量时，进口的壅水高度是否超过挡水墙顶和上游堤顶有无一定的超高。

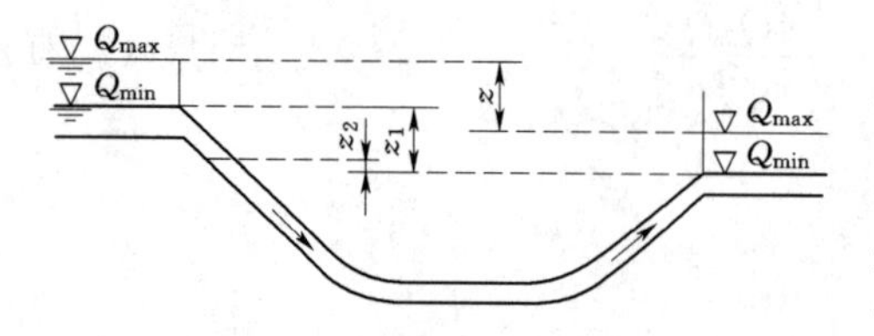

图 7.48 倒虹吸管水力计算示意图

(2) 验算通过最小流量时，进口的水面跌落值是否会在管道内产生不利的水跃情况。为了避免在管内产生水跃，可根据倒虹吸管总水头损失的大小，采用不同的进口结构型式(图 7.48)。

当 Z_1-Z_2 差值较大时(图 7.49)，可适当降低进口高程，在进口前设消力池，池中水跃应被进口处水面淹没［图 7.49 (a)］。

当 Z_1-Z_2 差值不大时，可降低进口高程，在进口设斜坡段［图 7.49 (b)］。

当 Z_1-Z_2 很大时，在进口设消力池布置困难或不够经济时，可采用在出口设闸门。

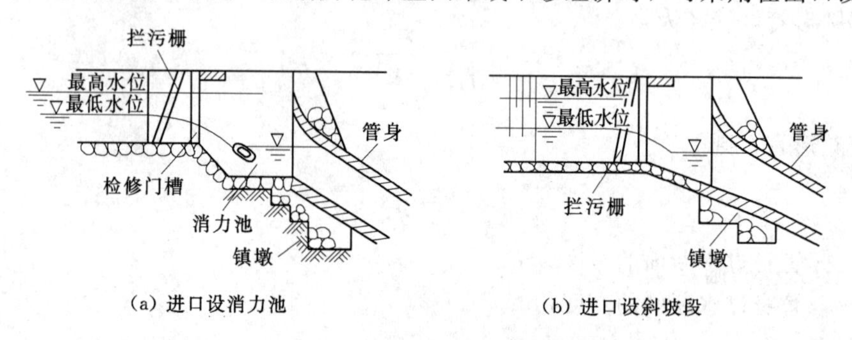

图 7.49 倒虹吸管进口水面衔接

7.2.2 设计实例

7.2.2.1 基本资料

某水库灌区干渠工程在桩号 5+662 至 5+875 处与某河相交。经方案比较采用倒虹吸管将水输送到河流对岸，灌溉下游的 76000 亩农田，并补充部分村镇人畜饮水。

1. 地形、地质情况

干渠与河谷交叉处上游进口一侧为山谷出口，下游为开阔漫滩，中间河段河床比较稳定，两岸自然坡度较缓。从河谷横断面图得知，河谷呈宽浅式梯形断面，交叉建筑物进口一侧岸坡平均坡度约为 1∶4，出口一侧岸坡平均坡度约为 1∶3，河漫滩宽度约为 160m，河床最低高程约为 459.000m。

2. 上下游渠道资料

$Q_{正常}=7.17m^3/s$，相应水深、流速为 $h_0=2.1m$，$V_0=0.62m/s$。

$Q_{加大}=8.25m^3/s$，相应水深、流速为 $h_{加大}=2.24m$，$V_{加大}=0.66m/s$。

渠底宽 $b=2.4m$，$m=1.5$，$i=1/5000$，$n=0.025$，渠水含沙量 $\rho=1kg/m^3$，进口渠底控制高程为 463.970m，相应渠堤高程为 467.500m。

3. 水文气象资料

该地区最大冰冻深度为0.4m。河谷最高洪水位为467.029m。洪水期河床最大冲刷深度为0.45m。其纵剖面布置如图7.50所示。

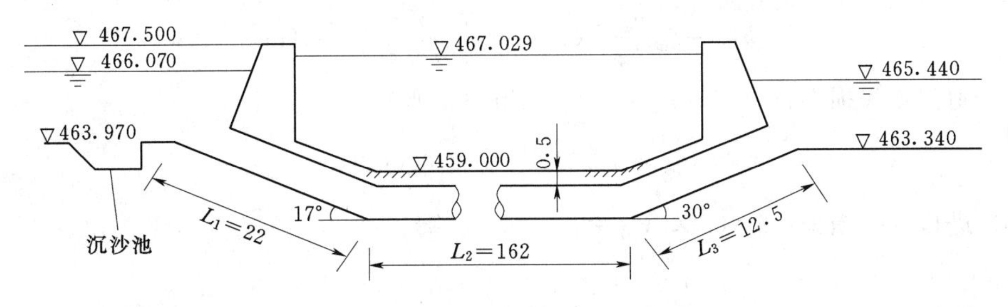

图7.50 纵剖面布置图（单位：m）

7.2.2.2 设计任务

进行该倒虹吸管的水力设计。

7.2.2.3 任务解析

1. 管径的确定

（1）管内适宜流速的确定。原则上从水头损失控制值、管内不淤、灌溉面积、经济造价、施工水平等方面综合考虑。根据陕西的情况，适宜流速控制在1.5～3.0m/s。先初步选适宜流速为1.5m/s。

（2）管径D的确定。

$$\omega=\frac{\pi D^2}{4}=\frac{Q_{单设}}{v_{适}}$$

采用双管 $$Q_{单设}=\frac{7.17}{2}=3.585\ (\mathrm{m^3/s})$$

则 $$D=2\sqrt{\frac{Q_{单设}}{V_{适}\ \pi}}=2\times\sqrt{\frac{3.585}{1.5\times3.14}}=1.74\ (\mathrm{m})$$

（3）取$D_{实}=1.7$m，反推得

$$V_{管实}=\frac{4Q_{单设}}{\pi D^2}=\frac{4\times3.585}{3.14\times1.7^2}=1.58\ (\mathrm{m/s})$$

$V_{管实}$在1.5～3.0m/s范围内，所以管径取$D_{实}=1.7$m。

2. 水头损失及过水能力校核

（1）确定算式及计算的内容。

根据压力管流公式$Q=\mu w\sqrt{2gZ}$计算，其中

$$\mu=\frac{1}{\sqrt{\lambda\frac{L}{D}+\sum\xi_j}},\ h_j=\xi\frac{v^2}{2g},\ h_f=\lambda\frac{l}{D}\frac{v^2}{2g}$$

计算$Q_{设计}$时的水头损失$Z_{设}$。

1）拦污栅的水头损失计算：

过栅流速 $V=\dfrac{V_{渠}+V_{管}}{2}\times80\%=\dfrac{0.62+1.58}{2}\times80\%=0.88\ (\mathrm{m/s})$

由水力学书中可查得，选用圆钢筋栅条，β=1.79，倾角取80°，$S=1\text{cm}$，$b=10\text{cm}$。

$$\zeta_{栅}=\beta\left(\frac{s}{b}\right)^{\frac{4}{3}}\sin\alpha=1.79\times\left(\frac{1}{10}\right)^{\frac{4}{3}}\sin80°=0.082$$

$$h_{j栅}=\zeta_{栅}\frac{v_{栅}^2}{2g}=0.082\times\frac{0.88^2}{19.6}=0.003(\text{m})$$

2）闸门水头损失：$\xi=0.15$，$V_{设}=0.62\text{m/s}$，则

$$h_{j闸}=0.15\times\frac{0.62^2}{19.6}=0.003(\text{m})$$

3）进口水头损失：$\xi=0.5$，$V_{管}=1.58\text{m/s}$，则

$$h_{j进}=0.5\times\frac{1.58^2}{19.6}=0.064(\text{m})$$

4）弯管的水头损失：$\alpha_{上弯}=17°$，$\xi_{上弯}=0.113$，$\alpha_{下弯}=30°$，$\xi_{下弯}=0.20$，$V_{管}=1.58\text{m/s}$，则

$$hj_{弯}=(0.113+0.2)\times\frac{1.58^2}{19.6}=0.040(\text{m})$$

5）出口水头损失：$\xi_{出}=0.74$，$V=1.58\text{m/s}$，则

$$hj_{出}=0.74\times\frac{1.58^2}{19.6}=0.094(\text{m})$$

$$\sum hj=0.003+0.003+0.064+0.040+0.094=0.204(\text{m})$$

6）沿程水头损失 h_f 的计算：

$$L=196.5\text{m},\ v=1.58\text{m/s},\ n=0.014,\ R=\frac{D}{4}=\frac{1.7}{4}=0.425(\text{m})$$

$$C=\frac{1}{n}R^{\frac{1}{6}}=\frac{1}{0.014}\times0.425^{\frac{1}{6}}=61.94(\text{m}^{\frac{1}{2}}/\text{s})$$

$$\lambda=\frac{8g}{C^2}=\frac{8\times9.8}{61.94^2}=0.0204$$

$$h_f=\lambda\frac{L}{D}\frac{v^2}{2g}=0.0204\times\frac{196.5}{1.7}\times\frac{1.58^2}{19.6}=0.300(\text{m})$$

总水头损失 $Z_{设计}=\Sigma h_j+h_f=0.204+0.300=0.504$（m）

同理可求得 $Q_{加大}$、Q_{min} 时的水头损失值，见表7.1。

（2）仅校核设计流量。

$$\mu=\frac{1}{\sqrt{1.785+0.0204\times\frac{196.5}{1.7}}}=0.491$$

$$Q=\mu w\sqrt{2gz}=0.491\times\frac{3.14\times1.7^2}{4}\times\sqrt{2\times9.8\times0.504}=3.50(\text{m}^3/\text{s})$$

与 $Q_{设}=3.585\text{m}^3/\text{s}$ 相差很小，故不需重新设计断面尺寸。

3. 通过各种特征流量时，上、下游渠道水位差计算

（1）通过 Q_{min} 时渠道水深 h_{min}。$Q_{设}=7.17\text{m}^3/\text{s}$，$H_{设}=2.1\text{m}$，$Q_{加大}=8.25\text{m}^3/\text{s}$，$H_{加大}=2.24\text{m}$，$Q_{min}=70\%\times Q_{设}=5.019\ \text{m}^3/\text{s}$，渠底宽 $b=2.4\text{m}$，$m=1.5$，$i=1/5000$，$n=0.025$。

查水力学书中附表Ⅳ得

$$K_0=\frac{Q}{\sqrt{i}}=\frac{5.019}{\sqrt{1/5000}}=354.9(m^3/s)$$

$$\frac{b^{2.67}}{nk_0}=\frac{2.4^{2.67}}{0.025\times354.9}=1.167$$

根据$\frac{b^{2.67}}{nk_0}=1.167$ 及 $m=1.5$，求得$\frac{h}{b}=0.73$。

$$h_{min}=0.73\times2.4=1.752\ (m)$$

$$w=(b+mh)h=(2.4+1.5\times1.752)\times1.752=8.81(m^2)$$

$$V_{min}=\frac{Q_{min}}{w}=\frac{5.019}{8.81}=0.57(m/s)$$

（2）各种特征流量上、下游渠道水位计算结果见表7.1。

表7.1　各种特征流量上、下游渠道水位计算

特征流量 /(m³/s)	水深 /m	水头损失 Z/m	下游渠水位 /m	上游渠道需水位 /m	上游渠道真水位 /m	壅(+)、降(−)值 /m	备　注
$Q_{设计}$	2.100	0.504	465.450	465.954	466.070	−0.116	正常运用
$Q_{加大}$	2.240	0.614	465.590	466.204	466.210	−0.060	非常运用
Q_{min}	1.752	0.901	465.102	466.003	465.722	+0.281	单管输水
Q_{min}	1.752	0.230	465.102	465.332	465.722	−0.390	双管输水

水头损失$\overline{Z}=0.552$m，控制水头损失值为0.65m，加大流量水头损失值为0.614m，经过综合考虑，取上、下游渠道水位差为0.62m。则出口渠底高程为463.35m（463.97m−0.62m）。从表7.1中可知，最大壅高值为0.281m，而最大降水值为0.39m，在0.3～0.5m之间，因而在出口留有叠梁门槽，抬高上游水位，防止有害降水现象。门槽宽取30cm，深15～20cm。

4. 进、出口连接段

采用扭曲面，并取 $L_{进}=4\times2.1=8.4$（m），$L_{出}=6\times2.1=12.6$（m）。

7.2.3 拓展知识——倒虹吸管的结构计算

倒虹吸管的结构包括进出口建筑物、管身、镇墩及支墩等，进出口建筑物的结构型式常见为挡土墙、板、柱等结构，其结构计算可参考有关书籍及规范。镇墩、支墩设计可参考《水电站》教材等有关书籍。此处仅介绍管身的结构计算，而钢筋混凝土倒虹吸管在工程实际中应用较广，故重点介绍钢筋混凝土倒虹吸管的结构计算。

7.2.3.1 作用及作用效应组合

管身上的永久作用一般包括管身重力、土压力、地面恒载等；可变作用一般包括内、外水压力、人群荷载、车辆荷载、温度作用、地基反力等；偶然作用一般包括校核洪水时外水压力、地震力等。

管身结构的作用效应组合一般包括基本组合和偶然组合，短期组合和长期组合，设计时应根据不同情况按 SL/T 191—2008《水工混凝土设计规范》选择其作用效应组合。

管身重力、土压力、地基反力及内水压力的计算与坝下埋管基本相同，其内水压力可以近似按管身进出口处的水面连线计算，外水压力可按管身所在河道位置泄洪时洪水位计算。这里重点介绍土压力、车辆荷载的计算。

1. 土压力

倒虹吸管的埋设方式有上埋式和沟埋式两种。土压力的大小主要与埋设方式、填土高度、管径、填土性质、管的刚度、管座形式等诸多因素有关，难以精确计算，下面重点介绍倒虹吸管设计中常用的计算方法。

(1) 上埋式管土压力的计算。作用于单位长度埋管上的垂直土压力标准值可按下式计算：

$$F_{sk}=K_s\gamma_s H_d D_1 \tag{7.25}$$

式中　F_{sk}——埋管垂直土压力标准值，kN/m；

H_d——管顶以上填土高度，m；

D_1——埋管外直径，矩形管为外形宽度，m；

K_s——埋管垂直土压力系数，与地基刚度有关，可根据地基类别按图 7.51 查取；

γ_s——埋土的重度，kN/m^3。

作用于单位长度埋管的侧向土压力标准值可按下式计算（图 7.52）：

$$F_{tk}=K_t\gamma_s H_o D_d \tag{7.26}$$

其中

$$K_t=\tan^2(45°-\frac{\phi}{2})$$

式中　F_{tk}——埋管侧向土压力标准值，kN/m；

H_o——埋管中心线以上填土高度，m；

D_d——埋管凸出地基的高度，m；

K_t——侧向土压力系数；

ϕ——填土内摩擦角。

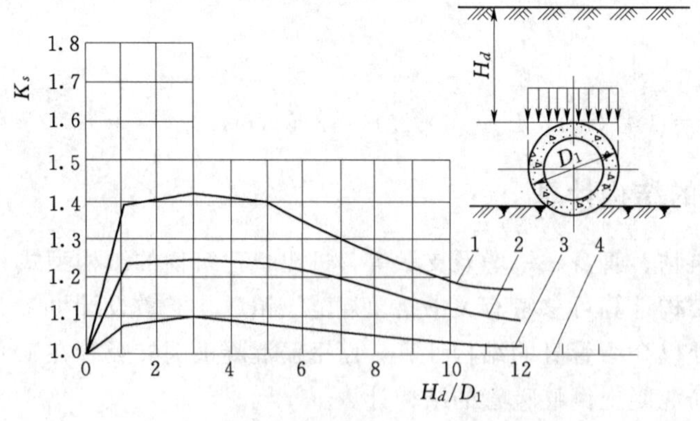

图 7.51　上埋管垂直土压力计算图

1—岩基；2—密实砂类土，坚硬或硬塑黏性土；3—中密砂类土，可塑黏性土；4—松散砂类土，流塑或软塑黏性土

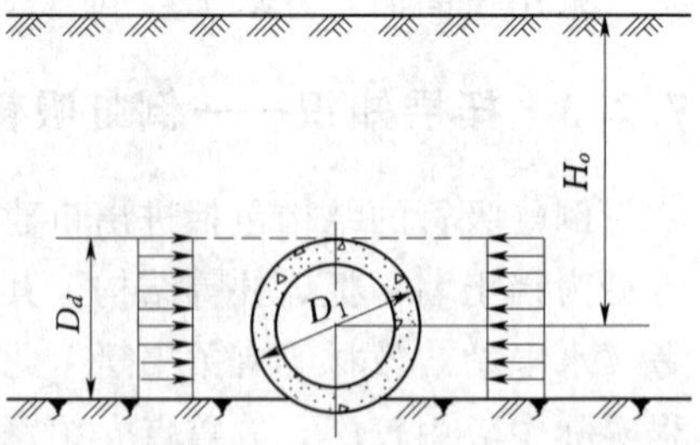

图 7.52　上埋管侧向土压力计算图

(2) 沟埋式管土压力的计算。沟埋式管顶回填土的沉陷受到两侧沟壁的约束作用，故管顶土压力将小于沟内回填土柱的重力。当沟内回填土未夯实，$B-D_1<2$m 时，每米管

长承受的垂直土压力标准值可按下式计算：

$$G_B = K_T \gamma_s BH \tag{7.27}$$

式中 K_T——埋管垂直土压力系数，由图 7.53（b）曲线查取；

B——沟槽宽度，如图 7.53（a）所示；

γ_s、H 符号意义同前。

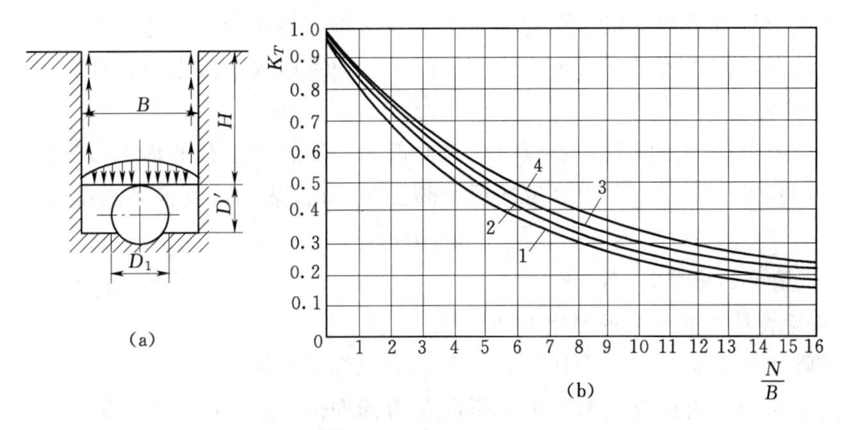

图 7.53 矩形断面沟埋式管土压力计算图

K_T 值查曲线时注意：干砂土及干的植物土查 1 号曲线；湿的及含水饱和的砂土及植物土，硬性黏土查 2 号曲线；塑性黏土查 3 号曲线；流性黏土查 4 号曲线，其他土质按接近的曲线决定查取。

当回填土夯实良好，$B-D_1>2\text{m}$ 时，管顶每米长上的土压力标准值，可按下式计算：

$$G_B = K_T \gamma_s H \left(\frac{B+D_1}{2}\right) \tag{7.28}$$

对于直径 $D_1>1\text{m}$ 而埋深 $H<D_1$ 的管道，还应计入管肩上的土压力，即图 7.54（b）中阴影部分的土重，其值见坝下埋管部分。

当沟槽断面为梯形时［图 7.54（a）］，则公式中的 B 应为管顶处沟槽宽度 B_0，而查曲线确定 K_T 值所用的沟槽宽度应为 $H/2$ 深度处的宽度 B_c。

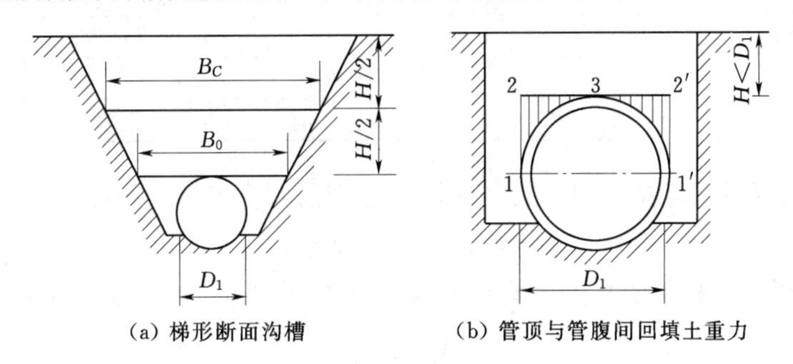

图 7.54 梯形断面沟埋式管土压力计算示意图

水平土压力的计算公式与上填式管相同，但当 $B_0-D_1\leqslant 2\text{m}$ 时，考虑到管壁与沟壁之间的土不易夯实，水平土压力较小，其侧向土压力强度标准值可按下式计算：

$$e = \zeta(r_1 H_x + r_2 H_2) k_n \tag{7.29}$$

式中 ζ——系数，对于一般砂性土和较干的黏性土可采用0.35～0.45，当填土夯实密度较大、含水量较高时，可取0.5～0.55；

r_1、r_2——土的浮重度和湿重度；

H_x、H_2——计算点至地下水位线的垂直距离和地下水位线以上的填土厚度；

k_n——局部作用系数，$k_n=(B_0-D_1)/2$。

以上土压力计算公式适用于圆管，对于非圆形管可参考应用；适用于上部填土与沟侧地面齐平的情况；如沟槽过宽，按上式求得的土压力不应大于按上埋式计算值。

2. 地面恒载

埋设于路基下的倒虹吸管，还应考虑地面石碴、路轨等恒载的作用。当恒载为均匀分布时，其作用强度标准值q可用等量的填土高度h（m）表示。其换算高度为

$$h=q/r_s \tag{7.30}$$

式中 r_s——填土的重度，kN/m³。

3. 车辆荷载对埋管产生的竖向压力

倒虹吸管通过道路时，将受到路面汽车、拖拉机等作用。

（1）汽车压力。由载重汽车产生的竖向压力标准值$G_{汽}$，按下式计算：

$$G_{汽}=f_kQ_{汽}D_1(\text{kN/m}) \tag{7.31}$$

式中 f_k——动力系数，由表7.2查取；

$Q_{汽}$——加重汽车作用于管道上的竖向荷载，由表7.2查取；

D_1——管道外径，m。

表7.2 动力系数f_k

填土深度/m	0.3	0.4	0.5	0.6	≥0.7
f_k	1.25	1.20	1.15	1.05	1.00

表7.3 $Q_{汽}$ 值 单位：kN/m²

汽车荷载	填土厚度H/m								
	0.5	0.75	1.0	1.5	2.0	3.0	4.0	5.0	8.0
汽车-10级	69.0	13.5	25.1	16.8	12.9	8.9	6.8	4.6	3.4
汽车-13级	87.6	49.5	37.7	22.9	17.7	12.1	9.2	6.2	4.7
汽车-18级	170.5	96.0	73.3	44.3	34.3	23.5	18.6	12.1	9.6

（2）拖拉机压力。拖拉机产生的竖向压力标准值$G_{拖}$按下式计算：

$$G_{拖}=f_kQ_{拖}D_1(\text{kN/m}) \tag{7.32}$$

式中 $Q_{拖}$——履带式拖拉机作用于管道的竖向压力（kN/m²）由表7.4查取。

表7.4 $Q_{拖}$ 值 单位：kN/m²

拖拉机吨位/t	填土厚度H/m								
	0.5	0.75	1.0	1.5	2.0	3.0	4.0	6.0	8.0
60	47.0	38.3	32.3	24.7	21.2	17.8	15.0	11.7	9.6
80	88.4	63.20	53.9	41.6	36.3	30.3	25.9	20.2	16.5

7.2.3.2 计算分段

为了降低工程造价，对于管身较长、水头较高的倒虹吸管，应按不同的工作水头分段进行结构计算。一般按地形条件将倒虹吸管按高程差取5m或10m沿管长划分为若干计算段，每段取最大水头处的断面为代表进行结构计算，以确定该段管壁厚度及配筋量。对于中小型倒虹吸管，若斜管不长、内水压力及其他作用（荷载）变化不大时，计算时可不分段，而以受力最大的水平段为计算依据。

7.2.3.3 管壁厚度的拟定

一般根据管径及工作水头大小，参照类似工程经验初拟。也可参照图7.55的曲线初拟。

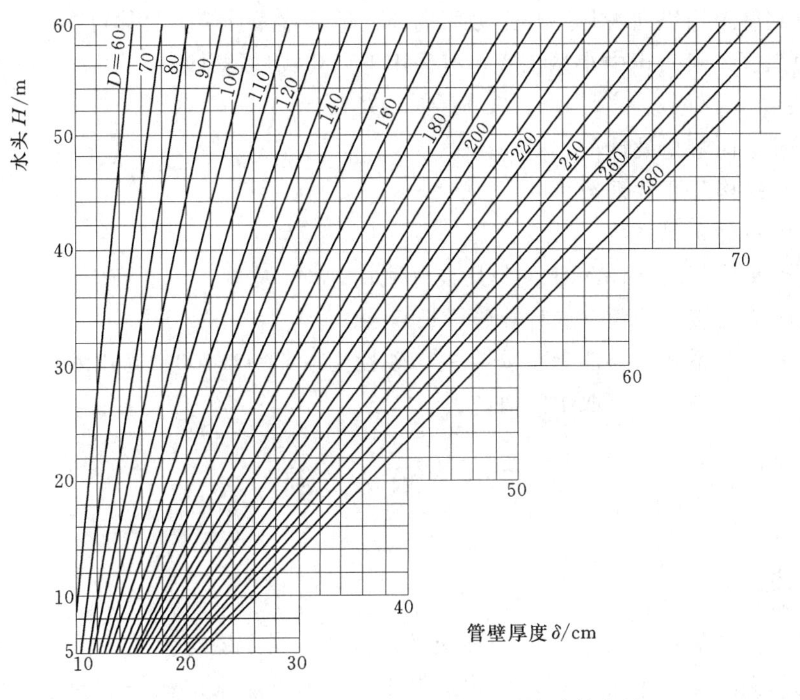

图7.55 钢筋混凝土倒虹吸管管壁厚度计算曲线

7.2.3.4 管身横向结构计算

一般取1m管长按平面问题计算。对持久状况、短暂状况、偶然状况均应进行承载能力极限状态设计，对持久状况尚应进行正常使用极限状态设计，对短暂状况可根据需要进行正常使用极限状态设计，对偶然状况不需进行正常使用极限状态设计，具体应按规范采用不同作用效应组合。管身横向在各种作用单独作用下产生的内力（M_i、N_i），可采用结构力学法或图表法进行计算，然后根据作用效应组合中各作用产生的效应叠加求得截面总内力（M、N），其中M以内侧受拉为正，N以受压力正。按承载能力极限状态设计主要确定结构配筋量，按正常使用极限状态设计重在验算倒虹吸管是否满足抗裂要求。

7.2.3.5 管身纵向结构计算

管身纵向结构计算较为复杂，一般对于中小型倒虹吸管不作纵向结构计算，只是采取一些必要措施并布设一些构造筋，如设置伸缩沉陷缝和柔性接头；对地基进行必要处理；选择低温施工；在刚性坐垫与管身间涂柏油或铺油毛毡等。

对大中型倒虹吸管一般要进行纵向结构计算，其一般在完成管道横向结构计算之后进行。纵向计算关键在于确定纵向拉力和纵向弯矩。现简要介绍工程设计中常采用的纵向结构计算方法。

1. 管身纵向拉力

管身在温降、混凝土收缩及内水压力作用等引起的纵向收缩，若受到管道突出部位及四周回填土与管座等约束时，则管壁必产生纵向拉力。具体计算可参阅有关书籍。

2. 管身的纵向弯矩

管身在重力、土压力、管内水重及地基不均匀沉陷等作用下将产生纵向挠曲变形，结构计算时可将管道沿纵向看作一环形截面的弹性地基梁来计算，具体可参考有关书籍，但其计算量很大。一般对于中小型工程，可采用下列公式进行估算：

$$M=r_0\psi GCL^2 \tag{7.33}$$

式中　M——纵向弯矩设计值，kN·m；

r_0——结构重要性系数；

ψ——设计状况系数；

G——单位管长（1m）上的作用设计值；

L——柔性接头间距（或计算管段长），m；

C——弯曲系数，与地基土质有关，砂性土取 $C=1/100$，高压缩性黏土取 $C=1/50$，中等土质取中间值。

7.3　涵　　洞

7.3.1　概述

涵洞是渠系建筑物中较常见的一种交叉建筑物。当渠道与道路、溪谷等障碍物相交时，在交通道路或填方渠道下面，为输送渠水或宣泄溪谷来水而修建的建筑物称之为涵洞。通常所说的涵洞主要指的是不设闸门的输水涵洞与排洪涵洞，其一般由进口、洞身、出口三部分组成，如图7.56所示。

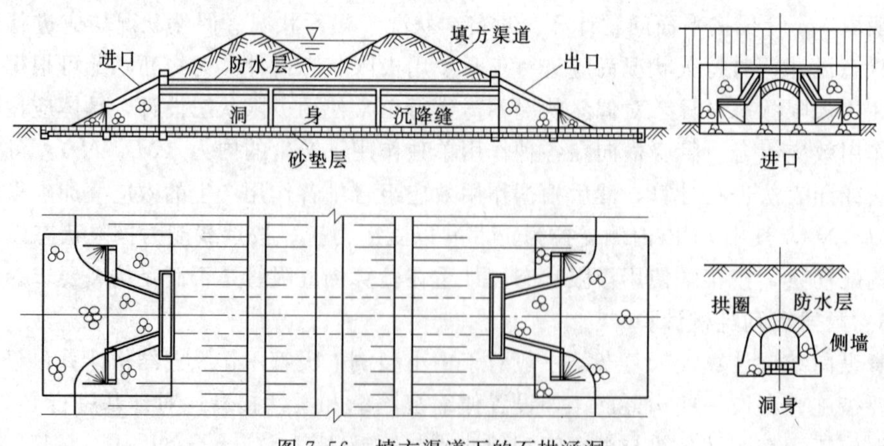

图7.56　填方渠道下的石拱涵洞

涵洞顶部一般有填土，其建筑材料最常用的有砖石、混凝土、钢筋混凝土。而干砌卵石拱形涵洞（图7.57）在新疆、四川等地已有悠久的历史，并积累了较为丰富的经验。

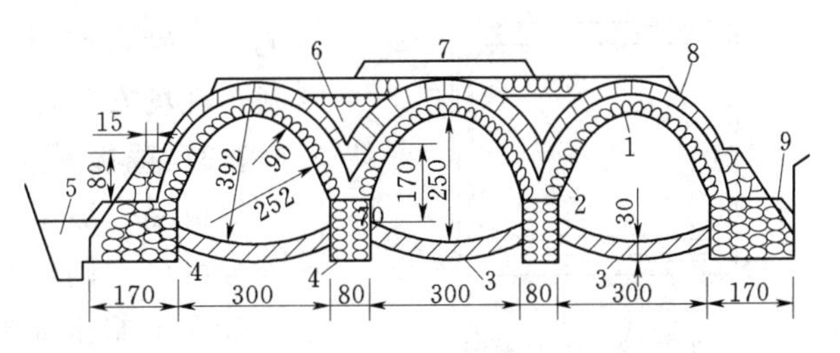

图7.57　干砌卵石拱形涵洞

1—干砌卵石拱；2—灰浆填缝及水泥石灰砂浆勾缝；3—砌卵石、水泥砂浆填缝及抹面；4—砌卵石；5—回填黄土；6—干砌卵石；7—石灰三合土砌卵石；8—四合土砌护拱；9—反滤层

7.3.2　涵洞的工作特点和类型

涵洞因其作用、过涵水流状态及结构型式等的差异，而具有不同的工作特点及类型。

渠道上的输水涵洞，为减小水头损失，常设计成无压的，其过涵流速一般不大，上下游水位差也较小，其过涵水流形态和无压隧洞或渡槽类似，流速常在2m/s左右，故一般可不考虑专门的防渗、排水和消能问题。

排洪涵洞可以设计成有压的、无压的或半有压的。当不会因涵洞前壅水而淹没农田和村庄时，可选用有压或半有压的。而布置半有压涵洞时需采取必要措施，保证过涵水流仅在进口一小段为有压流，其后的洞身直至出口均为稳定的无压明流。设计此种型式涵洞时，应根据流速的大小及洪水持续时间的长短，考虑消能防冲、防渗及排水问题。

涵洞的洞身结构，常采用圆形、箱形、盖板形及拱形等几种。

7.3.2.1　圆涵

圆涵的水力条件及受力条件均较好，能承受较大的填土和内水压力作用，一般多用钢筋混凝土或混凝土建造，便于采用预制管安装，是最常采用的一种形式。其优点是结构简单，工程量小，便于施工。当泄量大时，可采用双管或多管涵洞，其单管直径一般为0.5～6m。钢筋混凝土圆涵可根据有无基础分为有基圆涵、无基圆涵及四铰圆涵，如图7.58所示。

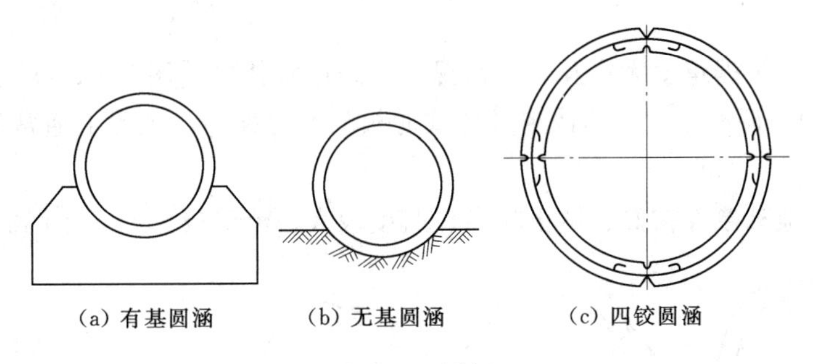

图7.58　圆涵

7.3.2.2　箱形涵洞

箱形涵洞又称箱涵，多为刚结点矩形钢筋混凝土结构，具有较好的静力工作条件，对地基不均匀沉降的适应性好，可根据需要灵活调节宽高比，泄流量较大时可采用双孔或多孔布置。适用于洞顶埋土较厚，洞跨较大和地基较差的无压或低压涵洞，可直接敷设于砂

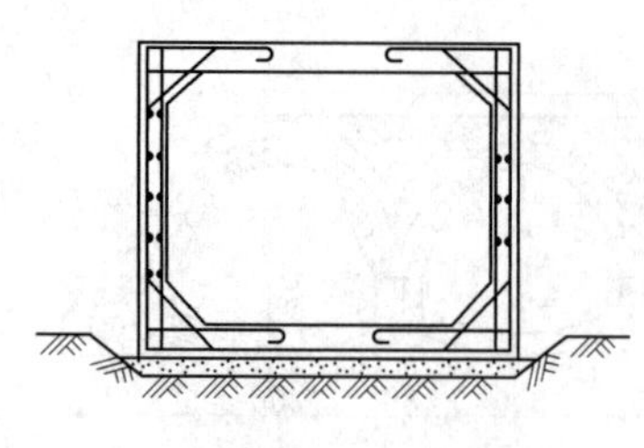

图 7.59　箱形涵洞

石地基、砌石或混凝土垫层上。小跨度箱形涵洞可分段预制，现场安装，如图 7.59 所示。

7.3.2.3　盖板涵

盖板涵一般采用矩形或方形断面，它由边墙、底板和盖板组成。侧墙和底板多用浆砌石或混凝建造。盖板一般采用预制钢筋混凝土板，跨度小时，可采用条石作盖板，盖板一般简支于侧墙上。

当地基较好、孔径不大（小于 2m）时，底板可做成分离式，底部用混凝土或砌石保护，下垫砂石以利排水。盖板涵主要用于填土较薄或跨度较小的无压涵洞，如图 7.60 所示。

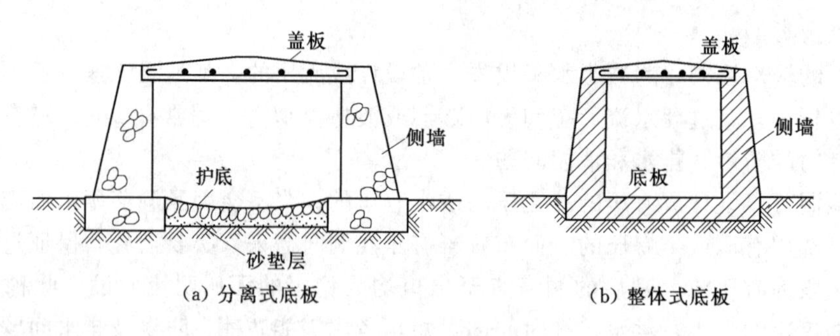

图 7.60　盖板涵

7.3.2.4　拱形涵洞

拱形涵洞又称拱涵，由拱圈、侧墙（拱座）及底板组成，如图 7.61 所示。

工程中最常见的拱涵有半圆拱［图 7.61（a）］及平拱［图 7.61（b）］两种型式。半圆拱的矢跨比 $f/l=1/2$，平拱的矢跨比 $f/l=1/8\sim1/3$，其一般多采用浆砌石或素混凝土建造而成。

拱圈可做成等厚或变厚的，混凝土拱厚一般不小于 20cm，砌石拱厚一般不小于 30cm。

拱涵的底板，根据跨度大小及地基情况，可采用整体式［图 7.61（a）、（c）］和分离式［图 7.61（b）］两种型式。为改善整体式底板的受力条件，工程上通常采用反拱底板，如图 7.62 所示。

拱涵多用于地基条件较好、填土较高、跨度较大、泄量较大的无压涵洞。

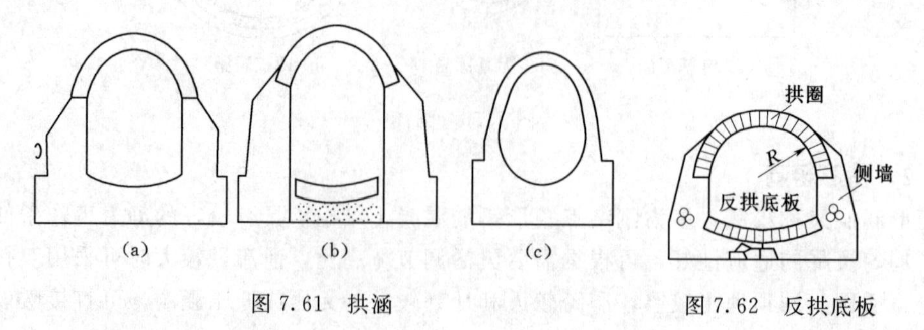

图 7.61　拱涵　　图 7.62　反拱底板

7.3.3　涵洞的构造

7.3.3.1　进出口的构造

涵洞进出口的作用是平顺水流以降低水头损失和防止冲刷。最常见的进出口型式如图7.63所示。一字墙式构造简单、省材料而水力条件较差，一般用于中小型涵洞或出口处；斜降墙式在平面上呈八字形，扩散角为20°～40°，其与一字墙相比，进流条件有所改善，但仍易使上游产生壅水封住洞顶；走廊式是指涵洞进口两侧翼墙高度不变而形成廊道，水面在该段跌落后进入洞身，可降低洞身高度，而工程量较大，采用较少；八字墙式是将翼墙伸出填土边坡之外，其作用与走廊式相似；进口抬高式是将斜降墙式进口段洞身在1.2倍洞高的长度范围内抬高，使进口水面跌落处于此范围内，以免水流封住洞口，该种型式构造简单，应用较广。

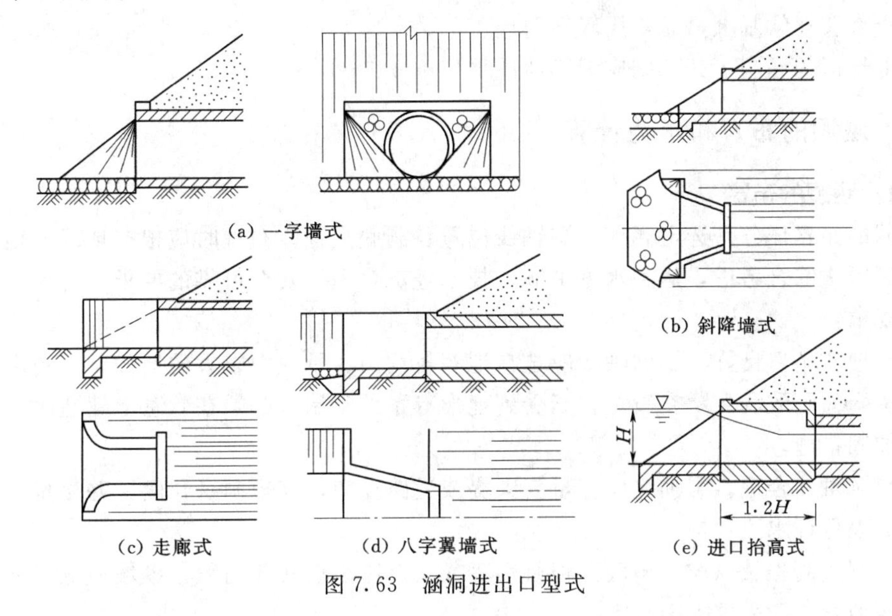

图7.63　涵洞进出口型式

进出口附近需用干砌石或浆砌石护坡和护底，以防止产生冲刷，一般砌护长度不小于3m。

7.3.3.2　洞身构造

1. 分缝与止水

为了适应温度变化引起的伸缩变形和地基的不均匀沉降，涵洞应分段设置沉降缝。对于砌石、混凝土、钢筋混凝土涵洞，分缝间距一般不大于10m，且不小于2～3倍洞高；对于预制安装管涵，按管节长度设缝。常在进出口与洞身连接处及洞身上作用变化较大处设沉降缝，该缝为永久缝，缝中需设止水，其构造要求可参考倒虹吸管。

2. 防渗要求

一般在整个涵洞的洞身上设置防渗层，防渗层一般可采用石灰三合土、水泥砂浆、沥青、黏土等材料，有压涵洞还应沿洞身外设截水环，其与坝下埋管类似。

3. 洞顶以上填土厚度要求

一般应不小于1.0m，对于有衬砌的渠道，也不应小于0.5m，以保证洞身具有良好的工作条件。

4. 无压涵洞洞内净空高度、面积要求

一般对于圆涵和拱涵，净空高度应大于或等于洞高的1/4倍；对于箱涵和盖板涵，应不小于洞高的1/6倍。

净空面积应不小于涵洞断面的10%～30%为宜。

7.3.3.3 涵洞的基础

圆涵基础一般采用混凝土或浆砌石管座，管座顶部的弧形部分与管体底部形状吻合，其包角$2\alpha_{\phi}$一般为90°～135°。对于良好地基上小直径圆涵，可直接采用素土平基或弧形土基铺管。

岩基上的圆涵基础可参考坝下埋管选用。

箱涵和拱涵在岩基上只需将基面整平即可；对于在压缩性小的土层上，只需采用素土或三合土夯实；软基上，通常用碎石垫层。

寒冷地区的涵洞，其基础应埋于冰冻层以下0.3～0.5m。

7.3.4 涵洞的布置和水力计算

7.3.4.1 涵洞的布置

涵洞的布置任务是选定涵址、洞轴线位置及洞底高程。布置时应根据地形、地质和水流条件等因素综合考虑，达到水流平顺、技术经济合理、安全可靠的要求，为此应注意以下几点要求：

（1）地质条件良好。涵洞轴线应选在地基较均匀、承载力较大的地段，避免沿洞轴因不均匀沉降而导致洞身断裂破坏。当受到地形等条件限制，必须在软基上建造时，应采取必要的加固措施。

（2）洞轴线合理。洞轴线应尽量与渠堤或道路正交，缩短洞身长度，并尽量与来水方向一致，以保证水流顺畅。

（3）洞底高程及纵坡。洞底高程可等于或接近原水道底部高程，纵坡应等于或略大于原水道底坡，一般采用1%～3%。

（4）洞顶填土厚度。渠下涵洞，对于有衬砌的渠底，洞顶应至少低于衬砌底10cm；路下涵洞，洞顶以上填土厚至少100cm。

7.3.4.2 涵洞的水力计算

涵洞水力计算的任务是选择洞身断面型式、尺寸及出口水流衔接计算。合理确定涵洞的设计流量，是水力计算的前提。而判断洞内水流流态是进行过水能力计算的关键。

涵洞的水流流态可能为无压流、半有压流或有压流。在工程实际中，多数情况下采用无压流，无压涵洞具有水头损失较小，上游水位壅高较低；出口流速较低，下游消能防冲简单；洞内有自由水面，防渗要求较低等优点。只有在特殊情况下，才采用有压流，其工作条件与倒虹吸管相似。半有压流易产生不稳定流态，应尽量避免使用。

无压涵洞根据底坡大小，可分为陡坡（$i>i_k$）涵洞与缓坡（$i<i_k$）涵洞两种。无压涵洞的水流现象较复杂，洞内水面曲线及流态变化各异，试验研究表明，对于进出口型式、洞长、纵坡、洞身断面型式与材料及孔径尺寸已确定的涵洞，洞中的水流现象主要取决于

上下游水位。这里仅重点讨论工程中常见的两种典型情况。

1. 自由出流的陡坡涵洞

当 $i>i_k$，且下游水位低于涵洞出口临界水深水面时，水流保持急流状态出洞，下游水位不影响泄流能力时，为自由出流情况。多数排水涵洞采用之。

2. 淹没出流的缓坡涵洞

大多数渠道输水涵洞，当 $i<i_k$，且下游水位高于涵洞出口临界水深水面，洞内水流为缓流，下游水位影响泄流能力时，为淹没出流情况。

渠系上的输水涵洞，一般均设计成无压涵洞。涵洞设计流量及加大流量采用渠道设计流量、加大流量。当洞身较长时可按明渠均匀流计算通过设计流量时所需的尺寸，并验算加大流量时，涵内净空高度是否满足要求，具体计算方法可参考渡槽的水力计算。当洞身较短（小于渠道设计水深的10倍）时，洞内难以形成均匀流，可根据拟定的洞身断面尺寸和纵坡，计算洞内水面线和进口段水面降落值，进而确定洞身和进出口渐变段的高度，并验算通过加大流量时洞内净空高度是否满足要求。

对于填方渠道或公路下的排洪涵洞，可以设计成无压的、半有压的或有压的，设计流量和下游水位是已知的，其上游水位若无控制要求，则是未知的。洞身断面选的大，上游水位就低些，断面选的小，上游水位就高些。应通过技术经济比较来确定。

7.3.5 涵洞的结构计算

1. 涵洞上的作用（荷载）

（1）永久作用。一般包括涵洞自重，填土压力（垂直土压力和水平土压力）等。

（2）可变作用。一般包括洞内外水压力，人群荷载，车辆荷载等。

（3）偶然作用。一般指地震力，对于中小型工程一般不考虑此项作用。

2. 作用（荷载）的计算

其荷载计算可参考倒虹吸管与坝下埋管的有关内容。

3. 作用（荷载）效应组合

应根据结构不同的设计状况进行承载力极限状态设计，其作用效应组合即基本组合和偶然组合；并根据需要进行正常使用极限状态设计，其作用效应组合，即短期组合和长期组合。

4. 结构计算

涵洞的进出口结构计算与其型式及构造有关，一般按挡土墙计算。

涵洞洞身的结构计算，应与其结构形式、工作条件、构造等相适应，圆形管涵、箱形涵洞及拱形涵洞等的受力分析、计算简图及内力计算等的具体计算方法，可参考土坝坝下埋管和倒虹吸管，或渠系建筑物丛书《涵洞》分册。

7.4 跌水与陡坡

当渠道通过地面坡度过陡的地段或陡坎时，往往将水流的落差集中，并修建建筑物连接上下游渠道，以减少渠道的挖填方量并有利于下级渠道分水，使总体造价最低，这种建筑物称为落差建筑物。

常见的落差建筑物有跌水、陡坡两种。其不仅用于调节渠道纵坡，还可用于渠道上分水、排洪、泄水和退水建筑物中。

水流呈自由抛射状态跌落于下游消力池的落差建筑物叫跌水；水流沿着底坡大于临界坡的明渠陡槽呈急流而下的落差建筑物叫陡坡。

落差建筑物常用的建筑材料有砖、石、混凝土和钢筋混凝土。

其水力计算主要内容包括控制缺口水力计算按有关堰流计算，消能防冲按底流式计算。

7.4.1　跌水

跌水的上下游渠底高差称为跌差。跌差小于 5m 时布置成单级跌水，跌差超过 5m 时布置成多级跌水，常采用等落差布置，每级跌差控制在 3～5m。跌差可根据建筑材料及单宽流量选取。单级跌水由进口连接段、跌水口、跌水墙、消力池和出口连接段组成，如图 7.64 所示。

1. 进口连接段

进口连接段由翼墙和防冲式铺盖组成。其作用是平顺水流、防渗及防冲。翼墙的型式有扭曲面、八字墙、圆锥形等，其中扭曲面翼墙的水流条件较好。

连接段长度 L 与上游渠底宽 B 和水深 H 的比值（B/H）有关，当 $B/H\leqslant1.5\sim2.0$ 时，$L\leqslant(2.0\sim2.5)H$；当 $B/H=2.1\sim3.5$ 时，$L=(2.6\sim3.5)H$；当 $B/H>3.5$ 时，L 视具体情况适当加大，使连接段底边线与渠道中线夹角 α 不超过 45°，如图 7.65 所示。铺盖长度一般为（2～3）H。铺盖表面应加砌石防护，以防水流冲刷。

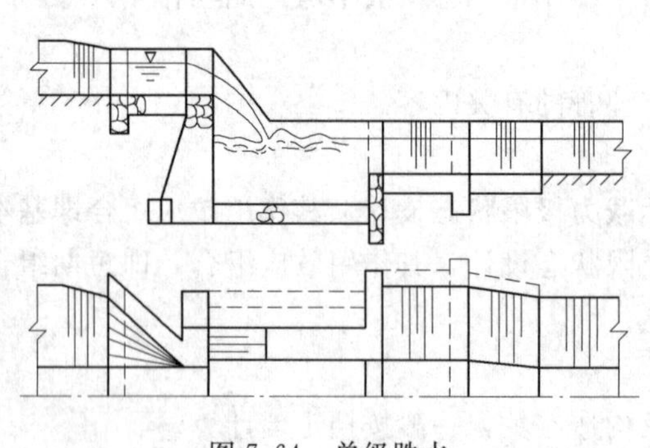

图 7.64　单级跌水

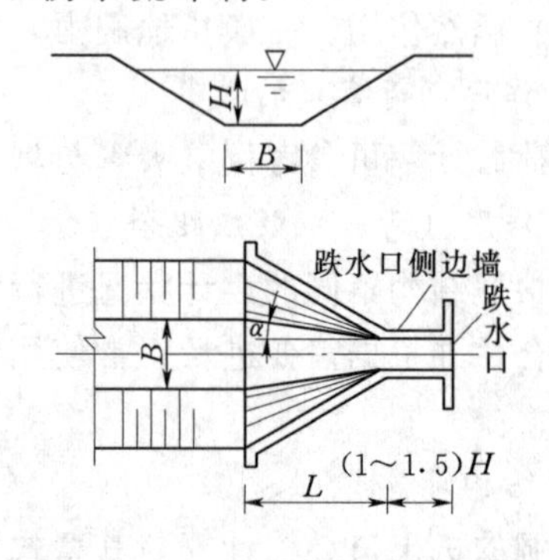

图 7.65　进口连接段

2. 跌水口

跌水口亦称控制缺口，其作用是控制上游渠道水面线在各种流量下不会产生壅高或降低。跌水口是设计跌水和陡坡的关键。常将跌水口横断面缩窄成缺口，减小水流的过水断面，以保持上游渠道要求的正常水深。缺口型式有矩形、梯形、抬堰式，如图 7.66 所示。

(1) 矩形跌水口。跌水口底部高程与上游渠底相同。缺口宽度设计按通过设计流量时，跌水口前的水深与渠道水深相近的条件控制。其优点是结构简单，施工方便。缺点是

在流量大于或小于设计流量时，上游水位将产生壅高或降落，单宽流量大、水流扩散条件不好时对下游消能不利。矩形跌水口适用于渠道流量变化不大的情况，如图 7.66 (a) 所示。

(2) 梯形跌水口。跌水口底部高程与上游渠底相同，两侧为斜坡。按两个特征流量设计缺口断面尺寸，使上游渠道不致产生过大的壅水和降落现象。其单宽流量较矩形跌水口小，减小了对下游渠道的冲刷。梯形跌水口适用于流量变化较大或较频繁的情况，如图 7.66 (b) 所示。

梯形跌水口的单宽流量仍较大，水流较集中，造成下游消能困难。当渠道流量较大时，常用隔墙将缺口分成几部分，减小对下游的冲刷。

(3) 抬堰式跌水口。在跌水口底部作一抬堰，其宽度与渠底相等。常做成无缺口抬堰 [图 7.66 (c)] 或做成带矩形小缺口抬堰 [图 7.66 (d)]。前者能保持通过设计流量时，使跌水口前水深等于渠道正常水深。但通过小流量时，渠道水位将产生壅高或降低，同时抬堰前易造成淤积，适用于含沙量不大的渠道。后者避免了淤积问题。

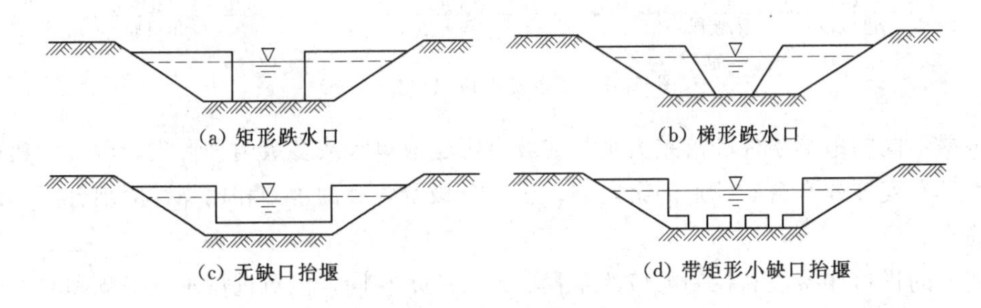

图 7.66 跌水型式

陡坡的控制缺口单宽流量 q_k 与上游单宽流量 q_0 的比值维持在的 1.3～1.6 范围，可避免控制缺口单宽流量较大引起的下游冲刷。

3. 跌水墙

跌水墙有直墙和倾斜墙两种。常采用重力式挡土墙。由于跌水墙插入两岸，其两侧有侧墙支撑，稳定性较好。设计时，常按重力式挡土墙设计，但考虑到侧墙的支撑作用，也可按梁板结构计算。在可压缩性的地基上，跌水墙与侧墙间常设沉降缝。在沉降量小的地基上，可将两者做成整体结构。

为防止上游渠道渗漏而引起下游的地下水位抬高，减小对消力池底板等的渗透压力，应做好防渗排水设施。设置排水管道时，应与下游渠道相连。

4. 消力池

跌水墙下设消力池，使下泄水流形成底流式消能，设计原理同水闸，其长度尚应计入水流跌落到池底的水平距离。

5. 出口连接段

出口连接段包括海漫、防冲槽、护坡等。其作用是消除余能，调整流速分布，使水流平顺进入渠道，保护渠道免受冲刷。出口连接段长度大于进口连接段。消力池末端常用 1∶2 或 1∶3 的反坡与下游渠底相连，水平扩散角度一般采用 30°～45°。

7.4.2 陡坡

陡坡由进口连接段、控制缺口（或闸室段）、陡坡段、消力池和出口连接段组成，如图 7.67 所示。

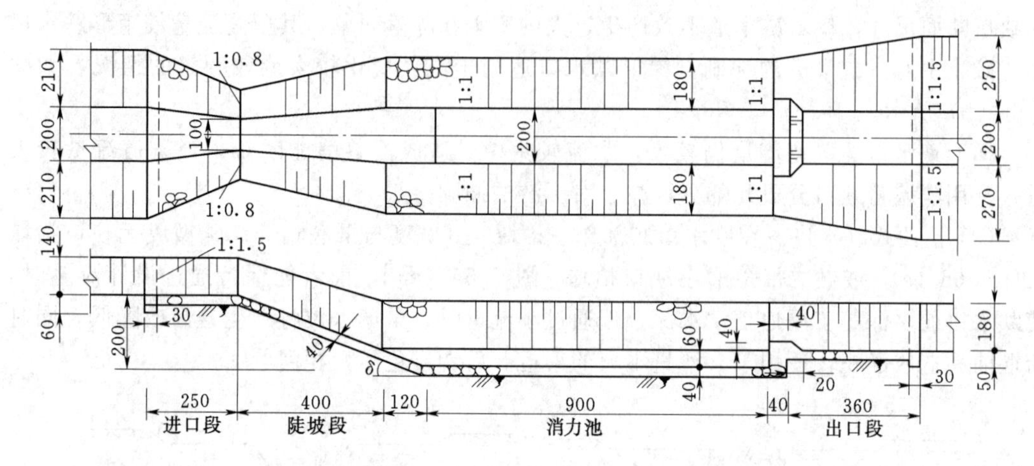

图 7.67 扩散陡坡段（单位：cm）

根据不同的地形条件和落差大小，陡坡也可建成单级或多级两种形式。后者多建在落差较大且有变坡或有台阶地形的渠段上。至于分级及各级的落差和比降，应结合实际地形情况确定。

陡坡的进口连接段和控制缺口的布置形式与跌水相同，但对进口水流平顺和对称的要求比跌水更严，以使下泄水流平稳、对称且均匀地扩散，为下游消能创造良好条件。由于陡坡段水流速度较高，若其进口及陡坡段布置不当，将产生冲击波致使水流翻墙和气蚀等。

陡坡的控制缺口常利用闸门控制水位及流量，如图 7.68 所示。其优点是既能排沙又能保证下泄水流平稳、对称且均匀地扩散。陡坡与桥相结合时把控制缺口设计成闸往往是比较经济的。

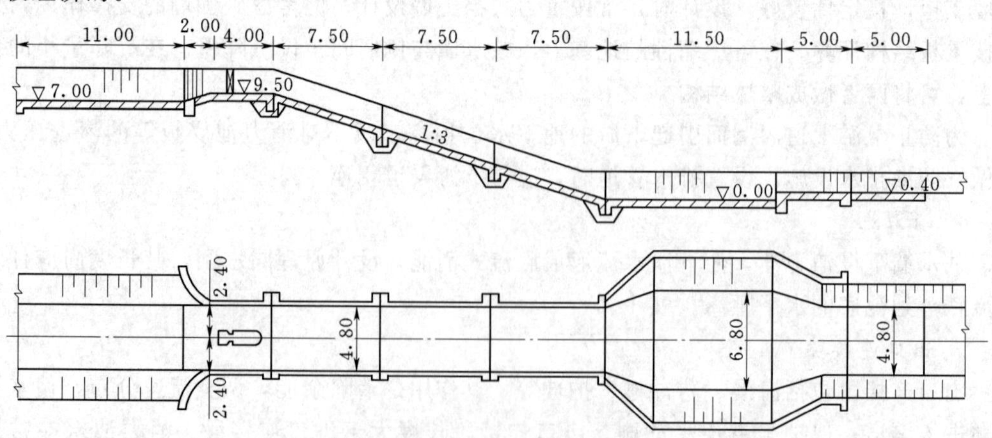

图 7.68 有闸控制的陡坡

7.4.2.1 陡坡段的布置

在平面上应采用直线布置，陡坡底可做成等宽的、底宽扩散形或菱形三种。等底宽优点是结构简单，其缺点是对消能不利，一般适用于落差较小的小型陡坡。就消能而言，扩散形或菱形陡坡较为有利。横断面常做成梯形或矩形。

(1) 扩散形陡坡。如图 7.67 所示，扩散形陡坡的布置主要决定于比降和扩散角。当落差一定时，比降（$\tan\delta$）越大则底坡越陡，工程量越小。因此，工程中多采用较大的比降，一般为 1∶3～1∶10。在土基上修建陡坡时，其最大倾角 δ 不能超过饱和土的内摩擦角 ϕ（$\tan\delta<\tan\phi$）以保证工程安全。土基上的陡坡，单宽流量不能太大，当落差不大时，多从控制缺口处起就采用扩散形式。平面扩散角可按下式估算：

$$\tan\theta=1.02\left[K/\sqrt[9]{P^2/(Q^2\tan^2\delta)}\right] \tag{7.34}$$

式中 P——落差，m；

Q——陡坡设计流量，m^3/s；

K——陡坡扩散系数，$K=0.8\sim0.9$，K 与 $\tan\delta$ 成反比，$\tan\delta$ 大时取小值，反之取大值。

式 (7.34) 适用范围为 $P=0.5\sim10m$，$\tan\delta=1/5\sim1/1.5$。

根据经验，扩散角值一般为 5°～7°。

(2) 菱形陡坡。菱形陡坡的布置是上部扩散，下部收缩，在平面上呈菱形，如图 7.69 所示，并在收缩段的边坡上设置导流肋。这种布置能使水跃前后的水面宽度一致，两侧不产生立轴漩涡，使出口处流速分布均匀，减轻下游的冲刷。一般用于落差在 2～8m 的情况。

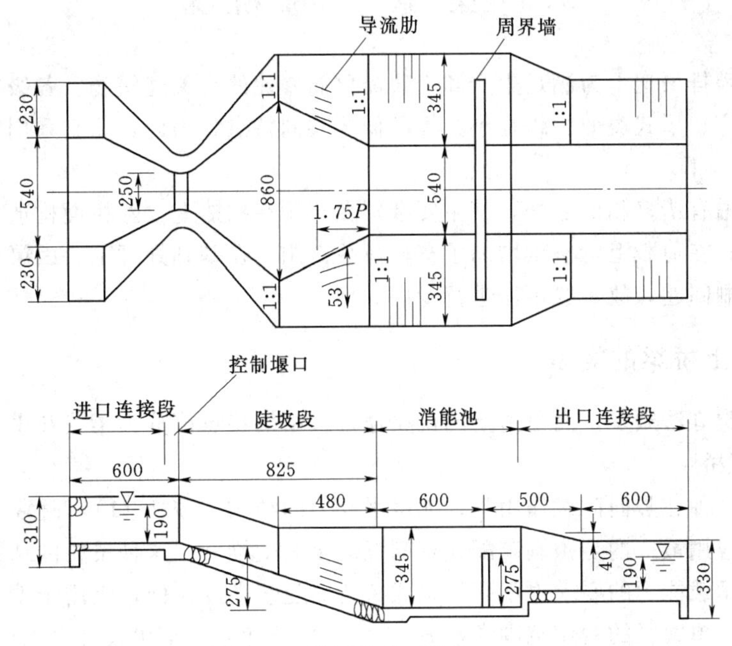

图 7.69 菱形陡坡（单位：cm）

(3) 陡坡段的人工加糙。在陡坡段进行人工加糙后，调整了垂线上的流速分布，增加了紊流层，降低流速，增加水头损失，对改善下游流态及消能有明显的作用。其效果与人工加糙的布置形式、尺寸等有密切关系，一般大中型陡坡通过模型试验确定。常见的加糙形式有双人字形槛、交错式矩形糙条、单人字形槛、梅花形布置方墩等，如图7.70所示。

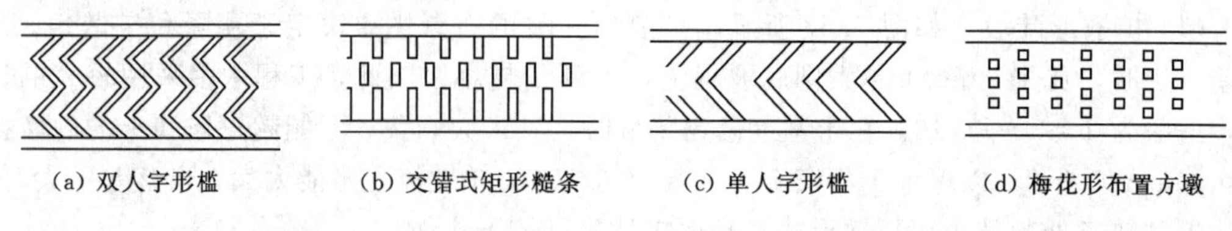

图7.70　人工加糙形式

陡坡段加糙后，促使水流混乱，掺入大量空气，故水深加大，因此，陡槽段的侧墙要相应加高。糙条在高速水流作用下易产生气蚀，糙条应采用耐磨和抗气蚀材料做成。高速水流对糙条产生较大冲击力，糙条应与底板连成整体。

7.4.2.2　消力池及出口连接段

消力池断面常采用梯形，或者低于渠底的部分用矩形，高于渠底部分用梯形。为了提高消能效果，消力池中常设一些辅助消能工，如消力齿、消力墩、消力肋及尾槛等。

出口段采用反坡调整流速分布效果比较好，反坡可用1∶2～1∶3。若消力池断面大于下游渠道断面，出口衔接段收缩应不小于3∶1。护砌段断面应与下游渠道一致，护砌长度一般为$L=(6\sim15)h''$。

7.5　渠道上的桥梁

桥梁也是灌排渠道上为满足生产和交通需要而修建的交叉建筑物。各级渠道上的桥梁具有量大、面广、形式类似、跨径小、标准低等共同特点，因此，适宜采用定型设计和装配式结构。

桥梁与渡槽有诸多相似之处，其主要区别在于：在构造上，除桥面构造外，其余部分两者基本相同；在荷载上，桥梁增加了车辆荷载作用；在基础处理上，因渠道上的桥墩台基础一般无冲刷问题，故一般不需进行专门处理。

7.5.1　渠道上桥梁的类型

桥梁的分类方法颇多，而渠道上的桥梁通常按结构特点可分为梁式和拱式两种类型。

7.5.1.1　梁式桥

梁式桥是一种在竖向荷载作用下，无水平反力的结构（图7.71），通常采用钢筋混凝土建造。目前应用最广的是预制装配式钢筋混凝土简支梁桥。这种梁桥的结构简单，施工方便，对地基承载能力的要求也不高。梁式桥桥面建筑高度较低，宜用于填方渠道以减缓桥头引道坡度，单跨径的适用范围常在8～13m，桥下净空应高出设计高水位0.5m。

7.5.1.2　拱式桥

拱式桥的主要承重结构是拱圈或拱肋，这种结构在竖向荷载作用下，桥墩或桥台将承

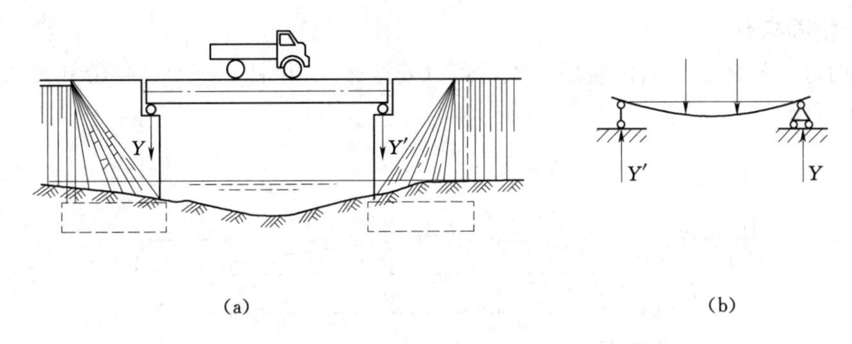

图 7.71 梁式桥

受水平推力，如图 7.72 所示。拱桥的承重结构以受压为主，通常采用圬工材料（如砖、石、混凝土）和钢筋混凝土来建造。因其桥面建筑高度较高，故适用于挖方渠段，桥下净空应高出设计高水位 1.0m。

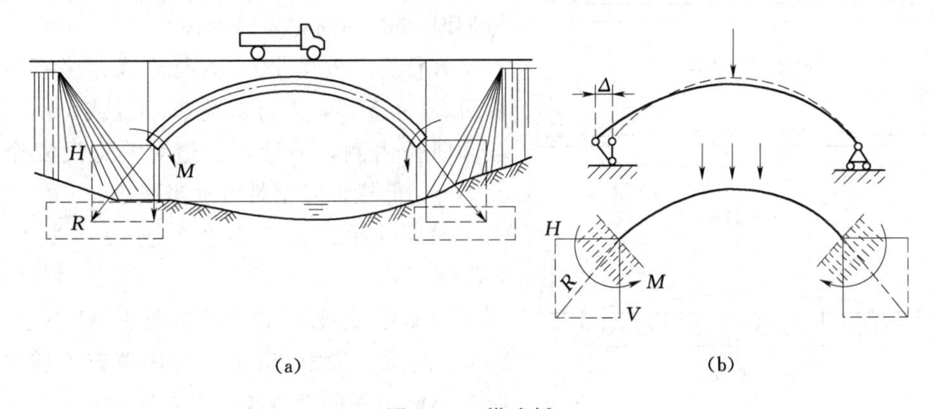

图 7.72 拱式桥

按荷载等级可分为农村交通桥及低标准公路桥两种类型。农村交通桥是供行人及牛马车、小四轮拖拉机或机耕拖拉机行驶的桥梁。低标准公路桥，一般为县与县或县与乡镇之间的公路桥梁。

7.5.2 桥面净宽与桥面构造

桥面是直接承受各种荷载的部分。

7.5.2.1 桥面净宽

桥面净宽应根据使用要求而定，主要取决于行车和行人的需要。

（1）生产桥。桥面净宽一般为 2.0～2.5m，满足人群、牛群、小四轮拖拉机、牛马车等。

（2）拖拉机桥。桥面净宽 3.5～4.5m，满足通行红旗-80 型拖拉机及东方红-54 型拖拉机，或轻型农用汽车。

（3）公路桥。单车道桥面净宽 4.5m，双车道取 7m。

在我国正式公路线以外的农村道路上，修建的简易公路桥桥面净宽 4.5m，不设人行道，两侧设路缘石和栏杆，其设计标准（包括荷载标准）常低于正规公路桥。

7.5.2.2 桥面构造

桥面构造一般包括桥面铺装层、人行道（安全带）、栏杆、扶手、接缝和排水设施等，如图 7.73 所示。

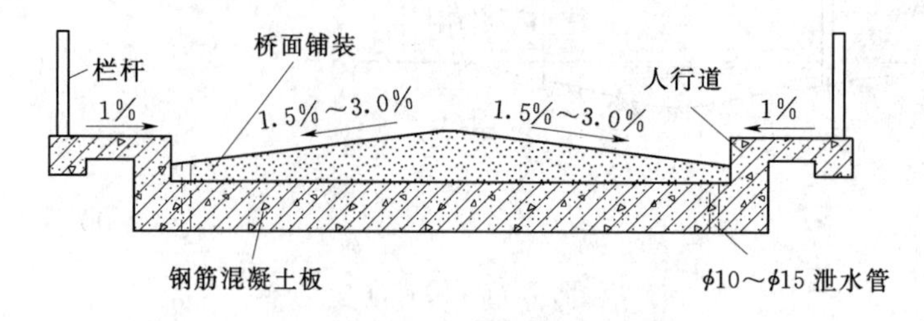

图 7.73 桥面构造示意图

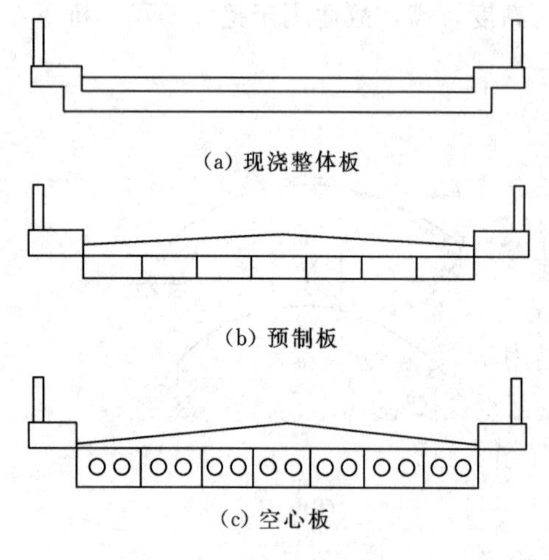

图 7.74 梁式桥的横断面

桥面铺装：常用厚 5～8cm 的混凝土（磨耗层 2cm），或厚 15～20cm 的泥结碎石，必要时另加厚 2cm 的沥青表面处理。

人行道（安全带）：人行道或路缘石应高出桥面 20～25cm，人行道宽 0.75m 或 1m，1%横坡倾向桥内侧，不设人行道时，需设安全带宽 0.25m，低栏杆安全带可适当减小。

栏杆扶手：栏杆高 0.5 或 1m，栏杆间距 1.5～2.5m。

伸缩缝或变形缝：缝间距一般小于 20～30m，缝宽一般为 20mm，缝内填充不透水且适应变形能力强的沥青胶泥等塑性材料。

排水设施：为便于排水，桥面一般做成 1.5%～3.0%横坡，并在行车道两侧设 ϕ150～ϕ200mm 的排水孔；桥长小于 50m 时，可以不设排水孔，而在桥头引道两侧设排水沟。

7.5.3 钢筋混凝土梁式桥

梁式桥按行车道板横断面的形状可分为板桥和梁桥。一般采用钢筋混凝土结构，可采用现浇或预制装配施工；按支承形式，可分为简支梁、双悬臂梁和连续梁等型式。

板桥适用于小跨径桥梁，按其施工方法可分为现浇整体式板桥和装配式板桥两种。现浇整体式板桥具有整体性好，横向刚度大，而其施工进度慢，模板及临时支架耗费木材较多。装配式板桥采用预制安装，施工快，但需安装设备，接头构造较复杂。预制板可以采用实心板（跨径小于 6m），也可采用空心板（跨径为 6～13m），如图 7.74 所示。

当跨径大于 8～10m 时，由于板桥自重大，钢筋用量多，吊装困难，宜采用 T 形梁或工字形梁组成行车道板，如图 7.75 (a)、(b) 所示。

7.5.3.1 简支板桥

简支板桥主要用于小跨径桥梁。因其桥面的建筑高度低，故多用于填方渠段可减缓道

路的坡度。

(1) 整体式简支板桥（图 7.76）。其采用现浇施工，跨径小于 6m。行车道板厚一般为板跨的 1/12～1/18，且不小于 10cm，人行道板厚不小于 8cm。

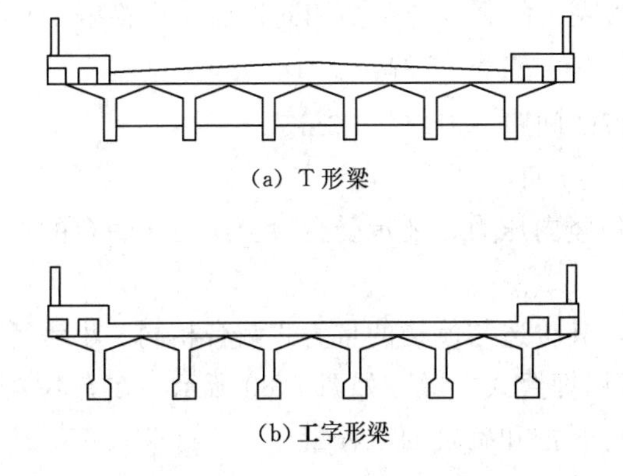

图 7.75 T形梁与工字形梁

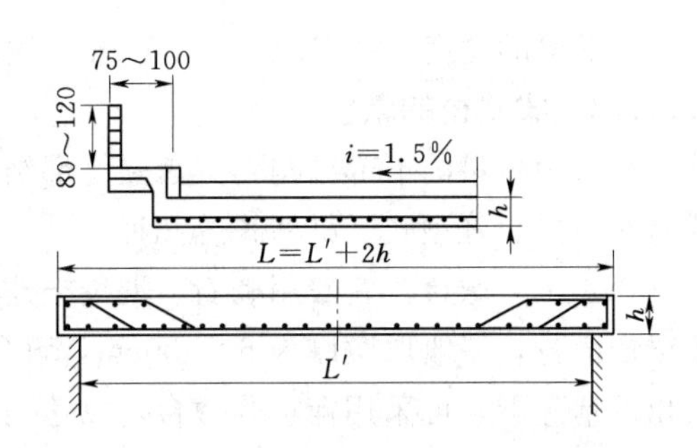

图 7.76 整体简支板桥的纵横剖面（单位：cm）

(2) 装配式简支板桥（图 7.77）。其由若干块预制钢筋混凝土板块铰接而成。相邻板块间设铰联系，以传递剪力，以期达到整体性好，各块件在外荷作用下能共同承受荷载。预制桥面板的尺寸，宜根据运输起吊安装能力确定，宽度一般取 1m 左右。

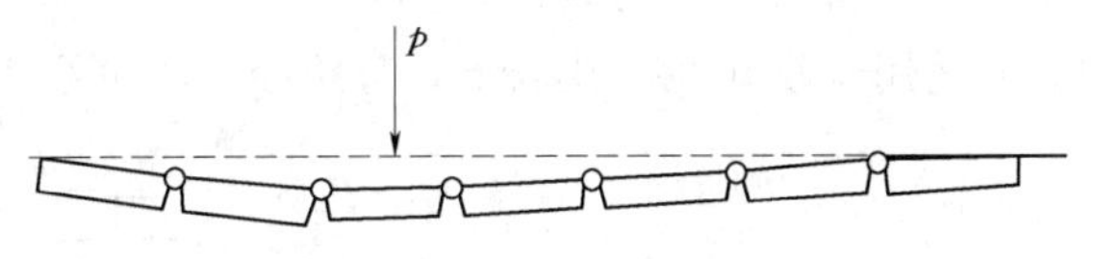

图 7.77 荷载 p 作用下的铰接板

7.5.3.2 简支梁桥

当桥跨径大于 8m，板厚超过 40cm，因自重大做板桥不经济时，宜采用肋形结构的简支梁桥。

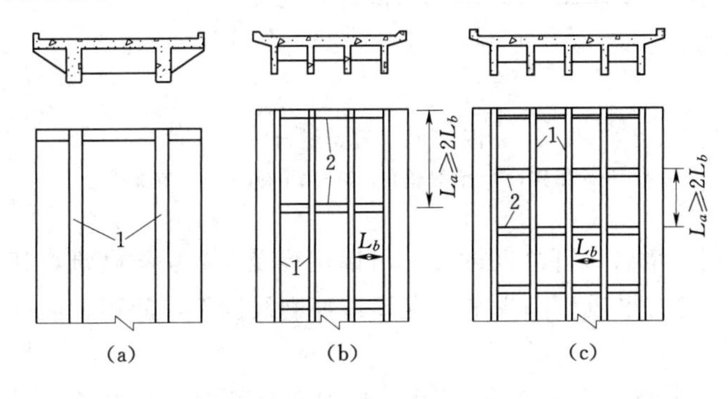

图 7.78 整体式简支梁桥

1—纵梁；2—横梁

(1) 整体式简支梁桥（图 7.78）。其主要承重构件为纵梁。图 7.78（a）为双纵梁结构，适用于桥面净宽 4.5m 左右；图 7.78（b）、（c）为多纵梁结构，适用于桥面净宽较大情况，其纵梁间距 L_b 一般为 2～4m，联系横梁的间距 L_a 为 4～6m。桥面板一般为单向板（$L_a \geqslant 2L_b$）。纵梁高度一般取跨径的 1/8～1/16，宽度一般为梁高的 1/2.5～1/8。横梁在与纵梁相交处的梁高一般不宜小于纵梁高度的 2/3，横梁宽度一般取 15～30cm。桥面板的厚度，可根据车辆荷载等级来选取，一般为 12～20cm。

(2) 装配式简支梁桥。其预制简支梁截面常采用 T 形梁、Ⅱ形梁两种（图 7.79）。经济跨径一般为 6～9m。

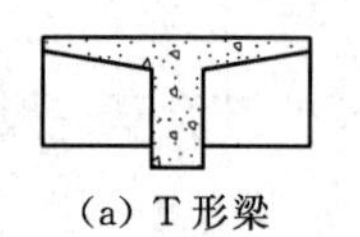

(a) T形梁

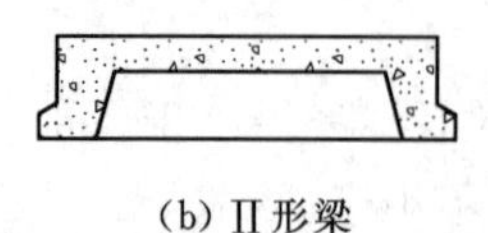

(b) Ⅱ形梁

图 7.79　预制简支梁截面

T形梁高一般取 30～70cm，梁肋宽度一般取 12～18cm，翼板宽度一般为 30～140cm，翼板边缘厚度一般不小于 6cm。横隔板的间距为 2～3m，梁端部横隔板的高度与梁高相同，而跨中横隔板可取梁高的 3/4 或等于梁高。

Ⅱ形梁的宽度，一般取 40～100cm，横隔板的间距一般取 2～3m。

7.5.3.3　梁式桥的墩台

墩台为桥梁的下部结构，其承受上部结构的竖向压力，还承受台后土压力。墩台的形式有重力式、轻型式、桩柱式等几种。

(1) 重力墩台。一般用砌石、混凝土建造，其构造与渡槽的重力式墩台相同。小跨径桥梁的墩身，一般取墩厚为 60～80cm，墩台可用埋置式岸墩，如图 7.80 所示。在有基岩突出的情况下，可采用衡重式墩台，以达到节省开挖和砌筑的工程量。

(2) 轻型墩台。由桥梁上部结构与支撑梁构成的四铰刚构系统，如图 7.81 所示，墩台不仅承受桥面传来的竖向压力，还作为上下端简支的梁板构件，承受台后的水平土压力。其适用于桥孔在三孔以下，且跨径较小（小于 13m）的小型桥梁。

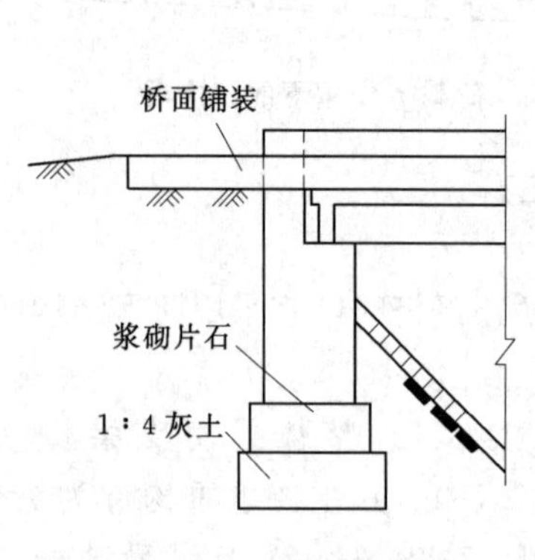

图 7.80　埋置式岸墩

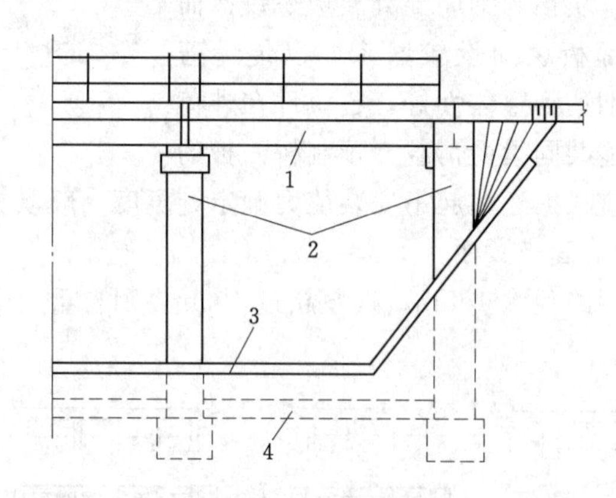

图 7.81　轻型墩台

1—桥跨结构；2—轻型桥台；3—渠道衬砌；4—支撑梁

轻型墩台与桥的上部结构为铰接。墩台底部之间的支撑可以用混凝土或块石砌筑，其截面一般不小于 40cm×40cm，顶面可与渠道衬砌齐平或在渠道冲刷线以下，间距一般为 2～3m。

轻型墩台的水平截面宽度约为台高的 15%～20%。墩台基础埋深要求，当渠道不衬砌时，基础底面应在冰冻层以下 25cm；小桥基础埋深一般不小于 0.5m。

(3) 打入桩墩台。当地基软弱、承载力不足时，可将预制的钢筋混凝土桩击入地基，在桩顶部再浇筑盖梁，桩的截面常采用圆形或矩形，如图 7.82 所示。桩的数量及其入土深度视具体情况而定。

(4) 钻孔桩墩台。其多用于软土地基上的桥梁，桩的直径一般为 0.5～1.5m，桩长一般为 5～24m，其形式常有单柱式和双柱式，如图 7.83 所示。

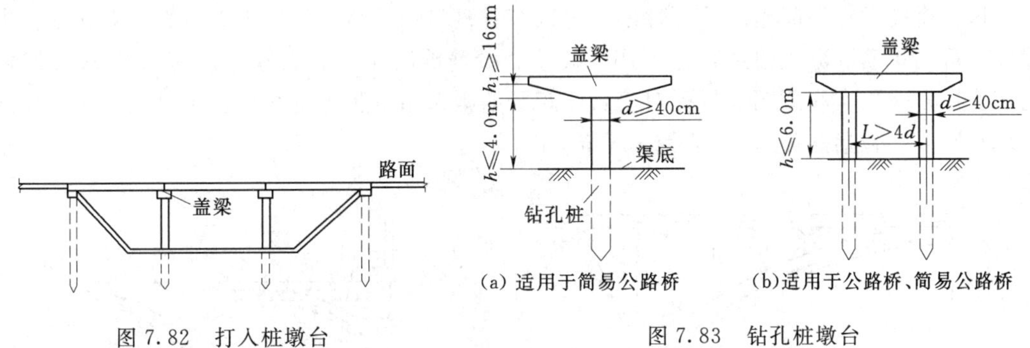

图 7.82 打入桩墩台

图 7.83 钻孔桩墩台

7.5.3.4 梁式桥的支座构造

常用的支座型式有以下几种：

(1) 垫层支座。主要用于跨径在 10m 以内的简支梁桥，其固定端的构造如图 7.84 (a) 所示。其活动端铺垫油毛毡垫层。

(2) 橡胶支座。一般采用橡胶内夹数层钢板，其对支座转动和位移适应性较好，可减轻车辆的冲击作用；构造简单，安装方便；容许最大温差为±35℃的上部结构变形，在平均气温下安装效果较好，可用于跨径在 20m 以内梁式桥，如图 7.84 (b) 所示。

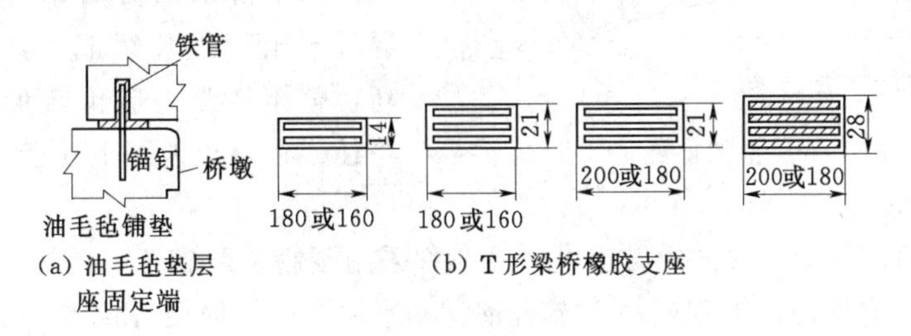

图 7.84 梁式桥的支座构造（单位：mm）

(3) 平面钢板支座。适用于跨径在 12～15m 的梁式桥。

(4) 切线式支座。又称弧形钢板支座，适用于跨径在 13～20m 的梁式桥。

7.5.4 拱桥简介

近 20 年来，拱桥在结构型式上有较大的发展，如双曲拱桥、桁架拱桥、三铰拱桥、微弯板坦肋拱桥等。拱式桥适于修建在挖方渠段上、对地基的要求较梁式桥高。

7.5.4.1 几种常见的拱桥

1. 石拱桥

其具有构造简单、承载潜力大、可就地取材、施工方便、经久耐用、养护费用低等优点，在石料丰富地区应优先采用。

小跨径（小于 15m）拱圈通常采用实腹式圆弧拱，矢跨比为 1/2～1/6。大中跨径拱圈，可采用空腹式的等截面或变截面悬链线拱，矢跨比为 1/4～1/8。主拱圈在坚固的岩基情况下，采用无铰拱；在非岩基或承载力较低的岩基情况下，采用两铰拱。

2. 双曲拱桥（图 7.85）

这种桥能发挥混凝土的抗压性能，可以节省钢材和木材，但圬工量较大，对地基要求较高。可用钢筋混凝土建造，也可用混凝土、少筋混凝土、砖石建造。跨径在 20m 以内的双曲拱多采用实腹式圆弧拱；对于大中跨径的则采用空腹悬链线拱。主拱圈及腹拱顶部的填料厚度（包括路面），一般为 30～50cm。

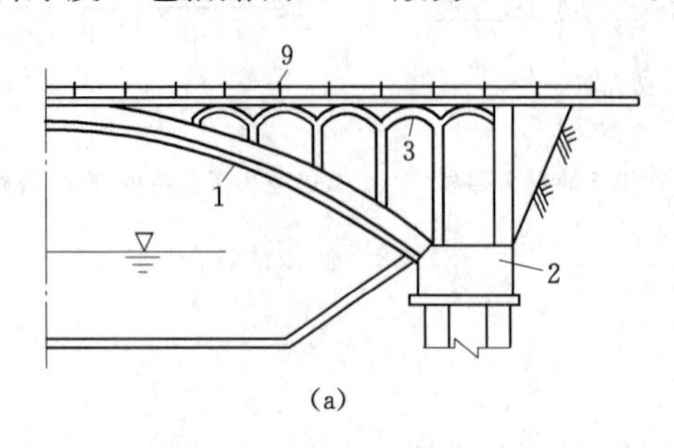

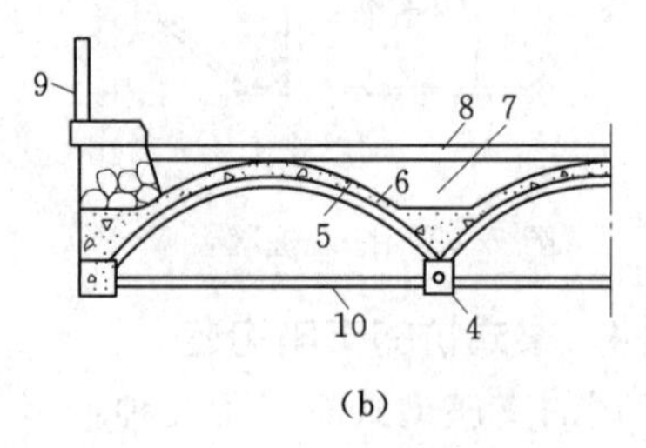

图 7.85　双曲拱桥

1—主拱圈；2—井柱桥台；3—两铰腹拱；4—拱肋；5—预制拱波；6—现浇拱板；7—填料；8—路面；9—栏杆；10—横系杆

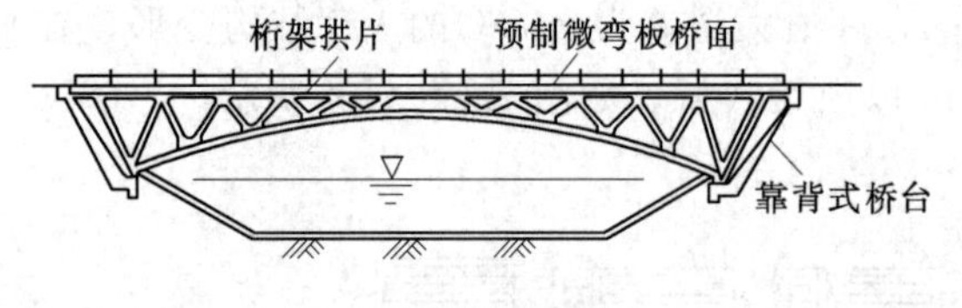

图 7.86　桁架拱桥

3. 桁架拱桥（图 7.86）

桁架桥拱的受力结构由预制的钢筋混凝土桁架拱片组成。其特点是结构轻巧，整体性强、造价较低，能适应较大跨径或在软土地基上建造。

4. 三铰拱桥

其常用于单跨为 6～12m 的渠道上，一般都采用预制装配施工，跨径较大的可采用现浇施工。其具有构件轻、工程量小、节省钢材和水泥、施工简便等优点。拱圈顶设铰，对地基变形的适应性较好。

（1）装配式三铰拱桥（图 7.87）。其跨径小于 3m 时，拱片可用混凝土预制；跨径 3～

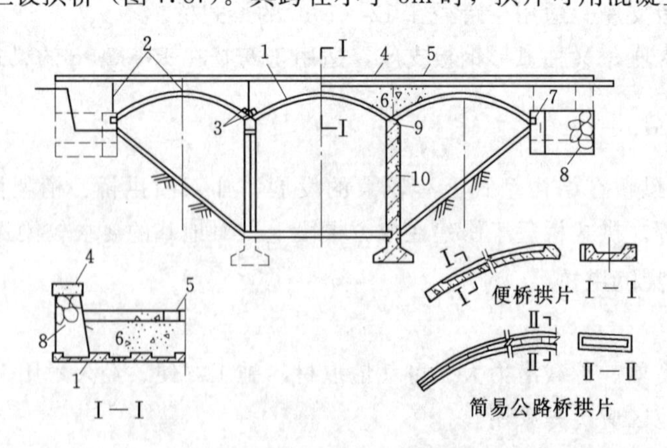

图 7.87　装配式三铰拱桥

1—钢筋混凝土拱片；2—变形缝；3—排水孔；4—混凝土桥石；5—桥面铺装；6—素土夯实；7—混凝土拱座；8—水泥砂浆片石；9—带有拱座的排架横梁；10—钢筋混凝土排架

9m时，拱片用钢筋混凝土预制。拱圈（片）矢跨比常采用1/6～1/8。简易公路桥拱片厚度为10～15cm；公路桥拱片厚度为15～18cm。拱上填土必须夯实，厚度不小于30cm。当桥为多跨时，要求各跨跨径相等并外形对称。一般单跨跨径不大于7m，且以不超过三跨为宜。

（2）现浇微弯板三铰拱桥（图7.88）。当桥跨大于10m时，在挖方渠道上利用土模现浇三铰微弯板。拱圈采用悬链线型，矢跨比为1/5～1/8。拱波的矢跨比较小，常用1/10～1/15。微弯板净宽为80～160cm。

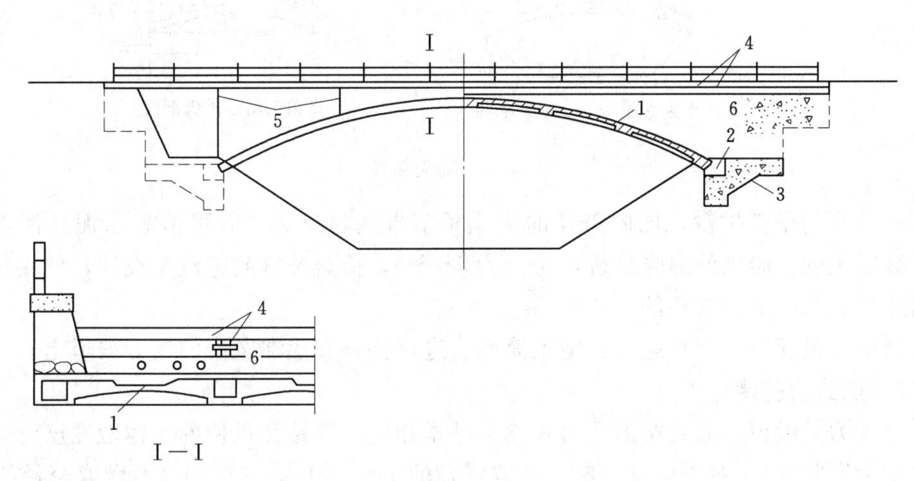

图7.88 微弯板三铰拱桥

1—现浇微弯板拱；2—混凝土拱座；3—混凝土桥台；4—桥面铺装；5—变形缝；6—素土夯实

5. 双铰坦拱桥（图7.89）

此种桥是用拱板作为主拱圈，两端拱脚处为铰接，矢跨比为1/8～1/12，常采用1/10，其适宜的跨径为12～25m。拱板可利用土模现浇施工，拱座采用重力式桥台，比混凝土双曲拱桥或梁式桥经济，钢材及混凝土的用量较少，适于修建在砂砾石及沙质土等较密实的地基上。

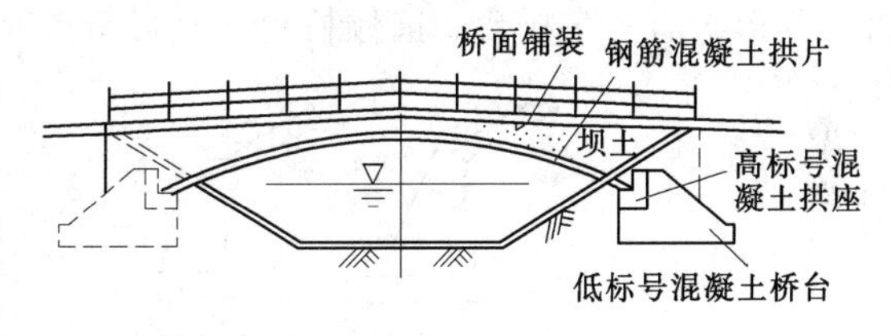

图7.89 双铰坦拱桥

6. 微弯板坦肋拱桥（图7.90）

此种桥是由矢跨比较小的预制矩形断面拱肋和预制少筋微弯板组成的。板与肋之间用预留钢筋连接浇二期混凝土，形成整体的拱圈。因矢跨比小，建筑高度低，适合建在宽浅渠道上。桥的上部结构为预制件，含筋率较大，便于无支架吊装施工。其用钢量介于梁式桥与双曲拱、微弯板三铰拱桥之间，而其上部结构的混凝土用量低于双曲拱桥，与微弯板三铰拱桥接近。其拱圈为无铰拱受力状

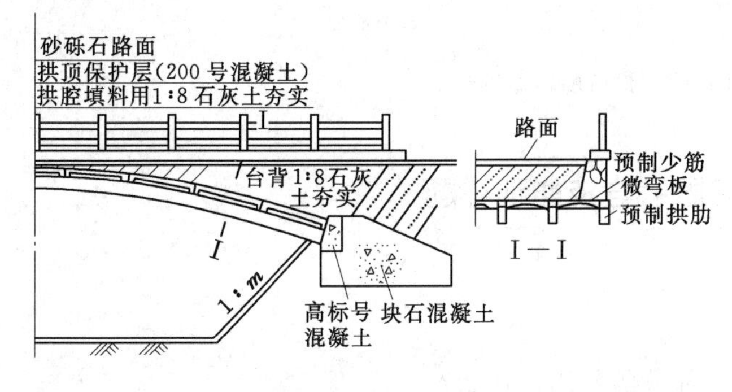

图7.90 微弯板坦肋拱桥

态，对桥台的安全要求高，故宜建在承载力较高的砂砾土地基上。

7. 扁壳拱桥（图7.91）

此种桥属空间薄壳结构。已建成的钢筋混凝土扁壳拱桥有单跨、双跨、三跨的，跨径最大为15～20m，最大荷载为汽-15。纵横向矢跨比通常是相等的，为1/10～1/12。

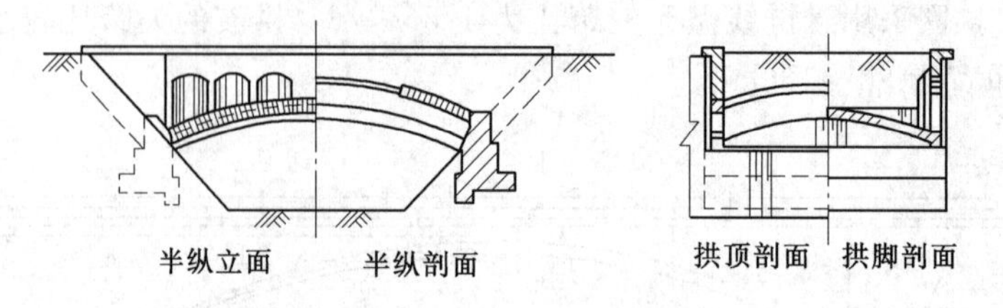

图7.91　扁壳拱桥

15m跨径的扁壳拱桥，比同跨径的梁式桥节省钢材显著，并可节省水泥。河南省曾修建了混凝土的和砖砌的扁壳拱桥，跨径为5～8m，荷载按解放牌汽车设计，使用情况良好，而造价仅为同类板拱桥的1/3～1/4。

其利用土模现浇（砌）施工，施工简便、进度快，宜建在宽浅的挖方渠道上。

7.5.4.2　拱式桥的墩台

（1）重力式墩台与梁式桥的重力式墩台基本相同。等跨径拱桥的实体墩宽度（永久荷载单向推力墩除外），对于混凝土墩一般取跨径的1/15～1/25；对于砌石墩取跨径的1/10～1/20，且不小于80cm。墩身向下放大的边坡为20：1～30：1。

（2）轻型桥台，如图7.92所示。其跨径在16m以下的圬工拱桥，一般可采用轻型桥台。其形式有一字桥台、前倾桥台、Ⅱ形桥台、U形桥台、E形桥台等。

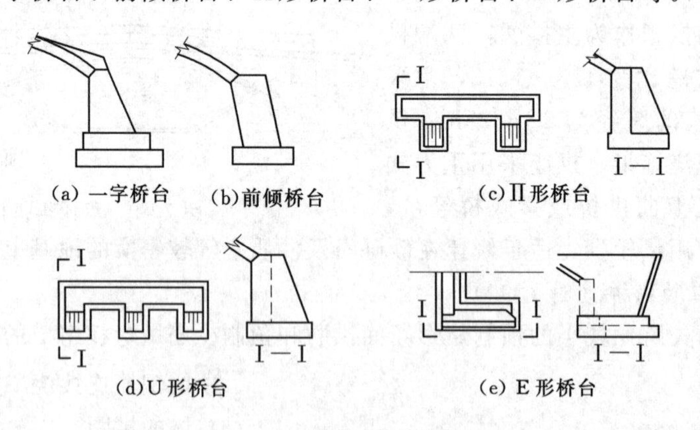

图7.92　拱桥的轻型桥台

复习思考与技能训练题

一、渡槽

1. 渡槽的适用条件是什么？

2. 渡槽一般由哪几部分组成？各部分的作用是什么？

3. 槽址选择和总体布置时应考虑哪些因素？
4. 梁式渡槽有何特点？选择的原则是什么？
5. 槽底纵坡 i 的大小对过水断面有何影响？如何选择？
6. 渡槽横断面有哪几种形状？各自的优缺点及适用条件是什么？
7. 为什么槽底进口通常抬高，出口降低？
8. 梁式渡槽根据支点位置不同，可分为哪几种形式？各自的优缺点是什么？
9. 如何建立无拉杆矩形槽的计算简图？侧墙和底板配筋计算的控制条件是什么？
10. 有拉杆矩形槽横向计算的关键是什么？其计算简图如何建立？
11. 渡槽常用基础的种类、传力特点及适用范围是什么？
12. 拱式渡槽主拱圈的形式有哪几种？构造上各有何要求？
13. 槽身止水有哪些常用型式？
14. 某矩形槽横断面尺寸如图 7.93 所示。

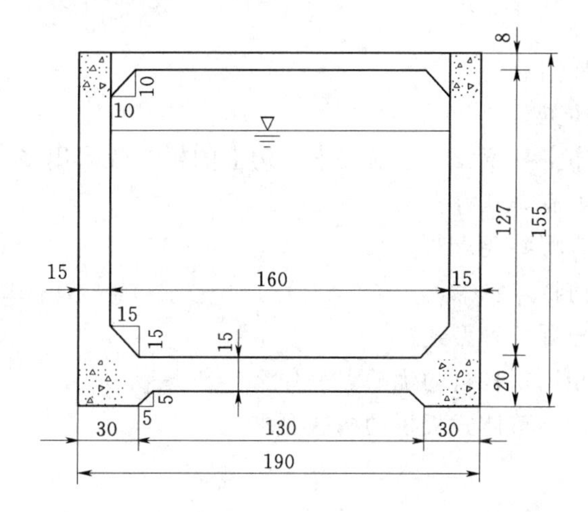

图 7.93 某矩形槽横断面尺寸（单位：cm）

已知：槽内设计水深 h=1.00m，加大水深 h=1.27m，采用钢筋混凝土结构。试进行槽身的横向结构计算。

二、倒虹吸管

1. 倒虹吸管与渡槽相比，各有何优缺点？
2. 倒虹吸管一般由哪几部分组成？各部分的作用是什么？
3. 倒虹吸管管路布置通常有哪几种形式？各自的适用条件是什么？
4. 倒虹吸管管身断面形状通常有哪几种？各自的适用条件是什么？
5. 倒虹吸管进口段如何布置？进水口有哪几种形式？
6. 如何确定倒虹吸管的横断面尺寸？
7. 如何验算倒虹吸管的输水能力？
8. 如何计算倒虹吸管的水头损失？试用公式说明？

三、涵洞

1. 涵洞有哪几种类型？各自适用条件是什么？洞型选择的主要依据是什么？

2. 涵洞水流形态有哪几种？如何避免产生不稳定流态？

3. 涵洞布置时，应注意什么问题？

4. 涵洞进出口型式通常有哪几种？各自的适用条件是什么？

5. 涵洞上的作用通常有哪些？其与倒虹吸管有何异同点？

6. 管涵有几种铺设方式？最常用的是哪一种？

7. 拱涵的基础有几种设置形式？

8. 涵洞与坝下涵管有何异同点？

四、跌水与陡坡

1. 跌水与陡坡的适用条件？

2. 如何确定跌水口的形状与尺寸？

3. 如何设计跌水下游的消能设施？

4. 陡坡与跌水的主要区别？

五、桥梁

1. 桥与渡槽有何异同点？

2. 如何确定桥面净宽？

3. 如何确定桥下净空高度？无通航要求渠沟上的桥一般采用多大尺寸？

4. 桥梁荷载及外力有哪几种？

5. 桥面构造一般有哪些要求？

6. 渠系上桥梁有何特点？

7. 梁式桥的支座分哪几种型式？

8. 拱桥与板梁桥相比，各自的优缺点是什么？

9. 试述装配式板桥与整体式板桥的构造要求。

项目8　小型水利枢纽布置及运行管理

8.1　基　本　知　识

8.1.1　小型水利枢纽布置

8.1.1.1　小型水利枢纽布置的任务与原则

水利枢纽中建筑物布置是水利工程设计研究的首要内容。水利枢纽的布置研究要因地制宜、扬长避短、协调紧凑，既要满足枢纽的各项任务和功能的要求，又要适应枢纽工程所在地的自然条件，便于施工布置，有利于节省投资和缩短工期。

1. 枢纽布置的一般原则和要求

枢纽布置就是枢纽中各个水工建筑物的相互位置，是枢纽设计中的一项重要内容，由于这项工作需要考虑的因素多，涉及面广，因此，需要从设计、施工、运行管理、经济等各方面进行全面论证，综合比较，最后从若干个比较方案中选定最好的枢纽布置方案。

（1）枢纽布置的一般原则。

1）坝址、坝型选择和枢纽布置应与施工导流、施工方法和施工期限等结合考虑，要在较顺利的条件下缩短工期。

2）枢纽布置应满足个建筑物在布置上的要求，保证各个建筑物在任何工作条件下都能正常工作。

3）在满足建筑物强度和稳定的条件下，降低枢纽总造价和年运转费用。

4）枢纽中建筑物布置紧凑，尽量将同一工种的建筑物布置在一起，以减少连接建筑。

5）尽可能使部分建筑物早期投产，提前发挥效益（如提前蓄水，早期发电或灌溉）。

6）枢纽的外观应与周围的环境协调，在可能条件下注意美观。

（2）枢纽布置的一般要求。

1）运用条件及技术经济条件。枢纽布置是根据枢纽任务确定枢纽建筑物的组成，并有机而妥当地安排各建筑物的位置、形式和布置尺寸。枢纽中各建筑物的形式与布置尺寸和它们在枢纽中的位置与坝址处的地形、地质、水文等条件有密切的关系。由于自然条件以及枢纽的任务不尽相同，则枢纽布置时要考虑的因素很多，涉及面较广。因此，应深入研究当地条件，并从设计、施工、运行管理、经济等各方面进行全面论证和比较，最后从若干个比较方案中选定最优方案。

（a）运用条件。枢纽建筑物的布置应保证在一般条件下能正常地工作，避免运用时相互干扰。如灌溉取水建筑物应保证在各个时期均能按需要取出灌溉流量；发电取水口应水流平顺，水头损失小，下游尾水平稳；航运建筑物进、出口水流应顺畅、流速小、水位平稳；泄水、排沙、过雨、过木等要能得到合理的解决；溢洪道的布置应保证安全泄洪，上游进口水流平顺，出口能顺利归河。凡要求一定水流条件的建筑物，应采取必要的布置措施来满足有关要求，对于重要工程，应通过模型试验来选定合适的布置方案。此外，枢纽对外和内部交通线路亦应合理布置。

(b) 技术经济条件。枢纽布置应当在技术上可能的条件下，尽量做到经济上最优。在不影响运用条件且不互相矛盾的前提下，尽量使一个建筑物担负多种任务。例如，用一条隧洞做到灌溉与发电相结合；导流与泄水、排沙、放空水库相结合；导流与发电、灌溉相结合等。要减少混凝土建筑物与土坝、岸坡等的接头数目，降低用于边墩、导墙、刺墙等连接建筑物的费用，尽量避免在这些区域内形成集中渗流。应考虑枢纽尽早投入运行或部分提前投入运行的布置方案，使之早日发挥经济效益，相应地降低枢纽造价。总之，在满足建筑物强度、稳定以及运用等要求的前提下，做到枢纽总造价最小，年运行费用最低，具有优越的经济指标。

2) 施工安排及环境影响。

(a) 施工安排。坝址、坝轴线选择和枢纽布置，是与施工导流、施工方法和施工工期等密切相关的。因此，应力求做到以最小的投资在最短时期内顺利完成施工任务。

枢纽布置方案要便于宣泄施工期间的河水流量，施工导流方便，尽可能在洪水季节不中断施工；在有通航、过木等要求的河道上施工时，应尽量不中断相应的运行要求。

妥善地安排并缩短枢纽中各建筑物的施工期限，使建筑物在未完建的情况下能拦蓄部分洪水，使枢纽工程早日投入运行，早日发挥效益。

集中布置同工种建筑物，要便于施工安排与施工管理。

便于布置场内及对外运输路线，要便于施工的顺利进行。

(b) 环境影响。枢纽的布置应考虑并分析研究泄水及取水方式对上游造成的淤积、淹没、浸没、下游河床的演变、水文条件以及水温、水质等的作用和影响；在汛期要充分利用泄水和取水建筑物进行冲沙，以减少水库淤积，延长水库寿命；泄水和取水建筑物要便于配合使用，以减少淹没、浸没损失和防洪投资，改善和提高供水的水质，改善上、下游及附近地区的环境与卫生条件。要美化枢纽周围的环境，以便于发展旅游。

2. 水利枢纽布置的步骤

水利枢纽的布置，一般可按如下步骤进行：

(1) 根据国民经济建设对枢纽提出的要求，并结合枢纽处的地形、地质、水文、气象、建筑材料、交通及施工条件，初步确定枢纽应包括的建筑物，同时初步确定各建筑物的型式和主要尺寸。

(2) 遵循枢纽布置的原则和对各建筑物的要求，研究各建筑物与河流、河岸之间以及各建筑物之间的可能布置位置，根据各种可能的位置编制不同的布置方案与相应的导流方案，绘制相应方案的枢纽布置图，根据建筑物的主要尺寸和地基开挖情况等计算工程量和造价，并编制各参比方案的工程量及技术经济比较表。对某些方案，经过初步分析研究即放弃时，可不必计算其工程量和造价。

(3) 从技术经济等方面对各方案进行比较，从综合效益、工程投资、施工方便、工期等方面选出最优方案。枢纽布置图的详细程度，应当与设计阶段相适应。

可行性研究报告阶段，要求基本选定规模，选定坝址，初选基本坝型和枢纽布置方

式；综合枢纽布置方案，初选施工导流方案及主体工程的施工方法，规划施工总布置，提出施工总进度等，并估算工程总投资。

初步设计阶段，要求选定坝址及确定工程总布置、主要建筑物型式和控制性尺寸等，工作比可行性研究报告阶段更详细。

对于技施阶段的枢纽布置，要求更详细、肯定、确切，能直接用于施工。当然，不同的设计阶段应以不同深度的地形、地质、水文等资料为依据。

8.1.1.2　几种常见水利枢纽布置

1. 挡水建筑物的布置

（1）为了减少拦河坝的体积，除拱坝外，其他坝型的坝轴线最好短而直，但根据实际情况，有时为了利用高程较高的地形以减少工程量，或为避开不利的地质条件，或为便于施工，也可采用较长的直线或折线或部分曲线。

（2）当挡水建筑物兼有连通两岸交通干线的任务时，坝轴线与两岸的连接在转弯半径与坡度方面应满足交通上的要求。

（3）对于用来封闭挡水高程不足的山垭口的副坝，不应片面追求工程量小，而将坝轴线布置在垭口的山脊上。这样的坝坡可能产生局部滑动，容易使坝体产生裂缝。在这种情况下，一般将副坝的轴线布置在山脊略上游处，避免下游出现贴坡式填土坝坡；如下游山坡过陡，还应适当削坡以满足稳定要求。

2. 泄水建筑物的布置

泄水的类型和布置，常决定于挡水建筑物所采用的坝型和坝址附近的地质条件。

（1）土坝枢纽。土坝枢纽一般均采用河岸溢洪道作为主要的泄水建筑物，而辅助的泄水建筑物，则采用开凿于两岸山体中的隧洞或埋于坝下的涵管。若两岸地势陡峭，但有高程合适的马鞍形垭口，或两岸地势平缓且有马鞍形山脊，以及需要修建副坝挡水的地方，其后又有便于洪水归河的通道，则是布置河岸溢洪道的良好位置。如果在这些位置上布置溢洪道进口，但其后的泄洪线路是通向另一河道的，只要经济合理且对另一河道的防洪问题能做妥善处理的，也是比较好的方案。对于上述利用有利条件布置溢洪道的土坝枢纽，枢纽中其他建筑物的布置一般容易满足各自的要求，干扰性也较小。当坝址附近或其上游较远的地方均无上述有利条件时，则常采用坝肩溢洪道的布置形式。

（2）重力坝枢纽。对于混凝土或浆砌石重力坝枢纽，通常采用河床式溢洪道（溢流坝段）作为主要泄水建筑物，如图8.1所示，而辅助的泄水建筑物采用设置于坝体内的孔道或开凿于两岸山体中的隧洞。泄水建筑物的布置应使下泄水流方向尽量与原河流轴线方向一致，以利于下游河床的稳定。沿坝轴线上地质情况不同时，溢流坝应布置在比较坚实的基础上。

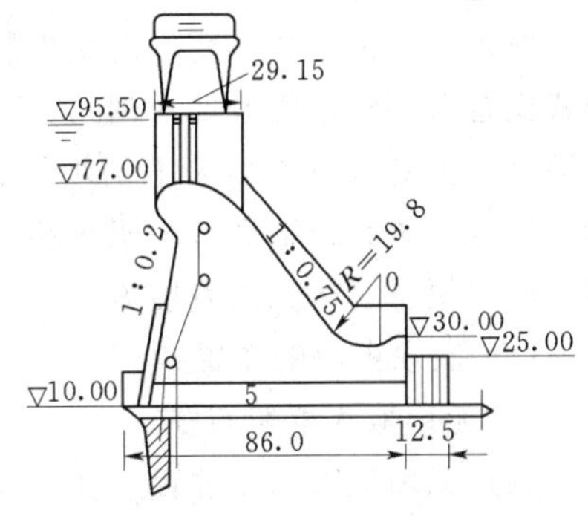

图8.1　重力坝枢纽泄水建筑物（单位：m）

在含沙量大的河流上修建水利枢纽时，泄水的布置应考虑水库淤积和对下游河床冲刷的影响，一般在多泥沙河流上的枢纽中，常设置大孔径的底孔或隧洞，汛期用来泄洪并排沙，以延长水库寿命；如汛期洪水中带有大量悬移质的细微颗粒时，应研究采用分层取水结构并利用泄水排沙孔来解决浊水长期化问题，减轻对环境的不利影响。

3. 取水枢纽的布置

(1) 取水枢纽的作用及类型。通常所称的取水枢纽（引水枢纽）是指从河道取水的水利枢纽，其作用是获取符合水量及水质要求的河水，以满足灌溉、发电、工业及生活用水的要求，并防止粗粒泥沙进入渠道。取水枢纽位于引水渠道首部，又称渠首工程。根据是否有拦河闸（坝）又分为有坝取水枢纽和无坝取水枢纽。

(2) 取水枢纽的特点及组成。

1) 无坝取水枢纽：它是一种最简单的取水方式，在河道上选择适宜地点开渠并修建必要的建筑物引水，称无坝取水枢纽。无坝取水枢纽的优点是工程简单、投资少、施工容易、工期短及收效快，而且不影响航运、发电及渔业，对河床演变影响小。其缺点是受河道的水位变化影响大，枯水期取水保证率低；在多泥沙河流上取水时，还会引入大量的泥沙，使渠道发生淤积现象，影响渠道正常工作；当河床变迁时，一旦主流脱离取水口，就会导致引水不畅，甚至取水口被泥沙淤塞而报废；当从河流侧面取水时，由于水流转弯，产生强烈的横向环流，如图8.2所示，以致取水口的上唇受到泥沙淤积，而下唇则受到水流冲刷。通常由进水闸、冲沙闸、沉沙池、河道整治建筑物及泄水排沙渠等组成。无坝取水枢纽在大江、大河的下游或山区河流上采用较多。

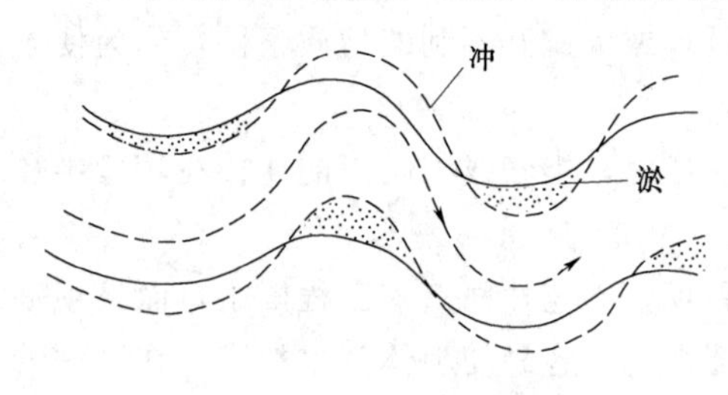

图8.2 河流弯道冲淤图

2) 有坝取水枢纽：当河道水量比较丰富，但水位较低，不能自流灌溉；或引水量较大，无坝取水不能满足要求时，则应修建拦河坝（闸），以抬高水位，保证引取灌溉所需的流量。这种引水方式称有坝取水枢纽或有坝渠首。其优点是引水保证率高，而且不受引水率限制。缺点是工程量大、造价高，且破坏了天然河道的自然状态，改变了水流、泥沙运动的规律，尤其是在多泥沙河流上，会引起渠首附近上下游河道的变形，影响渠首的正常运行。通常由溢流坝（亦称壅水坝）或拦河闸、进水闸、防沙冲沙措施、船闸、阀道、鱼道、电站等组成。由于工作可靠被广泛使用。

取水枢纽的形式亦受经济条件制约。日本早在20世纪50年代的有坝渠首多为闸坝结合式渠首（即壅水坝及冲沙闸），但随着其经济发展逐步改建成对天然河流状态无影响的拦河闸式渠首，目前多采用闸坝结合式（泄洪闸及壅水坝，大孔口泄洪闸兼作泄洪、排沙、排冰）进行改造原有半永久性渠首（壅水坝及行洪滩地）。随着我国经济快速发展其拦河闸式渠首是未来的发展方向。

(3) 取水枢纽的布置。

1) 无坝取水枢纽布置。

(a) 无坝取水枢纽位置选择。合理确定无坝渠首位置，对于保证正常引水减少泥沙入渠起着决定性的作用，在确定位置时，必须详细了解河岸的地质、地形情况、河道洪水特性、含沙量及河床变迁规律。位置选择时可按如下原则确定：根据弯道环流特点，无坝渠

首应设在河道坚固、河流弯道的凹岸，以引取表层较清水流，防止泥沙入渠。设在弯道顶点以下水深最深、单宽流量最大、环流作用最强的地方，如图 8.3 和图 8.4 所示。

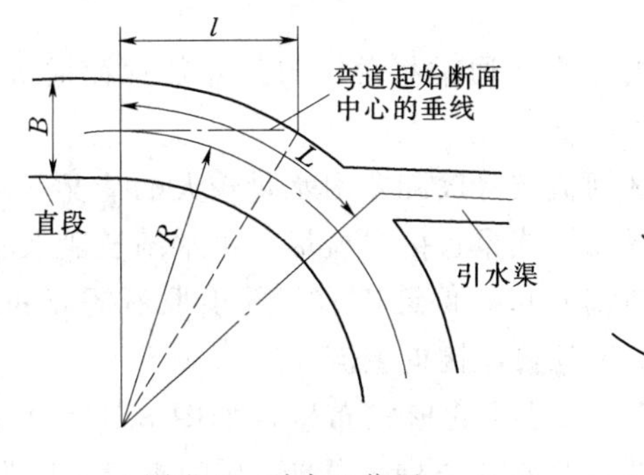

图 8.3 引水口位置

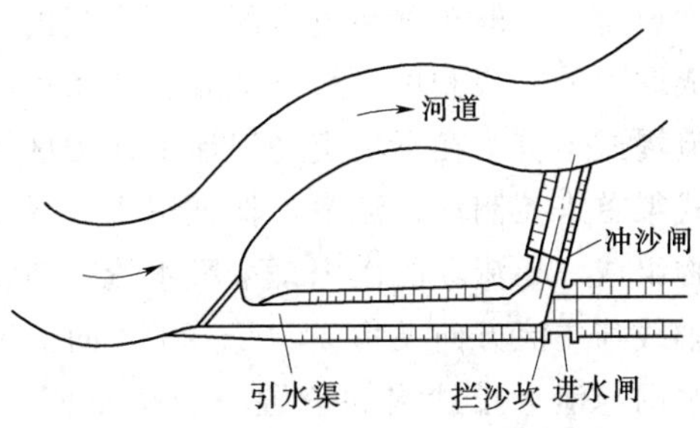

图 8.4 无坝引水枢纽

当地形条件受到限制，不能把渠首布置在凹岸而必须设在凸岸时，应将渠首设在凸岸中点偏上游处，该处环流较弱，泥沙较少。必要时可在对岸设置丁坝将主流逼向凸岸，以利引水。

在分汊河段上，一般不宜设置取水口，因其主流摆动不定。常常发生交替变化，导致汊道淤塞，引水困难。如引水口必须设在汊道上时，并对河道进行整治，将主流控制在汊道上。

无坝渠首设在河道的直段也是不理想，因在直段侧向引水时，取水口会产生漩涡，不仅进水量小而且也不均匀。必须从河道的直段引水时，应把取水口设在主流靠近岸边、河床稳定、水位较高、流速较大的地段。

渠首位置应选在干渠路线比较短，而且经过的地方没有陡坡、深谷及坍方的地段，以减少土方工程量。

(b) 无坝取水枢纽的布置型式。无坝取水枢纽布置型式，可分为一首制渠首和多首制渠首两类。一首制渠首又有弯道凹岸渠首及导流堤式渠首两种布置型式。

弯道凹岸渠首：它适用于河床稳定，河岸土质坚固的凹岸。由进水闸、拦沙坎及沉沙设施等建筑物组成，如图 8.5 所示。

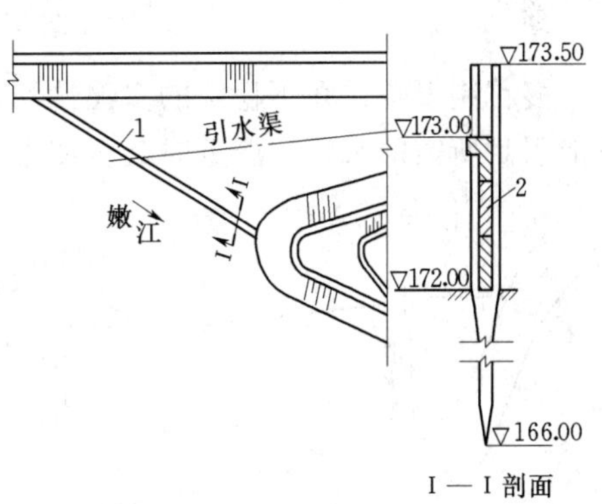

图 8.5 引嫩渠首拦沙坎布置图

1—拦沙坎；2—叠梁

进水闸：其作用是控制入渠水流，一般布置在取水口处，应尽量减少引渠的长度，以减小水头损失和减轻清淤工程量。引水口两侧的土堤应为喇叭口的形状，以使入渠水流平顺，避免出现漩涡，减少水头损失。进水闸的中心线与河道水流所成的夹角，叫引水角。一般应为锐角，通常为了使水流平顺，增大引水量，常采用 30°～45°。进水闸堰顶高程应高于河床 1.0～1.5m，与干渠渠底齐平或略高。

拦沙坎：其作用是用来加强天然河道环流，使底沙顺利排走，一般布置在引水口的岸边。坎的形状通常采用Γ形。坎顶高出渠底的高度0.5～1.0m，如图8.5所示。

冲沙闸：在洪水期打开冲沙闸，冲洗进水闸前、引渠内沉积的泥沙，如图8.6所示，其底板高程比进水闸低0.5～1.0m。

沉沙设施：一般布置在进水闸后面适当的地方。通常将总干渠加宽加深而成沉沙池；也可建成厢形的；或利用天然洼地布置成条渠沉沙。

导流堤式渠首：在不稳定的河流上及山区河流坡降较陡，引水量较大的情况下，采用导流堤式渠首来控制河道流量，保证引水。导流堤式渠首由导流堤、进水闸及泄水冲沙闸等建筑物组成。导流堤的作用是束窄水流，抬高水位，保证进水闸能引取所需要的水量。导流堤轴线与主流方向夹角成10°～20°，向上游延长，接近主流。

进水闸与泄水排沙闸的位置一般按正面引水排沙的形式布置，如图8.6（a）所示，进水闸轴线与河流主流方向一致，冲沙闸轴线多与水流方向成接近90°的夹角，以加强环流，有利排沙。

当河流来水量较大，含沙量较小时，也可按侧面引水、正面排沙的形式布置，如图8.6（b)所示，泄水排沙闸方向与水流方向一致，进水闸的中心线与主流方向以30°～40°为宜。

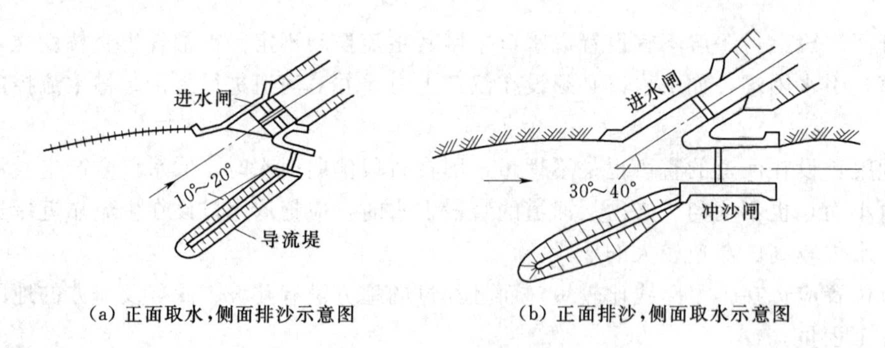

(a) 正面取水，侧面排沙示意图　　(b) 正面排沙，侧面取水示意图

图8.6　导流堤式渠首

多首制渠首：在不稳定的多泥沙河流上，采用一个取水口时，常常由于泥沙的淤塞而不能引足所需的水量，严重时甚至使渠首废弃。这时应采用多首制渠首。

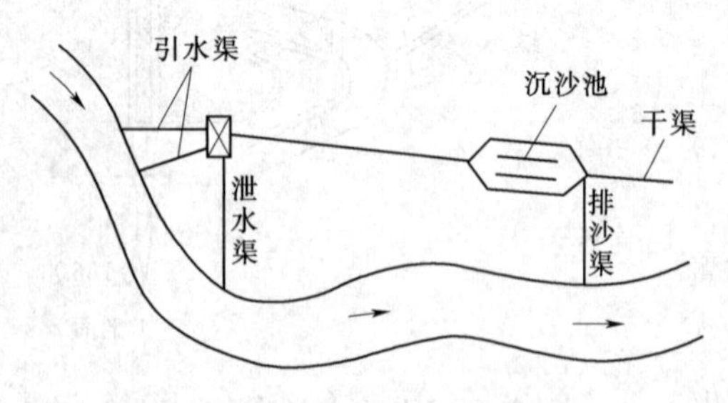

图8.7　多首制渠首布置示意图

多首制渠首一般设有2～3条引水渠，各渠相距1～2km，甚至更远些。洪水期仅从一取水口引水，其余取水口关闭。枯水期，由于水位较低，则由几个取水口同时引水，以保证引取所需水量。在图8.7所示的布置中有两条引水渠与进水闸相连。其优点是某一个取水口淤塞后可由其他取水口进水，不致停止供水；引水渠淤积后，可以轮流清淤、引水。其主要缺点是清淤工作量大，维修费用大。

2）有坝取水枢纽布置。

(a) 有坝取水枢纽位置选择。

a）应根据河道特性。在弯曲河道上应选择弯道凹岸；在顺直河段，取水口应选在位于主流靠近河岸的地方；在多泥沙河流上应选在河床稳定的地段；兼顾干渠底高程应选择河岸坚固、高度适宜的地段，避免增加渠首土石方开挖量；当河流有支流流入时，应选择支流汇入处的上游，如为了引更多水量，亦可选在其下游，但应充分考虑相互影响。

b）考虑地质条件。其优劣顺序为岩石地基、砂卵石和坚实黏土、砂砾石及沙基。淤泥和流沙不宜作为坝址。

c）应考虑施工条件及抗冻条件。从施工条件考虑应选取河道宽窄适宜，既满足施工又不使溢流坝过大。从严寒地区抗冻角度考虑应把取水口设在向阳的一侧。

渠首位置选择应按上述原则拟定几个不同方案进行技术经济比较，择优选取。

（b）有坝渠首枢纽的布置型式。

在多泥沙河流上有坝取水枢纽的布置，其核心问题就是根据河流含量情况，选取合理的泥沙处理措施。对于大、中型渠首，应通过水工模型试验确定泥沙处理措施。根据泥沙处理措施的不同，渠首的布置型式有如下几种：

沉沙槽（冲沙槽）式渠首：正面排沙、侧面引水的布置型式。渠首由溢流坝、冲沙闸发挥泄洪冲沙、排冰作用，避免冰排从坝顶宣泄，防止冰排破坏坝体。在开阔的河道上，当泄洪闸能够宣泄凌汛流量时，坝前的冰凌可以慢慢融化，也是一种防止冰排的方法。

拦沙坎与导沙坎：为防止泥沙进入干渠，在进水闸引水口前设拦沙坎，如图 8.8（a）所示。也可在沉沙槽入口处设导沙坎，一般与水流方向成 30°～40°夹角，其高度约为沉沙槽内水深的 1/4。

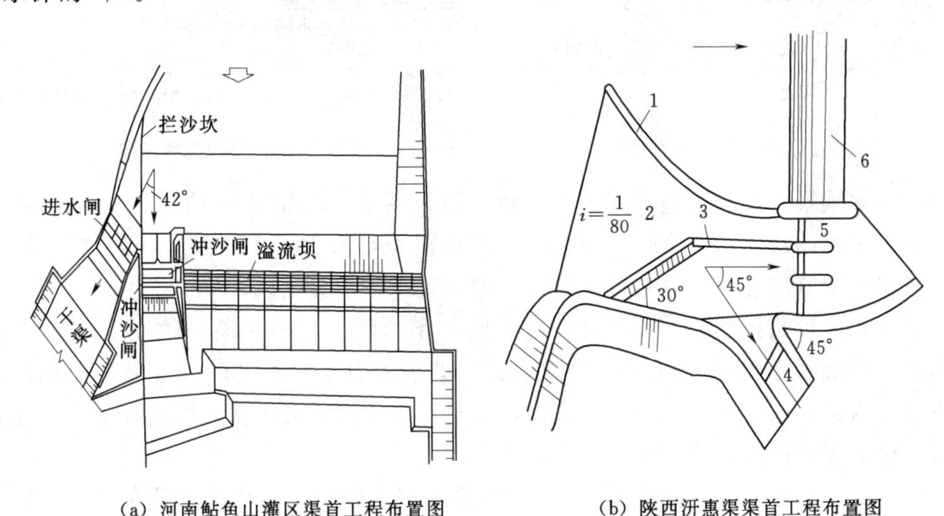

（a）河南鲇鱼山灌区渠首工程布置图　　（b）陕西汧惠渠渠首工程布置图

图 8.8 沉沙槽式渠首工程布置图

1—导水墙；2—曲线沉沙池；3—分水墙；4—进水闸；5—冲沙闸；6—壅水坝

导水墙与沉沙槽：导水墙位于冲沙闸与溢流坝连接处，并与进水闸的上游翼墙共同组成沉沙槽。当冲沙闸冲沙时，槽内水流应有较高流速，以便冲走沉沙槽内的泥沙。此外，导水墙还可拦阻坝前的泥沙，以免经沉沙槽进入渠道。

人工弯道式渠首：在不稳的河床上，修建人工弯道，根据弯道环流分沙的原理，就可以正面引水、侧面排沙，如图 8.9 所示。

人工弯道：要求其在汛期能形成较强烈而稳定的横向环流，以利于引水防沙。一般情况下，弯道半径 $R \geqslant 3B$，弧中心线长度 $L=(1.0 \sim 1.4)R$、渠底坡降 i 等于或略缓于天然河道的纵向比降，底宽 B 按进水闸流量的 2～2.2 倍设计。

冲沙闸式渠首：设在进水闸旁靠凸岸的一侧，用以冲洗引水弯道淤积的泥沙，与进水闸的夹角以 36°～45°为宜。

泄洪闸：在引水弯道进口处设置泄洪闸，用以泄洪和排沙，并使河道主槽靠近引水口。底部高程与河道高程相近，并低于引水弯道底高程 1～1.5m。轴线与人工弯道中心线成 40°～45°夹角。在寒冷地区还可以起到排冰的作用。

底部冲沙廊道式渠首：根据水流泥沙分层原理，进水闸引取表层较清的水流，底层含沙量较多的水流经底部冲沙廊道排到下游，其布置如图 8.10 所示。其适用于缺少冲沙流量、坝前水位有一定壅高的河流。其缺点是结构复杂，廊道易被淤塞，检修困难。

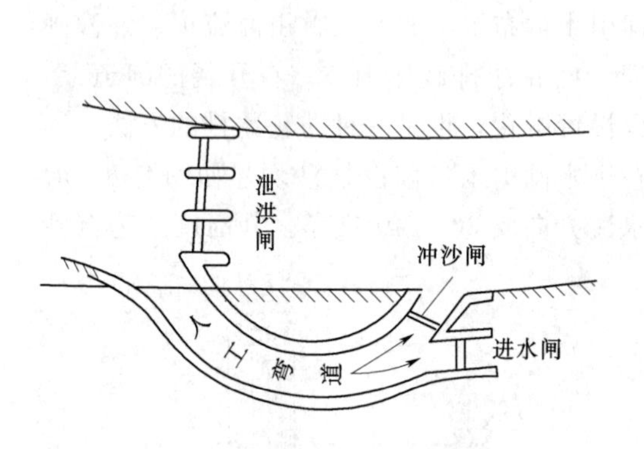

图 8.9 人工弯道渠首示意图

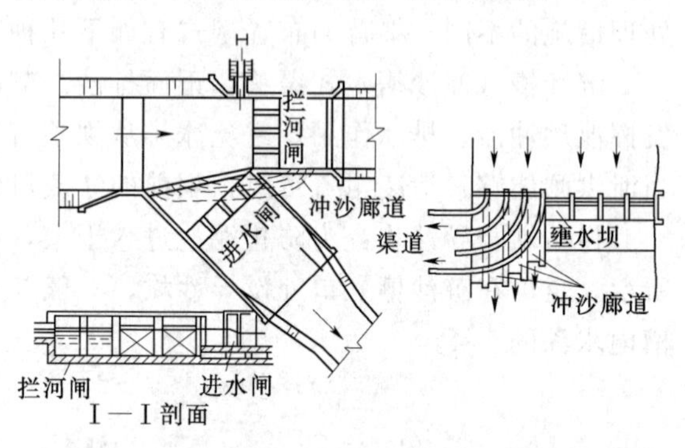

图 8.10 底部冲沙廊道式渠首

侧面引水式渠首：侧面进水闸的引水角一般采用锐角，如图 8.10（a）所示。由于取水口引水时水流的弯曲，产生横向环流，使泥沙淤积在取水口上唇附近，为更有效排沙，在靠近取水口上唇部分，廊道布置应较密，而靠近坝端部分则应较稀。

正面引水、正面排沙式渠首：渠首进水闸与壅水坝一般位于同一轴线上，如图 8.10（b）所示，闸底板下设尺寸较大的冲沙廊道。进水闸引水时，进口水流无弯曲现象，可以减少泥沙入渠。同时由于廊道尺寸较大，亦可用来宣泄部分洪水，即便在上下游水位差较小时，也能保证通过冲沙流量。

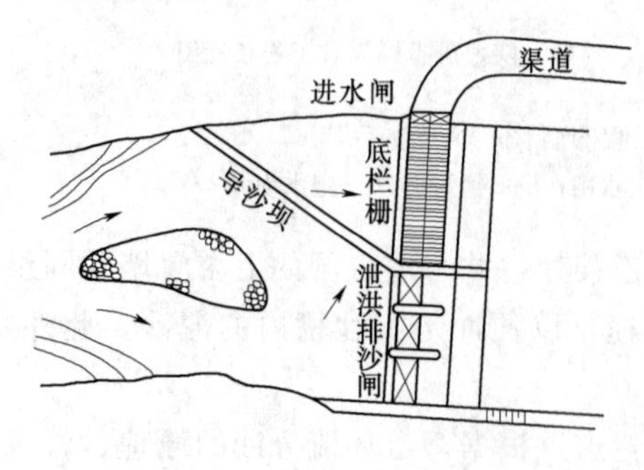

图 8.11 底栏栅式渠首

底栏栅式渠首：引水廊道设在坝内，廊道顶盖有栏栅，当河水从坝顶溢流时，一部分水流经过栏栅流入廊道，然后由廊道的一端流入渠道，河流中的推移质由坝顶栏栅滑到坝的下游，而随水流进入廊道的细沙则经过设在干渠的冲沙道排泄到河道下游。其适用于含有较多大颗粒推移质和比降低较陡的山溪性河道上，如图 8.11 所示。

枢纽由底栏栅坝、泄洪排沙闸、导沙坎及导流堤等建筑物组成。它的优点是布置容易、结

构简单、施工方便、造价低廉及便于管理；缺点是栏栅空隙易被推移质或漂浮物堵塞，需经常清理；在寒区如果流量小、水深浅，栏栅易被冰块堵塞或结冰冻死。

栏栅坝：在平面布置上水流正交，使水流平顺而均匀地流入。当河道洪水流量较大，需要另建溢流堰泄洪时，溢流堰与其不一定布置在同一轴线上。栏栅坝顶比枯水河床高1.5m。坝内布置矩形无压廊道1～2排，每个廊道宽1.5～2.0m，廊道内的水面至栏栅应在0.3m以上，流速不应小于4.0m/s，以防止泥沙淤泥。廊道顶安装坡度为0.1°～0.2°、栅隙1～1.5cm的钢栅条，目前廊道引水流量多为6～10m^3/s，最大达到30m^3/s。

泄洪闸与拦沙坎：泄洪闸位于拦栅坝靠河心的一侧，以便宣泄洪水，保持主槽位置不变，并有利于排沙。拦沙坎位于坝前，倾斜布置，将底流导向冲沙闸；也可做成曲线拦沙坎，利用环流原理把泥沙导向冲沙闸。

两岸引水式渠首：当两岸均有灌溉要求时，应考虑两岸引水式渠首布置。有如下三种布置型式。

溢流坝两侧沉沙槽式渠首：溢流坝两岸分别建造沉沙槽，如图8.12（a）所示，其优点是渠首布置简单，造价较低。缺点是当多泥沙河流主流摆动时，总有一岸引水条件恶化，以致引水不畅。适用条件是河道稳定或河水满槽、水量丰富、有足够的冲沙流量，使两岸取水口前的河床均能借冲沙闸形成深槽，保证两岸引水。

拦河闸式渠首：拦河闸具有较大排沙能力，能保持天然河道自然稳定状态，有利于两岸引水防沙，缺点是造价较高，如图8.12（b）所示。

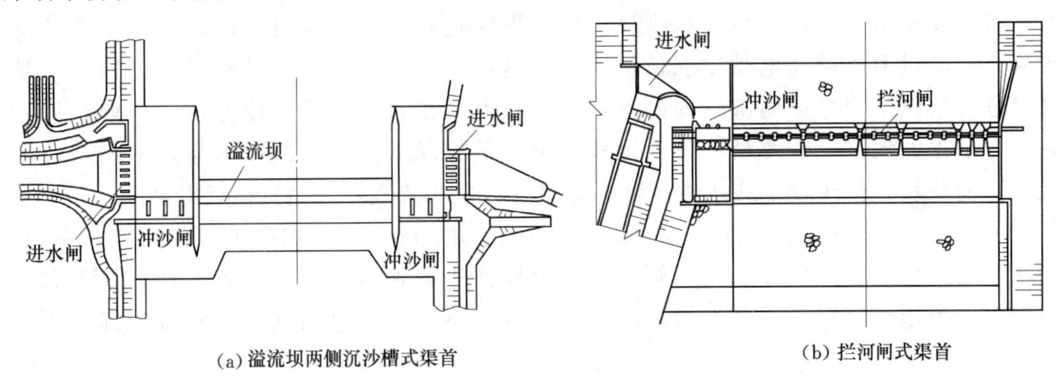

(a) 溢流坝两侧沉沙槽式渠首　　(b) 拦河闸式渠首

图8.12　两岸引水式渠首

少泥沙河流上建造的渠首工程，通常都是综合利用的。除了引水外，还有航运、发电、养鱼及筏运等要求。渠首建筑物除进水闸、溢流坝外，还根据具体运用要求，建造相应的专门建筑物，如船闸、电站、鱼道、筏道等。

进水闸应位于有引水要求的一岸，保证能引取所需流量，如果是单侧引水，进水闸与船闸应分别布置在两岸，以免引水时影响船只的通航。船闸应靠岸布置，以利操作；如果总干渠有通航要求，进水闸与船闸必须位于同一岸时，船闸应靠岸布置，以利交通和装卸货物。电站与船闸应分设于不同的河岸上，以免运行时互相干扰。筏道、鱼道的布置也要既满足运用要求，又便于运行管理等。

渠首的建筑物较多，渠首布置要统筹考虑各建筑物的运用、施工、管理等因素。一般按相似工程经验拟定几个方案，经技术、经济比较后加以确定。大、中型渠首宜通过水工模型试验确定。如图 8.13 所示是引水、冲沙综合利用渠首布置图。

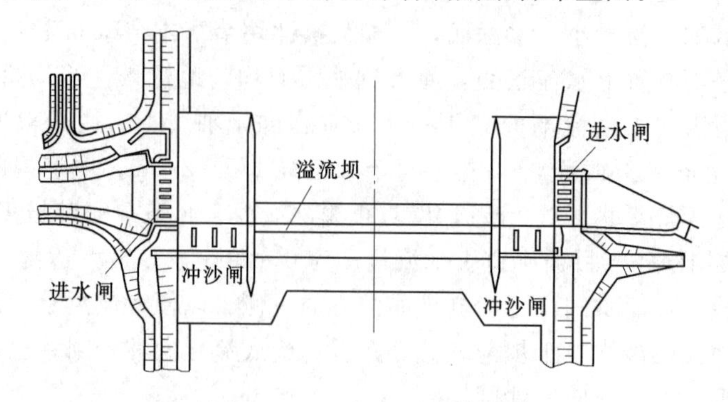

图 8.13 综合利用渠首布置

4. 电站、航运及过坝等专门建筑物的布置

(1) 电站建筑物的布置。对于水电站等专门建筑物的布置，最重要的是保证它们具有良好的运用条件，并便于管理。关键是进、出口的水流条件。布置时，须选择好这些建筑物本身及其进、出口的位置，并处理好它们与泄水建筑物及其进、出口之间的关系。

电站建筑物的布置应使通向上、下游的水道尽量短、水流平顺，水头损失小，进水口应不致被淤积或受到冰块等的冲击；尾水渠应有足够的深度和宽度，平面弯曲度不大，且深度逐渐变化，并与自然河道或渠道平顺连接；泄水建筑物的出口水流或消能设施，应尽量避免抬高电站尾水位。此外，电站厂房应布置在好的地基上，以简化地基处理，同时还应考虑尾水管的高程，避免石方开挖过大；厂房位置还应争取布置在可以先施工的地方，以便早日投入运转。电站最好靠近临交通线的河岸，密切与公路或铁路的联系，便于设备的运输；变电站应有合理的位置，应尽量靠近电站。

电站最好分别布置于两岸，以免施工和运用期间的干扰。如必须布置在同一岸时，则水电站厂房最好布置在靠河一侧，船闸则靠河岸或切入河岸中布置，这样易于布置引航道。筏道最好布置在电站的另一岸。筏道上游常需设停泊处，以便重新绑扎木或竹筏。

在水利枢纽中，通航、过木以及过鱼等建筑物的布置均应与其形式和特点相适应，以满足正常的运用要求。

(2) 航运及过坝等专门建筑物的布置。在河道上修建水利枢纽后，截断了水流，影响航运、木筏运送及鱼类洄游。为此，必须根据需要修建通航、过木和过鱼建筑物等。在布置时，应尽可能使各建筑物互不干扰，并发挥整个枢纽最大的综合效益。

1) 船闸的布置。船闸是通过充泄闸室内水体克服水位落差来实现船只过坝的建筑物。它具有安全经济、方便可靠的特点，因此得到广泛应用。

船闸的布置既要满足枢纽总体布置的要求，同时又要注意到船闸的特点，满足对其地形、地质、泥沙淤积及水流条件的要求。

船闸的布置时，应尽量避开深挖方、高填方地区；闸首上下游一定距离内，不宜有支流汇入，一般应布置在靠近深泓线的一岸；在地质上，船闸布置应避开边坡不稳定的塌方

区、浅层泥化夹层、断层破碎带和深淤区等。为了保证船闸运行可靠，船闸应距水电站或其他取水、泄水建筑物远些。引航道口门段的轴线与水流方向的夹角一般不宜大于25°，且其位置应尽量避开淤积区。另外，还应考虑交通道路、冲沙、拦沙等影响。

2）过木建筑物的布置。木材的水力过坝建筑物有过木道和筏道两类。筏道是类似船闸的过筏建筑物；水力过木道主要有通过零散木材的泄水槽和通过木排的筏道两种。过木建筑物的选型，主要应考虑年过坝木材量、木排的型式规格或原木的径级及长度、上下游水位差和水位变幅、地形和地质条件、坝型及流量等因素。这里主要对泄木槽和筏道作简单介绍。

泄水槽和筏道在枢纽中的平面位置应根据地形、地质及枢纽总体布置的要求确定。最好将泄水槽、筏道布在靠近河岸的一侧。其优点是施工条件好，造价较低，过木道靠近河岸，上游的木筏（原木）可以在岸边停留、改编，运行管理也比较方便。其缺点是与枢纽中其他建筑物相邻，易互相干扰。如河床比较宽，也可以将泄木槽或筏道设在溢流坝的中段。其优点是进出口比较通畅，但管理不大方便，造价较高。当河道较窄时，也可以将泄木槽或筏道布置于河床外的岸边。这种布置避免了枢纽中其他建筑物的互相干扰，但线路较长，工程量较大，造价较高，管理不便。

3）过鱼建筑物的布置。过鱼建筑物的进口，应布置在不断有活水流出，而且容易被鱼类发现且易于进入的地方；进口的流速应比附近的水流流速略大，造成一种诱鱼流速，但不超过鱼所能克服的数值；一般要求水流平稳顺直，没有旋涡、水跃等现象，水质新鲜肥沃；下游水位涨落，进口高程应当适宜，要保证过鱼季节在进口处有一定深度的水深（一般在1.0m以上），当水位变化较大时，可设置不同高程的几个入口；进口常布置在岸边或电站、溢洪道出口附近。

过鱼建筑物的出口与溢流坝和水电站进水口之间，应留有足够的距离，以防止过坝的鱼再被水流带回下游；出口应靠近岸边，且水流平顺，以便鱼类能沿着水流和岸边线顺利上溯；出口应远离水质有污染的水区，防止泥沙淤塞，并有不小于1.0m的水深和一定的流速，以确保鱼能迅速地被引入水库内。对于幼鱼的洄游，也可以通过鱼道路、船闸、中低水头的溢洪道以及直径较大的水轮机。

8.1.2 小型水工建筑物技术管理

水利事业的地位决定了水利基础设施的重要性。如何搞好水利基础设施建设项目管理，确保工程质量，促进经济发展，是摆在每个水利人面前的一个重大课题。

1. 工程技术管理的任务

水利、水电工程是综合利用水资源发展国民经济的重要手段，是保障经济建设和人民生命财产安全的重要设施，是国家和人民的宝贵财富。水利、水电工程管理单位技术管理的基本任务是确保工程安全，充分发挥工程效益，积极开展综合经营，不断提高科学管理水平，为工农业生产和城乡人民生活服务，促进社会主义经济发展。

2. 工程技术管理的内容

工程技术管理的内容主要有检查观测、养护维修、防汛抢险、调度控制运用、水源保护和节水、环境与生态效应的观测研究等。

（1）检查观测工作的目的和意义。由于影响因素复杂，水工理论技术不发达，水工建筑物的工程量大、施工条件困难等，在工程的勘测、规划、设计和施工中难免有不符合客观实际之处。在长期运行中，工作状况随时发生变化。但是这种变化是由量变到质变的过程，必然会出现一些异常现象。因此加强检查观测，就能及时发现问题，采取有效措施，把事故消灭在萌芽状态。正面例子：丹江口水利枢纽；反面例子：法国马尔巴塞坝的溃决事件。

（2）检查观测的内容。为了掌握水工建筑物在施工期间和运行过程中的工作情况，以便校核设计、监控建筑物的安全运行和为同类水工建筑物的设计和施工提供科学研究的数据，必须对水工建筑物观测。国外在20世纪40年代开始研究和推广水工建筑物的观测工作，在建筑物中埋设大量的监测仪器，例如苏联的萨扬舒申斯拱坝内埋设了3000多个监测仪器，这些仪器除可监测大坝的安全运行外，在大坝的温度控制、灌浆、控制水库分期蓄水位、混凝土的浇筑等方面都起到了积极的作用。

我国的水工建筑物观测工作是从20世纪50年代开始的，在官厅、大伙房等土石坝中埋设了横梁固结管式沉降仪、测压管、孔隙水压力计、土压力计等观测仪器；在三门峡、新安江等混凝土坝中埋设了应变计、应力计、温度计、测缝计、钢筋计、渗压计、土压计等观测仪器，这些仪器对大坝的施工和安全运行都起到了积极的作用。目前，我国大、中型混凝土坝已开展了变形、渗流量、基础扬压力、应力和温度项目的观测；土石坝也已开展了竖直位移、水平位移、测压管和渗流量等项目的观测。

水工建筑物的检查观测项目包括以下几个方面：

1）水工建筑物的变形观测。水工建筑物的变形观测内容为位移观测，包括水工建筑物及地基荷载作用下将产生水平和竖直位移，建筑物的位移是其工作条件的反映。因此，根据建筑物位移的大小及其变化规律，可以判断建筑物在运用期间的工作状况是否正常和安全，分析建筑物是否有产生裂缝、滑动和倾覆的可能性。

水工建筑物的位移观测是在建筑物上设置固定的标点，然后用仪器测量出它在垂直方向和水平方向的位移。对于水平位移，通常是用经纬仪按视准线法、小角度法、前方交会法和三角网法来进行观测。对于竖直位移，则采用水准仪或连通管测量其高程的变化。对于混凝土建筑物（如混凝土坝、浆砌石坝等）还可用正垂线法、倒垂线法和引张线法进行垂直和水平位移的测量。在一些工程中也采用激光测量及地面摄影等方法进行水平位移的测量。为了便于对测量结果进行分析，竖直位移和水平位移的观测应该配合进行，并且在观测位移的同时观测上、下游水位。对于混凝土建筑物，还应同时观测气温和混凝土温度。

由于水工建筑物的位移，特别是竖直位移，在建筑物运用的最初几年最大，随后逐渐减小，经过相当一段时间后才趋于稳定。因此水工建筑物的位移观测在建筑物竣工后的2～3年内应每月进行1次，汛期应根据水位上升情况增加测次，当水位超过运用以来最高水位和当水位骤降或水库放空时，均应相应地增加测次。

（a）观测点的布置。为全面掌握建筑物的变形状态，应根据建筑物的规模、特点、重要性、施工及地质情况，选择有代表性的断面布设测点，并且常常将观测水平位移的测点和观测竖直位移的测点设置在同一标点上。

对于土坝，应选择最大坝高处、合龙段、坝内设有泄水底孔处和坝基地形地质变化较大的坝段布置观测断面，观测断面的间距一般为50～100m，但观测断面一般不少于3个，每个观测横断面上最少布置4个测点，其中上游坝坡正常水位以上至少布置一个测点，下游坝肩上布置一点，下游坝坡上每隔20～30m布置一点，或者是在下游坝坡的马道上各布置一个测点；对于混凝土坝或浆砌石坝，在坝顶下游坝肩及坝趾处平行坝轴线各布置一个纵向观测断面，每个纵向断面上，应在各坝段的中间或在每个坝段的两端布置一个测点；对于拱坝，可在坝顶布置一个纵向观测断面，纵向观测断面上每隔40～50m设置一具测点，但是在拱冠、1/4拱段与两岸接头处必须设置一个测点；水闸可在垂直水流方向的闸墩上布置一个纵向观测断面，并在每个闸墩上设置一个测点，或在闸墩伸缩缝两侧各设一个测点。

(b) 工作基点的布置。观测竖直位移的起测基点，一般布置在建筑物两岸便于观测且不受建筑物变形影响的岩基上或坚实的土基上，每一个纵向观测断面的两端和布置一个。

观测水平位移的工作基点应布置在不受建筑物变形影响，便于观测的岩基上或坚实的土基上。对于采用视准线法观测的工作基点，一般设置在每个纵向观测断面的两端，为了校核工作基点在垂直坝轴方向的位移，在每一纵向观测断面的工作基点延长线上设置1～2个校核基点，如图8.14所示；当建筑物长度超过500m或建筑物长度为折线形时，为了提高观测精度，可在每个纵向观测断面中间设置一个或几个等间距的非固定工作基点；对于采用三角网按前方交会法观测的工作基点，可选择在建筑物下游两岸，使交会三角形的边长在300～500m，最长不超过1000m，并使相邻两点的倾角不致太大。图8.15为采用前方交会法观测位移时，工作基点的布置图。

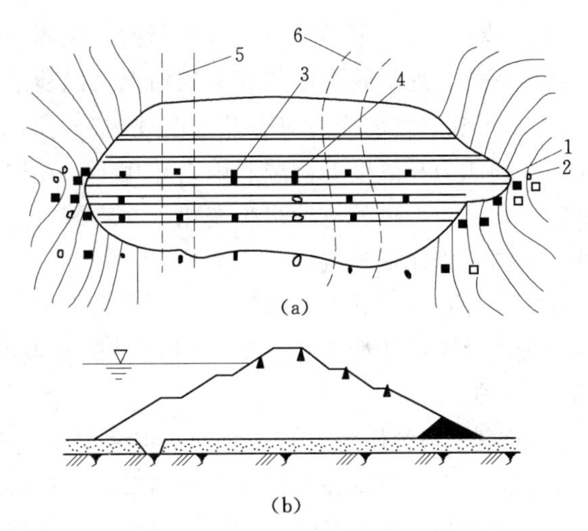

图8.14 用视准线法观测位移时测点和工作基点的布置

1—工作基点；2—校核基点；3—测点；4—非固定基点；5—合龙点；6—原河床

2) 水工建筑物的渗透观测。土坝是用填料修筑的，具有较大的孔隙，水库蓄水后，在水头压力作用下，库水将通过这些孔隙产生从上游向下游的渗流，在坝内形成浸润线。同时，库水也将通过坝基土壤孔隙或岩石地基的裂隙、破碎带、孔洞等产生渗流，并且还将通过坝与岸坡的接触面、岸坡岩体的裂隙和破碎带产生绕坝渗流。

土坝渗流观测的目的就是监视土坝在渗流作用下的工作情况，以确定正确的运用方式和及时发现存在的问题及隐患，便于采取措施加以防护和补救，保证大坝的正常工作和安全。其观测内容主要包括坝体的浸润线观测、土坝的渗流量的观测、坝基的渗水压力观

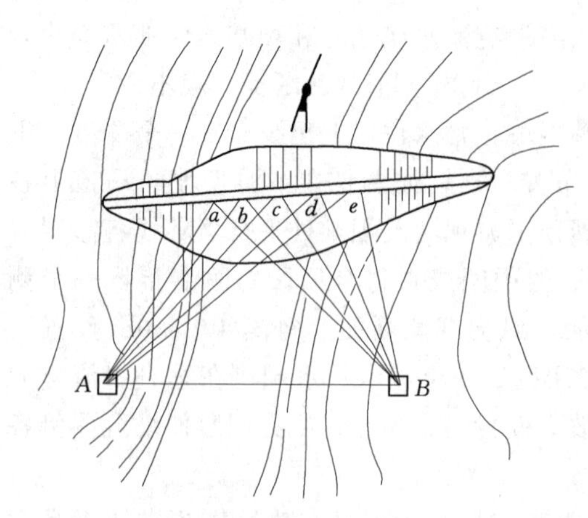

图 8.15　采用三角网按前方交会法观测位移时测点和工作基点的布置

A、B—三角网工作基点；a、b、c、d、e—测点

测、导渗和减压设备的工作情况的观测、渗水的透明度的观测等。

3）混凝土建筑物的扬压力观测。混凝土建筑物扬压力的观测是为了了解扬压力的分布及其变化，以判断建筑物地基内防治设备的工作是否正常，如果在相同库水位下扬压力有显著增大，应及时分析原因和采取补救措施。

建筑物基础扬压力的观测，通常是选择几个垂直坝轴线的横断面作为观测断面，布置测压管，观测管中水位。观测断面一般选择在最大坝高、老河床和地质情况较差的地方，其间距视建筑物长度和结构形式而定，可采用100～200m，但不应少于3个断面。观测断面上的测点数和测点位，决定于断面大小、结构形式、地下轮廓形状和地质情况，以能准确测出扬压力为原则。

4）水工建筑物的应力应变及温度观测。混凝土坝建成蓄水后，在水压力、泥沙压力、浪压力、扬压力和温度等荷载和因素作用下，坝体和坝基内各点将产生相应的应力，随着荷载的变化，应力也相应地产生变化，在建筑物正常运用的情况下，应力应保持在设计允许的范围内，以保证建筑物的安全。

建筑物进行应力和温度观测的目的，是为了掌握在各种工作条件下应力和温度的分布及其变化，并与设计情况相比较，以便分析建筑物的工作状况，并作为工程控制运用的依据。

5）混凝土坝的应力观测。混凝土坝的应力观测，一般是根据工程的重要性，坝的型式，荷载及地质情况选择有代表性的坝段和某些特殊部位进行观测。

对于重力坝，通常对溢流坝和非溢流坝各选择一个坝段，对于重要的和地质条件复杂的工程，可适当增加观测坝段。对于每个观测坝段，至少布置1～2个观测断面，一般在

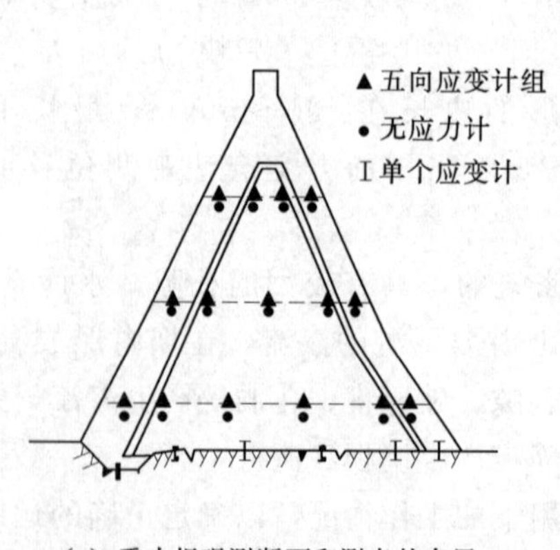

(a) 重力坝观测断面和测点的布置

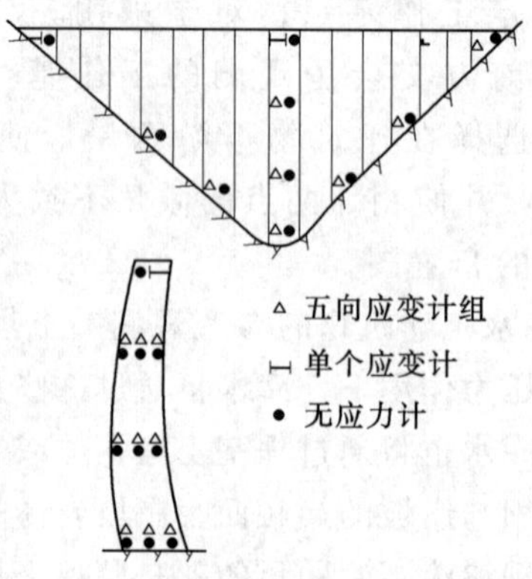

(b) 拱坝应力观测点的布置

图 8.16　混凝土坝的应力观测

靠近基础处（距基础面高度不小于5m）布置一个断面，然后根据坝高和坝体结构再布置几个断面，每个断面上至少布置5个测点，上、下游测点距坝面不小于3m。对于有纵缝的坝体，在距纵缝上、下游1.5～2.0m处可以各增设一个测点，如图8.16（a）所示。

对于拱坝通常选择拱冠悬臂和拱座断面作为观测断面，对于重要的拱坝，还可取距拱座1/4弧长的径向断面作为观测断面。在每个观测断面上，测点的布置原则与重力坝基本相同，但截面上下游的测点应分别布置在距坝面1m的地方。为了观测温度应力的变化，测点可适当加密，如图8.16（b）所示。

6）混凝土坝的温度观测。对于混凝土坝，由于混凝土水化热而产生的温升、水库蓄水后的水温、周围的气温和太阳辐射的影响，坝体表面和坝体内部的温度也不一致，形成内外温差。温度观测的目的是为了掌握大坝施工期的散热情况，改进施工方法，确定纵缝的时间，研究温度对坝体应力和体积变化的影响，防止产生温度裂缝，以及分析大坝的运行状态，及时发现存在的问题。

混凝土坝的温度观测，是在混凝土坝体内埋设电阻式温度计，并用电缆引至测站的接线箱上，通过比例测定温度计的电阻，然后再将电阻转换成相应的温度。

温度观测断面和测点的位置，应适应坝内温度梯度的变化，便于掌握温度的分布及其变化规律。布置时应考虑到坝体结构特点和施工方法，以及其他项目的观测。

温度测点通常布置在应力观测的坝段和观测断面上，坝体中部略稀，接近坝表面处较密，在钢管、廊道、宽缝和伸缩缝附近应增加测点。由于埋设有差动式电阻应力计的测点可以同时兼测温度，因此，在这些测点可不必另外埋设温度计。

对于重力坝，应分别选择一个溢流坝段和非溢流坝段作为观测坝段，每个坝段的中间断面作为观测断面。在每个观测断面上，沿高度每隔8～15m布置一个测点，一般不少于3排，每排布置3～5个测点，如图8.17所示。

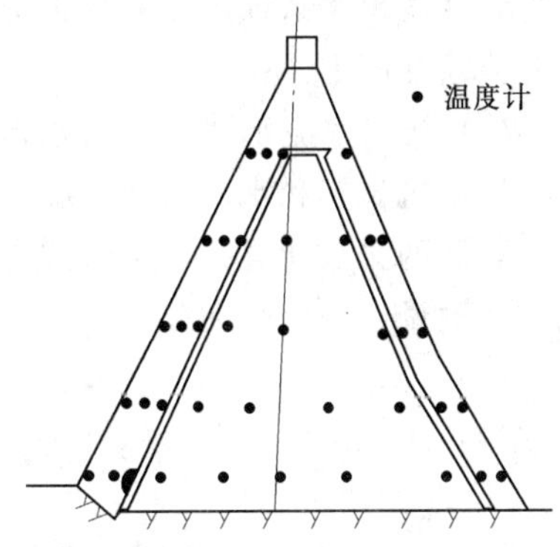

图8.17　宽缝重力坝温度测点的布置

7）土坝孔隙水压力的观测。土坝坝体和坝基在自重和荷载作用下将逐步固结，在固结过程中会产生孔隙水压力。孔隙水压力的作用减小了土的有效应力，降低了土的抗剪强度。因此，对于重要的和较高的土坝应进行孔隙水压力的观测，以便掌握孔隙水压力的分布和消散情况，分析其对土坝稳定性的影响。

孔隙水压力的观测，通常是根据土坝的尺寸和结构型式，坝基的地形和地质情况，以及土坝的施工方法选择几个观测断面，例如原河床断面、最大坝高断面、合龙段断面等，在每个断面上每隔5～10m布置一排观测点，一般不少于3排，最好与固结观测点在同一高程上，每排布置3个以上测点，在稳定分析的滑弧区域和靠近坝基部位应增设测点，如图8.18所示。

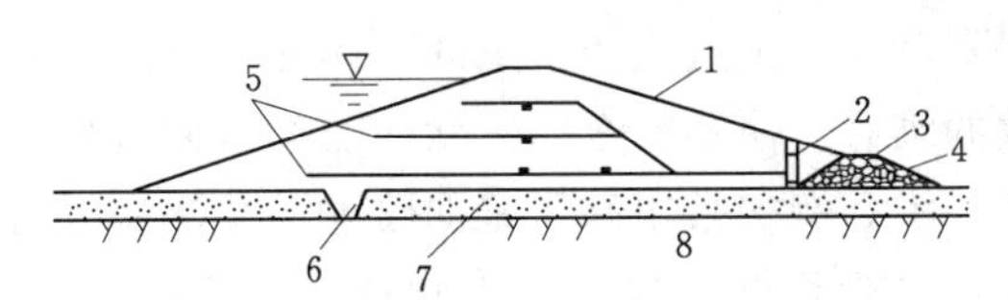

图8.18　土坝孔隙水压力测点布置示意图

1—土坝；2—观测井；3—排水体；4—反滤层；5—测点；6—截水墙；7—砂砾层；8—不透水层

8）水工建筑物的水流形态观测。水工建筑物水流形态的观测，包括水流平面形态、水跃和水面曲线观测、挑射水流观测，其目的是了解建筑物过渡时的水流状况，以判断建筑物的工作情况是否正常，水能设备的效能是否符合设计要求，建筑物上下游河道是否会遭受冲刷或淤积。

水流形态的观测是水工建筑物在运用过程中的一项经常性的观测项目，通常与上下游水位、流量、闸门开度、风力、风向等项的观测同时进行。

（a）水流平面形态观测。水流平面形态观测的内容包括水流的流向、漩涡、回流、水花翻涌、折冲水流、水流分布，观测的方法是通过目测、摄影或浮标测量将水流情况测记下来。在进行目测和摄影时，为了便于观察和拍照，可在水流表面撒上锯屑、稻壳、麦糠等漂浮物，以显示水流行迹。

（b）水跃和水面曲线观测。水跃和水面曲线的观测，一般是采用方格网法和水尺组法。

方格网法是在建筑物两岸侧墙上绘制方格网，网格的间距视建筑物尺寸而定，一般纵向的间距可采用1m，横向的间距可采用0.5～1.0m，线条的宽度为3～5m，用白色磁漆绘制。观测时，观测人员站立对岸，用目测或望远镜观测水流的水面在方格网上的位置，并将其描绘在按一定比例（一般可采用1/100）缩绘成的图纸上。

水尺组法是沿水流方向在建筑物两岸侧墙上设立一组水尺，水尺的间距和刻度以能按要求精度测出水跃或水面曲线为准。观测时将水流的水面在各水尺上的位置测记下来，并将其描绘在图上。

（c）挑射水流观测。挑射水流的观测包括水面线的形状、射流最高点和落水点的位置、冲刷坑位置和水流掺气情况。

观测的方法通常采用摄影或在建筑物两岸布设观测基点，架设经纬仪，采用前方交会法进行测量。一般是在夜间，用投光灯照射水流表面的测点，再用经纬仪进行观测。

（3）检查观测的基本步骤：①观测系统的设计；②观测仪器设备的埋设和安装；③现场观测；④观测资料的整理分析；⑤定期进行资料整编和技术总结。

8.2　拓展知识——小型水工建筑物的养护与维修

8.2.1　加强养护维修工作的意义

水工建筑物在运用中，受到各种外力和外界因素的作用，随着时间的推移，将向不利的方向转化，逐渐降低其工作性能，缩短工程寿命，甚至造成严重事故。因此，对水工建筑物要进行妥善养护，对其病害及时进行有效的维修，使不安全的因素向有利方向转化。

改革开放以来，水库除险中引进了许多新技术。例如采用高压定向喷射灌浆法构筑防渗墙以处理坝基渗漏；在土坝中采用劈裂灌浆法处理渗漏；应用土工膜和土工织物防渗；采用新技术、新工艺防止钢闸门腐蚀等。

工程实践告诉我们，只要加强检查观测和养护维修工作，病险水库就可以转危为安，发挥正常效益，否则势必造成严重事故，威胁人民生命财产安全。

8.2.2 养护维修工作的内容

8.2.2.1 土坝的养护和维修

土坝在其运用过程中常会因为渗流而产生渗透破坏和蓄水的大量损失；由于施工质量、地质条件、河谷形状、水库运用状况等原因而产生过量深陷和不均深陷；由于土料强度较低、边坡过陡、渗流、地震、水库水位变化等原因而产生滑坡；由于风和风浪、降雨的作用而造成坝坡的冲蚀、侵蚀和护坡的破坏；由于气温的剧烈变化而引起坝体土料冻胀和干缩；由于不均匀深陷等原因而产生裂缝等。

土坝的上述都有一定的发展过程，如果在发展初期能够被发觉，并及时采取措施进行处理和养护，就可以防止或减轻各种不利因素对土坝的损害，防止轻微缺陷的扩展，保证土坝的安全，延长土坝的使用年限。同时通过土坝的养护还可以及时消除土坝表面的缺陷，提高抗损能力，并保持土坝的整洁美观。

1. 土坝的养护工作

土坝坝顶应保持平整，不得有坑洼，并具有一定的排水坡度，以免积水。坝顶路面应经常养护，如有损坏应及时修复和加固。防浪墙和坝肩的路沿石、栏杆、台阶等如有损坏应随时修复。坝顶上的灯柱如有歪斜、线路和照明设备损坏，应及时调整和修补。

坝上不得堆放重物和物料，以免引起不均匀深陷或局部塌滑。坝坡不得作为码头停靠船只和装卸货物，船只在坝坡附近不得高速行驶，以免船行波对坝坡造成破坏。坝前如有较大的漂浮物和树木应及时打捞，以免坝坡受到冲撞和损坏。不得在坝坡和坝顶上修建渠道，以免因大量渗漏而造成滑坡。

在距坝一定的安全距离内不能挖坑、取土、打井和进行爆破，水库内禁止炸鱼，坝面上不能种植农作物和进行放牧。

上下游护坡应经常进行养护，如发现护坡石块有松动、翻动和流动现象，以及反滤层有流失现象，应及时修复。如果护坡石块尺寸过小难以抵抗风浪的淘刷，可在石块间部分缝隙中充填水泥砂浆或用水泥沙浆勾缝，以增强其抵抗能力。混凝土护坡伸缩缝内的充填料如有流失，应将伸缩缝冲洗干净后按原设计补充填料。在严寒地区应采取适当破冰措施，以防冰凌和冰盖对坝坡的破坏，如果护坡石因风华和冰冻作用而损坏，应及时更换。草皮护坡如有局部损坏，应在适当季节补植或更换新草皮。

土坝与岸坡连接处应设置排水沟，两岸山坡上应设置截水沟，将雨水和山坡表面水排至下游，以防冲刷坝坡和坝脚。坝面排水系统应保持完好，如有淤积，堵塞和损坏应及时清除和修复。应防止土坝的导流和排水设备受下游浑水倒灌或回流冲刷，必要时可修建导游墙或将排水体上部回流影响部分的表层石块用砂浆勾缝，排水体下部则与暗沟相连，以保持其排渗能力。

减压井的井口应高于地面，防止地表水倒灌。如果减压井因淤积而且影响减压效果，应采到洗井、抽水或掏淤的方法清除井内淤积物。如减压井已遭损坏无法修复，可将减压井用滤料填实，另打新井。

在水库运用过程中，应按设计要求正确控制水库水位的降落速度，以免因水位骤降而产生滑坡。对于坝上游设有铺盖的土坝，水库一般不宜放空，以防铺盖干裂或冻裂。

如发现土坝坝体上有兽洞或蚁穴，应设法捕捉害兽或白蚁，并对兽洞及蚁穴进行适当处理。

坝体和坝基中埋设的各种观测设备和观测食品应进行妥善保护，以保证各种设备能及时和正常地进行各项观测。

坝面应保持平整，轮廓整齐，随时清除杂草和其他废弃物，以保持土坝外表的美观。

2. 土坝的维修工作

(1) 土坝裂缝的处理。土坝裂缝是土坝常见的一种破坏形式，对于非滑动性的土坝裂缝，通常是在裂缝趋于稳定后采用开挖回填、灌浆和开挖回填与灌浆相结合的方法来进行处理。

(2) 开挖回填。开挖回填是裂缝处理中比较彻底的方法，适用于深度不大的表面裂缝和防渗部位的裂缝。对于长度小于1.0m、宽度小于0.5m的纵向裂缝和由于干缩和冰冻等原因引起的细小的表面裂缝，可以只将堵塞而不进行处理，但对于较深和较宽的干缩裂缝，也应进行开挖回填处理。

开挖回填法又分为梯形楔入法，梯形加盖法和十字梯形法，如图8.19所示。梯形楔入法适用于非防渗部位的坝体所产生的纵向裂缝；梯形加盖法适用于防渗斜墙和均质坝迎水坝坡上出现的尝试不大的纵向裂缝；十字梯形法适用于坝体和坝端出现的各种横向裂缝。

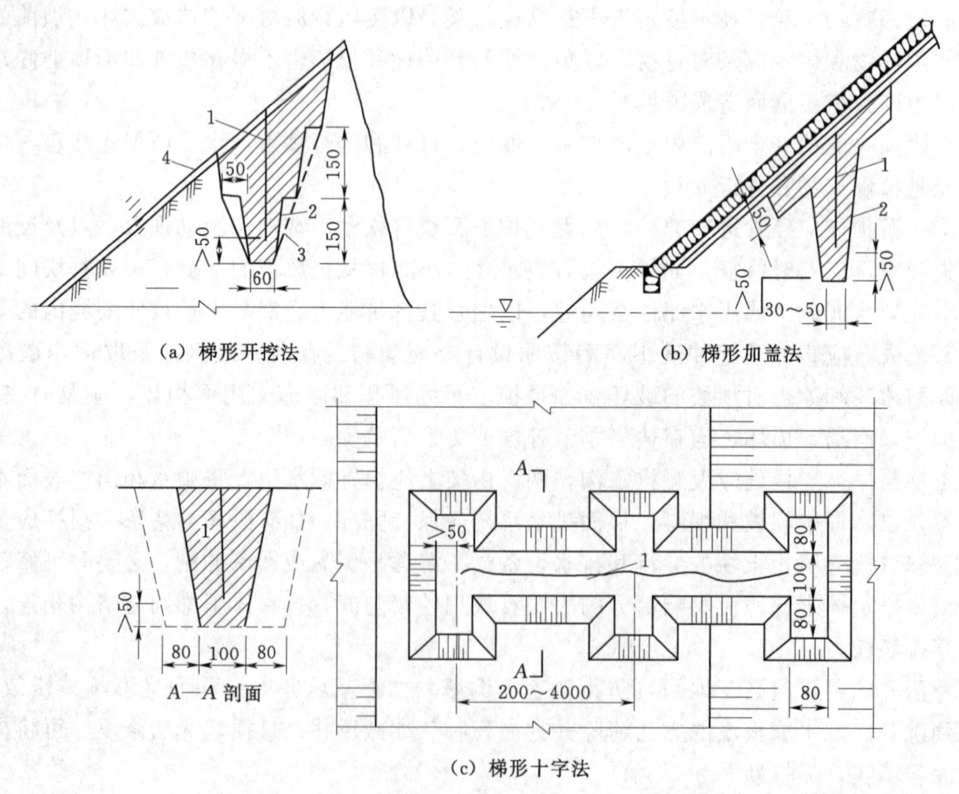

图8.19　土坝裂缝的开挖回填处理（单位：cm）

1—裂缝；2—开挖线；3—回填时削坡线；4—草皮护坡

对于较深的非滑动性裂缝和内部裂缝，可采用黏土灌浆处理，能够堵塞形状复杂和宽度小于 1mm 的裂缝。

灌浆孔的布置应根据裂缝的分布和深度来决定，对于表面裂缝，在每条裂缝上均应布孔，在长裂缝的两端和转变处、缝宽突变处、裂缝密集处以及裂缝交错处均应布置灌浆孔。对于内部裂缝，应根据裂缝的颁布范围、裂缝的大小、灌浆压力和坝体的结构来考虑灌浆孔的布置，一般可在坝顶上游侧布置 1～2 排，必要时再增加排数。孔距可根据裂缝大小和灌浆压力来决定，开始时布置得稀一些，然后根据需要逐渐加密，一般孔距为 3～6m。

灌浆的浆液应具有较好的灌入性和流动性以保证良好的灌浆的效果，同时也应具有良好的析水性和收缩性，以使浆液灌入后能迅速析水固结，而且固结后收缩性小，能与坝体紧密结合，并具有足够的强度。

灌浆压力的大小直接影响到灌浆质量和效果，应通过试验来确定。通常灌浆压力应随孔深由小到大，逐渐增加，最大灌浆压力不超过灌浆部位以上土体的重量。在裂缝不深、坝体单薄和长而深的非滑动性纵向裂缝的情况下，应首先采用重力灌浆和低压灌浆。

（3）开挖回填与灌浆结合。这种方法是在裂缝的上部采用开挖回填，裂缝的下部采用灌浆处理，一般是先开挖约 2m 深后立即回填，然后在回填面上进行灌浆。适用于中等深度的裂缝，或水库水位较高，全部采用开挖回填有困难有的部位。

3. 土坝滑坡处理

土坝滑坡是指土坝坝坡在一定的因素作用下推动稳定，上部坍塌，下部隆起，产生相对位移的现象。土坝滑坡是土坝常见的一种病害，有的是突然发生的，有的是先出现裂缝然后才产生滑坡的，因此如能经常进行检查，发现问题及时采取适当处理措施。

如果根据土坝的检查和监测发现有滑坡的征兆时，应分析原因，然后进行抢护：如因水库水位骤降而引起上游坝坡产生滑坡，则应立即停止放水，并在上游坝坡脚抛掷砂石料或砂袋，作为临时性的压重和固脚，以增加坝坡的抗滑能力。如果坝面已出现裂缝，则应在保证坝体有足够挡水能力的情况下，将主裂缝部分的坝体削坡，以减轻土坝上部的自重荷载，增强其稳定性。

如因渗漏而引起下流坝坡的滑坡，可采取下列抢护措施：

（1）将水库水位降至可能的高度，以减小渗漏，防止滑坡裂缝的进一步发展。

（2）在上游坝坡抛土防渗，在下流滑坡体及其附近坝坡上设置导渗沟，进行排水、降低坝体浸润线。

（3）当坝体已出现滑动裂缝，而且裂缝已达较深部位，则应在滑动体下部及坝脚处用砂石料压坡固脚。在缺少砂石料的地区，也可在坝坡脚修筑土料戗台，如图 8.20 所示。

（4）如若滑坡已经形成，则应在滑坡终止以后，根据滑坡的原因，滑坡状况，已采取的抢护措施及其他具体情况，采取永久性的处理措施。滑坡处理应该在水库低水位的时候进行，处理的原则是上部减载，下部压重。

（5）对于因坝体土料碾压不实，浸润线过高而引起的背水坡滑坡，应在上游采取防渗措施，下流采取压坡、导渗和方程组坝坡措施。

（6）对于因坝基内存在软黏土层、淤泥层、湿陷生黄土层或易液化的均匀细砂层而

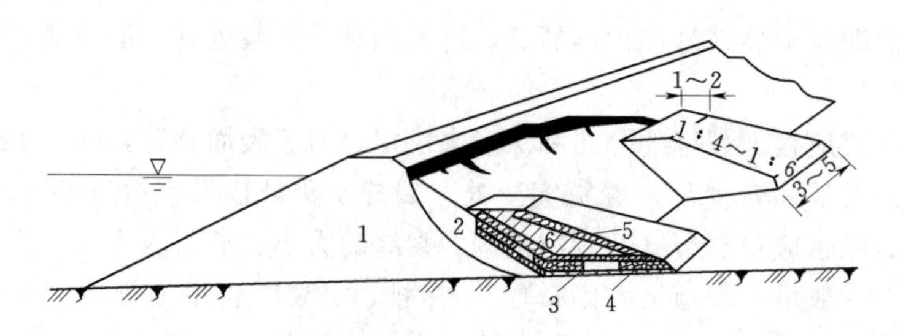

图 8.20　土料戗台

1—坝体；2—滑动体；3—砂层；4—碎石；5—土袋；6—填土

引起的滑坡，可以先在坝脚以外适当距离处修建一道固脚齿槽，槽内填以石块，然后将坝坡脚至固脚齿槽之间坝基内的软黏土、淤泥、黄土或细砂层清除，铺填石块，与固脚齿槽相连，然后在坝坡面上用土料填筑压重台。

（7）对于因坝体土料含水量较大，施工速度较快，孔隙水压力过大而引起的滑坡，其处理方法主要是放缓坝坡、压重固脚和加强排水。

（8）对于因排水设施堵塞而引起下游坝坡产生滑坡，其处理方法首先是要分段清理排水设施，恢复其排水，如果无法完全恢复其排水效能，则可在堆石排水体的上部设置贴坡排水，然后在滑动体的下部修筑压坡体，压重台等压坡固脚措施。

（9）对于因坝体内存在软弱土层而引起滑坡的处理，主要是采取放缓坝坡，并在坝脚处设置排水压重的办法。

4. 土坝的渗漏处理

土坝渗漏处理的基本方法是“上堵”和“下排”，即在坝的上游面设置坝体防渗设备和坝基防渗设备，用以阻截渗水；在坝的下游面设置排水和导渗设备，使渗水及时排出，而又不挟带土粒。下面介绍几种常用的方法：

（1）坝体渗漏处理。对于坝体的渗漏处理可采取的措施有黏土斜墙法、灌浆法、防渗墙法、排水导渗法（例如导渗沟法或贴坡排水法）及封堵洞穴法等。

（2）坝基渗漏处理。对于坝基出现的渗漏处理可采取的措施有黏土铺盖法、黏土截水墙法、混凝土防渗墙法、砂浆板桩防渗墙法、连锁井柱法、泥浆截水槽法、灌浆法、排渗沟法、排水盖重法及减压井法等。

（3）绕坝渗漏的处理。绕坝渗漏是指水库蓄水后，绕坝端岸坡的渗漏现象。这种渗漏可能是沿坝与岸坡结合面的，也可能是坝端岸坡土体内的。绕坝渗漏将使岸坡坝段的浸润线升高，下游岸坡面出现散浸，软化和集中渗漏，甚至影响到岸坡的稳定。

绕坝渗漏处理的基本原则仍是“上截”和“下排”，常用的方法有截水槽法、防渗斜墙法、黏土铺盖法、堵塞回填法、灌浆法、导渗排水法等。

应注意的是，在解决绕坝渗漏问题时，应研究各种影响因素，全面来考虑，因此所采取的处理措施往往是综合性的，例如，官厅水库在蓄水运用的头几年，两坝端产生严重的绕坝渗漏，导致下游坝壳产生塌坑，为此，在上游两岸坝端采用浑水放淤、抛土、岸壁喷浆，并在坝后两岸设深排水孔导渗，采取这些措施后取得了良好效果，两岸明显的渗水现象已完全消失。

(4) 岩溶地区的渗漏处理。我国南方和西南地区，如广西、云南、贵州、湖南等地区，石灰岩分布较广，岩溶发育，常造成严重渗漏。渗漏会带走溶洞或裂隙中的充填物，使渗漏进一步发展，危及坝体和坝基安全，使库水大量流失。岩溶的处理方法可分为地表处理和地下处理两种，地表处理主要包括黏土铺盖、混凝土铺盖、喷水泥沙浆和喷混凝土等措施，地下处理主要包括堵塞溶洞、灌浆和开挖回填等措施。

5. 土坝的护坡修理

护坡是土坝的重要组成部分，用以保护坝体受风浪和雨水的冲刷，冰凌和风的破坏，以及减轻蛇、鼠等动物在坝坡中挖洞筑窝。

土坝护坡的抢护和修理分为临时性的紧急抢护和永久性加固修理两类。当护坡遭受风浪或冰凌破坏时，为了防止险情的恶化，破坏区的扩大，应及时采取临时性的抢护措施，临时性的抢护措施通常有砂袋压盖、抛石和石笼抢护等几种；对于永久性加固的方法通常有翻修、干砌石缝黏结、混凝土盖面加固、框格加固和沥青混凝土护面加固等。

8.2.2.2　混凝土建筑物的养护和维修

混凝土作为建筑材料广泛应用在水利工程中。用混凝土建筑的坝有重力坝、拱坝、轻型坝，还有泄水建筑物的溢洪道、隧洞、水闸、输水涵洞等。

混凝土作为水工建筑物的材料厂，应具有足够的强度，在自然环境和使用条件下应具有耐久性，即抗渗性、抗冲刷性、抗侵蚀性、抗风化性和抗冻性等。

由于设计、施工、运行管理及其他各种原因，使混凝土建筑物引起风化、磨损、剥蚀、裂缝、渗漏，甚至破坏。因此，必须加强对混凝土建筑物的养护和修理。

1. 混凝土建筑物的养护工作

(1) 运用前的养护工作。对建筑物的结构、形状、基础处理以及仪器埋设等内容要进行检查，凡不符合设计要求的，应采取相应的补救措施。在施工中出现的所有问题，如混凝土因振捣不密实、温差过大，施工缝处理不良等引起的蜂窝、麻面、孔洞以及裂缝渗漏等，应分别进行处理；施工时用的模板、排架及机械设备等机具应全部拆除收存；遗留在表面的螺栓及其他铁件，均要进行处理，如在溢流面上，还要进行表面修整。

(2) 运用中的养护工作。

1) 闸、坝建筑物的养护工作。闸、坝表面有磨损、冲刷、风化、剥蚀或裂缝等缺陷时，应加强检查观测，分析原因后采取补救措施。如继续发展，应立即修理。

预留伸缩缝要定期检查观察，注意防止杂物进入缝内；填料有流失的，要进行补充；沥青井内预埋钢管或钢筋导体，要按规定时间用蒸汽或通电加热将沥青熔化。

闸、坝本身的排水孔及其周围的排水沟、排水管、集水井等，均应保持通畅，如有堵塞、淤积，应加以修复或开新的排水孔。修复时可用人工掏挖、压缩空气或高压水冲洗，但压力不宜太大，以免建筑物局部受破坏。廊道内用水泵排水时，排水沟、集水井要加盖板，还应做好机电的检查维护工作，确保正常排水，并注意防止人身触电或损坏机械设备。

闸、坝运用中发现基础或绕坝渗漏时，应仔细摸清渗水来源。其方法可在上游相对位置投放食盐、颜料或荧光素粉，然后在下游取水样分析或观察；有时还可采取潜水检查的办法。在查明渗水原因后，应进行处理。

基础岩石有断层或岩层节理较发育的岩层，应经常观察，其外露部分是否有变形、错动、张开等现象，发现问题应及时处理。

轻型薄壳坝坝顶、人行桥、闸墩、侧墙、护坦、消力池、溢流堰和公路桥面等，禁止堆放重物、砂石或修建其他建筑物。

闸、坝附近禁止爆破，如确因工程需要而爆破时，事先应做好安全防振措施。

闸、坝首次达到设计水位后，应进行全面检查。

2）泄水建筑物的养护工作。对于泄水建筑物在泄洪前要进行详细检查，要彻底清除溢流面上和消力池中的堆积物及引洪障碍物。

对于泄洪过程中除要进行观测外，应注意检查建筑物的工作状态和防护工作，如打捞或拦截上游漂浮物，以免堵塞拦污栅、泄水孔口或撞击坝面、闸墩或闸门。严禁船只在泄洪时靠近泄水孔的进出口附近，以免发生事故。

在泄洪后应对挑流鼻坎、消力池、消力槛、护坦、海漫、防冲槽等消能设施进行检查，如有冲坏，应及时处理；检查上下游截水墙等防渗设备是否完整；检查泄洪洞及消力池内有无砂石、树木等杂物堆积；检查隧洞的进口段、弯曲段、闸墩段和门槽等易发生气蚀部位是否发生气蚀损坏。

3）特殊情况下的养护工作。当遇有超设计水位、低水位运行或地震、台风过后的特殊情况，应立即组织力量对建筑物进行检查，如有缺陷，应及时养护修理；当发生异常情况时，应加强观察、监视、并研究紧急处理措施。

在冰冻前要做好防冻措施，清除建筑物上的积水。应拆除冬季不用的设备，还需备有破冰设施。

2. 混凝土建筑物的修理工作

（1）混凝土建筑物的裂缝处理。

1）混凝土裂缝的表面处理。混凝土建筑物由于裂缝及其他原因造成混凝土表层损坏、不平整或局部剥蚀，如不及时处理就会导致钢筋锈蚀，降低结构强度，缩短建筑物的使用年限。所以，必须重视和处理混凝土的表面损坏。

表面涂抹，即用水泥浆、水泥砂浆、防水快凝砂浆、环氧基液入环氧砂浆等材料涂抹在裂缝等损坏部位的混凝土表面。

表面贴补，用粘胶剂把橡皮或其他材料粘贴在裂缝部位的混凝土面上，达到封闭裂缝防渗堵漏的目的。

凿槽嵌补，是沿混凝土裂缝凿一条深槽，槽内嵌填各种防水材料，如环氧砂浆及预缩砂浆（干硬性砂浆）等，以防渗水。

喷浆修补，是在裂缝部位并已凿毛处理的混凝土表面，喷射一层实心密实而强度高的水泥砂浆保护层，达到封闭裂缝、防渗堵漏或提高混凝土表面抗冲耐蚀能力的目的。根据裂缝的部位、性质和修理要求，可以分别采用无筋素喷浆、挂网喷浆或挂网喷浆结合凿槽嵌补等修理方法。

2）混凝土裂缝的内部处理。裂缝的内部处理，是指在裂缝内部采用灌浆方法进行处理。通常为钻孔后进行灌浆，对于浅缝或仅需防渗堵漏的裂缝，则可用灌浆的方法。灌浆材料常用水泥和化学材料，可按裂缝的性质、开度以及施工条件等具体情况选定。对于开度大于0.3mm的裂缝，一般可采用水泥灌浆；对开度小于0.3mm的裂缝，宜采用化学灌浆；对于渗透流速较大或受温度变化影响的裂缝，则不论其开度如何，均宜采用化学灌浆处理。

(2) 混凝土坝坝基渗漏的处理。坝基渗漏使坝体扬压力增加，削弱坝体的稳定性。严重的坝基渗漏会发生机械管涌，冲刷流土，损失大量的水量。而且还会发生淘空、深陷等现象，使坝体破坏。因此，对渗漏处理一定要及时，如发现问题应及时处理，以免使工程遭受更大的破坏。

渗漏处理的原则是“上堵下排”，即在上游堵截，下游排水。根据地质条件布置堵、排措施。堵水的目的是阻止渗漏，排水则是为了降低扬压力。在软弱地基中，要防止排水的副作用。如果截水措施效果不佳，大量排水也可能引起渗透变形。因此，要特别注意采取堵水措施。

渗漏处理的方法需根据产生渗漏的原因及对结构影响程度来决定，常用的方法有加深加密帷幕、进行接触灌浆处理、进行固结灌浆、增设排水孔改善排水条件、用开挖回填或加刺墙处理绕坝渗流及帷幕补强灌浆等。

3. 浆砌石建筑物的养护和维修

(1) 浆砌石坝的检查和养护。保持坝体清洁完好，消除杂草和积水；坝顶、防浪墙、坝坡及廊道等处整洁，不堆放杂物；坝基排水、廊道排水和表面排水等排水系统畅通无阻。

严禁坝体及其上部结构受超过设计允许的荷载。启闭机、工作桥、溢流坝顶交通桥均不准超过设计标准的车辆通行；严禁在大坝附近爆破。

汛期或冬季应注意防止漂浮物和流冰对坝体的冲击。

浆砌石坝常见的病害是裂缝，每年汛前都应仔细检查坝体有无裂缝，当发现裂缝时，要查明原因进行维修。

检查坝体时如发现有渗水现象，应首先加强上游面勾缝处理，必要时再专门处理。

定期检查伸缩缝的工作情况，如发现沥青不足或止水损坏时，应及时修补；定期进行坝体内外部观测，发现问题及时处理。

溢流坝表面应该经常保持光滑完整，汛期过水溢流表面被泥沙磨损或水流冲毁部分，应及时填补。

消力池内不得堆积料石、树根等；经常保持闸门启闭灵活，汛前应进行检查试验。

泄洪时要按操作堆积使用，对称启闭闸门，防止局部冲刷；应注意水流形态是否正常，洪水后应检查溢流表面和水能设备有无冲刷损坏。

通过较大洪水后，应观测下游河床的冲淤变化。

(2) 浆砌石坝的处理工作。

1) 浆砌石坝坝体裂缝的处理。坝体出现了裂缝就破坏了坝体的整体性和抗渗能力，也影响大坝的达耐久性。严重的裂缝将造成水库无法蓄水并威胁大坝的安全。因此，必须及时处理大坝裂缝。处理裂缝应达到以下要求：增强坝体的整体性；提高坝体的抗渗能力；恢复或加强坝体的结构强度。

裂缝处理可采用堵塞封闭裂缝、加厚坝体、灌浆处理、表面粘补等四种。

2）浆砌石坝坝体和坝基渗漏的处理。由于其他原因造成坝身渗漏，可根据具体情况作以下处理：水泥砂浆重新勾缝、灌浆处理、上游面加厚坝体、上游面增设防渗层；由于各种地质因素作用，而引起的坝基渗漏，多采取水泥灌浆形成防渗帷幕的处理方式。

4. 溢洪道的养护和维修

溢洪道是宣泄洪水，保证水库安全运行的建筑物。修建大坝拦蓄了河水，使大坝上下游形成了一定的水位差。溢洪道的任务就是在汛期水库拦蓄不了的多余洪水，从上游安全泄放到下游河床中去的安全通道，它比原河道有较大的落差。

（1）溢洪道的养护工作。对于大多数的溢洪道，泄水机会并不多，宣泄大流量的机会就更少。但为了确保万无一失，每年汛前都要做好宣泄最大洪水的各种准备。工程管理的重点要放在日常养护上，必须对溢洪道进行经常的检查或加固，保持溢洪道随时都能启动泄水。

要检查溢洪道的进水渠及两岸岩石是否裂隙发育，风化严重或有崩坍现象，检查排水系统是否完整，如有损坏需及时处理，加强维护加固。

要检查溢洪道的闸墩、底板、胸墙、消力池等结构有无裂缝和渗水现象。

应注意观察风浪对闸门的影响，冬季结冰对闸门的影响。

泄流期间观察漂浮物对溢洪道胸墙、闸门、闸墩的影响。

观察溢洪道泄洪期间控制下游和消力池的水流形态以及陡坡段水面线有无异常变化。

（2）溢洪道的维修处理工作。溢洪道在泄洪期间由于陡坡及出口段的水流湍急，流速很大，往往在下游出口段形成冲刷；也有在陡坡弯段上，因离心力的作用，使水面倾斜，撞击和发生冲击波，这时须检查水面线有无异常变化。有不少溢洪道在弯道及出口处发生事故，必须引起注意。

冲刷破坏的处理。溢洪道的水流经过陡坡高速冲刷后，往往在陡坡的底板、消力池底板或冲坑附近受到冲刷，汛期过后必须对以上部位进行加固处理。

底板构造处理。溢洪道陡坡除有些直接建筑在坚实的岩基上，可以不加衬砌外，一般都需用砌护材料进行衬砌。且底板的砌护材料要有足够的厚度和强度。

钢筋混凝土或混凝土底板适用于大型水库或通过调整水流的中型水库溢洪道上，土基上底板厚度需30～40cm，并适当布置面筋；在岩基上厚度需15～30cm，并适当布置面筋。在不很重要的工程上采用素混凝土材料制成。厚度为20～40cm。

水泥浆砌石或块石底板适用于通过流速为15m/s以下的中小型水库溢洪道。厚度一般为30～60cm。

石灰浆砌石水泥砂浆勾缝底板适用于通过流速为10m/s以下的跋涉型水库溢洪道，厚度为30cm左右。

底板在外界温度变化时会产生伸缩变形，需要做好伸缩缝，通常缝的间距为10cm左右。土基上薄钢筋混凝土底板对温度变形敏感，缝间距应略小些；岩基上的底板因受地基约束，不能自由变形，只需预留施工缝即可。

冲坑深度大小对建筑物的基础稳定有直接影响。当冲刷坑继续扩大危急建筑物基础时，需及时加固处理。

5. 输水建筑物的养护和维修

水利枢纽中为了灌溉、发电和供水等要求，从水库向库外输水（放水）用的建筑物，如引水隧洞、输水涵洞、渠道等称为输水建筑物。

（1）输水建筑物的检查养护。输水建筑物发生病害，一般都有从量变到质变的过程。根据输水建筑物破坏实例，证明事故前总是有预兆的。因此，输水建筑物在运用前、运用中以及运用后都要进行细致的检查和养护工作，以便及时发现问题进行处理，防患于未然。

1）运用前的检查。在水库蓄水过程中，主要检查洞身有无变形、裂缝。要注意检查涵洞所在坝段有无裂缝、蓄水后坝的下游坡涵洞出口处有无和漏水现象。

2）运用期间的检查。运用期间要检查的工作主要为输水期间，要经常注意倾听洞内有无异常声响；运用期间，要经常检查埋设涵洞的土坝上下游坡有无塌坑、裂缝、潮湿或漏水，并注意观察涵洞出流有无浑水，要经常观察洞的出口流态是否正常，如泄量不变，水跃的位置有无变化，主流流向有无偏移，两侧有无漩涡等，以判断消能设备有无损坏。

3）停水后的检查。隧洞和涵洞输水后都需要进行检查。较大的洞放水后要有人进洞检查，洞壁有无裂缝和漏水的孔洞，闸门槽附近有无气蚀现象。

停水期间应注意洞内是否有水流出，检查漏水的原因。对下游消能建筑物要检查有冲刷和损失。

4）闸门启闭机械的检查养护。输水建筑物的闸门和启闭机械要经常检查养护，保证其完整和操作灵活。对闸门启闭机械需经常擦洗上油，保持润滑灵活。启闭动力设备要经常检查维修，确保工作可靠，并应有备用设备。

5）过水能力的核算。输水洞投放运用后，需对其过能力进行核算，对于无压输水洞更应检查，防止产生明满流交替现象。洞内水深不大于洞高的3/4，保持有自由表面的无压流态。

6）其他检查养护工作。北方严寒季节，需注意库面冰冻对输水隧洞进水塔造成破坏。如北京市北台上水库隧洞的进水塔，即在库面冰冻产生的巨大冰压力作用下而断裂，以后采用吹气防冰措施，效果很好。位于地震区的水库，在发生Ⅴ度以上地震后，与大坝和溢洪道一样，应对输水洞进行全面的检查。

（2）输水建筑物的处理工作。

1）输水建筑物的漏水处理。输水建筑物漏水的原因是多方面的，针对产生漏水的原因，进行有效的处理。

针对于隧洞衬砌及涵洞洞壁裂缝漏水的处理可采用的方法有水泥砂浆或环氧砂浆处理、灌浆处理，洞内灌浆处理时，一般在洞壁按梅花形布设钻孔，灌浆时由疏到密。灌浆压力一般采用1～2kgf/cm^2。由于灌浆机械多放在洞外，输浆管路较长，压力损耗大，所以灌浆压力应以孔口压力为控制标准。

输水隧洞的喷锚支护可采用措施有喷混凝土、喷混凝土加锚杆联系支护、喷混凝土加锚杆加钢筋网联合支护等类型。

输水涵洞断裂的灌浆处理常采用水泥浆，断裂部位可用环氧砂浆封堵。

输水洞内衬砌补强处理的方法一种是用钢管、钢筋混凝土管、钢丝网水泥管等制成的成品管与原洞壁间充填水泥砂浆或埋骨料灌浆而成，另一种是在洞内现场浇筑混凝土、浆砌块石、浆砌混凝土预制块，或者支架钢丝网水泥砂浆等方法衬砌。无论哪种方法处理都必须将粘附在洞壁上杂物、沉淀物等清洗掉，然后对洞壁凿毛、湿润，使新老管壁结合良好。

用顶管法重建坝下涵洞是指有些坝下涵洞洞径较小，无法加固，只能废弃旧洞，在坝下游用千斤顶将预制混凝土管顶入坝体，直到预定位置，然后在上游坝坡开挖，在管道上游修建进口建筑物。

2）输水建筑物的气蚀处理。输水洞的气蚀，开始时往往不易被人们重视，认为剥蚀程度较轻，不会影响安全。但如果不注意修复或改善水流条件，则容易发展严重，甚至可能穿通洞壁，造成管涌、坍塌、威胁大坝安全。其处理方法有改善输水洞进口形状；对无压洞及部分开启的有压洞，应在可能产生负压区的位置设置通气孔；有些输水洞产生气蚀现象，可以通过水工模型试验或观测资料研究分析，从改变水流情况来消除气蚀现象；对已产生气蚀的破坏部位，可用环氧砂浆进行修补，剥蚀严重的可考虑采用钢板衬砌等方法进行修理。

3）输水建筑物的冲刷处理。无论是输水隧洞还是输水涵洞，当洞内输水流速较大时，在出口部位必须采用防冲消能措施。要加固与修复消能设备，必须了解产生破坏的原因。如果是由于水力计算或结构设计方面的问题，则应重新进行计算或设计，并按要求进行施工；如因施工质量和材料强度问题，或在寒冷地区由于冰冻原因而引起建筑物损坏，则应加强材料的强度，选用高标号水泥砂浆补强抹面，局部损坏可选用环氧砂浆补强。对于消力池或海漫的破坏可采取下列措施：增建第二级消力池、加强海漫长度与抗冲能力、改建为挑流消能形式。

6. 水电站建筑物的维护和管理

水利、水电工程是综合利用水资源、发展国民经济的重要手段，是保障经济建设和人民生命财产安全的重要设施，是国家和人民的宝贵财富，所以搞好水电站建筑物的维护、运行管理工作，才能保证水电站建筑物及其机电设备安全、可靠、持久地运行，充分发挥水力资源的综合效益。

水电站产生电能的质量，甚至系统内电能的质量，都需要依靠维护和运行管理人员正确执行各级指令、严密监视、调整才能实现。所以，维护、运行管理的中心任务，就是保证指令性任务的完成，并做到安全、优质、经济、可靠地生产，提高企业的经济效益。具体的任务包括保证按照指挥中心下达的电力生产计划全面完成企业生产任务；保证电能质量，包括谐波、电压波动在允许范围内；合理利用水力资源，充分发挥国民经济各部门的综合效益；精心操作、严密监视，努力提高设备利用率，降低各项消耗；正确处理各种障碍、事故，尽可能避免和减少事故给企业和社会造成的损失。

复习思考与技能训练题

1. 说明挡水、泄水、发电、通航、供水和灌溉引水建筑物在拦河坝枢纽布置中的相互位置。

2. 说明拦河坝枢纽与水电站厂区布置的关系。

参 考 文 献

[1] 中华人民共和国水利部. SL 252—2000 水利水电工程等级划分及洪水标准. 北京：中国水利水电出版社，2000.

[2] 中华人民共和国水利部. SL 319—2005 混凝土重力坝设计规范. 北京：中国水利水电出版社，2005.

[3] 中华人民共和国水利部. SL 274—2001 碾压式土石坝设计规范. 北京：中国水利水电出版社，2002.

[4] 中华人民共和国水利部. SL 265—2001 水闸设计规范. 北京：中国水利水电出版社，2001.

[5] 中华人民共和国水利部. SL 253—2000 溢洪道设计规范. 北京：中国水利水电出版社，2000.

[6] 中华人民共和国水利部. SL 279—2002 水工隧洞设计规范. 北京：中国水利水电出版社，2003.

[7] 林继镛. 水工建筑物 [M]. 4 版. 北京：中国水利水电出版社，2006.

[8] 王英华，陈晓东，叶兴. 水工建筑物 [M]. 北京：中国水利水电出版社，2004.

[9] 陈胜宏，陈敏林，赖国伟. 水工建筑物 [M]. 北京：中国水利水电出版社，2004.

[10] 陈德亮. 水工建筑物 [M]. 3 版. 北京：中国水利水电出版社，1995.

[11] 杨邦柱，杨振华. 水工建筑物 [M]. 北京：中国水利水电出版社，2001.

[12] 曹克明，混凝土面板堆石坝 [M]. 北京：中国水利水电出版社，2008.

[13] 黄河上中游管理局. 淤地坝设计 [M]. 北京：中国计划出版社，2004.

[14] 祁庆和. 水工建筑物 [M]. 北京：中国水利水电出版社，1996.

[15] 颜宏亮. 水工建筑物 [M]. 北京：化学工业出版社，2007.

[16] 张宏. 水工建筑物 [M]. 北京：中国水利水电出版社，2009.

[17] 宋祖诏. 取水工程 [M]. 北京：中国水利水电出版社，2008.

[18] 陈宝华，张世儒. 水闸 [M]. 北京：中国水利水电出版社，2003.

[19] 麦家煊. 水工建筑物 [M]. 北京：清华大学出版社，2005.

[20] 张光斗，王光纶. 水工建筑物 [M]. 3 版. 北京：中国水利水电出版社，1994.

[21] 林益才，水工建筑物 [M]. 北京：中国水利水电出版社，1997.

[22] 李宗健，江仪贞，王长德. 水力自动闸门 [M]. 北京：水利电力出版社，1987.

[23] 华东水利学院. 水闸设计（上、下册）[M]. 上海：上海科学技术出版社，1985.

[24] 张春娟. 工程水力计算 [M]. 北京：中国水利水电出版社，2010.

[25] 竺慧株，管枫年. 渡槽 [M]. 北京：中国水利水电出版社，2005.

[26] 李慧颖. 倒虹吸管 [M]. 北京：中国水利水电出版社，2006.

[27] 熊启钧. 涵洞 [M]. 北京：中国水利水电出版社，2006.

[28] 刘韩生. 跌水与陡坡 [M]. 北京：中国水利水电出版社，2004.

[29] 李锡波，水工建筑物习题与课程设计 [M]. 北京：中国水利水电出版社，1998.

[30] 王世夏. 水工设计的理论和方法 [M]. 北京：中国水利水电出版社，2000.

[31] 王英华，陈晓东. 水工建筑物 [M]. 北京：中国水利水电出版社，2010.

[32] 郑万勇，杨振华. 水工建筑物 [M]. 郑州：黄河水利出版社，2006.